危险化学品企业
落实安全生产主体责任大全
（河南卷）

《企业落实安全生产主体责任培训教材》编委会　编著

U0288323

气象出版社
China Meteorological Press

内容简介

　　本书是《危险化学品企业落实安全生产主体责任大全》的河南卷，根据《危险化学品企业落实安全生产主体责任实施方案》等文件的要求，内容包括河南省危险化学品企业落实安全生产主体责任文件、河南省法规规章、河南省政府规范性文件、河南省安全生产监督管理局文件等四个部分，汇编了危险化学品企业落实安全生产主体责任过程中所需要的最新法律法规和标准规范，可供危险化学品企业负责人和安全生产管理人员培训使用或者在工作中参考，也可供危险化学品安全监管人员参考。

图书在版编目(CIP)数据

危险化学品企业落实安全生产主体责任大全.河南卷/《企业

落实安全生产主体责任培训教材》编委会编著.—北京：气象出版社，2012.12

　ISBN 978-7-5029-5547-2

Ⅰ.①危…　Ⅱ.①企…　Ⅲ.①化学工业-危险品-安全生产-生产责任制-

河南省　Ⅳ.①TQ086.5

中国版本图书馆 CIP 数据核字(2012)第 189883 号

Weixian Huaxuepin Qiye Luoshi Anquan Shengchan Zhuti Zeren Daquan(Henan Juan)

危险化学品企业落实安全生产主体责任大全(河南卷)

《企业落实安全生产主体责任培训教材》编委会 编著

出版发行：气象出版社

地　　址：北京市海淀区中关村南大街46号　　　　邮政编码：100081

总 编 室：010-68407112　　　　　　　　　　　　发 行 部：010-68407948　68406961

网　　址：http://www.cmp.cma.gov.cn　　　　　　E-mail：qxcbs@cma.gov.cn

责任编辑：张盼娟　彭淑凡　　　　　　　　　　　终　　审：黄润恒

封面设计：燕　彤　　　　　　　　　　　　　　　责任技编：吴庭芳

责任校对：赵　瑗

印　　刷：北京奥鑫印刷厂

开　　本：787 mm×1092 mm　1/16　　　　　　　印　　张：30

字　　数：807 千字

版　　次：2013 年 1 月第 1 版　　　　　　　　　印　　次：2013 年 1 月第 1 次印刷

定　　价：60.00 元

本书如存在文字不清、漏印以及缺页、倒页、脱页等，请与本社发行部联系调换。

本书编委会

主　　编：张朝显

副　主　编：徐晓航

编写人员：（按姓氏拼音排序）

丁庆树　冯　军　何树恒　李中喜　毛彦辉

司　恭　王　常　王建新　王　鹏　王亚辉

吴彦庆　徐彩菊　徐晓航　张朝显　张守峰

紧紧扭住企业安全生产主体责任不放松

（代序）

安全生产事关人民群众生命财产安全，事关改革开放、经济发展和社会稳定大局，事关党和政府的形象和声誉。做好安全生产工作，是深入学习贯彻科学发展观、实施可持续发展战略的题中之义，是全面建成小康社会、统筹经济社会发展的重要内容，是政府履行社会管理和市场监管职能的基本任务，更是企业生存发展的基本要求。

危险化学品高温高压、易燃易爆、有毒有害，历来是安全生产监管监察的重中之重。近年来，我省紧紧围绕"安全第一，预防为主，综合治理"的总体要求，认真贯彻国家和河南省委、省政府决策部署，持续强化危化安全制度建设、许可审批、隐患查治和安全达标，强力推进生产企业进园区、经营单位进市场、设备改造提升和重点工序监控，促进了危化生产经营安全防范水平的提升。高危行业对人机物环管有着更高的安全要求，但当前我省危险化学品安全投入不足、现场管理不严、防护距离不够等问题还比较突出，基层基础管理仍然十分薄弱，绝不敢轻言形势稳定好转。

全面加强和改进危险化学品安全管理，必须以强化企业安全生产主体责任为抓手，坚持高标准严要求，突出重点抓住关键，采取有力有效措施狠抓安全生产法律法规和标准规程的贯彻落实。要强化重点管理，对关键部位、危险工序、重点岗位实施"零违章、零隐患"控制，确保万无一失。要强化达标管理，对照标准查找整改人员素质、设备设施、规章制度、现场管理等方面存在问题，切实做到岗位达标、专业达标和企业整体达标。要强化预控管理，抓好规划选址布局、工艺技术论证、"三同时"管理，切实从源头上避免和消除安全隐患、灾害风险。要强化全员管理，监督企业主要负责人和副职带头履行好"一把手"负责和副职"一岗双责"，建立健全全员安全责任制，强力推进安全生产全过程全方位防控。要强化机制建设，着力完善安全生产宣传教育培训、隐患排查治理、打击非法违法等长效机制，切实推动安全生产实现从运动式检查、靠事故推动工作向事前主动预防、机制常态管理的重大转变。

落实是安全之本，不落实是事故之源。法律法规和标准规程关于安全生产的要求，都是在汲取事故教训基础上科学总结提炼形成的，每一条都是用血的代价换来的，必须倍加珍惜、严格贯彻、切实落实。企业是安全生产的责任主体，安全生产所有方针政策、法律法规和规程标准，归根到底都要最终由企业及其员工来贯彻执行，能在企业落实才是真落实，能让企业安全上水平才是真水平。企业特别是主要负责人要深入贯彻科学发展安全发展原则，真正了解掌握、学懂弄透并严格执行安全生产法律法规和标准规程，内化于心，外践于行，切实推动企业安全生产主体责任的全面落实。

假舆马者行千里，假舟楫者绝江河。为方便广大危险化学品生产经营单位和安全生产监管部门学法用法守法，依法加强企业安全管理和政府安全执法，切实推动企业安全生产主体责任落实，省安全生产监督管理局组织专家学者，用一年多时间整理收集形成了《危险化学品落实安全生产主体责任大全》。这套书共分上下两册,汇编了国家和我省近年来颁布的涉及危险化学品安全的法律法规和标准规范,分类清晰,内容全面,是广大危险化学品企事业单位、中介服务机构、安全监管部门不可多得的学习参考书。

认真学习、严格遵守法律法规和标准规程,是安全生产一项基础性经常性工作。希望各级各单位以学习贯彻党的十八大精神和国务院安委会"安全生产基础年"为契机,进一步掀起学习遵守安全生产法律法规和标准规程的热潮。也希望这套参考书能够对各级、各单位加强危险化学品安全管理学习有所帮助。

河南省安全生产监督管理局党组书记、局长　张国伟

二〇一二年十一月二十一日

前　言

安全生产关系到人民群众的生命财产安全,关系到改革发展的大局。企业只有做好安全生产工作,切实履行安全生产主体责任,才能真正消除各种不安全因素,为企业安全发展创造良好的条件。

为切实落实河南省危险化学品企业安全生产主体责任,近年来,河南省出台了《河南省安全生产条例》、《河南省人民政府关于进一步加强化工行业安全生产工作的若干意见》(豫政〔2010〕29 号)等一系列法律法规和规范性文件,经过各级有关部门和企业的共同努力,河南省危险化学品企业安全生产呈现向好的趋势,但形势依然严峻,事故多发的势头并未得到彻底遏制。

为进一步规范河南省危险化学品企业安全生产行为,促进安全生产形势的持续好转,我们将河南省有关危险化学品企业安全生产法律法规及规范性文件汇编成册,供各级安全监管部门、广大危险化学品企事业单位参考使用。

本书内容主要包括河南省危险化学品企业落实安全生产主体责任实施方案,河南省危险化学品企业安全生产相关法律、行政法规和河南省政府及河南省安全生产监督管理局相关规范性文件等四部分。本书所收集的法律、行政法规及行政规章作为安全监管行政管理机关执法的依据,也是企业生产、经营者从事合法生产、经营活动时依法维护自身权益的法律依据。

本书由多年从事安全管理专业的基层技术人员、安全管理人员参与编写,力求做到针对性、实用性,在编写过程中,得到广大安全技术专家、从事危险化学品安全管理人员的支持和帮助,在此表示感谢!

由于时间紧迫,编者水平有限,书中遗漏、不妥之处在所难免,请广大读者、从事危险化学品安全工作的专家批评、指正!

编者

目　录

第四部分　河南省安全生产监督管理局文件

第一部分
河南省危险化学品企业
落实安全生产主体责任文件

河南省安全生产监督管理局

豫安监管〔2011〕33 号

关于印发《河南省危险化学品企业落实安全生产主体责任实施方案》的通知

各省辖市安全生产监督管理局：

现将《河南省危险化学品企业落实安全生产主体责任实施方案》印发给你们，请遵照执行。

二〇一一年四月十八日

河南省危险化学品企业落实安全生产主体责任实施方案

为了贯彻落实《国务院关于进一步加强企业安全生产工作的通知》（国发〔2010〕23 号）、《关于危险化学品企业贯彻落实〈国务院关于进一步加强企业安全生产工作的通知〉的实施意见》（安监总管三〔2010〕186 号）、省政府《关于进一步加强化工行业安全生产工作的若干意见》（豫政〔2010〕29 号）等系列文件精神，提升我省危险化学品企业安全生产基础，在全省范围内的危险化学品企业全面落实安全生产主体责任，特制定本实施方案。

一、总体目标

全省危险化学品企业安全生产形势稳定好转，较大责任事故得到有效防范，生产安全事故死亡人数比十一五期间年平均数下降 10％，危险化学品重大事故隐患整改率 100％；危险化学品企业安全标准化达到三级以上；企业基本建立完善的安全生产体制机制。企业自动化控制改造、安全设施设计改造、危险点监控系统、涉及有毒有害和易燃易爆场所介质泄漏报警仪表安装、危险化学品重大危险源安全监控预警系统安装、危险化学品充装环节使用万向充装管道系统改造全面完成。

二、方法步骤

1. 宣传教育（4 月 20 日—4 月 30 日）

广泛开展系列文件宣传教育。要求企业将系列文件和《安全河南创建纲要（2010—2020年）》、《河南省危险化学品企业落实安全生产主体责任指南》（附件 1，以下简称指南）等相关材料发放到企业每一个职工。充分利用板报、广播、电视、竞赛、问卷等各种方式,开展各项培训和宣传教育,层层发动深入宣传,使系列文件能够全面宣传并贯彻到每一个基层班组和每一个职工。安全监管部门应在检查中采取考试、问卷等形式,检查其宣传教育的深度和广度。

2. 方案编制(5月1日—6月30日)

企业应组织各职能部门、生产车间等共同组成编写小组,按照指南要求编制本企业落实主体责任方案。方案中各项任务都应有明确的责任人、实施标准和完成时间表,并包括以下内容的工作安排:

(1)系列文件的宣传教育;

(2)落实主体责任的组织机构及其人员配备;

(3)工作中各个部门和单位的职责分工;

(4)阶段性工作的任务、目标、时间、责任人;

(5)制定的各项规章制度目录、制定的各项安全生产责任体系和各项岗位责任制的目录和落实措施;

(6)参照管理体系认证中各项安全工作程序文件的制定要求;

(7)本企业安全生产标准化工作实施计划;

(8)企业内部每一个的危险点的确定、隐患排查和专家检查计划;

(9)自动化控制改造、安全设施设计改造、危险点监控系统、涉及有毒有害和易燃易爆场所介质泄漏报警仪表安装、危险化学品重大危险源安全监控预警系统安装、危险化学品充装环节使用万向充装管道系统等基础工作的工作计划;

(10)按照省局《关于规范河南省危险化学品生产经营单位从业人员基本条件的意见》(豫安监管危化〔2009〕162号)要求,人员素质对照检查和提升计划;

(11)企业的主要负责人、安全管理人员和特种作业人员持证上岗情况、危险化学品企业专职安全生产管理人员配备情况以及相关的检查纠正计划。

方案完成后,企业应将方案的正式稿报当地安全监管部门备案,经备案后开始实施。

3. 方案实施(7月1日—10月30日)

当地安全监管部门要督促和帮助企业按照已经备案的方案实施,在实施中落实方案制定的各项任务。企业可以在方案实施基本完成以后进入一个试运行阶段。在试运行中查找不足和漏洞,总结经验,进一步修订和完善方案并全面落实。

4. 持续改进提高(11月1日—12月31日)

企业可以采取自查、互查等方式,对于方案的实施情况进行交流检查。并将检查情况报告报当地安全监管部门。当地安全监管部门对企业完成情况进行抽查,以便及时发现问题,及时纠正。各省辖市安全监管局应于2012年1月10日前将辖区内企业落实主体责任情况总结上报省局监管三处。

三、工作要求

1. 市县两级安全监管人员应采取定点联系的方式,分工联系到每一个企业,深入企业及基层班组和员工,及时了解在方案的制定和落实中的问题,帮助和扶持企业落实安全生产主体责任。

2. 企业在方案编制过程中要注意征求本行业专家和其他有关方面的意见建议。

3. 方案编制应该和安全生产标准化工作、《安全河南创建纲要(2010—2020年)》结合起来。

4. 企业主体责任的落实是一项长期的任务,各级安全监管部门在今年乃至今后一段时间内

的安全监督检查中,都要以这次企业落实主体责任方案的实施和运行作为重要的检查内容
(附件 2《河南省危险化学品企业安全监察表》)。

　　5. 企业主体责任得到落实的标志,是企业按照方案的要求完成各项任务,建立了较为完善
的安全生产体制机制,能够有效地防范各类事故的发生。企业应以编制和实施方案为契机,切实
落实主体责任,提高安全生产的整体水平,减少各类事故的发生,保障广大职工群众的生命安全
和健康。

附件:1. 河南省危险化学品企业落实安全生产主体责任指南
　　　2. 河南省危险化学品企业安全监察表

河南省危险化学品企业落实安全生产
主体责任指南

1　总则

为了贯彻落实《中华人民共和国安全生产》、《国务院关于进一步加强安全生产工作的通知》（国发〔2010〕23 号），提高危险化学品从业单位加强安全管理的自觉性、科学性、针对性和实效性，指导危险化学品企业更好地履行主体责任工作，依据《关于危险化学品企业贯彻落实〈国务院关于进一步加强企业安全生产工作的通知〉的实施意见》（安监总管三〔2010〕186 号），编制本指南。

2　范围

本指南规定了危险化学品企业（以下简称企业）落实企业主体责任的总体原则和要求。

本指南适用于河南省行政区域内的危险化学品生产、使用、储存企业及有危险化学品储存设施的经营企业。

3　术语和定义

本标准采用下列术语和定义。

3.1　危险化学品企业

依法设立，生产、经营、使用和储存危险化学品的企业或者其所属生产、经营、使用和储存危险化学品的独立核算单位。

3.2　事故

造成死亡、职业病、伤害、财产损失或其他损失的意外事件。

3.3　隐患

作业场所、设备或设施的不安全状态，人的不安全行为和安全管理上的缺陷。

3.4　重大事故隐患

可能导致重大人身伤亡或者重大经济损失的事故隐患。

4　要求

4.1　企业应结合自身特点，依据本指南的要求，自觉履行企业安全生产主体责任。

4.2　企业应深入贯彻落实科学发展观，坚持以人为本，把企业发展建立在安全生产的基础上；坚持"安全第一、预防为主、综合治理"的方针，全面加强企业安全管理，提高企业安全技术水平，夯实安全生产基础。

4.3　企业应加强内部安全生产监督管理，不断提高安全意识和安全管理水平，持续改进企业的安全绩效，实现安全生产长效机制。

5　管理要素

5.1　机构与责任

1)企业应当设置安全生产管理机构或配备专职安全生产管理人员。安全生产管理机构要具备相对独立职能,专职安全生产管理人员应不少于企业员工总数的2%(不足50人的企业至少配备1人),要具备化工或安全管理相关专业中专以上学历,有从事化工生产相关工作两年以上经历,并经安全生产监督管理部门考核合格。

2)企业应当按照《注册安全工程师管理规定》配备注册安全工程师。

3)企业应当建立、健全主要负责人、分管负责人、安全生产管理人员、各职能部门、各级管理人员、工程技术人员和岗位操作人员安全生产职责,并与其职务、岗位职责相匹配。

4)企业应当建立和严格执行领导干部带班制度(企业副总工程师以上领导干部要轮流带班,生产车间也要建立由管理人员参加的车间值班制度)。

5)企业应当取得相应安全许可,应当按照有关规定通过安全标准化达标验收,具备依法生产经营资格。

6)企业应明确规定所有安全生产行为的执行程序,参照体系认证的有关做法,建立相关程序体系,编制程序文件。

5.2　安全管理制度和操作规程

1)企业应当结合本企业安全生产特点,建立、健全安全生产规章制度和岗位安全操作规程,并严格执行。

安全生产规章制度应至少包含:安全生产例会,工艺管理,开停车管理,设备管理,电气管理,公用工程管理,施工与检维修(特别是动火作业、进入受限空间作业、高处作业、起重作业、临时用电作业、破土作业、盲板抽堵作业等)安全规程,安全技术措施管理,变更管理,巡检制度,安全检查和隐患排查治理;干部值班,事故管理,厂区交通安全,防火防爆,防尘防毒,防泄漏,重大危险源,关键装置与重点部位管理;危险化学品安全管理,承包商管理,劳动防护用品管理;安全教育培训,安全生产奖惩等制度,装置停产(用)、半停产(用)安全处置及管理规定,装置恢复生产(使用)安全处置指南等。

2)安全生产规章制度和岗位安全操作规程至少每三年评审和修订一次,出现国家法律法规、技术标准和规范发生变化或企业发生重大变更等情况时,应及时予以修订。

5.3　培训教育

1)企业从业人员的基本素质应当符合《关于规范河南省危险化学品生产经营单位从业人员基本条件的意见》(豫安监管危化〔2009〕162号)的要求。

2)生产经营单位主要负责人和安全生产管理人员及特种作业人员,上岗前应按规定取得相应的资质证书;其他从业人员,在上岗前应当经过厂、车间、班组三级安全培训教育并经考核合格。

3)生产经营单位主要负责人和安全生产管理人员及特种作业人员应当按照有关规定及时进行再培训或复审。

4)企业安全培训应当符合《生产经营单位安全培训规定》(国家安监总局令第3号)以及安全标准化的要求。

5.4　生产设施与工艺安全

1)企业新、改、扩建设项目必须符合国家产业政策的要求;严格履行"三同时"的规定;按照建设项目安全许可的有关规定进行规范管理。

2)企业不得使用国家命令禁止使用或强制淘汰的生产工艺或设备。

3)企业电气设施应当符合国家有关符合国家有关法律法规、设计规范和技术标准的要求;防爆电气应当符合防爆及防爆等级要求。

4)采用危险化工工艺的生产企业,应完成危险化工工艺生产装置的自动化控制改造。

5)工艺安全信息应当包含于企业的技术手册、操作规程、培训材料或其它工艺文件中;企业应定期进行工艺危害分析;工艺安全管理应当符合 AQ/T 3034-2010《化工企业工艺安全管理实施导则》的要求。

6)企业安全设施的设置必须符合国家有关法律法规、设计规范和技术标准的要求。

7)企业应当按照《危险化学品建设项目安全设施目录(试行)》(安监总危化〔2007〕225号)建立安全设施台账,并落实到专人进行管理;安全设施不得随意拆除、挪用、弃置不用。

8)安全设施应当按规定进行检修、校验,消除超期未检或失效现象。

9)企业购买的特种设备应当是有资质厂家的产品;企业应当建立、健全特种设备档案;特种设备应按照国家有关规定进行登记、检测。

10)企业的厂房、库房等建筑的耐火等级应当符合 GB 50016《建筑设计防火规范》、GB 50160《石油化工企业设计防火规范》的要求。

11)危险化学品生产装置和储存设施的周边防护距离应当符合有关法律、法规、规章和标准的规定。

5.5 作业安全

1)企业应当对危险性作业(动火作业、受限空间作业、动土作业、临时用电作业、高处作业、断路作业、吊装作业、抽堵盲板作业、设备检维修作业等)实施许可管理。

2)企业应当严格执行危险化学品储存、出入库及运输、装卸安全管理规定,规范作业行为,减少事故发生。

3)企业应当对承担工程建设、检维修、维护保养的承包商进行资质审查、签订安全生产管理协议,同时对承包商所属人员进行全员安全教育,并要求配备专职安全生产管理人员对作业过程进行安全检查与协调。

4)企业应当对现场作业人员进行资质审查管理;应当对现场作业人员的持证情况进行检查。

5)企业应当在生产场所、作业场所、厂内道路设置符合国家规定的、足够数量的警示标志。

5.6 职业危害防治与劳动防护

职业危害防治与劳动保护按照国家相关规定执行。

5.7 安全检查与隐患治理

1)企业应当定期或不定期的组织对各项安全管理制度以及安全管理要求落实情况进行监督检查(日常检查、专业性检查、季节性检查、节假日检查和综合性检查)。

2)企业应当按照《安全生产事故隐患排查治理暂行规定》(安监总局令第16号)及时排查治理事故隐患,做到隐患整改的措施、责任、资金、时限和预案"五到位",应当建立动员、鼓励从业人员及时发现和消除事故隐患的制度。

3)对检查出的重大隐患,企业应当及时上报有关部门,并采取应急防范措施,按照规定实行整改。

4)企业安全检查的主管部门应当对安全检查中发现问题的整改情况进行效果确认。

5)企业要定期聘请本行业专家开展安全检查,对存在一、二级重大危险源的,每季度至少应聘请专家开展一次安全检查;其他的每半年至少检查一次。

6)针对专家查出的问题和隐患,企业应当按照规定进行整改,并建立隐患整改档案。

5.8 安全投入

1)企业应依据《高危行业企业安全生产费用财务管理暂行办法》(财企〔2006〕478号)及当地政府的有关安全生产费用提取规定,提取安全生产费用,专款专用。

2)企业应按照规定的安全生产费用使用范围,合理使用安全生产费用,建立安全生产费用台账。

3）企业应当依据《工伤保险条例》（国务院令第 586 号）的有关规定，依法为从业人员缴纳工伤保险费。

4）企业应当按照规定参加安全生产责任险。

5.9　危险化学品的登记与事故应急救援

1）企业应当按照国家有关规定进行危险化学品登记，取得危险化学品登记证书。

2）生产企业应按照 GB/T 16483—2008《化学品安全技术说明书内容和项目顺序》、GB 15258—2009《化学品安全标签编写规定》正确编制并向用户提供化学品安全技术说明书，在产品包装上拴挂或粘贴化学品安全标签，并对数据的真实性负责；危险化学品储存、使用企业应当向供货单位索取安全技术说明书。

3）企业应当按照 AQ/T 9002—2006《生产经营单位安全生产事故应急预案编制导则》的要求，编制本单位的事故应急救援预案。

4）企业应当按照《生产经营单位生产安全事故应急预案评审指南（试行）》（安监总厅应急〔2009〕73 号）及《河南省〈生产安全事故应急预案管理办法〉实施细则》（豫安委〔2009〕15 号）的要求，对本单位安全生产事故应急预案进行评审。

5）企业应当对本单位安全生产事故应急预案及时向当地安全生产监督管理部门进行备案。

6）生产企业必须向用户提供化学事故应急咨询服务，应当设立 24 h 应急咨询服务固定电话，有专业人员值班并负责相关应急咨询。没有条件设立应急咨询服务电话的，应委托危险化学品专业应急机构作为应急咨询服务代理。

7）企业应当建立事故应急救援队伍，或与其它单位签订应急救援协议，并配备应急救援器材。

8）企业应当建立应急指挥系统，实行分级管理；应当建立应急通讯网络，保证应急通讯网络的畅通。

9）企业应当对本单位的应急救援能力进行评估，确保本单位应急救援队伍和应急救援器材达到相应的水平。

10）企业应当对从业人员进行应急救援预案的培训，定期组织演练，根据演练情况不断修改完善事故应急救援预案。

11）企业发生安全生产事故后应当迅速启动应急救援预案，积极组织抢救，妥善处理，以防止事故的蔓延扩大，保护事故现场。

12）企业发生安全生产事故后应当按照《生产安全事故调查和处理管理条例》（国务院令第 493 号）及《生产安全事故信息报告和处置办法》（安监总局令第 21 号）的规定及时、准确、完整的进行事故报告，严禁迟报、漏报、谎报或者瞒报。

13）企业发生生产安全事故后，应积极配合各级人民政府组织的事故调查，如实提供有关情况；县级人民政府委托企业负责组织调查的，企业应按规定组织调查，按时提交事故调查报告。

14）事故调查坚持"四不放过"原则，企业应当根据调查结果，及时落实事故整改和预防措施，防止事故再次发生。

5.10　重大危险源管理

1）企业应当按照 GB 18218—2009《危险化学品重大危险源辨识》的要求，及时进行性重大危险源辨识。

2）企业应当按照国家规定对本单位的重大危险源进行评价。

3）企业应当对本单位的重大危险源进行申报登记和建档，并按规定逐级上报。

4)企业应当及时完成重大危险源数据和视频实时监控、自动化监测报警技术改造,实施对危险化学品重大危险源的实时有效检测监控。

5)重大危险源的检测监控应当符合 AQ 3035—2010《危险化学品重大危险源安全监控通用技术规范》、AQ 3036—2010《危险化学品重大危险源　罐区现场安全监控装备设置规范》等标准规范的要求。

6)重大危险源所属单位应当将本单位重大危险源管理状况,包括实时检测监控情况,按规定要求及时报告当地安全生产监督管理部门。

7)存在重大危险源的生产经营单位负责人每年向生产、储存场所所在地安全生产监督管理部门和负有安全生产监督管理职责的有关部门报告履行重大危险源管理职责情况。

5.11　安全法律、法规、规范、标准及文件执行情况

1)认真执行国家、地方、部门、行业的安全法律、法规、规范、标准。

2)认真宣贯上级关于安全方面的文件、指示精神。

河南省危险化学品企业安全检查表

一、安全生产行政许可检查表

企业名称：　　　　　　　　　　　　　　　　　　　检查日期：　年　月　日

序号	检查项目		检查内容和方法	检查结果	检查依据
1	安全生产(经营)许可证		检查证书原件,查看有效期、许可范围		《安全生产法》、《安全生产许可证条例》、《危险化学品安全管理条例》、《危险化学品生产企业安全生产许可证实施办法》、《危险化学品经营许可证管理办法》、《危险化学品登记管理办法》和《河南省安全生产条例》、豫政〔2010〕29号、安监总管三〔2010〕186号文
2	管理人员资格证书	主要负责人	检查证书原件,查看有效期及再培训情况;检查任职文件,核对管理人员数量和培训人员数量是否一致		
		分管负责人			
		安全机构负责人			
		专职安全员			
3	特种作业人员证书	电工	查看评价报告中确定人员数量与证书核对人员数量;抽查30%的证书查看有效期和复审情况;实地抽查10%的作业人员在岗情况		
		焊工			
		危险工艺作业人员			
		特种设备操作人员*			
4	危险化学品登记情况		查看评价报告中应登记的危险化学品情况及登记情况		
5	易制毒化学品备案情况		查看评价报告中易制毒化学品及备案情况		《易制毒化学品管理条例》、《非药品类易制毒化学品生产经营许可办法》

检查人员(签字)：　　　　　　　　　　　　　　　企业安管部门负责人(签字)：

---

*　根据国家安监总局30号令,特种设备操作作业未列入特种作业目录中。

二、安全管理机构建立和人员配备检查表

企业名称：　　　　　　　　　　　　　　　　　　　　　　　检查日期：　年　　月　　日

序号	检查项目	检查内容和方法	检查结果	检查依据
1	企业安全生产领导小组(或安委会)建立情况	查成立文件及主要负责人是否为组长(主任)		
2	企业安全部门设立情况	查成立文件,是否设置安全生产管理机构,配备专职安全生产管理人员		《安全生产法》、《危险化学品安全管理条例》、《河南省安全生产条例》、《关于规范河南省危险化学品生产经营单位从业人员基本条件的意见》、豫政〔2010〕29号文、安监总管三〔2010〕186号文
3	企业专职安全生产管理人员配备情况	有关文件和实地人员核对,是否按2%比例配备(不得少于1人)		
4	车间、工段、班(组)兼职安全管理人员配备情况	查看统计资料和实地落实、兼职安全管理人员配备情况		
5	安全生产管理人员素质和专业配备情况	查安全生产管理人员档案,检查学历证书及资格证书		
6	安全生产管理人员的政治和经济待遇情况	查工资表,看安全生产管理人员与同岗位人员的福利待遇和政治待遇,是否落实政策性补贴		

检查人员(签字)：　　　　　　　　　　　　　　　　企业安管部门负责人(签字)：

三、安全生产责任和程序体系

(一)安全生产责任制体系建立检查表

企业名称： 检查日期： 年 月 日

序号	检查项目	检查内容和方法	检查结果	检查依据
1	主要负责人的责任	查主要负责人岗位职责,看是否按《河南省安全生产条例》第十四条的内容制定		
2	安全管理机构及安全管理人员责任	查分管负责人,安全生产管理机构负责人及各级安全管理人员的岗位职责是否符合《河南省安全生产条例》第十五条的规定		
3	其它分管领导和相关职能部门安全生产责任(含党、政、工、团)	查安全生产岗位职责,检查是否按照本部门的职责,在各自范围内对安全生产负责		《河南省安全生产条例》、豫政〔2010〕29号文、安监总管三〔2010〕186号文
4	车间、班(组)安全生产责任	查安全生产岗位职责,检查是否落实基层安全管理责任和责任的层层量化		
5	安全生产责任制体系	查安全生产目标责任书的签订,检查是否实行安全生产会员参与、全员管理和"一岗双责"的规定;查安全生产目标责任书的签订,检查是否实行安全生产会员参与、全员管理和"一岗双责"的规定		

检查人员(签字): 企业安管部门负责人(签字):

(二)安全生产责任制落实和程序体系检查表

企业名称：　　　　　　　　　　　　　　　　　　　　　　检查日期：　　年　　月　　日

序号	检查项目	检查内容和方法	检查结果	检查依据
1	主要负责人安全责任落实情况	查会议记录,检查是否定期召开会议,听取汇报、解决问题、保障安全投入情况等		
2	安全管理机构安全责任制落实情况	查会议记录及相关资料,检查是否按照《河南省安全生产条例》第十五条规定开展工作		
3	安全生产责任制监督检查情况	查检查记录,看是否对各岗位人员的安全责任落实情况定期检查,查检查出的问题是否解决		《河南省安全生产条例》、豫政〔2010〕29号文、安监总管三〔2010〕186号文
4	安全生产责任制考核奖惩情况	查考核记录和奖惩兑现、选拔任用情况,是否落实企业制定的考核奖惩制度		
5	安全生产程序体系	查程序文件制定和运作,抽查1～3个安全事件处理过程,是否做到PDCA要求的闭环管理		

检查人员(签字)：　　　　　　　　　　　　　　　　　　企业安管部门负责人(签字)：

四、安全生产规章制度建立和落实检查表

企业名称： 检查日期： 年 月 日

序号	检查项目	检查内容和方法	检查结果	检查依据
1	安全生产例会制度			
2	工艺管理制度			
3	开停车管理制度			
4	设备管理制度			
5	电气和自动化控制管理制度			
6	公用工程管理制度			
7	施工与检维修安全规程			
8	安全技术措施管理制度			
9	变更管理制度	1. 查以企业正式文件发布的制度名录		
10	巡回检查管理制度	2. 查各项制度、规程、规定有无与之相配套的执行程序文件		
11	安全检查和隐患排查治理制度	3. 各项制度内容是否全面、合适,是否经过专家评审		
12	干部值班制度	4. 每次抽查 1~3 个制度落实情况记录材料		安监总管三〔2010〕186 号文
13	事故管理制度	5. 查制度和安全操作规程是否每 3 年进行评审和修订一次		
14	厂区交通安全制度	6. 查制度的宣贯记录		
15	重大危险源管理制度	7. 查奖惩记录是否按制度执行		
16	关键装置与重点部位管理制度	8. 关键装置与重点部位管理制度要包含防火防爆、防尘、防泄漏等内容		
17	危险化学品安全管理制度			
18	劳动防护用品管理制度			
19	安全教育培训制度			
20	安全生产奖惩制度			
21	危险有害因素辨识和风险评估制度			
22	承包商管理制度			
23	装置停产(用)、半停产(用)安全处置及管理规定			
24	装置恢复生产(使用)安全处置指南			

检查人员(签字)： 企业安管部门负责人(签字)：

五、事故隐患排查治理检查表

企业名称：　　　　　　　　　　　　　　　　　　检查日期：　年　月　日

序号	检查项目	检查内容和方法	检查结果	检查依据
1	隐患排查治理和监控机制	查制度和隐患排查档案,看是否落实从主要负责人到全体员工的全面覆盖,全员参与的隐患排查		
2	隐患排查制度化、常态化	查隐患排查档案,看是否每天、每个班(组)排查隐患		
3	聘请专家排查隐患情况	查聘请专家合同及排查隐患的登记整改情况		
4	举报事故隐患奖励情况	查制度中是否有鼓励举报的内容,举报方式是否公布,举报人员是否奖励		
5	事故隐患分级登记建档和统计分析	查事故隐患登记台账,看是否进行分级建档和定期分析原因		豫政〔2010〕29号文、安监总管三〔2010〕186号文
6	事故隐患整改"五到位"情况	抽查1~3个事故隐患,查是否做到措施、责任、资金、时限和预案五落实		
7	事故隐患报告情况	查事故隐患排查治理情况和统计分析表是否报当地安监部门备案		
8	一般事故隐患整改情况	查事故隐患排查台账,看是否立即整改,整改率是否达到100%		
9	重大事故隐患整改和监控情况	查重大事故隐患治理方案是否按总局16号令第十五条的要求制定并落实		
10	停产治理的事故隐患的管理	查停产申请书、恢复生产报告、审查合格资料、事故隐患核销情况		

检查人员(签字)：　　　　　　　　　　　　　　企业安管部门负责人(签字)：

六、安全生产操作规程检查表

企业名称： 检查日期： 年 月 日

序号	检查内容和方法	检查结果	检查依据
1	是否根据危险化学品的生产工艺、技术、设备特点和原材料、辅助材料、产品的危险性编制岗位操作安全规程(安全操作法)		
2	编制的岗位操作安全规程是否健全,有无遗漏岗位		
3	是否制订有生产装置正常开、停车和紧急停车安全规程		
4	编制的岗位操作安全规程是否符合有关安全技术标准		《中华人民共和国安全生产法》、《河南省安全管理条例》、安监总管三〔2010〕186号文
5	企业是否以正式文件下发岗位操作安全规程,并在相应岗位上公示		
6	岗位安全操作规程是否每3年评审和修订一次,并在发生重大变更时及时修订		
7	是否组织相关管理人员、作业人员进行岗位安全操作规程的学习培训,确保有效贯彻执行		
8	现场抽查严格执行岗位操作安全规程的情况,是否有作业人员违反操作规程的现象		

检查人员(签字)： 企业安管部门负责人(签字)：

七、培训情况检查表

企业名称：　　　　　　　　　　　　　　　　　　检查日期：　　年　　月　　日

序号	检查项目	检查内容和方法	检查结果	检查依据
1	安全培训制度、计划的制定及其实施的情况	检查是否制定有安全培训管理制度和年度培训计划;查制度、计划、培训资金是否落实		《生产经营单位安全培训规定》(总局令第3号)第三条、第二十三条;豫政〔2010〕29号文、安监总管三〔2010〕186号文
2	主要负责人、分管安全负责人和分管技术负责人的基本从业条件	1. 能认真履行法律、法规赋予的安全生产工作职责;无严重违反国家有关安全生产法律法规行为;若因未履行法定安全生产职责,导致发生生产安全事故,依法受刑事处罚或者撤职处分的,自刑罚执行完毕或者受处分之日起,五年内不得担任主要负责人。 2. 三年以上危险化学品相关行业从业经历。 3. 生产企业和大型国有经营单位主要负责人、分管安全负责人和分管技术负责人应具有大学专科以上学历,其中分管技术负责人具有化工或其相关专业大学专科以上学历,或者具有化工专业中、高级技术职称;中小型经营单位主要负责人、分管安全负责人和分管技术负责人应具有中专以上学历,其中分管技术负责人具有化工或其相关专业中专以上学历,或者具有化工专业初级技术职称。 4. 主要负责人接受安全生产法律法规和危险化学品安全管理知识教育培训,经安全生产监督管理部门考核合格,取得危险化学品生产经营单位主要负责人安全资格证书;分管安全负责人接受上述培训考核,取得安全生产管理人员安全资格证书		《生产经营单位安全培训规定》(总局令第3号)第四条、《关于下发〈关于规范河南省危险化学品生产经营单位从业人员基本条件的意见〉的通知》(豫安监管危化〔2009〕162号)、豫政〔2010〕29号文、安监总管三〔2010〕186号文
3	专职安全管理人员的基本从业条件及人员数量配备	1. 具有化工或相关专业大学中专以上学历;或者注册助理安全工程师以上执业资格证书;或者具有化工专业初级以上技术职称。 2. 两年以上危险化学品相关行业从业经历。 3. 接受安全生产法律法规和危险化学品安全管理知识教育培训,经安全生产监督管理部门考核合格,取得危险化学品生产经营单位安全管理人员资格证书。 4. 按照不低于从业人员2%的比例配备专职安全生产管理人员,最低不得少于1人		《生产经营单位安全培训规定》(总局令第3号)第四条、《河南省安全生产条例》第十三条、安监总管三〔2010〕186号文

续表

序号	检查项目	检查内容和方法	检查结果	检查依据
4	主要危险岗位作业人员的基本从业条件	1. 具有化工或相关专业中等职业教育以上学历,或者具有高中以上学历。 2. 依法接受国家规定的从业人员安全生产培训,参加本岗位有关工艺、设备、电气、仪表等岗位操作知识和操作技能的培训,通过考试,取得培训合格证书		《生产经营单位安全培训规定》(总局令第3号)第四条、《关于下发〈关于规范河南省危险化学品生产经营单位从业人员基本条件的意见〉的通知》(豫安监管危化〔2009〕162号)、安监总管三〔2010〕186号文
5	特种作业人员的基本从业条件	1. 年满18周岁,且不超过国家法定退休年龄; 2. 经社区或者县级以上医疗机构体检健康合格,并无妨碍从事相应特种作业的器质性心脏病、癫痫病、美尼尔氏症、眩晕症、癔病、震颤麻痹症、精神病、痴呆症以及其他疾病和生理缺陷; 3. 具备规定的文化程度; 4. 具备必要的安全技术知识与技能; 5. 取得《中华人民共和国特种作业操作证》; 6. 特种作业操作证每3年复审1次		《特种作业人员安全技术培训考核管理规定》(总局令第30号)第四条、第五条、第二十一条、豫政〔2010〕29号文、安监总管三〔2010〕186号文
6	其它岗位作业人员基本从业条件	1. 具有初中以上学历。 2. 依法接受国家规定的从业人员安全生产培训		《生产经营单位安全培训规定》(总局令第3号)第四条、《关于下发〈关于规范河南省危险化学品生产经营单位从业人员基本条件的意见〉的通知》(豫安监管危化〔2009〕162号)
7	建立安全培训档案的情况	检查从业人员安全培训档案		《生产经营单位安全培训规定》(总局令第3号)第二十七条、豫政〔2010〕29号文、安监总管三〔2010〕186号文

检查人员(签字): 　　　　　　　　　　　　　　　　企业安管部门负责人(签字):

八、作业场所现场安全管理检查表

企业名称：　　　　　　　　　　　　　　　检查日期：　年　月　日

序号	检查项目	检查内容和方法	检查结果	检查依据
1	安全警示标志设置情况	查在较大危险因素的作业场所和设施、设备上是否设置明显的安全警示标志		
		查在易发生事故和人员不易观察到的地方、场所和装置,是否设置声、光或声光结合的事故报警信号		
		查有明沟、水池、坑、地下槽的场所是否设置护栏、盖板与警示标志		
2	作业场所设置情况	查作业场所是否与员工宿舍保持安全距离,是否按生产特点及实际需要,设置更衣室、厕所、浴室等生活卫生用室		《中华人民共和国安全生产法》、《河南省安全管理条例》、《中华人民共和国消防法》、危险化学品作业八大规范(AQ 3021～AQ 3028)、安监总管三〔2010〕186号文
		查危险性的作业场所,是否设有防火墙和安全通道,不少于两个出入口并保持畅通		
		查在有毒性危害的作业环境及具有化学灼伤危险的作业区,是否设置必要的洗眼、淋洗等安全防护设施		
3	反"三违"情况	查现场作业人员是否有"违章指挥、违章作业、违反劳动纪律"现象		
4	危险作业情况	查动火、动土、登高、起重、有限空间等危险作业现场、作业许可证、作业人员是否符合有关规范要求		
5	消防设施、设备情况	查消防设施、设备是否设置、配置在明显和便于取用的地点,且不影响安全疏散		

检查人员(签字)：　　　　　　　　　　　　企业安管部门负责人(签字)：

九、建设项目"三同时"管理检查表

企业名称：　　　　　　　　　　　　　　　　　　　检查日期：　　年　　月　　日

序号	检查项目	检查内容和方法	检查结果	检查依据
1	化工园区情况	查新建企业是否建设在化工园区或产业集聚区，老企业是否制定有迁入化工园区的计划		
2	化工工艺情况	查新开发的化工生产工艺，是否在小试、中试、工业化试验的基础上逐步放大到工业化生产。国内首次采用的化工工艺，是否通过省级有关部门组织专家组进行的安全论证		
3	淘汰落后产能情况	查企业的设备、工艺和产品是否在工信部发布的淘汰落后生产工艺装备和产品指导目录内		《中华人民共和国安全生产法》、《河南省安全管理条例》、国家安监总局令第8号《危险化学品建设项目安全许可实施办法》、豫政〔2010〕29号文、安监总管三〔2010〕186号文
4	执行建设项目安全设施"三同时"制度情况	查新建企业是否严格按照设立安全审查、安全设施设计审查、试生产方案备案、安全设施竣工验收的程序进行，没有未批先建、擅自施工、擅自投入生产使用的现象		
5	安全设施设计、施工、监理情况	查建设项目是否由具备相应资质的单位负责设计、施工、监理。采用危险化工工艺的装置，是否由具有甲级资质的化工设计单位设计。施工单位是否严格按设计图纸施工		
6	试生产情况	查有无试生产方案且经过备案		
		查建设项目建成试生产前，是否组织设计、施工、监理和建设单位的工程技术人员进行"三查四定"（三查：查设计漏项、查工程质量、查工程隐患；四定：定任务、定人员、定时间、定整改措施）		
		查是否有试车和投料方案，并按方案进行		

检查人员（签字）：　　　　　　　　　　　　　　　　企业安管部门负责人（签字）：

十、重大危险源检查表

企业名称：　　　　　　　　　　　　　　　　　　　　检查日期：　　年　　月　　日

序号	检查项目	检查内容和方法	检查结果	检查依据
1	重大危险源的管理	生产经营单位负责本单位重大危险源的普查、辨识、登记、评价和监控，并将有关情况定期报告安全生产监督管理部门和有关主管部门		豫政〔2010〕29 号文、安监总管三〔2010〕186 号文
2	重大危险源的评价	生产经营单位应定期对其重大危险源监控管理状况进行评估、分级。根据评估结果制定监控方案，并将评估结果和监控方案报告安全生产监督管理部门和负有安全生产监督管理职责的有关部门		《关于加强重大危险源监督管理工作的指导意见》（豫安监管〔2010〕114号）
3	重大危险源档案	生产经营单位应当定期对重大危险源的工艺参数、危险物质进行检测，对重要设备设施进行检验，对安全状况进行检查，作好记录，建立档案		《关于加强重大危险源监督管理工作的指导意见》（豫安监管〔2010〕114号）
4	重大危险源的辨识与申报	生产经营单位负责对本单位的重大危险源进行辨识、申报登记和建档，并按规定逐级上报。其中危险化学品生产储存企业和使用剧毒化学品以及数量构成重大危险源的其他化学品从业单位，按照国家安全生产信息系统（"金安"工程）要求完成登记工作		《关于加强重大危险源监督管理工作的指导意见》（豫安监管〔2010〕114号）
5	重大危险源的变更	生产经营单位的重大危险源信息通过网络化的申报管理软件每年上报一次。涉及以下基本信息内容变更的，重大危险源所属单位应及时上报： 1. 单位名称； 2. 法定代表人； 3. 单位地址； 4. 联系方式； 5. 危险源种类及基本特征； 6. 应急救援预案。 对信息变更后涉及重大危险源等级变化的，应由具备安全评价资质的机构对变更后的现状及时进行评估		《关于加强重大危险源监督管理工作的指导意见》（豫安监管〔2010〕114号）

续表

序号	检查项目	检查内容和方法	检查结果	检查依据
6	新构成的重大危险源	对生产经营单位新构成的重大危险源,重大危险源所属单位应及时申报、登记、建档,并及时进行评估、分级。各级安全生产监督管理部门和负有安全生产监督管理职责的有关部门应及时对新构成的重大危险源实施监督管理,并及时向上一级安全生产监督管理部门和负有安全生产监督管理职责的有关部门上报备案		《关于加强重大危险源监督管理工作的指导意见》(豫安监管〔2010〕114号)
7	重大危险源的撤销	生产经营单位对已关停或技术改造后不构成重大危险源的,经过安全评估确认后,应向当地安全生产监督管理部门和负有安全生产监督管理职责的有关部门报告备案登记。当地安全生产监督管理部门应根据安全评估报告及时撤销对其重大危险源的监督管理,并报上级安全生产监督管理部门备案		《关于加强重大危险源监督管理工作的指导意见》(豫安监管〔2010〕114号)
8	重大危险源监控	重大危险源的检测监控应当符合 AQ 3035—2010《危险化学品重大危险源安全监控通用技术规范》、AQ 3036—2010《危险化学品重大危险源 罐区现场安全监控装备设置规范》等标准规范的要求		AQ 3035—2010《危险化学品重大危险源安全监控通用技术规范》、AQ 3036—2010《危险化学品重大危险源 罐区现场安全监控装备设置规范》
9	重大危险源重点检查内容	(1)贯彻执行有关法律、法规、规章和标准的情况; (2)预防安全生产事故措施的落实情况; (3)重大危险源普查申报、登记建档情况; (4)重大危险源的安全评估、检测、监控情况; (5)重大危险源设备维护、保养和定期检测情况; (6)重大危险源现场安全警示标志设置的情况; (7)从业人员安全培训教育情况; (8)应急救援组织建设和人员配备的情况; (9)应急救援预案制定和演练情况; (10)配备应急救援器材、设备及维护、保养的情况; (11)重大危险源日常管理情况		《关于加强重大危险源监督管理工作的指导意见》(豫安监管〔2010〕114号)

检查人员(签字):　　　　　　　　　　　　　　　企业安管部门负责人(签字):

十一、安全设备管理检查表

企业名称：　　　　　　　　　　　　　　　　　　检查日期：　年　月　日

序号	检查项目	检查内容和方法	检查结果	检查依据
1	设施设备符合有关法律法规标准情况	查安全设施、设备、工艺是否符合有关法律、法规、规章和标准的规定。是否使用国家明令淘汰、禁止使用的危及生产安全的工艺、设备		
2	周边防护距离情况	查危险化学品生产装置和储存设施的周边防护距离是否符合有关法律、法规、规章和标准的规定		
3	设施设备运行制度情况	查企业是否制定特种设备、安全设施、电气设备、仪表控制系统、安全联锁装置等日常维护保养管理制度,确保运行可靠		《中华人民共和国安全生产法》、《河南省安全管理条例》、《特种设备安全监察条例》、豫政〔2010〕29号文、安监总管三〔2010〕186号文
4	特种设备情况	查防雷防静电设施、安全阀、压力容器、仪器仪表等是否经过相关职能部门定期检测检验,并出具结论性意见		
5	自动化控制情况	查涉及危险工艺的化工装置是否装备自动化控制系统,配备自动连锁、自动报警装置		

检查人员(签字)：　　　　　　　　　　　　　　企业安管部门负责人(签字)：

十二、安全生产投入保障机制检查表

企业名称：　　　　　　　　　　　　　　　　　　　　检查日期：　　年　　月　　日

序号	检查项目	检查结果	检查依据
1	企业是否建立了安全生产费用管理制度、安全生产风险抵押金管理制度及与之配套的执行程序文件		
2	企业全年安全费用提取额是否符合《安全费用管理办法》规定提取指标要求		
3	安全生产费用是否专款专用		《高危行业企业安全生产费用财务管理暂行办法》、《企业安全生产风险抵押金管理暂行办法》、《安全生产违法行为行政处罚办法》、豫政〔2010〕29 号文、安监总管三〔2010〕186 号文
4	企业为职工提供的职业病防治、工伤保险、医疗保险、意外伤害保险等费用是否违规在安全费用中列支		
5	企业转产、停产、停业或解散的,结余安全费用是否用于危险化学品生产或储存的设备、库存产品及生产原料的善后处理		
6	企业安全生产风险抵押金是否按《风险金管理办法》执行		

检查人员(签字)：　　　　　　　　　　　　　　　　企业安管部门负责人(签字)：

十三、应急救援管理检查表

企业名称：　　　　　　　　　　　　　　　　　　　　检查日期：　　年　　月　　日

序号	检查内容和方法	检查结果	检查依据
1	企业是否建立了应急预案(综合预案、专项预案及现场处置方案)及与之配套的执行程序文件,并经主要负责人签署发布实施		
2	企业综合应急预案及专项预案(小企业可合并为一)是否按国家安管总局第 17 号令及河南省安管局有关规定经专家评审并上报安全生产监督管理部门备案		
3	企业是否按照国家安管总局、本省安全生产监督管理部门有关规定次数进行了预案演练(综合预案演练每年不少于一次,专项预案演练每半年不少于一次)		《中华人民共和国安全生产法》、《河南省安全生产条例》、《生产安全事故应急预案管理办法》、《河南省〈生产安全事故应急预案管理办法〉实施细则》、豫政〔2010〕29 号文、安监总管三〔2010〕186 号文
4	应急预案是否随生产经营状态变化及时进行修正,每 3 年是否重新对预案进行专家评审备案		
5	企业是否建立有专职或兼职应急救援组织;无救援组织是否与外界应急救援组织签订了救援协议		
6	应急救援器材是否配置齐全、到位,是否有效运行		

检查人员(签字)：　　　　　　　　　　　　　　　　企业安管部门负责人(签字)：

十四、生产安全事故和事件管理

企业名称：　　　　　　　　　　　　　　　　检查日期：　　年　　月　　日

序号	检查内容和方法	检查结果	检查依据
1	企业是否建立事故调查处理制度及与之配套的执行程序文件		
2	企业本年度是否发生生产安全事故，对发生的事故是否按规定及时、准确上报相关部门。对既发事故是否积极配合政府有关部门调查处理		《中华人民共和国安全生产法》、《生产安全事故报告和调查处理条例》、《河南安全生产条例》、《关于认真做好危险化学品生产经营单位歇业安全监管工作的通知》（豫安监管危化〔2009〕63号）、《关于认真做好危险化学品生产经营单位停产或部分停产期间安全监管工作的通知》（豫安监管三〔2009〕314号）、豫政〔2010〕29号文、安监总管三〔2010〕186号文
3	对已发生的事故是否按规定及时进行了结案并上报有关部门审批、备案		
4	对发生事故是否按"四不放过"原则落实到位		
5	安全生产监督管理部门对企业发生的事故是否行政处罚到位		

检查人员（签字）：　　　　　　　　　　　　　企业安管部门负责人（签字）：

十五、危险化学品运输(厂内)安全管理检查表

企业名称： 检查日期： 年 月 日

序号	监督检查内容	检查结果	检查依据
1	进入厂内的外部危险化学品运输车辆是否经过门卫登记,是否办理有危险化学品运输许可证,驾驶员、押运员是否经过培训持证上岗。运输剧毒化学品是否有公安部门颁发的剧毒品购买凭证及准运证明		
2	进入厂区的危险化学品运输车辆是否配置有阻火帽、消防器材等应急处置设施及安全警示标志,罐车是否设有可靠的接地静电导链,是否印制有应急救援联系电话		
3	装卸和运输危险化学品时,是否有熟知危险化学品性质和安全防护知识的专人负责		《危险化学品安全管理条例》、《危险品运输管理条例》、《危险品运输驾驶员安全操作规程》、豫政〔2010〕29 号文、安监总管三〔2010〕186 号文
4	装卸和运输危险化学品时是否做到(1)轻拿轻放,防止撞击、托拉和倾倒;(2)碰撞、相互接触容易引起燃烧、爆炸的危险化学品及化学性质和防护灭火方法相抵触的危险化学品不得混合装运;(3)遇热、遇潮容易引起燃烧、爆炸或产生有毒气体的危险化学品,装运时应采取隔热、防潮措施;(4)不得与客货混装;(5)高温季节,装运液化气车辆要有防晒设施		
5	禁止用电瓶车、翻斗车和脚踏车运输爆炸品。运输一级易燃液体时,不得用铁底板车及汽车挂车运输;禁止用叉车、铲车、翻斗车运输易燃易爆液化气体等危险品		
6	厂内运输危险化学品车辆,必须保持安全车速、保持车距,严禁超车、超速和强行会车		

检查人员(签字)： 企业安管部门负责人(签字)：

第二部分
河南省法规规章

河南省安全生产条例

(2010 年 7 月 30 日河南省第十一届人民代表大会常务委员会第十六次会议通过
2010 年 7 月 30 日河南省第十一届人民代表大会常务委员会公告第 32 号公布
自 2010 年 10 月 1 日起施行)

第一章　总　则

第一条　为了加强安全生产监督管理,防止和减少生产安全事故,保障人民群众生命和财产安全,促进经济发展,维护社会稳定,根据《中华人民共和国安全生产法》和有关法律、法规,结合本省实际,制定本条例。

第二条　在本省行政区域内从事生产经营活动单位(以下统称生产经营单位)的安全生产及相关监督管理,适用本条例。有关法律、法规对消防安全和道路交通安全、铁路交通安全、水上交通安全、民用航空安全等另有规定的,适用其规定。

第三条　安全生产工作坚持安全第一、预防为主、综合治理的方针,建立政府统一领导、部门依法监管、单位全面负责、群众参与监督、社会广泛支持的安全生产监督管理体制。

第四条　各级人民政府应当加强对安全生产工作的领导,建立健全安全生产目标责任制和生产安全责任事故追究制度,督促各有关部门依法履行安全生产监督管理职责,及时协调、解决安全生产工作中的重大问题。

第五条　各级人民政府及其有关部门的主要负责人分别对本地区、本行业安全生产工作负全面责任,分管安全生产工作的负责人对安全生产工作负领导责任,其他负责人对分管范围内的安全生产工作负领导责任。

第六条　县级以上人民政府安全生产监督管理部门对本行政区域内安全生产工作实施综合监督管理,指导、协调和监督有关部门承担的专项安全生产管理工作。

县级以上人民政府其他有关部门依法在各自职责范围内对有关安全生产工作实施监督管理。

第七条　生产经营单位是安全生产工作的责任主体,应当依法加强安全生产管理,完善安全生产条件,确保安全生产。

生产经营单位主要负责人是本单位安全生产工作的第一责任人,对安全生产工作全面负责;其他负责人对各自职责范围内的安全生产工作负责。

生产经营单位的从业人员有依法获得安全生产保障的权利,并应当依法履行安全生产义务。

第八条　各级工会应当依法组织职工参加安全生产工作的民主管理和民主监督,维护职工在安全生产方面的合法权益。

第九条　各级人民政府及其有关部门应当组织开展安全生产宣传教育,提高公民的安全生产意识。

广播、电视、网络、报刊、出版等媒体,应当积极开展安全生产公益性宣传教育,加强对安全生产工作的舆论监督。

第十条　县级以上人民政府及其有关部门应当对在改善安全生产条件、防止生产安全事故、参加抢险救护、报告重大事故隐患、举报安全生产违法行为等方面做出显著成绩或者安全生产目标考核优秀的单位和个人,给予表彰或者奖励。

第二章 生产经营单位安全生产责任

第十一条 生产经营单位应当建立健全安全生产责任制,明确本单位各级、各岗位的责任人员、责任内容和考核要求,形成包括全体从业人员和全部生产经营活动的安全生产责任体系。

生产经营单位的安全生产规章制度应当载明下列内容:

(一)安全生产责任;

(二)安全生产例会;

(三)安全生产奖惩;

(四)安全生产教育培训和考核;

(五)生产经营场所、设备和设施的安全管理;

(六)安全生产检查;

(七)重大危险源监控和事故隐患排查、报告、整改;

(八)伤亡事故报告和处理;

(九)劳动防护用品管理;

(十)其他保障安全生产的内容。

第十二条 生产经营单位应当推行安全质量标准化,执行国家和行业有关安全质量标准。生产流程各环节、各岗位的生产经营活动应当符合安全生产有关法律、法规和安全生产技术规范的要求。

第十三条 矿山、建设项目施工单位和危险物品的生产、经营、运输、储存单位,应当设置安全生产管理机构,并按照不低于从业人员百分之一的比例配备专职安全生产管理人员,最低不得少于一人。

前款规定以外的其他生产经营单位,从业人员在三百人以上的,应当设置安全生产管理机构,并按照不低于从业人员千分之五的比例配备专职安全生产管理人员,最低不得少于二人;从业人员在三百人以下的,应当配备一名专职或者兼职安全生产管理人员。

鼓励生产经营单位委托具有相应资质的安全生产中介机构或者注册安全工程师提供安全生产管理服务。

第十四条 生产经营单位主要负责人对本单位安全生产负有下列责任:

(一)建立、健全并组织落实安全生产责任制;

(二)组织制定并督促落实安全生产规章制度和安全操作规程;

(三)保证安全生产条件所必需的资金投入和安全生产费用的提取使用;

(四)依法为本单位从业人员办理工伤保险,缴纳工伤保险费;

(五)组织检查安全生产工作,及时消除生产安全事故隐患;

(六)组织制定生产安全事故应急救援预案;

(七)及时、如实报告生产安全事故,组织事故抢险,配合生产安全事故调查,不得擅离职守;

(八)向职工大会、职工代表大会、股东会或者股东大会报告安全生产情况,接受工会、从业人员、股东对安全生产工作的监督;

(九)法律、法规规定的其他责任。

第十五条 生产经营单位的安全生产管理机构以及安全生产管理人员履行下列职责:

(一)贯彻执行安全生产法律、法规和有关国家标准、行业标准,参与本单位安全生产决策;

(二)参与制定安全生产规章制度和安全操作规程并督促执行;

（三）开展安全生产检查，制止和查处违章指挥、违章操作、违反劳动纪律的行为；

（四）发现事故隐患，督促有关业务部门和人员及时整改，并报告本单位负责人；

（五）开展安全生产宣传、教育和培训，推广安全生产先进技术和经验；

（六）参与本单位生产工艺、技术、设备的安全性能检测及事故预防措施的制定；

（七）参与本单位新建、改建、扩建工程项目安全设施的审查，督促发放、使用劳动防护用品；

（八）参与组织本单位安全生产应急预案的制定及演练；

（九）按规定上报并协助调查和处理生产安全事故，对事故进行统计、分析，落实防范措施；

（十）法律、法规规定的其他安全生产工作。

第十六条　危险物品的生产、经营、储存单位以及矿山、建设项目施工单位的主要负责人和安全生产管理人员应当由具备相应资质的安全生产培训机构培训，并经有关主管部门对其安全生产知识和管理能力考核合格后方可任职。考核不得收费。

特种作业人员应当依法取得特种作业操作资格证书后方可上岗作业。

第十七条　生产经营单位应当制定安全生产教育和培训计划，建立从业人员安全教育和培训档案。未经安全生产教育和培训合格的从业人员，不得上岗作业。

对调换工种或者采用新工艺、新技术、新材料及使用新设备的从业人员，应当进行专门的安全生产教育和培训。培训合格后，方可上岗。

第十八条　生产经营单位应当按照国家和本省规定，为从业人员免费发放合格的劳动防护用品，并监督、教育从业人员按照使用规则佩戴、使用。

生产经营单位不得以货币或者其他物品替代应当按规定配备的劳动防护用品。

第十九条　生产经营单位应当建立健全作业场所的职业安全健康制度，加强对作业场所职业危害的预防与劳动过程的防护和管理，为从业人员提供符合法律、法规和国家标准、行业标准的工作环境和条件，为从事职业危害作业的人员定期进行健康检查，将检查结果如实告知从业人员，并建立职业健康档案，实施健康监护，对本单位产生的职业病危害承担责任。

生产经营单位与从业人员订立劳动合同（含聘用合同）时，应当将工作过程中可能产生的职业危害及其后果、职业危害防护措施和待遇等如实告知从业人员，并在劳动合同中写明，不得隐瞒或者欺骗。

第二十条　生产经营单位应当按照规定对作业场所进行职业危害因素检测、监测和职业危害控制效果评价。检测、评价结果存入用人单位职业卫生档案，定期向所在地安全生产监督管理部门报告并向从业人员公布。

第二十一条　生产经营单位不得违章指挥或者强令从业人员冒险作业。生产经营单位的从业人员，有权限了解其作业场所和工作岗位存在的危险因素、防范措施及事故应急措施，有权对本单位安全生产工作中存在的问题提出建议、批评、检举、控告，有权拒绝违章指挥或者强令冒险作业。

第二十二条　生产、经营、运输、储存、使用危险物品或者处置废弃危险物品的，必须严格执行国家有关规定。

生产经营单位应当按照国家有关规定对生产经营的易燃易爆物品、危险化学品、放射性物品等危险物品登记注册，提供规范的中文安全标签和安全技术说明书。

第二十三条　生产经营单位不得将生产经营项目、场所、设备发包或者出租给不具备安全生产条件或者相应资质的单位或者个人。

生产经营单位将生产经营项目、场所、设备发包或者出租的，应当与承包、承租方约定各自的安全生产管理职责。

发包矿山、建设项目或者出租危险物品生产、储存场所的,双方应当签订专门的安全生产管理协议。

第二十四条　生产经营单位的生产区域、生活区域、储存区域之间应当依照有关规定保持安全距离。

生产、经营、储存、使用危险物品的车间、商店、仓库的周边安全防护必须符合国家标准或者国家有关规定,不得与员工宿舍在同一座建筑物内,并应当与员工宿舍保持安全距离。

生产经营、办公、人员聚集场所和员工宿舍应当设有符合紧急疏散要求、标志明显、保持畅通的安全出口。禁止封闭、堵塞安全出口。

第二十五条　从事矿产资源开采及加工的生产经营单位应当建立健全尾矿库安全生产责任制,制定安全生产规章制度和操作规程,保障尾矿库具备安全生产条件所必需的资金投入,明确专职管理人员,加强尾矿库运行管理。

未经尾矿库业主单位或者管理单位同意及尾矿库建设审批部门批准,任何单位和个人不得在库区从事爆破、采砂等危及尾矿库安全的活动。

第二十六条　尾矿库闭库及闭库后的安全管理由原生产经营单位负责。生产经营单位解散或者关闭破产的,其已关闭或者废弃的尾矿库的管理,由生产经营单位出资人或者其上级主管部门负责;出资人不明确并且无上级主管部门的,由县级以上人民政府指定管理单位。

第二十七条　旅游景区(点)管理机构和经营者应当加强旅游安全管理,完善旅游安全防护设施,制定安全事故应急救援预案,做好旅游预测预报和游人疏导工作。

高空旅游设施和惊险旅游项目应当符合安全规定和标准,保障旅游者人身、财产安全。

第三章　安全生产保障

第二十八条　在下列范围内不得建设居民区(楼)、学校、幼儿园、集贸市场及其他公众聚集的建筑物:

(一)危险物品生产、经营、储存区域安全距离内;

(二)重大危险源危及的区域;

(三)矿区塌陷危及的区域;

(四)尾矿库(含固体废弃物堆场)危及的区域;

(五)输油和燃气管道安全距离内;

(六)高压输电线路保护区。

危险物品的生产、经营场所以及储存数量构成重大危险源的储存设施、输油和燃气管道、高压输电线路,必须与居民区(楼)、学校、幼儿园、集贸市场及其他公众聚集的建筑物保持国家规定的安全距离。

第二十九条　生产经营单位新建、改建、扩建工程项目(以下统称建设项目)的安全设施,必须与主体工程同时设计、同时施工、同时投入生产和使用。安全设施投资应当纳入建设项目概算。

存在重大危险、危害因素的建设项目、重大公共设施建设项目,应当按照国家规定进行安全评价。矿山建设项目和用于生产、储存危险物品的建设项目的安全设施设计应当按照国家有关规定报经有关部门审查,审查部门及其负责审查的人员对审查结果负责。

施工单位应当按照批准的设计文件进行施工,并对安全设施的工程质量负责。

建设项目竣工投产前,生产经营单位应当对安全设施进行安全评价。安全设施经安全生产监督管理等部门和工会验收合格后,方可投入生产和使用。

第三十条　下列单位应当委托具备相应资质的安全生产中介机构,定期进行安全评价,根据安全评价结果采取相应的安全防范措施,并将评价结果报告安全生产监督管理部门和有关部门:

(一)危险物品的生产、经营、储存、运输以及矿山、建设项目施工单位;

(二)尾矿库(含固体废弃物堆场)、大型公共垃圾堆场的管理单位及其他危险、危害因素较多的单位;

(三)存在重大危险源的单位;

(四)发生较大以上生产安全事故的单位。

第三十一条　矿山、建设项目施工以及危险物品的生产、经营、储存、运输等直接关系生命财产安全的生产经营单位,依法取得安全生产许可证后,方可从事生产、经营、储存、运输活动。

第三十二条　特种劳动防护用品、矿山使用的特种设备等直接关系生命财产安全的产品、物品和设备、设施,其设计、制造、安装、使用、检测、维修、改造,应当符合国家标准或者行业标准,经具备相应资质的机构进行安全性能检测、检验合格,取得安全性能鉴定证书或者安全标志。

前款规定的产品、物品和设备、设施的设计应当经安全论证,其生产经营单位应当依照国家规定取得安全生产许可证。

禁止生产经营和使用不符合国家标准或者行业标准、不能保障安全的产品、物品和设备、设施。

第三十三条　生产经营单位应当加强事故隐患的排查,对发现的事故隐患必须立即采取整治措施予以排除,并将有关情况报告安全生产监督管理部门和有关部门。

第三十四条　生产经营单位应当安排专项资金治理重大事故隐患。

重大事故隐患治理完成后,生产经营单位应当向有关部门和安全生产监督管理部门申请专项检查。

第三十五条　县级以上人民政府人力资源和社会保障主管部门应当将工伤认定处理结果定期抄送同级安全生产监督管理部门。

省、省辖市人民政府可以根据实际需要从上年度征缴的工伤保险费中安排一定比例用于工伤事故预防。

第三十六条　矿山、建设项目施工和危险物品的生产、经营、储存、运输等单位,应当建立企业提取安全费用制度。安全费用由企业自行提取,专户储存,专项用于安全生产。具体办法由省人民政府制定。

鼓励生产经营单位参加安全生产责任保险。

第三十七条　生产经营单位的从业人员应当遵守安全生产法律法规、规章制度和操作规程,服从安全生产管理,及时报告生产安全事故和事故隐患,积极参加生产安全事故抢险救援。

第四章　安全生产监督管理

第三十八条　县级以上人民政府对本行政区域内的安全生产工作履行下列职责:

(一)保障安全生产法律、法规的贯彻执行;

(二)将安全生产工作纳入国民经济和社会发展计划;

(三)保障安全生产工作经费,将安全生产监督管理的业务(事业)经费列入同级财政预算;

(四)协调解决安全生产工作重大问题;

(五)建立健全安全生产监督管理体系和应急救援体系,组织制定并实施较大、重大、特大生产安全事故应急救援预案;

(六)组织治理无单位负责的公共安全隐患;

（七）组织查处未经安全许可的生产经营活动；

（八）处理生产安全事故，依法追究行政责任；

（九）法律、法规规定的其他职责。

第三十九条 县级以上人民政府安全生产监督管理部门履行下列安全生产综合监督管理职责：

（一）宣传贯彻执行安全生产法律、法规；

（二）指导、协调和监督有关部门依法履行安全生产职责，组织安全生产综合检查和专项检查，具体负责安全生产目标责任制管理考核，综合监督安全生产应急救援工作；

（三）负责本行政区域的安全生产形势综合分析和生产安全事故统计工作，定期通报本地安全生产形势，发布安全生产信息；

（四）依法对生产经营单位的安全生产工作实施监督管理，对安全生产违法行为实施行政处罚；

（五）依法组织生产安全事故调查处理；

（六）会同有关部门建立本行政区域重大危险源数据库信息系统和监督管理制度；

（七）建立安全生产违法行为信息查询系统，及时记载生产经营单位、安全生产中介服务机构的违法行为和处理情况，供社会公众查询；

（八）组织、指导、协调事故预防和安全生产宣传教育培训工作；

（九）法律、法规规定的其他职责。

第四十条 县级以上人民政府有关部门在各自职责范围内履行下列安全生产监督管理职责：

（一）宣传贯彻执行安全生产法律、法规；

（二）依照有关法律、法规的规定，对涉及安全生产的事项实施行政许可和监督管理；

（三）依法对本行业、本领域生产经营单位执行安全生产法律、法规情况进行监督检查，建立事故隐患排查治理监督检查和重大危险源监督管理制度，督促、指导生产经营单位建立健全和落实安全生产责任制；

（四）定期分析本行业、本领域的安全生产形势，制定年度安全生产工作计划和生产安全事故预防措施，并定期向同级安全生产监督管理部门报送安全生产工作计划和生产安全事故统计、工伤统计等相关信息；

（五）依法查处非法生产、经营、建设活动；

（六）参加生产安全事故应急救援和调查，配合做好事故善后工作，落实事故处理的有关决定；

（七）法律、法规规定的其他职责。

第四十一条 省人民政府安全生产监督管理部门可以在法定职权范围内依法将有关安全生产许可工作委托省辖市人民政府安全生产监督管理部门实施，并对委托行为的后果承担法律责任。

第四十二条 乡（镇）人民政府和城市街道办事处应当确定分管负责人和专职人员监督管理本辖区内的安全生产工作。

对无证或者证照不全进行生产经营等违反安全生产法律、法规的行为，乡（镇）人民政府和城市街道办事处应当予以制止，并向上级人民政府有关部门报告。

第四十三条 行业协会应当根据行业特点，积极开展安全生产宣传教育工作，提供安全生产管理和技术服务，加强行业自律。

第四十四条 安全生产监督管理部门和有关部门应当加强对重大事故隐患治理情况的监督管理,对检查中发现的事故隐患,应当责令立即排除;重大事故隐患排除前或者排除过程中无法保证安全的,应当责令从危险区域内撤出作业人员,责令暂时停产停业或者停止使用;重大事故隐患排除后,经审查同意,方可恢复生产经营和使用。

第四十五条 安全生产监督管理部门和有关部门的安全生产监督检查人员依法履行监督检查职责时,被检查单位应当予以配合,不得拒绝或者阻挠。

第四十六条 承担安全评价、认证、检测、检验的中介机构应当具备国家规定的资质条件,依照法律、法规和职业准则,接受生产经营单位的委托,为其安全生产工作提供服务,并对其作出的评价、认证、检测、检验结果负责。

安全生产中介机构的资质认定由省安全生产监督管理部门负责。县级以上人民政府安全生产监督管理部门应当加强对安全生产中介机构的监督管理。法律、法规另有规定的,适用其规定。

第五章 生产安全事故应急救援与调查处理

第四十七条 县级以上人民政府组织制定的生产安全事故应急救援预案应当包括下列内容:

(一)应急救援的指挥和协调机构;

(二)有关部门或者机构在应急救援中的职责和分工;

(三)应急救援队伍及其人员、装备;

(四)应急救援预案启动程序;

(五)紧急处置、人员疏散、工程抢险、医疗急救、通信与信息保障、信息发布等应急救援保障措施方案;

(六)应急救援预案的演练;

(七)经费保障;

(八)其他有关事项。

第四十八条 生产经营单位应当制定本单位的生产安全事故应急救援预案,并报所在地安全生产监督管理部门和有关部门备案。

负有安全生产监督管理职责的部门应当加强对生产经营单位应急救援预案制定工作的指导,确保生产经营单位制定的应急救援预案与所在地人民政府应急救援预案相衔接。

第四十九条 危险物品的生产、经营、储存单位以及矿山、建筑施工单位应当建立应急救援组织,配备相应的应急救援器材、设备,并定期进行演练;生产经营单位规模较小的,应当配备应急救援人员,并与就近的应急救援组织签订应急救援协议。

第五十条 生产安全事故发生后,事故发生单位应当立即启动应急救援预案,采取有效措施,组织事故抢险,并按规定向所在地安全生产监督管理部门和有关部门报告。

安全生产监督管理部门和有关部门接到事故报告后,应当按照规定上报事故情况,并通知公安机关、人力资源和社会保障部门、工会和人民检察院。

任何单位和个人不得迟报、谎报或者瞒报生产安全事故。

第五十一条 事故调查应当实事求是,及时、准确查清事故原因,查明事故性质和责任,提出整改措施,并对事故责任人提出处理意见。

负责事故调查的人民政府应当自收到事故调查报告后按照国家规定的时间做出批复;有关机关应当按照人民政府的批复,依照法律、行政法规规定的权限和程序,对事故发生单位和有关人员进行行政处罚,对负有事故责任的国家工作人员进行处分;对负有事故责任的人员涉嫌犯罪的,依法追究刑事责任。

任何单位和个人应当配合事故调查,不得阻挠、干涉对事故的依法调查、对事故责任的认定以及对责任人的处理。

事故调查和处理的具体办法按照国家有关规定执行。

第五十二条　因生产安全事故造成从业人员死亡的,死亡者直系亲属除依法获得工伤保险补偿外,事故发生单位还应当向其一次性支付死亡赔偿金,赔偿金的数额按照不低于本省上一年度城镇居民人均可支配收入的二十倍计算。

第六章　法律责任

第五十三条　违反本条例规定的行为,法律、法规有处罚规定的,适用其规定。

第五十四条　违反本条例第十九条规定,作业场所不符合国家标准、行业标准规定的工作环境和条件的,责令限期改正;逾期未改正的,处五万元以上二十万元以下的罚款;情节严重的,责令停止产生职业危害的作业,或者予以关闭。

生产经营单位未按照规定为从事职业危害作业的人员进行职业健康检查、建立职业健康档案,或者未将检查结果如实告知从业人员的,责令限期改正;逾期未改正的,处二万元以上五万元以下的罚款。

第五十五条　违反本条例第二十条规定,生产经营单位作业场所职业危害因素检测、监测和评价结果未按照国家有关规定存档、报告和公布的,给予警告,责令限期改正;逾期未改正的,处五千元以上二万元以下的罚款。

第五十六条　违反本条例第二十二条规定,生产经营易燃易爆物品、危险化学品等危险物品的单位,未按规定对危险物品登记注册或者提供规范的中文安全标签和安全技术说明书的,由有关部门责令限期改正;逾期未改正的,责令停产停业整顿,并处一万元以上五万元以下的罚款。

第五十七条　违反本条例第二十四条规定,生产经营单位的生产区域、生活区域、储存区域未按照规定保持安全距离,生产、经营、储存、使用危险物品的车间、商店、仓库的周边安全防护不符合国家标准或者国家有关规定的,责令限期改正;逾期未改正的,责令停产停业整顿;造成严重后果,构成犯罪的,依法追究刑事责任。

第五十八条　违反本条例第二十九条、第三十二条规定,生产经营单位有下列行为之一的,责令限期改正;逾期未改正的,责令停止建设或者停产停业整顿,可以并处一万元以上五万元以下的罚款;造成严重后果,构成犯罪的,依法追究刑事责任:

(一)建设项目未按规定进行安全评价、安全设施未经审查同意进行施工或者未经竣工验收擅自投产和使用的;

(二)特种劳动防护用品、矿山使用的特种设备等直接关系生命财产安全的产品、物品和设备、设施的生产经营单位,未依照国家有关规定取得安全生产许可证,其设计未经安全论证,未进行安全性能鉴定并取得安全性能鉴定证书或者安全标志的。

第五十九条　违反本条例第三十一条规定,未取得安全生产许可证,擅自进行生产、经营、储存活动的,责令停产停业,没收违法所得,并处十万元以上五十万元以下的罚款;造成严重后果,构成犯罪的,依法追究刑事责任。

第六十条　违反本条例第四十四条规定,生产经营单位被责令停产停业整顿期间擅自从事生产经营的,责令停止违法行为,没收违法所得,违法所得十万元以上的,并处违法所得一倍以上五倍以下的罚款;没有违法所得或者违法所得不足十万元的,单处或者并处十万元以上五十万元以下的罚款;情节严重的,予以关闭,并依法吊销有关证照;造成严重后果,构成犯罪的,依法追究刑事责任。

第六十一条　违反本条例第四十六条规定,安全生产中介机构未取得资质认证或者超越资质许可范围从事安全生产中介服务的,责令停止中介活动,没收违法所得,可以并处一万元以上五万元以下的罚款。

安全生产中介机构出具虚假证明,构成犯罪的,依照刑法有关规定追究刑事责任;尚不够刑事处罚的,没收违法所得,并处违法所得二倍以上五倍以下的罚款;没有违法所得的,单处或者并处五千元以上二万元以下的罚款,对其直接负责的主管人员和其他直接责任人员处五千元以上五万元以下的罚款;给他人造成损害的,与生产经营单位承担连带赔偿责任,并撤销其相应资质。

第六十二条　各级人民政府和安全生产监督管理部门及其他有关部门,有下列情形之一的,对其主要负责人、直接负责的主管人员和其他直接责任人员依法给予行政处分;构成犯罪的,依法追究刑事责任:

(一)发现未依法取得安全生产许可证、安全设施未经验收的单位擅自从事生产经营活动,不依法予以处理的;

(二)对无证或者证照不全进行生产经营等违反安全生产法律、法规的行为不及时制止、报告的;

(三)未按照规定履行重大生产安全事故隐患治理监督管理职责,造成严重后果的;

(四)未按照规定履行安全管理职责,发生重大、特大安全事故的;

(五)未按照规定有效组织救援致使生产安全事故损害扩大的;

(六)对生产安全事故瞒报、谎报或者迟报的;

(七)阻挠、干涉生产安全事故调查处理或者责任追究的;

(八)未依法按照规定履行审查、批准职责,造成严重后果的;

(九)其他滥用职权、玩忽职守、徇私舞弊行为。

第六十三条　本条例所规定的行政处罚,由安全生产监督管理部门决定;予以关闭的行政处罚,由安全生产监督管理部门报请县级以上人民政府按照国务院规定的权限决定。有关法律、行政法规对行政处罚的决定机关另有规定的,依照其规定。

第七章　附　则

第六十四条　本条例自 2010 年 10 月 1 日起施行。2004 年 5 月 28 日河南省第十届人民代表大会常务委员会第九次会议审议通过的《河南省安全生产条例》同时废止。

河南省工伤保险条例

（2007 年 5 月 31 日河南省第十届人民代表大会常务委员会第三十一次会议通过）

第一章　总　则

第一条　为了保障因工作遭受事故伤害或者患职业病的职工获得医疗救治和经济补偿，促进工伤预防和职业康复，分散用人单位的工伤风险，根据《中华人民共和国劳动法》、国务院《工伤保险条例》及有关法律、法规，结合本省实际，制定本条例。

第二条　本省行政区域内的各类企业、不属于财政拨款支持范围或没有经常性财政拨款的事业单位和民间非营利组织、有雇工的个体工商户（以下称用人单位）应当依照国务院《工伤保险条例》和本条例规定参加工伤保险，为本单位全部职工或者雇工（以下称职工）缴纳工伤保险费。职工个人不缴纳工伤保险费。

国家机关和财政经常拨款支持的事业单位、民间非营利组织的工作人员因工作遭受事故伤害或者患职业病的，由所在单位支付费用，具体办法按国家机关工作人员的工伤政策执行；与之建立劳动关系的劳动者因工作遭受事故伤害或者患职业病的，依照本条例规定执行。

本条例所称职工，是指与用人单位存在劳动关系（包括事实劳动关系）的各种用工形式、各种用工期限的城乡劳动者。但用人单位聘用的离退休人员除外。

第三条　用人单位应当每年将本单位参加工伤保险的职工名单、缴费工资、工伤保险费缴纳、工伤事故等情况在本单位内公示，接受职工监督。

第四条　工伤保险基金在省辖市实行全市统筹。

中央驻豫单位和省属驻郑单位以及跨地区、生产流动性较大的特殊行业，实行省直接统筹。省劳动保障行政部门可以委托特殊行业的省级主管部门负责工伤保险业务经办工作。

第五条　县级以上人民政府劳动保障行政部门负责本行政区域内的工伤保险工作。

劳动保障行政部门按照国务院有关规定设立的工伤保险经办机构（以下称经办机构）具体承办工伤保险事务。

第六条　县级以上人民政府应当努力发展职业康复事业，帮助因工致残者得到康复和从事适合身体状况的劳动，建立工伤预防、工伤补偿和职业康复相结合的工伤保险工作体系。

第二章　工伤保险基金

第七条　工伤保险基金由下列各项构成：

（一）用人单位缴纳的工伤保险费；

（二）工伤保险基金的利息；

（三）工伤保险费滞纳金；

（四）依法纳入工伤保险基金的其他资金。

第八条　工伤保险费根据以支定收、收支平衡的原则，按照国家有关规定确定费率。

省辖市劳动保障行政部门应当根据国家有关工伤保险费率的规定和行业特点，确定农民工较为集中行业的费率标准和具体缴费方式，报同级人民政府批准，并报省劳动保障行政部门备案。

第九条　工伤保险基金存入社会保障基金财政专户,用于本条例规定的工伤保险待遇、劳动能力鉴定、工伤预防、职业康复以及法律、法规规定的其他工伤保险费用的支付。

任何单位或者个人不得将工伤保险基金用于投资运营、兴建或者改建办公场所、发放奖金,或者挪作他用。

第十条　省、省辖市建立两级工伤保险储备金制度。各统筹地区储备金按当年本地工伤保险基金征缴总额的百分之七提留:百分之二上缴作为省级工伤保险储备金,百分之五作为省辖市工伤保险储备金。当工伤保险储备金滚存总额超过当年工伤保险基金收入的百分之五十时,统筹地区劳动保障行政部门和财政部门应当减少储备金提留比例,并报省劳动保障行政部门和财政部门同意后实施。

储备金主要用于统筹地区重大事故的工伤保险待遇及工伤保险基金入不敷出时的支付。统筹地区储备金不足支付时,同级财政部门应当先垫付,再申请省级储备金调剂。

第十一条　职业康复费用按不超过当年结存的工伤保险基金四分之一的比例由统筹地区经办机构提出用款支出计划,报同级劳动保障行政部门和财政部门审核同意后,列入下年度工伤保险基金支出预算。下年度据实列支,用于工伤职工职业康复。

第十二条　在保证工伤保险待遇、劳动能力鉴定费、职业康复费用足额支付和储备金留存的前提下,统筹地区经办机构可以按当年工伤保险基金实际征缴总额百分之五的比例提出工伤预防费使用计划,报同级劳动保障行政部门和财政部门审核同意后,主要用于统筹地区参保单位工伤保险工作的宣传培训、工伤案例分析、工伤事故预防等。

第三章　工伤认定和劳动能力鉴定

第十三条　职工有国务院《工伤保险条例》第十四条、第十五条规定情形的,应当认定为工伤或视同工伤。

职工受用人单位指派前往疫区工作而感染该疫病的,视同工伤。

第十四条　职工有国务院《工伤保险条例》第十六条规定的情形,认定职工伤亡不属于工伤或不视同工伤的,应当以法定职权部门或者法定鉴定机构出具的书面结论为依据。

第十五条　职工发生事故伤害或者按照《中华人民共和国职业病防治法》规定被诊断、鉴定为职业病的,所在单位应当自事故伤害发生之日起或者被诊断、鉴定为职业病之日起三十日内,向统筹地区劳动保障行政部门或者其委托的有关部门提出工伤认定申请。因交通事故、失踪、因工外出期间发生事故伤害以及其他不可抗力因素导致不能在规定时限内提出申请的,经统筹地区劳动保障行政部门同意,可以适当延长申请时限,但最长不得超过九十日。

用人单位未按前款规定提出工伤认定申请的,工伤职工或者其直系亲属、工会组织在事故伤害发生之日或者被诊断、鉴定为职业病之日起一年内,可以直接向用人单位所在地统筹地区劳动保障行政部门提出工伤认定申请。

第十六条　对工伤认定管辖发生争议的,由其共同的上一级劳动保障行政部门指定管辖。

省劳动保障行政部门进行工伤认定的事项,根据属地原则移交用人单位所在地的省辖市劳动保障行政部门办理。

省辖市劳动保障行政部门根据工作需要,可以委托县级劳动保障行政部门办理工伤认定的具体事务。

第十七条　申请人提出工伤认定申请,依照国务院《工伤保险条例》第十八条规定办理,但有下列情形之一的,劳动保障行政部门不予受理,并书面告知申请人:

(一)超过法定时限提出申请的;

(二)该劳动保障行政部门没有管辖权的;

(三)不属于劳动保障行政部门职权范围的;

(四)受伤害人员是用人单位聘用的离退休人员的;

(五)法律、法规规定的不予受理的其他情形。

第十八条 职工或者其直系亲属、工会组织认为是工伤,用人单位不认为是工伤的,由用人单位承担举证责任。

劳动保障行政部门受理职工或者其直系亲属、工会组织提出的工伤认定申请后,应当在十日内书面通知用人单位提供相关证据材料。用人单位在接到书面通知二十日内不提供相关材料或者不履行举证义务的,劳动保障行政部门可以根据受伤害职工或者其直系亲属、工会组织提供的证据依法作出工伤认定结论。

第十九条 劳动保障行政部门应当自受理工伤认定申请之日起六十日内作出工伤认定的决定,并于工伤认定决定作出之日起十五日内,书面通知申请工伤认定的职工或者其直系亲属和该职工所在单位,同时抄送经办机构。认定为工伤或者视同工伤的,发给《工伤证》,不收取费用。

《工伤证》由省劳动保障行政部门统一印制。

第二十条 职工发生工伤,经治疗伤情相对稳定或者停工留薪期满后存在残疾、影响劳动能力的,应当进行劳动能力鉴定。

省、省辖市劳动能力鉴定委员会应当根据医疗专家组提出的鉴定意见作出工伤职工劳动能力鉴定结论。

第四章　工伤保险待遇

第二十一条 职工因工作遭受事故伤害或者患职业病进行治疗,劳动保障行政部门尚未作出工伤认定结论的,用人单位应当先行垫付治疗费用。经劳动保障行政部门认定为工伤或者视同工伤后,参加工伤保险的,由用人单位向经办机构申报结算;未参加工伤保险的,按工伤保险有关规定由用人单位支付。

第二十二条 用人单位将业务发包、转包、分包给不具备用工主体资格的组织或者个人,该不具备用工主体资格的组织或者个人招用的劳动者因工作原因遭受事故伤害或者患职业病的,由用人单位承担工伤保险责任。

职工在两个或者两个以上用人单位同时就业的,各用人单位应当分别为职工缴纳工伤保险费。职工发生工伤,由职工受到伤害时其工作的用人单位依法承担工伤保险责任。

第二十三条 工伤职工已经评定伤残等级并经劳动能力鉴定委员会确认需要生活护理的,按月支付生活护理费,其标准按护理鉴定结论作出时统筹地区上年度职工月平均工资为基数计算。

第二十四条 职工因工致残被鉴定为一级至四级伤残的,由用人单位和职工个人以伤残津贴为基数按规定缴纳基本养老保险费、基本医疗保险费至正常退休年龄。扣除个人缴纳的各项社会保险费后,伤残津贴低于当地最低工资标准的,由工伤保险基金补足差额。

一级至四级工伤伤残农民工,可选择一次性享受或者长期享受工伤保险待遇。一次性享受工伤保险待遇的具体办法由省人民政府另行制定。

第二十五条 职工因工致残被鉴定为五级、六级伤残的,按国务院《工伤保险条例》第三十四条规定执行,保留与用人单位的劳动关系,用人单位为其安排适当工作。职工难以胜任用人单位安排的工作或者用人单位难以安排工作的,用人单位应当按月发给伤残津贴,并以伤残津贴为基数按规定为其缴纳各项社会保险费。扣除个人缴纳的各项社会保险费后,伤残津贴实际领取数额低于当地最低工资标准的,由用人单位补足差额。

第二十六条 职工因工致残被鉴定为五级至十级伤残,恢复工作后由于伤残造成本人工资降低的,由用人单位发给在职伤残补助金,标准为本人工资降低部分的百分之七十,本人晋升工资时,在职伤残补助金予以保留。

第二十七条 五级至十级工伤职工按国务院《工伤保险条例》第三十四条、第三十五条规定与用人单位解除或者终止劳动关系的,一次性工伤医疗补助金和伤残就业补助金以解除或者终止劳动关系时统筹地区上年度职工月平均工资为基数计算,标准为:一次性工伤医疗补助金,五级十六个月,六级十四个月,七级十二个月,八级十个月,九级八个月,十级六个月;一次性伤残就业补助金,五级五十六个月,六级四十六个月,七级三十六个月,八级二十六个月,九级十六个月,十级六个月。患职业病的工伤职工,一次性工伤医疗补助金在上述标准的基础上增发百分之三十。

领取一次性工伤医疗补助金和伤残就业补助金的工伤职工,工伤保险关系同时终止。工伤职工距正常退休年龄五年以上的,一次性伤残就业补助金全额支付;距正常退休年龄不足五年的,每减少一年,一次性伤残就业补助金递减百分之二十;距正常退休年龄不足一年的按百分之十支付。

享受一次性工伤医疗补助金和伤残就业补助金的,不得减少按照失业保险规定应当享受的待遇和按有关规定应当享受的经济补偿金。

第二十八条 工伤职工办理退休手续后继续享受工伤医疗、生活护理费、辅助器具安装等待遇。所需费用,退休前已参加工伤保险的,由工伤保险基金支付;退休前未参加工伤保险的,由原用人单位支付。

第二十九条 职工因工死亡,一次性工亡补助金标准为五十四个月的统筹地区上年度职工月平均工资。对属于抢险救灾、见义勇为工亡者,按六十个月发给。

职工因工死亡,其供养亲属享受抚恤金待遇的资格按职工因工死亡时的条件核定。

第三十条 一次性伤残补助金、丧葬补助金、一次性工亡补助金自申领之日起次月内支付。伤残津贴、生活护理费等长期待遇自劳动能力鉴定结论作出的次月起支付。供养亲属抚恤金自职工死亡的次月起支付。

工伤职工经再次鉴定,鉴定结论发生变化的,应当按再次鉴定结论享受相应待遇,享受待遇的起始时间为原鉴定时间的次月。工伤职工复查鉴定结论发生变化的,应当自复查鉴定结论作出的次月起,按照复查鉴定结论享受有关待遇,但一次性伤残补助金不再调整。

第三十一条 伤残津贴、供养亲属抚恤金、生活护理费由统筹地区劳动保障行政部门根据职工平均工资和生活费用变化等情况适时调整,报省劳动保障行政部门批准后实施。

第三十二条 职工因工外出期间发生事故或者在抢险救灾中下落不明的,从事故发生当月起三个月内照发工资,从第四个月起停发工资,由工伤保险基金向其供养亲属按月支付供养亲属抚恤金。生活有困难的,可以预支一次性工亡补助金的百分之五十。该职工重新出现的,自出现的次月起停发供养亲属抚恤金,领取的一次性工亡补助金应当退回。

第三十三条 因用人单位缴纳工伤保险费基数不实造成工伤职工工伤保险待遇降低的,由用人单位承担责任,并支付差额。

第三十四条 工伤职工凭工伤认定决定、劳动能力鉴定结论享受工伤保险待遇。

工伤职工的供养亲属凭工伤认定决定、劳动能力鉴定结论、公安户籍管理机构出具的供养亲属身份证明、街道办事处或者乡镇人民政府出具的无生活来源的证明、民政部门出具的孤寡老人或者孤儿的证明、养子女(养父母)的公证书等有关材料享受工伤保险待遇。

第三十五条　用人单位撤销、破产的,在财产清算时应当按照统筹地区上年度工伤人员人均工伤保险待遇费用优先一次性缴纳十年的工伤保险待遇费用,由经办机构负责支付一级至四级工伤人员、享受供养亲属抚恤金人员以及已退休工伤人员的工伤保险基金支付项目待遇的费用;未达到退休年龄的五级至十级工伤职工,在财产清算时应当按照本条例第二十七条规定的标准,优先支付一次性工伤医疗补助金和伤残就业补助金。

第三十六条　职工被派遣出境工作,依据前往国家或者地区的法律应当参加当地工伤保险的,参加当地工伤保险,其国内工伤保险关系中止;不能参加当地工伤保险的,其国内工伤保险关系不中止。

在国内保留工伤保险关系的职工,其境外工伤医疗、康复等费用按照国家和本省规定的标准从工伤保险基金中支付。

第五章　监督管理

第三十七条　省劳动保障行政部门会同有关部门根据本省行政区域内工伤事故和职业病救治特点,制定工伤保险医疗服务管理办法,统筹规划和选择工伤保险医疗转诊机构、康复机构和辅助器具配置机构;统筹地区劳动保障行政部门根据工伤保险工作需要,在本统筹区域内选择工伤保险医疗机构。

经办机构与劳动保障行政部门选择的工伤保险医疗机构、医疗转诊机构、康复机构和辅助器具配置机构在平等协商的基础上签订包括服务对象、范围、质量、期限及解除协议条件、费用审核结算办法等内容的书面协议,明确双方的责任、权利和义务。协议签订后,经办机构应当向社会公布。

第三十八条　劳动保障行政部门应当会同当地卫生、食品药品监督管理、价格等部门依法对本地工伤保险医疗服务进行监督检查。

劳动保障行政部门、审计部门和财政部门应当依法对工伤保险基金的收支和管理情况进行监督。

对用人单位不依法参加工伤保险或者参保后少缴、欠缴、拒缴工伤保险费的,劳动保障行政部门应当依法查处;安全生产许可证颁发管理机关不予颁发、暂扣或者吊销安全生产许可证。

第三十九条　有下列情形之一的,作出工伤认定决定的劳动保障行政部门或者其上级行政机关,根据利害关系人的请求或者依据职权,可以撤销已作出的工伤认定决定:

(一)违反法定程序的;

(二)因提供虚假证据、欺骗等不正当手段而造成工伤认定的;

(三)劳动保障行政部门工作人员滥用职权、玩忽职守作出错误工伤认定的;

(四)依法可以撤销工伤认定决定的其他情形。

第六章　法律责任

第四十条　劳动保障行政部门工作人员有下列情形之一的,依法给予行政处分;情节严重,构成犯罪的,依法追究刑事责任:

(一)无正当理由不受理工伤认定申请,或者弄虚作假将不符合工伤条件的人员认定为工伤职工的;

(二)未妥善保管申请工伤认定的证据材料,致使有关证据灭失的;

(三)收受当事人财物的;

(四)向工伤认定申请当事人收取工伤认定费用的;

（五）拒不纠正错误或者不正当的工伤认定决定的；

（六）拒不受理上级指定管辖的工伤认定案件的；

（七）无正当理由，未在规定时限内作出工伤认定决定的。

第四十一条　经办机构有下列行为之一的，由劳动保障行政部门责令改正，对直接负责的主管人员和其他责任人员依法给予行政处分；情节严重，构成犯罪的，依法追究刑事责任；造成当事人经济损失的，由经办机构依法承担赔偿责任：

（一）用人单位依法申报参加工伤保险，无正当理由拒不受理的；

（二）未按规定保存用人单位缴费和职工享受工伤保险待遇情况记录的；

（三）不按规定核定工伤保险待遇的；

（四）收受当事人财物的；

（五）不为符合参保条件的农民工办理参保手续的。

第四十二条　单位或者个人违反本条例规定挪用工伤保险基金，构成犯罪的，依法追究刑事责任；尚不构成犯罪的，依法给予行政处分或者纪律处分。被挪用的基金由劳动保障行政部门追回，并入工伤保险基金；没收的违法所得依法上缴国库。

第四十三条　职工因工作遭受事故伤害或者患职业病，用人单位不组织抢救、隐瞒事实真相或者拒不履行举证责任的，由劳动保障行政部门责令改正；拒不改正的，处以二千元以上二万元以下的罚款；情节严重，构成犯罪的，依法追究刑事责任。

第四十四条　用人单位未按规定缴纳工伤保险费的，由劳动保障行政部门责令限期缴纳；逾期不缴纳的，除补缴欠缴数额外，从欠缴之日起，按日加收千分之二的滞纳金。

第七章　附　则

第四十五条　劳动保障行政部门受理工伤认定申请，不得向申请人收取任何费用。

工伤认定调查勘验所需费用列入同级部门财政预算。

第四十六条　大中专院校、技工学校、职业高中等学校学生在实习单位由于工作遭受事故伤害或者患职业病的，参照本条例规定的标准，一次性发给相关费用，由实习单位和学校按照双方约定承担；没有约定的，由双方平均分担。

第四十七条　本条例自 2007 年 10 月 1 日起施行。

河南省人民政府令

第 143 号

《河南省生产安全事故报告和调查处理规定》已经 2011 年 9 月 19 日省政府第 91 次常务会议通过,现予公布,自 2012 年 1 月 1 日起施行。

省长 郭庚茂

二〇一一年十一月十四日

河南省生产安全事故报告和调查处理规定

第一章 总 则

第一条 为规范生产安全事故的报告和调查处理,落实生产安全事故责任追究制度,防止和减少生产安全事故,根据国务院《生产安全事故报告和调查处理条例》,结合本省实际,制定本规定。

第二条 本省行政区域内生产经营活动中发生的造成人身伤亡或者直接经济损失的生产安全事故(以下简称事故)的报告和调查处理,适用本规定。

法律、法规或者国务院对事故报告和调查处理另有规定的,依照其规定。

第三条 县级以上人民政府负责事故的调查处理。

县级以上人民政府安全生产监督管理部门具体负责事故调查的组织实施。

第四条 任何单位和个人有权向县级以上人民政府安全生产监督管理部门和负有安全生产监督管理职责的有关部门举报事故。受理举报的部门应当按照规定对举报人予以保护和奖励。

第二章 事故报告

第五条 事故发生后,单位负责人应当于 1 小时内向事故发生地县级以上人民政府安全生产监督管理部门和负有安全生产监督管理职责的有关部门报告。

情况紧急时,事故现场有关人员可以直接向事故发生地县级以上人民政府安全生产监督管理部门和负有安全生产监督管理职责的有关部门报告。

第六条 安全生产监督管理部门和负有安全生产监督管理职责的有关部门接到事故报告后,除按照《生产安全事故报告和调查处理条例》第十条第一款、第十一条的规定上报和通知外,应当同时报告本级人民政府。必要时,安全生产监督管理部门和负有安全生产监督管理职责的有关部门可以越级上报事故情况。涉及伤员救治、卫生防疫、环境污染的还应当通知卫生、环境保护部门。

第七条 事故报告后出现新情况的,应当及时补报。

自事故发生之日起 30 日内,事故造成的伤亡人数发生变化的,应当及时补报。道路交通事故、火灾事故自发生之日起 7 日内,事故造成的伤亡人数发生变化的,应当及时补报。

第八条 事故报告应当采用电话、传真或者其他快捷报告方式。事故报告的时间以值班记录初始时间或者电话记录时间为准。

第九条 事故发生后,事故发生单位应当立即启动相应应急预案,或者采取有效措施,积极组织抢救,并对本单位各类重大危险源实施有效监控,防止事故扩大或者引发次生灾害,最大限度地减少人员伤亡和财产损失。

第十条 事故发生后,事故发生地人民政府应当根据事故等级立即启动相应级别的应急预案,组织事故救援。依照应急预案规定负有现场指挥职责的人民政府及有关部门负责人应当立即赶赴事故现场,组织指挥事故救援。

事故造成人员伤害需要抢救治疗的,事故发生单位应当预付医疗救治费用。医疗单位必须第一时间全力救护伤员,不得以任何理由拖延。

第十一条 事故发生后,事故发生地县级人民政府应当根据事故情况,组织有关部门和单位维持现场秩序,保护事故现场及有关证据。任何人不得干扰事故调查及善后工作的正常进行。

因抢救人员、防止事故扩大以及疏通交通等原因,需要清理或者移动事故现场物件的,应当作出标志、绘制现场简图并书面记录,或者使用摄影、录像等技术手段采集证据,妥善保存现场痕迹和物证。

第十二条 安全生产监督管理部门和负有安全生产监督管理职责的有关部门应当建立 24 小时值班制度,并向社会公布值班电话、传真及举报奖励的有关规定,随时受理事故报告和举报。

第十三条 对群众举报和媒体反映的谎报、瞒报事故,由事故发生地县级以上人民政府组织事故核查,在查实基础上依法组织事故调查。

对上级机关批转的举报案件,应当将核查、核实情况于 30 日内反馈批转机关。

第三章 事故调查

第十四条 事故发生后,按照下列规定开展调查:

(一)特别重大事故,由省人民政府、事故发生地省辖市人民政府、县级人民政府及其有关部门配合国务院事故调查组进行调查;

(二)重大事故、较大事故、一般事故由省人民政府、事故发生地省辖市人民政府、县级人民政府安全生产监督管理部门组织事故调查组进行调查。必要时,省、省辖市、县级人民政府可以直接组织事故调查组进行调查。

对于未造成人员死亡、重伤,直接经济损失 300 万元以下的一般事故,县级人民政府可以委托事故发生单位组织事故调查组进行调查,安全生产监督管理部门应当派人监督。

第十五条 根据事故的具体情况,事故调查组由有关人民政府、安全生产监督管理部门、负有安全生产监督管理职责的有关部门、监察机关、公安机关以及工会派人组成,并应当邀请人民检察院派人参加。

根据事故调查工作的需要,事故调查组可以聘请有关专家协助事故调查。

事故发生单位自行组织事故调查的,事故调查组应当吸收单位内部安全生产管理、工会、纪检等部门和机构的人员参加。

第十六条 事故调查组组长由负责事故调查的人民政府指定或者由组织事故调查的部门负责人担任。

事故调查组组长主持事故调查组的工作。

第十七条 事故调查组成员应当服从事故调查组的统一领导,诚信公正、恪尽职守,遵守事故调查组的纪律,保守事故调查的秘密。

未经事故调查组组长允许,事故调查组成员不得擅自发布有关事故的信息。

第十八条 事故调查组应当履行下列职责:

(一)确认事故发生单位,查明事故原因、经过及人员伤亡和直接经济损失情况;

(二)认定事故性质,确认是否存在迟报、漏报、谎报或者瞒报行为;

(三)确定事故责任,提出对事故责任者的处理建议;

(四)总结事故教训,提出防范和整改措施;

(五)提交事故调查报告。

第十九条 在事故调查过程中,经事故调查组认定事故属于自然灾害、公共卫生事件或者社会安全事件的,应当移送有关部门继续调查处理。由于人员伤亡和直接经济损失变化超出调查处理权限的,依照规定报送有调查处理权的机关处理。

事故调查中发现涉嫌犯罪的,事故调查组应当及时将有关材料或者其复印件移交司法机关处理。

第二十条 事故调查组应当自事故发生之日起 60 日内提交事故调查报告;特殊情况下,经负责事故调查的人民政府批准,提交事故调查报告的期限可以适当延长,但延长的期限最长不超过 60 日。

事故现场因抢险救灾无法进行勘察的,事故调查期限从具备现场勘察条件之日起计算。

瞒报事故的调查期限从查实之日起计算。

第二十一条 事故调查报告应当包括下列内容:

(一)事故发生单位以及相关责任单位概况;

(二)事故发生的时间、地点、经过、类别,事故报告和事故救援情况;

(三)事故造成的人员伤亡和直接经济损失情况;

(四)事故发生的原因和事故性质;

(五)事故发生单位安全生产制度和措施的落实情况;

(六)有关人民政府及其相关部门履行安全生产监督管理职责的情况;

(七)事故责任认定和对事故责任单位、责任人的处理建议;

(八)事故教训、应当采取的防范和整改措施以及整改期限;

(九)事故调查组成员名单和签名;

(十)其他需要载明的事项。事故调查报告应当附具事故现场照片、现场简图、视听资料、勘验资料、鉴定资料等有关证据材料。

第二十二条 事故调查组应当对事故调查报告进行充分讨论,达成一致意见。意见不一致的,事故调查组组长应当根据多数成员的意见作出结论,并将不同意见在报送事故调查报告时予以说明。

第四章 事故处理

第二十三条 事故调查报告依照下列规定报送批复:

(一)县级以上人民政府组织事故调查组对事故进行调查的,事故调查报告由事故调查组提交组织调查的人民政府批复;

(二)县级以上人民政府安全生产监督管理部门组织事故调查组进行调查的,事故调查报告由安全生产监督管理部门报送本级人民政府批复;

经本级政府同意,县级以上人民政府安全生产监督管理部门可以对有关事故调查报告进行批复。

事故调查报告提交或者报送批复前,应当征求上一级人民政府安全生产监督管理部门的意见。

第二十四条　县级以上人民政府应当在规定时间内作出批复,并附事故调查报告。

事故调查报告批复后,县级以上人民政府安全生产监督管理部门应当在 15 日内将调查报告及其批复文件报送上一级人民政府安全生产监督管理部门备案。

第二十五条　有关机关应当按照事故调查报告的批复,依照法律、法规规定的权限和程序,对事故发生单位和有关人员进行行政处罚,对负有事故责任的国家工作人员进行处分。

处理结果应当书面报告负责事故调查的人民政府及其安全生产监督管理部门、监察机关,并由安全生产监督管理部门在 30 日内报上一级人民政府安全生产监督管理部门备案。

任何单位和个人不得擅自改变对事故发生单位和责任人的处理决定。

第二十六条　事故发生单位在接到经批复的事故调查报告后,应当按照规定的期限落实事故处理意见、整改措施,并在事故处理工作完成之日起 10 个工作日内向组织事故调查的机关报告落实情况。

事故发生后被责令停产停业的生产经营单位应当经作出责令停产停业决定的机关组织验收合格后,方可恢复生产经营活动。

第二十七条　建立事故查处督办制度。较大事故查处由省人民政府安全生产委员会挂牌督办,一般事故查处由省辖市人民政府安全生产委员会挂牌督办。

事故调查处理结果由负责事故调查的人民政府或者安全生产监督管理部门统一向社会公布,接受社会监督。依法应当保密的,依照有关法律、法规的规定执行。

第五章　法律责任

第二十八条　事故发生单位主要负责人有下列行为之一的,处上一年年收入 40％至 80％的罚款;属于国家工作人员的,并依法给予处分;构成犯罪的,依法追究刑事责任:

(一)不立即组织事故抢救的;

(二)迟报或者漏报事故的;

(三)在事故调查处理期间擅离职守的。

第二十九条　事故发生单位及其有关人员有下列行为之一的,对事故发生单位处 100 万元以上 500 万元以下的罚款;对主要负责人、直接负责的主管人员和其他直接责任人员处上一年年收入 60％至 100％的罚款;属于国家工作人员的,并依法给予处分;有违反治安管理规定行为的,由公安机关依法给予治安管理处罚;构成犯罪的,依法追究刑事责任:

(一)谎报或者瞒报事故的;

(二)伪造或者故意破坏事故现场的;

(三)转移、隐匿资金、财产,或者销毁有关证据、资料的;

(四)拒绝接受调查或者拒绝提供有关情况和资料的;

(五)在事故调查中作伪证或者指使他人作伪证的;

(六)事故发生后逃匿的。

第三十条　事故发生单位对事故发生负有责任的、事故发生单位主要负责人未依法履行安全生产管理职责导致事故发生的,分别依照《生产安全事故报告和调查处理条例》第三十七条、第三十八条、第四十条的规定处罚。

第三十一条　有关人民政府、安全生产监督管理部门和负有安全生产监督管理职责的有关

部门有下列行为之一的,对直接负责的主管人员和其他直接责任人员依法给予处分;构成犯罪的,依法追究刑事责任:

(一)不立即组织事故救援的;

(二)迟报、漏报、谎报或者瞒报事故的;

(三)阻碍、干涉事故调查工作的;

(四)在事故调查中作伪证或者指使他人作伪证的;

(五)对群众举报、上级督办和日常检查发现的未经依法批准擅自从事生产经营活动的行为未予查处的;

(六)擅自向外界透露事故调查内容,影响事故调查工作顺利进行或者在社会上造成不良后果的;

(七)事故发生地人民政府及有关部门负责人未按规定及时赶赴事故现场组织指挥事故救援的;

(八)故意拖延或者拒绝落实经批复的对事故责任人的处理意见的。

第三十二条　参与事故调查的人员在事故调查中有下列行为之一的,依法给予处分;构成犯罪的,依法追究刑事责任:

(一)对事故调查工作不负责任,致使事故调查工作有重大疏漏的;

(二)包庇、袒护负有事故责任的人员或者借机打击报复的。

第六章　附　则

第三十三条　本规定自 2012 年 1 月 1 日起施行。

河南省人民政府令

第 112 号

《河南省重大危险源监督管理办法》已经 2007 年 10 月 29 日省政府第 199 次常务会议通过，现予公布，自 2008 年 1 月 1 日起施行。

省长　李成玉

二〇〇七年十一月二十一日

河南省重大危险源监督管理办法

第一条　为加强重大危险源监督管理，防止和减少事故发生，根据《中华人民共和国安全生产法》、《河南省安全生产条例》和有关法律、法规，制定本办法。

第二条　本省行政区域内重大危险源的管理和监督，适用本办法。

第三条　本办法所称重大危险源，是指长期或者临时生产、搬运、使用或者储存危险物品，且危险物品的数量等于或者超过临界量的单元（包括场所和设施）。重大危险源包括以下十类：（一）贮罐区（贮罐）；（二）库区（库）；（三）生产场所；（四）压力管道；（五）锅炉；（六）压力容器；（七）煤矿；（八）金属非金属地下矿山；（九）尾矿库；（十）放射源。

第四条　各级人民政府应当加强对重大危险源监督管理工作的领导，及时协调、解决监督管理工作中存在的重大问题，防范生产安全事故发生。

第五条　县级以上人民政府安全生产监督管理部门对重大危险源的普查、登记、评价和监控工作实施综合监督管理。县级以上人民政府其他有关主管部门依法在各自的职责范围内对重大危险源的普查、登记、评价和监控工作实施监督管理。

第六条　县级以上人民政府安全生产监督管理部门应当建立重大危险源监控系统和信息管理系统，实行分级监控、动态管理，定期公布监控信息，接受社会监督。

第七条　生产经营单位负责本单位重大危险源的普查、辨识、登记、评价和监控，并将有关情况定期报告安全生产监督管理部门和有关主管部门。生产经营单位主要负责人对本单位重大危险源的安全管理和检测、监控工作全面负责。

第八条　生产经营单位应当委托具备相应资质的安全生产中介机构定期对重大危险源进行安全评价，根据安全评价结果制定监控方案，并将安全评价结果和监控方案报告安全生产监督管理部门和有关主管部门。存在剧毒物质的重大危险源，应当每年进行一次安全评价；其他重大危险源，应当两年进行一次安全评价。重大危险源在生产流程、材料、工艺、设备、防护措施和环境等因素发生重大变化，或者有关法律、法规、国家标准或者行业标准发生变化时，应当重新进行安全评价。安全生产中介机构对其作出的安全评价结果负责。

第九条　安全评价报告应当包括以下主要内容：（一）安全评价的主要依据；（二）重大危险源基本情况；（三）危险、危害因素辨识；（四）可能发生事故的种类及损害程度；（五）重大危险源等级;(六)应急救援预案效果评价;(七)监控方案。

　　第十条　生产经营单位应当定期对重大危险源的工艺参数、危险物质进行检测,对重要设备设施进行检验,对安全状况进行检查,做好记录,建立档案。

　　第十一条　生产经营单位应当制定重大危险源应急救援预案,报送县级以上人民政府安全生产监督管理部门备案,并定期组织演练。应急救援预案应当包括以下主要内容:(一)应急救援机构、人员及其职责;(二)危险辨识与评价;(三)应急救援设备和设施;(四)应急救援能力评价与资源;(五)报警、通讯联络方式;(六)应急救援程序与行动方案;(七)保护措施与程序;(八)事故后的恢复与程序;(九)培训与演练。

　　第十二条　生产经营单位应当定期对重大危险源安全状况进行检查,发现事故隐患应当立即采取措施予以排除。难以立即排除的,应当组织论证,制定治理方案,限期治理。事故隐患排除前或者排除过程中无法保证安全的,应当立即从危险区域撤出作业人员,停产停业或者停止使用,并采取有效的安全防范和监控措施。治理方案应当包括事故隐患事实、治理期限和目标、治理措施、责任机构和人员、治理经费、物质保障等内容。

　　第十三条　生产经营单位的决策机构及其主要负责人、个人经营的投资人应当保证重大危险源的安全管理、检测、监控及隐患治理所必需的资金投入,并对由于资金投入不足导致的后果承担责任。生产经营单位在破产或者关闭前,应当排除本单位存在的重大危险源,其缴纳的安全生产风险抵押金应当优先用于排除重大危险源。

　　第十四条　县级以上人民政府应当组织有关部门按照职责分工,对存在重大危险源的生产经营单位进行监督、检查,督促生产经营单位加强对重大危险源的监控。

　　第十五条　任何单位和个人对重大危险源存在的事故隐患,有权向安全生产监督管理部门或者其他有关部门报告或者举报。安全生产监督管理部门或者其他有关部门接到报告或者举报后,应当按照职责分工立即组织核查并依法处理。

　　第十六条　安全生产监督管理部门或者其他有关主管部门的工作人员有下列行为之一的,依法给予行政处分;构成犯罪的,依法追究刑事责任:(一)对明知已存在的重大危险源监管不力,导致事故发生的;(二)接到报告或者举报后,不立即组织核查并依法处理的;(三)在监管工作中滥用职权,侵犯生产经营单位合法权益的。

　　第十七条　生产经营单位未按规定对重大危险源进行普查、辨识的,责令限期改正;逾期未改正的,处 5000 元以上 3 万元以下的罚款。

　　第十八条　生产经营单位对重大危险源未登记建档,或者未进行评价、监控,或者未制定应急预案的,依据《中华人民共和国安全生产法》第八十五条规定,责令限期改正;逾期未改正的,责令停产停业整顿,可以并处 2 万元以上 10 万元以下的罚款;造成严重后果,构成犯罪的,依法追究刑事责任。

　　第十九条　本办法规定的行政处罚由安全生产监督管理部门决定;有关法律、法规、规章对行政处罚决定机关另有规定的,从其规定。

　　第二十条　本办法自 2008 年 1 月 1 日起施行。

河南省消防安全责任制实施办法

河南省人民政府令第 79 号,2004

第一条　为了预防火灾和减少火灾危害,明确消防安全责任,根据《中华人民共和国消防法》和《河南省消防条例》,制定本办法。

第二条　凡在本省行政区域内的机关、团体、企业事业单位(以下统称单位)和村(居)民委员会,必须依照消防法律、法规和本办法,实行消防安全责任制。

第三条　各级人民政府及其行政部门和单位的法定代表人或主要负责人是本行政区、本部门或本单位的消防安全的责任人,对消防安全工作负领导责任;各级人民政府及其行政部门和单位分管消防安全工作的负责人,对消防安全工作负直接领导责任;单位各岗位消防安全责任人,对本岗位的消防安全负直接责任。

第四条　县级以上人民政府依法负责本行政区域内的消防安全工作,履行下列消防安全职责:

(一)宣传和贯彻实施消防法律、法规、规章,增强公民的消防安全意识;

(二)将消防工作纳入国民经济和社会发展计划,加强公共消防设施建设,保障消防经费投入,使消防工作与经济建设和社会发展相适应;

(三)将消防工作纳入议事日程,分析消防安全工作情况,及时研究解决消防工作中存在的重大问题;

(四)重大节假日以及火灾多发季节,应当组织进行消防安全检查,采取防火措施;

(五)对公安消防机构报请因存在重大火灾隐患应当停产停业处理的请示事项,依法及时做出同意与否的决定。

乡(镇)人民政府、街道办事处应当依法履行前款第(一)、(三)、(四)项职责。

第五条　县级以上公安机关对本行政区域内的消防工作实施监督管理,并由其公安消防机构负责实施,履行下列消防安全职责:

(一)执行消防法律、法规、规章和消防技术标准,制定消防工作的具体措施,严格依法行政;

(二)依法进行消防安全行政审批或审核,加强消防产品监督,按照法定时限对消防工程进行验收;

(三)依法开展消防安全检查,负责督促采取消防安全措施,限期消除火灾隐患;

(四)接到火警,应当立即赶赴火场,负责救助遇险人员,排除险情,扑灭火灾;

(五)负责调查火灾原因,参与处理火灾事故;

(六)对单位专职消防队和义务消防队进行业务指导,负责对消防岗位的人员进行培训,推动消防中介服务机构建设和消防工作社会化发展;

(七)依法参加其他灾害或者事故的抢险救援,履行法律、法规、规章规定的其他职责。

第六条　防火安全协调机构和成员单位以及政府各行政部门应当按照各自的职责分工,做好有关的消防安全工作。

发展改革部门和财政部门,在编制国民经济和社会发展计划以及财政预算时,应当重视消防设施建设,属于固定资产投资范围的,应当列入地方固定资产投资计划,并保证消防经费的足额划拨。

建设行政部门应当将消防规划纳入城市建设总体规划,保证消防设施与其他市政基础设施同步规划、同步建设、同步发展。

通信部门应当按照规定建设火警专线以及消防指挥中心与消防站、供水、供电、供气、急救、交通管理等部门和单位之间的调度专线,保证通信畅通。

教育、劳动、安全生产行政部门应当将消防知识纳入教学、培训内容。

新闻出版、广播电视行政部门,应当依法进行经常性、有针对性的消防安全知识的义务宣传教育。

工商行政管理、文化、卫生、旅游、民政、农业等行政部门,在依法进行行政管理时,应当加强消防安全管理。

其他政府行政部门应当结合本部门的实际,贯彻落实消防法律、法规、规章规定的各项措施,开展消防宣传教育,进行有针对性的消防安全自查和治理,依法督促所属单位对火灾隐患进行整改。

第七条　单位应当遵守消防法律、法规和国家公安部《机关、团体、企业事业单位消防安全管理规定》,落实消防安全责任制,明确逐级和岗位消防安全职责,确定消防安全责任人,保证本单位的消防安全。

第八条　居民委员会(社区)应当履行下列消防安全职责:

(一)做好辖区的消防安全工作,维护辖区消防安全;

(二)制定居民防火公约,健全消防安全制度,开展消防安全和家庭防火知识宣传教育;

(三)对居民住宅楼、院的消防安全进行检查,纠正阻塞、占用消防通道、水源等消防违章行为;

(四)发生火灾时,及时报警,组织疏散辖区居民。

第九条　村民委员会应当履行下列消防安全职责:

(一)做好本村群众性的消防工作,维护本村消防安全;

(二)制定村民防火公约,开展消防安全宣传教育;

(三)根据生产季节,组织开展消防安全检查,消除火灾隐患;

(四)督促本村所属经济组织做好消防安全工作;

(五)保障本村消防车通道畅通,有条件的应当贮备消防水源;

(六)有条件的可以建立自防自救的业余消防组织,配备必要的消防器材,发生火灾时,协助公安消防机构进行火灾扑救。

第十条　各级人民政府以及单位应当按照建立消防安全责任制的要求,逐级签订消防安全责任书。责任书的内容应当包括明确的责任人、目标任务、工作措施和奖惩办法等。

第十一条　各级人民政府的消防安全责任制落实情况,应当纳入政府目标管理体系,进行定期考核。考核时,上级人民政府对下级人民政府实行量化考核,考核认定工作由上级人民政府的公安消防机构负责,考核认定结果报同级人民政府。

单位消防安全责任制落实情况应当纳入本单位内部年度考核内容。

各级人民政府以及单位考核结束后,应当按照消防法律、法规、规章和责任制的规定,予以奖惩。

第十二条　对不落实消防安全责任制,造成火灾事故的,按照国家和本省安全事故行政责任追究的规定,对有关领导和责任人给予行政处分。

违反前款规定,应当给予行政处罚的,由公安消防机构依据消防法律、法规、规章给予行政处罚;构成犯罪的,依法追究刑事责任。

第十三条　行政监察机关依照行政监察法的规定,对各级人民政府和行政部门及其工作人员履行消防安全职责的情况实行行政监察。

第十四条　本办法自 2004 年 1 月 1 日起实施。

第三部分
河南省政府规范性文件

河南省人民政府办公厅关于认真贯彻国办发〔2004〕52号文件精神切实加强中央驻豫企业和省管企业安全生产工作的通知

豫政办〔2004〕98号

各省辖市人民政府,省人民政府各部门:

最近,国务院办公厅下发了《国务院办公厅关于加强中央企业安全生产工作的通知》(国办发〔2004〕52号,以下简称《通知》),对中央企业的安全生产管理工作提出了具体要求,现结合我省实际,就做好中央驻豫企业和省属企业安全生产工作通知如下:

一、提高认识,高度重视,切实做好中央驻豫企业和省属企业安全生产工作

中央企业和省属企业是国有经济的重要组成部分和国民经济的重要支柱,做好上述国有企业的安全生产工作,对保障我省国民经济持续快速发展、促进安全生产形势的全面好转具有重要意义。各地、各部门和各类机构对此要高度重视,加强监管,严格按照《通知》要求,明确职责,完善措施,狠抓落实,切实做好中央驻豫企业和省属企业的安全生产工作。

二、落实中央驻豫企业和省属企业的安全生产主体责任,进一步加强安全生产管理

中央驻豫企业和省属企业是安全生产的责任主体,企业主要负责人作为安全生产第一责任人,要认真贯彻执行《中华人民共和国安全生产法》、《河南省安全生产条例》等法律法规,加强安全生产管理,建立、健全安全生产责任制,不断完善安全生产条件,确保本企业生产安全。

三、按照分级、属地管理的原则,强化对中央驻豫企业和省属企业的安全生产监督管理

依照《通知》规定,省国防科工委、公安厅、建设厅、交通厅、通信管理局、水利厅、质量技术监督局、环保局、旅游局、航天局、储备局、邮政局等部门负责相关行业或领域内中央驻豫企业、省属企业总部的安全生产监督管理,省辖市人民政府有关部门或上述有关部门所属机构按照属地管理原则,负责本行政区域内相关行业或领域中央驻豫企业、省属企业分公司、子公司及所属单位的安全生产监督管理。省国资委负责对省管企业贯彻落实安全生产有关法律、法规、规章、标准等情况的检查、督导工作,督促企业主要负责人切实履行安全生产管理职责;黄河水利委员会、郑州铁路局、黄河小浪底水利枢纽工程建管局、大唐公司河南分公司、中电投河南分公司等中央驻豫单位负责所属驻豫企业的安全生产监督管理;省内煤炭企业的安全监察工作由河南煤矿安全监察局负责,煤炭企业安全生产的行业管理由省煤炭工业局负责。

省、市安全生产监督管理部门具体负责中央工矿商贸驻豫企业、省属企业的安全生产监督管理。中央工矿商贸企业驻豫分公司、子公司和省属企业总部的安全生产监督管理由省安全生产监督管理局负责;省辖市安全生产监督管理部门在同级政府领导下,按属地管理原则分别负责本行政区域内中央工矿商贸驻豫企业和省属企业的分公司、子公司及其所属单位的安全生产监督管理,并对其他中央驻豫企业和省管企业的分公司、子公司及其所属单位的安全生产进行综合监督管理。

外省驻豫单位和跨地区单位在市、县（市、区）设立的分公司、子公司及其所属单位的安全生产监督管理分别由所在市、县（市、区）人民政府有关部门及省有关部门所属机构负责。

省、市、县（市、区）安全生产监督管理部门按照分级、属地管理原则，会同同级政府有关部门或有关机构负责对中央驻豫企业、省属企业和外省驻豫单位的分公司、子公司及其所属单位的主要负责人、安全管理人员进行安全生产培训。

四、认真做好中央驻豫企业和省属企业安全生产事故的应急救援和调查处理工作

中央驻豫企业、省属企业、外省驻豫单位和跨地区单位及其所属单位要结合实际，认真制订安全生产事故应急救援预案并定期进行演练，建立应急救援组织，配备必要的救援器材和设备。一旦发生事故，应迅速采取有效措施组织抢救，努力减少人员伤亡和财产损失，并严格按照有关规定立即将事故情况报告当地政府、安全生产监督管理部门和其他有关部门。当地政府和负有安全生产监督管理职责部门的负责人接到事故报告后，应立即赶赴现场，组织和参与事故抢救并依照有关规定向上级有关部门报告。事故调查处理依照国家有关法律法规和河南省地方法规的有关规定执行，重伤和一般死亡事故由县（市、区）人民政府负责组织调查处理；重大事故由省辖市人民政府负责组织调查处理；特大事故由省人民政府负责组织调查处理；特大恶性事故的调查处理按国务院有关规定执行。

附件：国务院办公厅关于加强中央企业安全生产工作的通知（略）

河南省人民政府办公厅
二〇〇四年九月七日

河南省人民政府安全生产委员会
关于明确中央驻豫和省管等企业安全生产
监管职责的通知

豫安委〔2006〕22 号

各省辖市人民政府,省政府各有关部门:

为加强对中内驻豫和省管企业的安全生产监管,河南省人民政府安全生产委员会于 2004 年下发了《关于印发〔中央驻豫企业和省管企业安全生产对口临管分工方案〕的通知》(豫安委会〔2004 年〕37 号)。随着社会主义市场经济的不断发展,所有制形式多元化,跨地区跨行业的兼并联合重组企业不断涌现,为进一步明确监管职责,现就有关要求通知如下:

一、按照属地管理的原则,中央驻豫企业和省管企业(煤炭企业除外)的安全生产监督管理由各省辖市安监局承担。

二、煤炭生产企业的非煤产业的安全生产监督管理由各级安全生产监督管理部门负责。

三、跨地区跨行业兼并联合重组的企业的安全生产监督管理由企业所在地的安全生产监督管理部门负责,其安全生产事故、伤亡人数纳入当地安全生产考核指标。

河南省人民政府安全生产委员会
二〇〇六年八月一日

河南省人民政府办公厅关于
印发《河南省安全生产监督管理局主要职责
内设机构和人员编制规定》的通知

豫政办〔2009〕114 号

各省辖市人民政府,省人民政府各部门:

　　《河南省安全生产监督管理局主要职责内设机构和人员编制规定》已经省政府批准,现予印发。

河南省人民政府办公厅
二〇〇九年七月九日

河南省安全生产监督管理局
主要职责内设机构和人员编制规定

　　根据《中共河南省委河南省人民政府关于印发河南省人民政府机构改革实施意见的通知》(豫文〔2009〕18 号),设立河南省安全生产监督管理局,为省政府直属机构。

一、职责调整

　　(一)取消已由省政府公布取消的行政审批事项。

　　(二)将原省煤炭工业管理局煤矿安全监察职责划入省安全生产监督管理局。

　　(三)将河南煤矿安全监察局负责的煤矿矿长安全资格和特种作业人员(含煤矿矿井使用的特种设备作业人员)操作资格考核发证工作交由省安全生产监督管理局承担。

　　(四)加强对全省安全生产工作综合监督管理和指导协调职责。

　　(五)加强对有关部门和省辖市政府安全生产工作监督检查职责。

二、主要职责

　　(一)贯彻执行国家安全生产法律、法规,组织起草全省综合性安全生产地方性法规、规章草案和政策,拟订全省安全生产政策、规划及工矿商贸行业安全生产规章草案、标准和规程并组织实施。

　　(二)承担全省安全生产综合监督管理责任,依法行使综合监督管理职权,指导协调和监督检查有关部门和省辖市政府的安全生产工作,定期分析和预测全省安全生产形势,研究、协调和解决安全生产中的重大问题,督促、指导落实安全生产责任制和安全生产责任追究制。

　　(三)承担工矿商贸行业安全生产监督管理责任,按照分级、属地原则,依法监督检查工矿商贸生产经营单位贯彻执行安全生产法律法规情况、安全生产条件和有关设备(特种设备除外)、材料、劳动防护用品的安全管理工作、重大危险源监控及重大事故隐患的整改工作,依法查处不具备安全生产条件的工矿商贸生产经营单位。负责监督管理省管工矿商贸生产经营单位安全生产工作。

（四）承担非煤矿矿山和危险化学品、烟花爆竹生产经营单位安全生产准入管理责任，依法组织实施安全生产准入制度并负责监督管理工作。负责危险化学品安全监督管理综合工作。

（五）承担工矿商贸作业场所职业卫生监督检查责任，负责职业卫生安全许可证的颁发管理工作，组织查处职业危害事故和违法违规行为。

（六）承担全省煤矿安全生产监督监察责任，拟订煤炭行业管理中涉及安全生产的重大政策，组织对煤矿企业贯彻执行安全生产法律、法规情况进行监督检查，依法查处安全生产违法违规行为，指导、组织煤炭企业安全标准化、相关安全科技发展和煤矿整顿关闭工作，对重大煤炭建设项目提出意见，会同有关部门审核煤矿安全技术改造和瓦斯综合治理与利用项目，会同有关部门指导和监督煤矿生产能力核定工作。

（七）负责组织指挥和协调安全生产应急救援工作，综合管理全省生产安全伤亡事故、安全生产和职业危害信息统计分析工作，依法组织、协调重大生产安全事故的调查处理工作并监督事故查处的落实情况，协助国家调查处理特别重大事故。

（八）负责监督检查职责范围内新建、改建、扩建工程项目的安全设施与主体工程同时设计、同时施工、同时投产使用情况。

（九）指导协调全省安全生产检测检验工作，监督管理安全生产社会中介机构和安全评价工作。

（十）组织、指导全省安全生产宣传教育和安全文化建设工作，负责安全生产监督管理人员安全培训、考核工作，依法组织、指导并监督特种作业人员（特种设备作业人员除外）的考核工作和工矿商贸生产经营单位主要负责人、安全生产管理人员的安全资格考核工作，监督检查工矿商贸生产经营单位安全培训工作。

（十一）组织拟订全省安全科技规划，指导协调安全生产重大科学技术研究、科研成果申报、推广和技术示范工作。

（十二）指导协调和监督监察全省安全生产行政执法工作。

（十三）监督、指导注册安全工程师、注册助理安全工程师执业资格考试和注册管理工作。

（十四）组织开展全省安全生产方面的对外交流与合作。

（十五）承办省政府交办的其他事项。

三、内设机构

根据上述职责，省安全生产监督管理局设10个内设机构。

（一）办公室。组织协调机关办公，拟订和监督执行机关的各项工作规则和工作制度；承担机关文秘、政务信息、保密、档案、提案、议案、信访、外事和行政事务管理等方面的工作；承担机关和所属行政事业单位财务、国有资产管理、后勤服务和审计工作；承担有关外事管理工作，组织开展全省安全生产的对外交流与合作；负责受理工矿商贸行业安全生产行政许可和安全生产社会中介机构资质的申请；协调安全生产行政许可工作。

（二）政策法规处（规划科技处）。宣传贯彻国家有关安全生产法律、法规；组织起草全省综合性安全生产地方性法规、规章草案和政策；组织拟订工矿商贸行业及有关综合性安全生产规章草案、标准和规程；负责安全生产重大政策的研究；承担安全生产方面的行政复议和执法监督工作，对安全生产监管监察人员的执法行为进行监督；指导全省安全生产系统的法制建设工作；承担全省安全生产信息发布工作；组织指导安全生产新闻和宣传教育工作；承担机关有关规范性文件的合法性审核工作;组织拟订安全生产发展规划和科技规划;组织、指导和协调安全生产重大科学技术研究、技术示范、科研成果鉴定和技术推广工作;承担安全生产信息化建设工作;承担规定权限内固定资产投资项目管理有关工作;负责安全检测检验、安全评价咨询等社会中介机构资质管理并进行监督检查;负责劳动防护用品和安全标志的监督管理工作;承担综合协调建设工程和技术改造项目安全设施同时设计、同时施工、同时投产使用工作;承担省安全生产专家组有关工作。

(三)综合协调处(职业安全健康监督管理处)。拟订安全生产应急救援和信息统计地方性法规、规章草案和规程、标准;指导安全生产应急救援体系建设工作;组织全省安全生产应急救援预案编制和演练,指导协调安全生产应急救援工作;承担省政府安全生产委员会办公室日常工作,研究提出关于安全生产重大政策和重要措施的建议;联系省政府有关部门和各省辖市的安全生产工作,及时掌握、通报全省安全生产重点工作和重大事项;组织、协调全省性的安全生产大检查、专项督查和安全生产专项治理工作;承担省政府安全生产目标责任制考核工作;综合管理全省生产安全伤亡事故、安全生产和职业危害信息统计分析工作;分析预测全省安全生产形势和重大事故风险,发布预警信息。依法监督检查工矿商贸作业场所职业卫生情况;按照职责分工,拟订作业场所职业卫生有关执法规章草案和标准;组织查处职业危害事故和违法违规行为;承担职业卫生安全许可证的颁发管理;组织、指导职业危害申报工作。

(四)安全监督管理一处。依法监督检查非煤矿矿山、石油、燃气、地质等行业生产经营单位贯彻执行安全生产法律、法规情况及其安全生产条件、设备设施安全情况;承担非煤矿矿山企业安全生产准入管理工作,组织查处不具备安全生产条件的生产经营单位;组织相关建设项目安全设施的设计审查和竣工验收;指导和监督相关的安全评价、评估工作;指导协调相关行业安全质量标准化工作;参与相关行业重、特大事故的调查处理和事故应急救援工作。

(五)安全监督管理二处。依法监督检查冶金、有色、建材、机械、轻工、纺织、烟草、电力、贸易等行业生产经营单位贯彻执行安全生产法律、法规情况及安全生产条件、设备设施安全情况;指导协调和监督道路交通、水上交通、铁路、民航、建筑、水利、邮政、电信、林业、军工、旅游等行业和领域的安全生产工作;组织相关建设项目安全设施的设计审查和竣工验收;指导和监督相关行业的安全评价、评估工作;指导协调相关部门安全生产专项督查和专项整治工作;指导协调相关行业安全质量标准化工作;参与相关行业重、特大事故的调查处理和应急救援工作。

(六)安全监督管理三处。依法监督检查化工(含石油化工)、医药、危险化学品生产经营单位贯彻执行安全生产法律、法规情况及安全生产条件、设备设施安全情况;承担相关安全生产和危险化学品经营准入管理工作,组织查处不具备安全生产条件的生产经营单位;承担危险化学品安全监督管理综合工作;承担省内危险化学品登记和非药品类易制毒化学品生产、经营监督管理工作;组织相关建设项目安全设施的设计审查和竣工验收;指导和监督相关行业的安全评价、评估工作;指导协调相关安全质量标准化工作;参与相关行业重、特大事故的调查处理和应急救援工作。

(七)烟花爆竹安全监督管理处。依法监督检查烟花爆竹生产经营单位贯彻执行安全生产法律、法规情况及其安全生产条件、设备设施安全情况;承担烟花爆竹安全生产、经营(批发)准入管理工作,组织查处不具备安全生产条件的生产经营单位;组织相关建设项目安全设施的设计审查和竣工验收;指导和监督相关的安全评价、评估工作;指导协调相关安全质量标准化工作;参与相关重、特大事故的调查处理和应急救援工作。

(八)事故调查处。依法组织对各类生产安全事故的调查处理;受省政府委托,负责重大事故的批复与结案工作;依法监督对安全生产有关事项负有审查批准和监督职责的行政部门和人员履行职责;依法对事故责任人责任追究的落实情况进行监督检查,并向有关地方及部门提出意见和建议;参与特别重大事故的调查处理工作;负责受理生产安全事故的举报、查处和举报奖励等工作;指导和监督全省重大危险源的管理工作。

(九)煤矿安全监察办公室。承担全省煤矿安全生产监督监察工作。拟订涉及煤炭工业安全生产的重大政策;监督检查煤矿企业贯彻落实安全生产法律、法规、规章和标准的情况;依法查处煤矿安全生产违法违规行为;指导、组织煤矿企业安全质量标准化、安全科技发展和安全专项整治工作;负责监督检查职责范围内新建、改建、扩建煤炭重大建设项目安全设施与主体工程同时设计、同时施工、同时投产使用情况;负责全省煤矿企业安全生产绩效考核工作;参与煤矿重特大事故应急救援工作;参与审核煤矿安全技术改造和瓦斯综合治理与利用项目;参与指导和监督煤矿生产能力核定工作。煤矿安全监察办公室下设 2 个处:煤矿安全监察一处、煤矿安全监察二处,机构规格均为副处级。

(十)人事培训处(机关党委)。承办机关、直属单位人事管理和机构编制工作;监督和指导注册安全工程师、注册助理安全工程师执业资格考试及注册管理工作;指导全省安全生产培训工作,负责全省有关安全生产培训机构的资质管理工作;依法组织指导和管理有关安全培训和资格考核工作;监督检查工矿商贸生产经营单位安全培训工作;负责机关及直属单位离退休干部管理工作。负责机关和直属单位的党群工作。

四、人员编制

省安全生产监督管理局机关行政编制为 86 名。其中:局长 1 名、副局长 3 名,煤矿安全监察办公室主任 1 名(副厅级);正处级领导职数 20 名(含总工程师、机关党委专职副书记各 1 名,煤矿安全监察办公室副主任 3 名,安全生产监察员 6 名),副处级领导职数 15 名。

五、其他事项

(一)职业卫生监督管理职责分工。省安全生产监督管理局负责作业场所职业卫生的监督检查工作,负责职业卫生安全许可证的颁发管理,组织查处职业危害事故和有关违法违规行为。省卫生厅负责起草职业卫生地方性法规、规章草案,规范职业病的预防、保健、检查和救治,负责职业卫生技术管理机构资质认定和职业卫生评价及化学品毒性鉴定工作。省安全生产监督管理局和省卫生厅要按照职责分工,建立完善协调机制,加强配合,共同做好相关工作。

(二)保留河南省安全生产执法监察总队。其主要职责是:指导、监督全省安全生产执法监察工作;负责工矿商贸生产经营单位执法监察工作;依法查处安全生产违法行为和作业场所职业卫生违法行为;依法查处安全生产中介机构在安全评价、安全培训和检测检验工作中的违法违规行为;参与重特大安全生产事故调查处理。机构规格为副厅级,行政编制 25 名,其中总队长 1 名,副总队长 2 名、安全生产监察员(正处级)2 名,副处级领导职数 2 名。

(三)所属事业单位的设置、职责和编制事项另行规定。

(四)所属国有企业(除金融投资类外)移交省政府国有资产监督管理委员会监管。

六、附则

本规定由河南省机构编制委员会办公室负责解释,其调整由河南省机构编制委员会办公室按规定程序办理。

中共河南省委　河南省人民政府
关于推进产业集聚区科学规划科学发展的指导意见

豫发〔2009〕14 号

为促进产业集聚规划区(以下简称产业集聚区)又好又快发展,着力培育科学发展的载体,加快形成跨越式发展新机制,现结合我省实际,提出如下指导意见。

一、重要意义和总体要求

（一）重要意义

产业集聚区是指包括经济技术开发区、高新技术产业开发区、工业园区、现代服务业园区、科技创新园区、加工贸易园区、高效农业园区等在内的各类开发区和园区。产业集聚区是优化经济结构、转变发展方式、实现节约集约发展的基础工程,是构建现代体系、现代城镇体系和自主创新体系等三大体系的有效载体,是我省实现"两大跨越"、促进中原崛起的战略支撑点。发展产业集聚区符合经济发展规律,符合科学发展观要求。通过产业集聚发展,能有效破解资源环境等瓶颈约束,创造有利于创业生存发展的环境和条件,创造和扩大市场需求,促进经济发展良性循环。加快推进产业集聚区建设,有利于培育区域经济增长极,为现代产业体系建设提供支撑;有利于以产带城,加快城镇化进程,构建现代城镇体系;有利于促进产业集聚,为自主创新体系建设创造条件;有利于发挥规模效应,实现污染集中治理和土地节约集约利用,为发展循环经济创造条件。

（二）指导思想

全面贯彻落实科学发展观,以解放思想、深化改革、扩大开放为动力,着力优化产业空间布局,更加突出城市与产业融合发展,更加突出产业结构优化升级,更加突出体制机制创新,更加突出循环经济和节约集约发展,提升产业集聚水平和人口承载能力,培育一批规模优势突出、功能定位明晰、集聚效应明显、辐射带动有力的产业集聚区,使之成为先进产业集中区、改革创新试验区、现代化城市功能区和科学发展示范区,促进二三产业协调发展,实现发展方式转变,推进工业化和城镇化,为加快"两大跨越"、实现中原崛起创造条件、提供支撑。

（三）基本原则

——科学规划原则。强化规划的引导作用,高水平编制产业集聚区展规划和控制性详细规划,与其他重大规划紧密衔接,实现统筹规划,协同推进。

——融合发展原则。优化产业集聚区功能布局,加强基础设施和公共设施建设,完善产业配套体系和现代服务体系,促进二三产业协调、互动发展,提高产业支撑和人口集聚能力。

——创新发展原则。推进产业集聚区体制创新、机制创新和技术创新,积极探索有利于科学发展的综合改革配套措施,增强发展活力。

——开放带动原则。坚持对外开放、对内协作,创新招商方式,推进战略合作,使产业集聚区成为对外开放的主平台和承接高水平产业转移的主导区。

——可持续发展原则。坚持集聚增长与布局调整两手抓,合理高效利用土地、环境空量、资金、劳动力等要素资源,推进节约用地、节能减排增效,加强资源综合利用,发展循环经济,推进人口、资源、环境和经济社会协调发展。

——动态管理原则。建立规划确定、省级确认、分级管理的管理机制。省根据发展水平、发展质量和发展条件等对产业集聚区进行绩效考核,实行奖优汰劣。

(四)总体目标

根据全省城镇体系规划、土地利用总体规划和产业发展规划的要求,为集中土地等要素资源配置,对全省产业集聚区统一规划建设。总体发展目标是:到2012年,力争培育营业收入1000亿元以上的产业集聚区2至3个,500亿元以上的10个,100亿元以上的50个;到2020年,把产业集聚区建成省内各区域的经济增长点,形成具有较强科技创新能力、现代产业集聚、循环经济全面发展的主体区域,成为城市功能完善、充分体现人与自然和谐发展的宜居宜业新城区,成为带动全省基本实现工业化和中原崛起的主导力量。

二、加强规划引导

(五)科学编制规划。为促进产业集聚区健康发展,各产业集聚区应按照构建三大体系的功能要求,编制总体发展规划、专项规划和控制性详细规划,形成相互统一衔接的规划体系。作为重点开发区域,产业集聚区规划应纳入各级政府国民经济和社会发展中长期规划,在空间上与土地利用规划、城镇体系规划、城市(镇)总体规划、主体功能区规划、生态功能区规划和中原城市群规划等重大规划的主要内容实现精准重叠。

围绕全省经济社会发展总体战略和构建现代产业体系的要求,按照合理布局、突出重点、集约经营、循环发展的原则,编制集聚区总体发展规划。将产业集聚区基础设施、公共服务设施和商住设施纳入城市建设规划,加强城市现有道路、供排水、供电、供气、集中供热、污水垃圾处理、通信网络等基础设施与产业集聚区的共享和相互衔接。依法开展规划环评,对规划实施可能造成的环境影响分析、预测和评价,提出预防或者减轻不良环境影响的对策和措施。

综合考虑地区经济发展现状、资源能源条件、产业基础,以主导产业、发展空间、功能区块、基础设施、配套设施及生态保护等为主要内容,科学编制产业集聚区建设的控制性详细规划。2009年上半年,基本完成产业集聚区总体发展规划编制和新一轮土地利用总体规划的修编,2009年底实现控制性详细规划全覆盖。

(六)加强规划管理。各产业集聚区总体发展规划和控制性详规,均须报省有关部门审核确认后,按照有关程序审批。经批准的产业集聚区规划向社会公布,接受社会监督。产业集聚区的开发建设,必须严格按照依法批准的总体发展规划和控制性详细规划,有序开发,分步实施,严禁随意变更位置、扩大面积,切实维护规划的权威性和严肃性。

(七)明确功能定位。强化位于中心城市和县城产业集聚区的城市功能,按照产城融合发展要求,综合考虑产业发展、人口集聚和资源环境等因素,合理确定产业集聚区功能定位,以产业集聚带动人口集聚,建设产业结构合理、吸纳就业充分、人居环境优美的现代化城市功能区。中心城市产业集聚区重点发展先进制造业、高新技术产业和现代服务业,严格控制一般原材料和初级加工项目建设。县城产业集聚区重点发展深加工产业和劳动密集型产业,积极承接加工组装类产业转移,培育特色主导产业,严格限制高能耗、高排放项目建设。

(八)优化空间布局。按照产业发展和城镇体系规划,引导产业集聚区向四大产业带加密布局,促进全省城市向心发展,推动实现产业对接,形成中原城市群发展新格局。按照复合城市理念,把郑汴新区建成全省经济社会发展的核心增长点和改革发展综合试验区。鼓励中心城市在主导发展方向上,打破行政界限,对相邻产业集聚区进行统一规划建设,为城市发展提供新的空间和产业支撑。支持县城在城市边缘布局产业集聚区,通过与现有城区基础设施的相互衔接,促进产业、人口集聚,推进县域工业化、城镇化进程。

三、强化产业支撑

(九)努力构建现代产业体系。做强做大现代装备、有色冶金、化工、食品和纺织服装等工业主导产业,改造提升建材、轻工等优势传统产业,加快建设一批先进制造业基础。集中力量发展电子信息、生物、新材料等高技术产业。坚持制造业和服务业互动发展,地震预报好、规模较大的产业集聚区,加快发展现代服务业。加强产业配套体系建设,大力发展现代物流、科技研发、商务及信息咨询等生产性服务业。

(十)推动产业集聚发展。积极承接国际国内产业转移,着力引进一批关联度高、辐射力大、带动力强的龙头型、基础型大项目,不断完善产业链条,促进上下流企业共同发展。引导同类企业集中发展,发挥集群协同效应,降低企业发展成本。一般加工制造业和三产项目均要在产业集聚区布局,加速产业集聚和企业集聚。布局在产业集聚区外的一般加工制造业和三产项目不再配置土地指标。

(十一)提高招商引资水平。加强产业集聚区招商品牌建设,高水平策划招商概念,实行专业招商或专题招商,加大项目推介力度,扩大利用外资规模,提高质量和水平。创新招商方式,支持采取资源整合、异地托管、项目共建、税收共享等方式,积极承接发达地区链条或集群式产业转移。鼓励引进战略投资者,对产业集聚区连片综合开发,建设一批先进制造业基地和现代服务业基地。运用省招商引资专项资金,优先支持产业集聚区重大招商引资项目。

(十二)严格项目入驻门槛。按照国家产业政策、城市总体规划和产业集聚区规划,运用土地、规划、环保、项目准入等手段,严格入园企业的审核把关,科学合理引进。完善入园企业激励约束机制,将入园企业的管理、交通与兑现优惠政策挂钩。严格控制能耗高、污染重的低水平项目建设,加快淘汰现有技术落后、污染严重的企业,促进集聚区产业结构优化。严格限制三类工业项目进入城市规划区域内的产业集聚区。

四、着力提升自主创新能力

(十三)加快创新平台建设。鼓励产业集聚区依托现有基础和优势产业,建设重大科技基础设施,发展创业中心、研发中心、重点实验室、孵化中心等各种创新载体。支持国内外科研机构、高等院校和大公司、大集团,在集聚区内建立研发中心。引导产业集聚区建立科技服务体系,加快培育技术咨询、技术转让、知识产权代理等中介机构,为企业提供相应服务。

(十四)完善科技创新机制。发挥财税等政策杠杆的导向作用,引导鼓励产业集聚区企业加大科技投入,完善以企业为主体的科技投入体系。鼓励高等院校和科研机构的科技人员在产业集聚区兴办科技型企业,创办产学研基地、科研成果转化基地和培训基地。在研发经费、住房补贴、家属随迁等方面提供优惠政策,支持产业集聚区重点企业引导高层次人才。

(十五)积极实施重大科技专项。加大产业技术研发的投入力度,突出解决产业集聚区主导产业发展的共性和关键技术,促进产业升级和产业链条延伸。鼓励引导企业与大公司、大集团建立技术战略联盟,重点支持产业集聚区实施一批产业技术引导消化再创新项目。鼓励产业集聚区内企业自主创新,努力培植具有自主知识产权的技术品牌,增强产品核心竞争力。对产业集聚区内具有自主知识产权的高新技术产品,在政府采购过程中给予优先支持。

五、努力促进可持续发展

(十六)节约集约利用土地。要以节约集约和调整挖潜为重点,严格产业集聚区土地使用管理,防止圈占土地。提高入驻项目的单位土地投入产出强度、容积率等指标,明确绿地率、企业行政办公及生活服务设施用地所占比例,建设紧凑型产业集聚区。支持产业集聚区建设多层标准化厂房,为中小企业发展创造条件。严格国家、省确定的建设项目入驻多层标准厂房和建设用地控制指标管理,对达不到要求的项目,有关部门不得办理核准或审批手续。

(十七)优化配置土地资源。结合土地利用总体规划修编,合理确定产业集聚区起步区、发展区和控制区范围,既满足近期发展的用地需求,又为长远发展留足空间。合理配置新增建设用地,优先满足产业集聚区用地需求。按照有限指标保重点、一般项目靠挖潜的要求,根据产业集聚区实际情况和项目质量,合理配置年度计划用地指标,省级重点项目由省级指标、保障,市级重点项目由各市在省切块安排的计划指标中优先安排,其他项目用地通过挖潜解决。

(十八)创新土地管理方式。产业集聚区低效使用的建设用地,实行政府主导下的流转制度,促进企业优进劣出、腾笼换鸟,提高土地使用效率。要依法收回对取得土地使用权后闲置2年以上的建设用地,鼓励采取回购等方式盘活长期效益低下的企业占地。对条件成熟、产业集聚区发展较快的市县,实行城乡建设用地增减挂钩机制,农村建设用地减少的指标,重点满足本区域产业集聚区建设需要。本行政区域内新增建设用地无法实现耕地占补平衡的,在确保耕地保护目标条件下,可通过省内易地补充等方式解决。

(十九)严格环境保护。各市、县在完成总量减排目标和确保环境质量达标的基础上,结合当地环境保护规划,区域环境容量指标优先支持产业集聚区重大项目建设。严格执行国家环保产业政策,切实按照"三同时"原则,加强污染设施建设,努力实现清洁生产。进入远离城聚区的三类工业项目,必须采取生态隔离措施。加大既有项目的环保治理力度,确保污染物稳定达标排放。对完成产业集聚区规划环评、污染物排入产业集聚区集中式污染防治设施的,可依法简化评价内容和审批程序。

(二十)大力发展循环经济。引导企业采用先进技术、工艺、设备、材料等,降低资源消耗量,实施中水回用,推行绿色制造,提高资源能源利用效率。按照循环经济的要求,优化集聚区物流和能流,推动企业有效进行副产品和废弃物的资源化利用,达到资源利用最大化和废弃物排放最小化,建设生态型园区。

六、创新管理体制机制

(二十一)理顺管理体制。加强对产业集聚区规划建设的分级管理,省主要负责产业集聚区规划引导、政策支持和重大项目布局。各省辖市县政府是产业集聚区管理的主体,具体负责规划实施、政策落实和要素保障。各地要按照小机构、大服务和精简、统一、高效的原则,创新管理体制,优化职能配置。产业集聚区管理机构的规格、内设机构和人员编制,根据管辖地行政层级和经济实力、发展状况等,因地制宜,分级管理,科学设置,合理配备。

(二十二)优化管理方式。产业集聚区管理部门要采用一站式办理、全过程服务的方式为投资者提供高效、优质服务,特别是要切实加强科技、人才、劳动用工、信息、市场等方面的服务体系建设。公安、工商、税务等部门可在产业集聚区设置派出机构,实行派出部门和产业集聚区双重管理。引入能上能下、能进能出、择优录用、能者受奖的竞争机制,完善实施产业集聚区管理人员公开招聘、竞争上岗制度。

(二十三)创新开发机制。坚持谁投资、谁受益的原则,拓宽融资渠道,建立融资机制,促进产业集聚区投资主体多元化。鼓励集聚区采用市场化运作方式,建立健全市场化开发机制,积极吸纳国内外资本和民营企业投资集聚区内设基础设施建设。鼓励有条件的产业集聚区,按市场机制建立产业集聚区投资资金,吸引各类金融资本进入集聚区。

(二十四)建立社会化服务体系。产业集聚区内的医疗、就业、养老保险等所有服务性事项都要实行社会化服务。鼓励有条件的产业集聚区建立资产运营管理机构,负责集聚区的建设和服务。积极建设公共融资平台,鼓励有条件的产业集聚区设立企业贷款担保机构,开展小额贷款公司试点,解决企业融资难问题。

七、优化发展环境

(二十五)强化服务职能。各级各部门要认真执行国家和省赋予各类产业集聚区的管理权限和优惠政策,不得截留。各有关职能部门要积极支持产业集聚区对国家政策没有明确禁止且有利于加快产业集聚区发展的政策措施的探索尝试,提供必要的指导帮助。各有关部门对产业集聚区重大项目的核准、备案、规划、土地和环保手续,要强化服务,提高效率,限期办结,加快推进项目实施。行政执法部门要严格执法程序,对依法保留的收费项目要向社会公开,严格按标准收费,坚决杜绝乱收费、乱罚款、乱摊派、乱检查等行为。

(二十六)加大财政支持力度。各级财政用于扶持产业发展的专项引导资金,重点向产业集聚区倾斜。整合黄淮四市专项资金、县域经济奖励资金,集中支持产业集聚区公共基础设施、公共服务体系和多层标准化厂房建设。工业结构调整和高新技术产业化资金、节能减排专项资金、服务业引导资金、企业自主创新专项资金、农业产业化专项资金、环境保护专项资金、土地出让收益资金等专项资金,要按照各自支持方向,积极支持产业集聚区发展和项目建设。

八、切实加强领导

(二十七)加强组织领导。建立由省政府有关领导负责、省直机关有关部门参加的产业集聚区发展联席会议制度,负责研究、协调、解决全省产业集聚区发展中的重大问题。联席会议办公室设在省发展改革委,负责综合协调产业集聚区发展的具体工作。各地也应建立相应机制,协调推进产业集聚区规划实施和重大项目建设。有关部门按照职能分工,细化工作方案,加强配合联动,确保各项政策措施落实到位。

(二十八)强化目标考核。对全省产业集聚区实行统一考核。由省有关部门根据全省产业集聚区发展状况,制定完善考核体系,从经济实力、产业结构、人才状况、科技创新、开放水平、集约程度、环境保护、社会贡献和管理效能等方面进行综合评价。产业集聚区建设与发展的考核情况,与产业集聚区管理机制领导班子评价和干部使用挂钩。

(二十九)实行动态管理。根据产业集聚区的不同类型,分别制定考评标准,并根据发展实际对标准动态调整、逐步完善。各级产业集聚区,均由省有关部门审核确认,分批次分布,实行动态管理。省每年对发展速度快、质量高、节约集约用地突出、生态环境良好的产业集聚区给予奖励,在增量土地指标、环境容量配置和政府资金安排上优先支持;对发展速度慢、连续两年考核排名靠后的产业集聚区,取消资格,不再享受相应待遇。

河南省人民政府关于进一步促进产业集聚区发展的指导意见

豫政〔2010〕34 号

各市、县人民政府,省人民政府各部门:

为进一步明确产业集聚区(以下简称集聚区)功能定位,抓好关键环节,完善推进机制,落实扶持政策,促进集聚区科学发展,现提出以下指导意见:

一、准确把握集聚区的科学定位

(一)统一认识。当前,我省正处于加快"两大跨越"、实现中原崛起的关键时期,既具有诸多有利条件和积极因素,也存在产业层次低、发展方式粗放、资源环境约束加剧等突出矛盾和问题。必须按照科学发展观的要求,着力推进"三化"(工业化、城镇化、农业现代化)协调发展,加快构建"三大体系"(现代产业体系、现代城镇体系和自主创新体系),走节约集约发展、科学发展和可持续发展的路子,培育区域发展新优势。集聚区是促进"三化"协调发展、构建"三大体系"、实现科学发展的有效载体和重要依托,是落实科学发展观的实现途径,是转变发展方式的战略突破口。加快集聚区规划建设是创新体制机制、培育区域竞争新优势的客观需要,是贯彻落实国家促进中部地区崛起等相关政策措施和实现跨越、促进崛起的关键举措。全省上下要进一步统一思想认识,积极开拓创新,加大工作力度,扎扎实实推进集聚区的规划建设。

(二)把握内涵。集聚区是以若干特色主导产业为支撑,产业集聚特征明显,产业和城市融合发展,产业结构合理,吸纳就业充分,以经济功能为主的功能区。其基本内涵主要包括以下内容:

——企业(项目)集中布局。空间集聚是集聚区的基本表现形式。通过同类和相关联的企业、项目集中布局、集聚发展,为发展循环经济、污染集中治理、社会服务共享创造前提条件,降低成本,提高市场竞争力。

——产业集群发展。区内企业关联、产业集群发展是集聚区与传统工业园区、开发区的根本区别。通过产业链式发展、专业化分工协作,增强集群协同效应,实现二三产业融合发展,形成特色主导产业集群或专业园区。

——资源集约利用。促进节约集约发展、加快发展方式转变是集聚区的本质要求。按照"节约、集约、循环、生态"的发展理念,提高土地投资强度,促进资源高效利用,发展循环经济,为建设资源节约型、环境友好型发展模式提供示范。

——功能集合构建。推动产城一体、实现企业生产生活服务社会化是集聚区的功能特征。通过产业集聚促进人口集中,依托城市服务功能为产业发展、人口集中创造条件,实现基础设施共建共享,完善生产生活服务功能,提高产业支撑和人口聚集能力,实现产业发展与城市发展相互依托、相互促进。

(三)理清关系。区域科学发展的示范载体包括城市新区、集聚区、专业园区 3 个层次。依据土地利用总体规划和城市总体规划,有条件的省辖市规划建设城市新区。城市新区可以由若干相邻集聚区组成,集聚区可以包含若干专业园区。按照一定标准,专业园区做大做强后可以发展成为集聚区,若干集聚区的相关服务配套体系得到完善、社会事业发展到一定程度后可享受城市新区相应待遇。

县域内的集聚区是产业和城市发展的主导区域。省辖市城市新区内的集聚区必须按照城市新区发展的总体要求进行规划建设。对已经形成的专业园区,各地要按照节约集约、产业集聚、功能集成的要求促进其规范发展,不再规划布局新的专业园区。

二、进一步加强集聚区科学规划

(四)加强规划衔接。按照集聚区规划与土地利用总体规划、城市总体规划"三规"合一原则,有关部门要对集聚区发展规划集中联审,确保集聚区布局和用地范围与城市总体规划和土地利用总体规划相衔接。

(五)严格审批程序。集聚区发展规划由各地组织专业设计单位编制,经所在省辖市政府审查和省政府有关部门联审,报省政府确认后审批。集聚区控制性详细规划要报当地政府审批,并报省政府备案。经批准的发展规划和控制性详细规划不得擅自修改;确需修改的,须报省政府确认或备案。专业园区按照县级规划、市级审批、省级备案进行管理。

(六)实行总量控制。严格标准,严把规划审批关,控制集聚区数量。原则上,每个县(市)、享受均衡性转移支付的区规划建设一个集聚区。

三、加快建立完善集聚区集聚机制

(七)产业集聚发展机制。加快落实有利于促进产业集聚发展的有关政策,主要包括:

——电价政策。实行同网同价。对已批复的县域集聚区内符合国家产业政策的大工业项目生产用电,执行省网直供电价。

——用地政策。实行城乡建设用地增减挂钩,周转指标优先用于集聚区项目建设。在符合国家政策规定和保证规范运作前提下,提高指标周转速度,增加指标流量。按照集聚区规划确定的村庄整合方案和用地布局,有步骤地推进集聚区村庄整合。对集聚区的失地农民可根据城市居民经济适用房、廉租房等保障性住房政策进行安置,并切实解决就业和社会保障问题。

——异地投资、税收分享政策。对于政府主导的规模以上异地投资企业直接缴纳的主要税种(增值税、营业税、企业所得税省以下部分)收入,自项目投产之日起,投资(招商引资)主体所在地政府与项目入驻地政府可以按双方协商一致的税种、比例和期限共同分享。税收分享利益补偿,可由相关方政府通过资金划转、直接汇款清算的方式解决,也可由相关方政府向省财政申请,在年度结算时代为办理。对县(市、区)辖区内各乡镇之间招商引资项目的异地建设,由县(市、区)政府负责制定具体税收分享政策。

(八)基础设施投资建设机制。加快建立以集聚区投资开发公司为主体,市场化运作、社会化参与、多元化投入的基础设施投资建设机制。集聚区土地出让收入市县分成部分,确保足额支付征地和拆迁补偿费、补助被征地农民社保支出及法定支出外,可优先用于集聚区基础设施建设。各地要引导财政资金、国有资产等优质资产向集聚区投资开发公司优化配置,增强投融资能力。按照"谁投资、谁受益"的原则,支持外资、民资和社会资本采取 BOT(基于基础设施特许权的"建设—经营—移交"投资模式)、BT(投资非经营性基础设施项目的"建设—移交"投资模式)、PPP(公共部门与私人企业合作模式)等方式,投资建设集聚区基础设施。

(九)土地保障机制。省政府下达各省辖市的年度土地利用计划指标重点保障集聚区用地需求。集聚区工业项目新征土地可按分批次用地方式单独组卷报批。符合集聚区规划的项目,可按供地政策优先供地。进一步提高投资强度,原则上,省辖市集聚区的工业项目投资强度不低于国家级开发区相应标准,县域集聚区的工业项目投资强度不低于省级开发区相应标准。

(十)投融资机制。采取政府扶持、企业股份制合作方式成立集聚区中小企业担保公司,提高企业信贷担保能力。发挥省中小企业担保集团的作用,为集聚区担保机构提供再担保增信服务,提高融资担保能力。努力拓宽融资渠道,支持银行加大对集聚区投融资平台的贷款力度,支持有条件的集聚区设立产业投资基金,组织符合条件的集聚区发行企业债券、中期票据,将集聚区企业优先纳入省重点上市后备企业培育工程范围,积极争取国家各类专项资金、政府间和国际组织的援助资金。强化政府性资金引导作用,各级财政专项资金要按照资金投向,优先安排集聚区项目。

(十一)人才培育引进机制。建立完善以专业培训、专家指导、选派挂职、人才引进相结合的集聚区人才培育引进机制。将集聚区各类人才培养纳入继续教育和职业培训计划。扩大省、市级财政投入比例,支持开展面向集聚区高层次管理人才的培训,支持企业培训中心、就业训练中心、职业技术学院和技工教育集团发挥自身优势,培育高水平技术工人。要加快开通集聚区引进人才"绿色通道"和建立"一站式"服务机制,对集聚区引进的高层次人才,由各省辖市在创业启动资金、工作场所、住宅公寓、风险投资和商业担保等方面给予专项支持。鼓励采取组织专家组巡回服务指导、选调优秀后备干部和专业人才挂职等方式,提高集聚区人才素质和管理水平。

(十二)区域环评机制。按照"先规划环评、后项目审批"的原则,创新集聚区环评管理机制。在编制发展规划时,同步开展集聚区规划环评,明确项目准入条件。已完成规划环评的集聚区,简化规划内建设项目环评内容,重点加强施工期现场监管和"三同时"验收;对集聚区内企业或企业集团发展规划中的项目进行打捆审批,审批后可在5年内分期实施;对无重要污染因子或污染因子单一且有成熟治理技术的项目环评,进一步委托或下放审批权限,由下一级环保部门审批该项目的环评文件。优先为符合区域污染减排总量控制指标要求和环境准入条件的入驻项目配置环境总量指标。积极探索并实施区内排污权交易制度,实现环境总量指标的高效利用。

(十三)自主创新机制。集聚区要以企业为主体,联合高等院校、科研机构建立以产权为纽带的各类技术创新合作组织,形成企业牵头组织、高等院校和科研院所共同参与实施的有效机制。加大政府性资金建设的各类技术研发机构和科技资源共享平台的社会开放力度,建立完善对集聚区企业优惠收费制度。省科技专项资金和高新技术产业化资金要优先支持集聚区技术研发和平台建设项目;省扶持企业自主创新专项资金要优先支持集聚区重点企业的技术创新;对集聚区新设立的国家级、省级研发机构,省相关资金优先给予支持,加快培育自主创新基地,发展创新型集聚区。

(十四)高效管理机制。各省辖市、县(市、区)建立由主要领导牵头,有关职能部门参加的集聚区联席办公会议制度,重点研究集聚区建设和发展的重大问题,统筹集聚区与区外事务的协调。按照"小机构、大服务"的管理模式,尽快建立完善集聚区管理机构,形成统筹、高效、富有活力的管理体制。扩大县域集聚区部分县级经济管理权限,建立集聚区与省辖市级管理部门"直通车"制度,涉及县级主管部门负责审批的事项由集聚区管理机构直接办理,需报上一级管理部门审批的事项由集聚区管理机构直接报送,同时抄送县级主管部门备案。各地可根据情况,采取委托管理和必要的行政区划调整等方式,妥善解决集聚区与所在乡镇政府的职能交叉问题。

(十五)社会化服务机制。加快引进和培育金融、信息、技术、工程等咨询服务机构,构建配套完善的社会化咨询服务体系。省信息化发展资金要优先支持集聚区信息服务平台建设。采取市场化运作模式,积极开展第三方服务,实现区内企业原材料和零配件供应、物流、职工公寓、食堂、职工培训等企业生产生活服务的社会化。省服务业发展引导资金对集聚区第三方物流和社会化服务保障项目给予优先支持。有条件的集聚区要建立资产运营管理机构,统筹负责集聚区的建设和服务。

(十六)自我积累机制。调整现有的区域性财政激励政策,对产业集聚区出台优惠政策,增强财政调控的针对性和实效性。省级对集聚区的支持措施由直接投入调整为政策引导,鼓励集聚区自我积累、自我发展。2010—2012 年,按现行体制,省级从集聚区集中的增值税、营业税和企业所得税收入,实行"核定基数、超收返还、一定三年"的办法,省分成"三税"收入比核定基数超收部分,全额返还集聚区。对城市新区和新区内集聚区的税收返还,按新区相应政策执行。

四、进一步加强对集聚区规划建设的指导

(十七)加强培训交流。省有关部门要开展有针对性的专业培训,通过组织专题辅导、集中培训、学习观摩等形式,深化各级、各部门对集聚区科学内涵、主要功能、基本定位的认识,提高集聚区规划管理、项目组织、服务协调和创新发展能力。

(十八)开展升级竞赛。对集聚区实行综合考核、竞赛升级、政策挂钩、动态调整的管理模式。合理确定城市新区和集聚区的规模和功能标准,经考核达到相应标准的专业园区和集聚区可分别晋升为集聚区或享受城市新区相应待遇;3 年内达不到集聚区规模和功能标准的,不再享受相应待遇。建立统一的集聚区和专业园区统计考核体系,按企业营业收入、税收收入、从业人员、投资强度、能耗降低率、二氧化硫排放量及化学需氧量、新增建成区面积、高新技术企业比重等 8 项指标进行考核评价,对排序靠前的集聚区给予奖励,引导和推进集聚区科学发展。

(十九)明确责任分工。进一步完善省集聚区发展联席会议制度,形成各级、各部门分工负责、协调配合、各司其职、合力推动的工作机制。省发展改革委承担联席会议办公室日常工作,从有关部门抽调人员组成政策体制、工作督查和监测考核工作小组,协调落实联席会议议定事项。省住房城乡建设厅、工业和信息化厅、国土资源厅、环保厅、财政厅、科技厅、商务厅、人力资源社会保障厅、教育厅、交通厅、水利厅、农业厅、统计局、省政府金融办、省编办、电力公司等部门要按照本指导意见和职能分工,细化工作方案,制定具体落实措施。各省辖市、县(市、区)政府要建立由主要领导牵头,有关职能部门负责同志参加的领导机构,制定落实扶持政策,协调解决重大问题,细化部门责任分工,加强督导检查考核,加快推进集聚区规划建设。

以上意见,请认真贯彻落实。

河南省人民政府

二〇一〇年三月十日

关于转发《国务院安委会办公室
关于进一步加强危险化学品安全生产
工作的指导意见》的通知

豫安委办〔2009〕17 号

各省辖市安委会办公室,有关中央驻豫和省管企业:

现将《国务院安委会办公室关于进一步加强危险化学品安全生产工作的指导意见》(安委办〔2008〕26 号,以下简称《意见》)转发给你们。《意见》针对危险化学品行业存在的安全问题和薄弱环节,提出了全面、系统、科学、具体的措施和要求,明确了危险化学品领域安全生产和安全发展的指导思想,是今后一个时期做好危险化学品安全生产工作的纲领性文件。希望各有关单位要广泛宣传,认真学习,深刻领会,并结合实际,积极贯彻落实。

二〇〇九年三月二十三日

国务院安委会办公室
关于进一步加强危险化学品安全生产
工作的指导意见

安委办〔2008〕26 号

各省、自治区、直辖市及新疆生产建设兵团安全生产委员会,有关中央企业:

近年来,各地区、各部门、各单位高度重视危险化学品安全生产工作,采取了一系列强化安全监管的措施,全国危险化学品安全生产形势呈现稳定好转的发展态势。但是,我国部分危险化学品从业单位工艺落后,设备简陋陈旧,自动控制水平低,本质安全水平低,从业人员素质低,安全管理不到位;有关危险化学品安全管理的法规和标准不健全,监管力量薄弱,危险化学品事故总量大,较大、重大事故时有发生,安全生产形势依然严峻。为深入贯彻党的十七大精神,全面落实科学发展观,坚持安全发展的理念和"安全第一、预防为主、综合治理"的方针,按照"合理规划、严格准入,改造提升、固本强基,完善法规、加大投入,落实责任、强化监管"的要求,构建危险化学品安全生产长效机制,实现危险化学品安全生产形势明显好转,现就加强危险化学品安全生产工作提出以下指导意见:

一、科学制定发展规划,严格安全许可条件

1. 合理规划产业安全发展布局。县级以上地方人民政府要制定化工行业安全发展规划,按照"产业集聚"与"集约用地"的原则,确定化工集中区域或化工园区,明确产业定位,完善水电气风、污水处理等公用工程配套和安全保障设施。2009 年底前,完成化工行业安全发展规划编制工作,确定危险化学品生产、储存的专门区域。从 2010 年起,危险化学品生产、储存建设项目必

须在依法规划的专门区域内建设,负责固定资产投资管理部门和安全监管部门不再受理没有划定危险化学品生产、储存专门区域的地区提出的立项申请和安全审查申请。要通过财政、税收、差别水电价等经济手段,引导和推动企业结构调整、产业升级和技术进步。新的化工建设项目必须进入产业集中区或化工园区,逐步推动现有化工企业进区入园。

2. 严格危险化学品安全生产、经营许可。危险化学品安全生产、经营许可证发证机关要严格按照有关规定,认真审核危险化学品企业安全生产、经营条件。对首次申请安全生产许可证或申请经营许可证且带有储存设施的企业,许可证发证机关要组织专家进行现场审核,符合条件的,方可颁发许可证。申请延期换发安全生产许可证的一级或二级安全生产标准化的企业,许可证发证机关可直接为其办理延期换证手续,并提出该企业下次换证时的安全生产条件。要把涉及硝化、氧化、磺化、氯化、氟化或重氮化反应等危险工艺(以下统称危险工艺)的生产装置实现自动控制,纳入换(发)安全生产许可证的条件。地方各级安全监管部门要结合本地区实际,制定工作计划,指导和督促企业开展涉及危险工艺的生产装置自动化改造工作,在 2010 年底前必须完成,否则一律不予换(发)安全生产许可证。

要规范危险化学品生产企业人员从业条件。各省(自治区、直辖市)安全监管部门要会同行业主管部门研究制定本地区危险化学品生产企业人员从业条件,提高从业人员的准入门槛。从 2009 年起,安全监管部门要把从业人员是否达到从业条件纳入危险化学品生产企业行政许可条件。

3. 严格建设项目安全许可。地方各级人民政府投资管理部门要把危险化学品建设项目设立安全审查纳入建设项目立项审批程序,建立由投资管理部门牵头、安全监管等部门参加的危险化学品建设项目会审制度。危险化学品建设项目未经安全监管部门安全审查通过的,投资管理部门不予批准。

要从严审批剧毒化学品、易燃易爆化学品、合成氨和涉及危险工艺的建设项目,严格限制涉及光气的建设项目。安全监管部门组织建设项目安全设施设计审查时,要严格审查高温、高压、易燃、易爆和使用危险工艺的新建化工装置是否设计装备集散控制系统,大型和高度危险的化工装置是否设计装备紧急停车系统;进行建设项目试生产(使用)方案备案时,要认真了解试生产装置生产准备和应急措施等情况,必要时组织有关专家对试生产方案进行审查;组织建设项目安全设施验收时,要同时验收安全设施投入使用情况与装置自动控制系统安装投入使用情况。

4. 继续关闭工艺落后、设备设施简陋、不符合安全生产条件的危险化学品生产企业。安全监管部门检查发现不符合安全生产条件的危险化学品企业,要责令其限期整改;整改不合格或在规定期限内未进行整改的,应依法吊销许可证并提请企业所在地人民政府依法予以关闭。对使用淘汰工艺和设备、不符合安全生产条件的危险化学品生产企业,企业所在地设区的市级安全监管部门要提请同级或县级人民政府依法予以关闭,有关人民政府要组织限期予以关闭。

二、加强企业安全基础管理,提高安全管理水平

5. 完善并落实安全生产责任制。危险化学品从业单位主要负责人要认真履行安全生产第一责任人职责,完善全员安全生产责任制、安全生产管理制度和岗位操作规程,健全安全生产管理机构,保障安全投入,建立内部监督机制,确保企业安全生产主体责任落实到位。

6. 严格执行建设项目安全设施"三同时"制度。企业要加强建设项目特别是改扩建项目的安全管理,安全设施要与主体工程同时设计、同时施工、同时投入使用,确保采用安全、可靠的工艺技术和装备,确保建设项目工艺可靠、安全设施齐全有效、自动化控制水平满足安全生产需要。要严格遵守设计规范、标准和有关规定,委托具备相应资质的单位负责设计、施工、监理。建设项

目试生产前,要组织设计、施工、监理和建设单位的工程技术人员进行"三查四定"(查设计漏项、查工程质量、查工程隐患,定任务、定人员、定时间、定整改措施),制定试车方案,严格按试车方案和有关规范、标准组织试生产。操作人员经上岗考核合格,方可参加试生产操作。工程项目验收时,要同时验收安全设施。

7. 全面开展安全生产标准化工作。要按照《危险化学品从业单位安全标准化规范》,全面开展安全生产标准化工作,规范企业安全生产管理。要将安全生产标准化工作与贯彻落实安全生产法律法规、深化安全生产专项整治相结合,纳入企业安全管理工作计划和目标考核,通过实施安全生产标准化工作,强化企业安全生产"双基"工作,建立企业安全生产长效机制。剧毒化学品、易燃易爆化学品生产企业和涉及危险工艺的企业(以下称重点企业)要在 2010 年底前,实现安全生产标准化全面达标。

8. 建立规范化的隐患排查治理制度。危险化学品从业单位要建立健全定期隐患排查制度,把隐患排查治理纳入企业的日常安全管理,形成全面覆盖、全员参与的隐患排查治理工作机制,使隐患排查治理工作制度化和常态化。

危险化学品从业单位要根据生产特点和季节变化,组织开展综合性检查、季节性检查、专业性检查、节假日检查以及操作工和生产班组的日常检查。对检查出的问题和隐患,要及时整改;对不能及时整改的,要制定整改计划,采取防范措施,限期解决。

9. 认真落实危险化学品登记制度。危险化学品生产、储存、使用单位应做好危险化学品普查工作,向所在省(自治区、直辖市)危险化学品登记机构提交登记材料,办理登记手续,取得危险化学品登记证书,在 2009 年底前完成危险化学品登记工作。危险化学品生产单位必须向用户提供危险化学品"一书一签"(安全技术说明书和安全标签)。

10. 提高事故应急能力。危险化学品从业单位要按照有关标准和规范,编制危险化学品事故应急预案,配备必要的应急装备和器材,建立应急救援队伍。要定期开展事故应急演练,对演练效果进行评估,适时修订完善应急预案。中小危险化学品从业单位应与当地政府应急管理部门、应急救援机构、大型石油化工企业建立联系机制,通过签订应急服务协议,提高应急处置能力。

11. 建立安全生产情况报告制度。每年第一季度,重点企业要向当地县级安全监管部门、行业主管部门报告上年度安全生产情况,有关中央企业要向所在地设区的市级安全监管部门、行业主管部门报告上年度安全生产情况,并接受有关部门的现场核查。企业发生伤亡事故时,要按有关规定及时报告。受县级人民政府委托组织一般危险化学品事故调查的企业,调查工作结束后要向县级人民政府及其安全监管、行业主管部门报送事故调查报告。

12. 加强安全生产教育培训。要按照《安全生产培训管理办法》*(原国家安全监管局令第20 号)、《生产经营单位安全培训规定》(国家安全监管总局令第 3 号)的要求,健全并落实安全教育培训制度,建立安全教育培训档案,实行全员培训,严格持证上岗。要制定切实可行的安全教育培训计划,采取多种有效措施,分类别、分层次开展安全意识、法律法规、安全管理规章制度、操作规程、安全技能、事故案例、应急管理、职业危害与防护、遵章守纪、杜绝"三违"(违章指挥、违章操作、违反劳动纪律)等教育培训活动。企业每年至少进行一次全员安全培训考核,考核成绩记入员工教育培训档案。

三、加大安全投入,提升本质安全水平

13. 建立企业安全生产投入保障机制。要严格执行财政部、国家安全监管总局《高危行业企

---

* 最新修订的《安全生产培训管理办法》以国家安全监管总局令第 44 号公布,于 2012 年 3 月 1 日施行。

业安全生产费用财务管理暂行办法》(财企〔2006〕478号),完善安全投入保障制度,足额提取安全费用,保证用于安全生产的资金投入和有效实施,通过技术改造,不断提高企业本质安全水平。

14. 改造提升现有企业,逐步提高安全技术水平。重点企业要积极采用新技术改造提升现有装置以满足安全生产的需要。工艺技术自动控制水平低的重点企业要制定技术改造计划,加大安全生产投入,在2010年底前,完成自动化控制技术改造,通过装备集散控制和紧急停车系统,提高生产装置自动化控制水平。新开发的危险化学品生产工艺必须在小试、中试、工业化试验的基础上逐步放大到工业化生产。

新建的涉及危险工艺的化工装置必须装备自动化控制系统,选用安全可靠的仪表、联锁控制系统,配备必要的有毒有害、易燃易爆气体泄漏检测报警系统和火灾报警系统,提高装置安全可靠性。

15. 加强重大危险源安全监控。危险化学品生产、经营单位要定期开展危险源识别、检查、评估工作,建立重大危险源档案,加强对重大危险源的监控,按照有关规定或要求做好重大危险源备案工作。重大危险源涉及的压力、温度、液位、泄漏报警等要有远传和连续记录,液化气体、剧毒液体等重点储罐要设置紧急切断装置。要建立并严格执行重大危险源安全监控责任制,定期检查重大危险源压力容器及附件、应急预案修订及演练、应急器材准备等情况。

16. 积极推动安全生产科技进步工作。鼓励和支持科研机构、大专院校和有关企业开发化工安全生产技术和危险化学品储存、运输、使用安全技术。在危险化学品槽车充装环节,推广使用万向充装管道系统代替充装软管,禁止使用软管充装液氯、液氨、液化石油气、液化天然气等液化危险化学品。指导有关中央企业开展风险评估,提高事故风险控制管理水平;组织有条件的中央企业应用危险与可操作性分析技术(HAZOP),提高化工生产装置潜在风险辨识能力。

四、深化专项整治,完善法规标准

17. 深化危险化学品安全生产专项整治。各地区要继续开展化工企业安全生产整治工作,通过相关部门联合执法,运用法律、行政、经济等手段,采取鼓励转产、关闭、搬迁、部门托管或企业兼并等多种措施,进一步淘汰不符合产业规划、周边安全防护距离不符合要求、能耗高、污染重和安全生产没有保障的化工企业。化工企业搬迁任务重的地区要研究制定化工企业搬迁政策,对周边安全防护距离不符合要求和在城区的化工企业搬迁给予政策扶持。

18. 加强危险化学品道路运输安全监控和协查。各省(自治区、直辖市)交通管理部门要统筹规划并在2009年6月底前完成本地区危险化学品道路运输安全监控平台建设工作,保证监控覆盖范围,减少监管盲点,共享监控资源,实时动态监控危险化学品运输车辆运行安全状况。在2009年底前,危险化学品道路运输车辆都要安装符合标准规范要求的车载监控终端。

推进危险化学品道路运输联合执法和协查机制。县级以上地方人民政府要建立和完善本地区公安、交通、环保、质监、安全监管等部门联合执法工作制度,形成合力,提高监督检查效果。要针对危险化学品道路运输活动跨行政区的特点,建立地区间有关部门的协查机制,认真查处危险化学品违法违规运输活动和道路运输事故。要在危险化学品主要运输道路沿线建立重点危险化学品超载车辆卸载基地。

19. 推进危险化学品经营市场专业化。贸易管理、安全监管部门要积极推广建立危险化学品集中交易市场的成功经验,推进集仓储、配送、物流、销售和商品展示为一体的危险化学品交易市场建设,指导企业完善危险化学品集中交易、统一管理、指定储存、专业配送、信息服务。

20. 加强危险化学品安全生产法制建设。加强调查研究,进一步完善危险化学品安全管理部门规章和规范性文件,健全危险化学品安全生产法规体系。各省(自治区、直辖市)安全监管部门要认真总结近年来危险化学品安全管理工作的经验和教训,以《危险化学品安全管理条例(修订)》即将发布施行为契机,积极通过地方立法,结合本地区实际,制定和完善危险化学品安全生产地方性法规和规章,提高危险化学品领域安全生产准入条件,完善安全管理体制、机制,保障危险化学品安全生产有法可依。

21. 加快制修订安全技术标准。全国安全生产标准化技术委员会要组织研究、规划我国危险化学品安全技术标准体系,优先制定和修订当前亟需的危险化学品安全技术标准。有关部门和单位要制定工作计划,组织修订现行的化工行业与石油、石化行业建设标准,提高新建化工装置安全设防水平。

五、落实监管责任,提高执法能力

22. 加强安全生产执法检查,规范执法工作。各省(自治区、直辖市)安全监管部门、行业主管部门要结合本地区危险化学品从业单位实际,制定年度执法检查工作计划,明确检查频次、程序、内容、标准、要求。要重点检查企业主要负责人组织制定安全生产责任制、安全生产管理规章制度和应急预案并监督执行的情况,企业员工安全教育培训、重大危险源监控、安全生产隐患排查治理、安全费用提取与有效使用、安全生产标准化实施等情况。

安全生产执法机构要严格按照安全生产法律法规和有关标准规范,开展执法检查工作。要提高执法检查的能力,保证执法检查的客观性,严格规范执法检查工作,提高执法的权威性。要充分发挥专业应急救援队伍和专家的作用,提高事故应急救援能力和应急管理水平,参与安全监管、行业主管部门组织的执法检查工作。要加大对违法违规企业处罚的力度,推动企业进一步落实安全生产主体责任。

23. 严格执行事故调查处理"四不放过"原则,加强对事故调查工作的监督检查。发生生产安全事故的企业所在地县级以上地方人民政府要严格按照《生产安全事故报告和调查处理条例》的规定,认真履行职责,做好事故调查处理工作,查清事故原因,制定防范措施,严格责任追究,开展警示教育。安全监管部门、行业主管部门要加强对企业受县级人民政府委托组织的一般危险化学品事故调查处理工作的监督,检查防范措施和责任人处理意见落实情况。

县级以上安全监管部门要在每年3月底以前,向上一级安全监管部门报送本地区上年度危险化学品死亡事故的调查报告、负责事故调查的人民政府批复文件(复印件);省级安全监管部门要将一次死亡6人以上的危险化学品事故调查报告、负责事故调查的人民政府批复文件(复印件)报送国家安全监管总局。

24. 加强事故统计分析,及时通报典型事故。各级安全监管部门要认真做好危险化学品事故统计工作,按时逐级上报统计数据;同时收集没有造成人员伤亡的危险化学品事故及其他行业、领域发生的危险化学品事故信息;定期分析本地区危险化学品事故的特点和规律,更好地指导安全监管工作。安全监管、行业主管等部门对典型危险化学品事故,要及时向相关企业和部门发出事故通报,吸取事故教训,举一反三,防止发生同类事故。

25. 加强安全监管队伍建设,提高执法水平。地方各级人民政府要加强安全监管机构和监管队伍建设,重点地区要在安全监管部门设立危险化学品安全监管机构,专门负责本行政区危险化学品安全监督管理工作;要结合本地区危险化学品从业单位的数量和分布情况,为危险化学品安全监管机构配备相应的专业人员和技术装备;要加强业务培训,提高危险化学品安全监管人员依法行政能力和执法水平。

26. 进一步发挥中介组织和专家作用。各级安全监管部门要指导专业协会、中介组织积极开展危险化学品安全管理咨询服务,帮助指导危险化学品从业单位健全安全生产责任制、安全生产管理制度,加强基础管理,提高安全管理水平。有条件的地方可依法成立注册安全工程师事务所,为中小化工企业安全生产提供咨询服务。

各级安全监管部门要建立危险化学品安全生产专家数据库,为专家参与危险化学品安全生产工作创造条件;建立重大问题研究和重要制度、措施实施前的专家咨询制度;鼓励和督促中小化工企业聘请专家(注册安全工程师)指导,加强企业安全生产工作。

六、加强组织领导,着力建立危险化学品安全生产长效机制

27. 加强对危险化学品安全生产工作的领导。地方各级人民政府及其有关部门要从建设社会主义和谐社会、维护社会稳定、保障人民群众安全健康的高度,在地方党委的领导下,发挥政府监督管理作用,加强对危险化学品安全生产工作的领导,把危险化学品安全生产纳入本地区经济社会发展规划,定期研究危险化学品安全生产工作,协调解决危险化学品安全生产工作中的重大问题,构建党委领导、政府监管、企业负责的危险化学品安全生产长效机制。

28. 建立和完善危险化学品安全监管部门联席会议制度。危险化学品安全监管涉及部门多、环节多。县级以上地方人民政府要建立并逐步完善由负有危险化学品安全监管责任的单位参加的部门联席会议制度,进一步加强对本地区危险化学品安全生产工作的协调,研究解决危险化学品安全管理的深层次问题;督促各相关部门相互配合,密切协作,提高执法检查效果。

29. 加强危险化学品安全监督管理综合工作。各级安全监管部门要加强综合监管职能,协调负有危险化学品安全监管职责的各个部门,各负其责、通力协作,强化危险化学品生产、储存、经营、运输、使用、处置废弃各个环节的安全监管。上级安全监管部门要指导、协调下级安全监管部门充分发挥危险化学品综合监管职能的作用,构建管理有力、监督有效的危险化学品综合监管网络。

各省、自治区、直辖市及新疆生产建设兵团安全生产委员会要迅速把本指导意见转发给本辖区各相关部门和单位,结合本地区情况制定实施意见,认真组织贯彻落实;加强综合协调,开展现状调研,注意树立典型,推广先进经验,把指导意见提出的各项措施落到实处,取得实效,推动危险化学品安全生产形势稳定好转。

国务院安全生产委员会办公室

二〇〇八年九月十四日

河南省人民政府安全生产委员会
关于印发《河南省人民政府安全生产委员会
成员单位安全生产工作职责》的通知

豫安委〔2010〕9 号

省人民政府安全生产委员会各成员单位：

根据国务院安全生产委员会要求，现将《河南省人民政府安全生产委员会成员单位安全生产工作职责》印发给你们，请认真贯彻落实，履行好安全生产工作职责。

河南省人民政府安全生产委员会

二○一○年六月八日

附件：

河南省人民政府安全生产委员会
成员单位安全生产工作职责

根据河南省委、省政府批准的部门"三定"方案和有关法律、行政法规及规范性文件规定，现将河南省人民政府安全生产委员会成员单位安全生产工作职责明确如下：

一、省纪委（监察厅）

（一）参加安全生产法律法规贯彻执行情况的监督检查。

（二）参加生产安全事故调查，对事故责任人员进行党政纪责任追究，查处事故涉及的以权谋私、权钱交易等违法违纪行为。

（三）组织对生产安全事故责任追究落实情况的监督检查。

二、省发展改革委

（一）安排安全生产监管监察基础设施、执法能力、支撑条件、应急救援体系建设和隐患治理所需中央预算内投资，并对投资计划执行情况进行监督检查。

（二）推动完善相关产业政策，调整优化产业结构，会同有关部门加快组织实施大集团、大公司战略。

（三）按照职责分工，参与对不符合有关矿山工业发展规划和总体规划、不符合产业政策、布局不合理等矿井关闭及关闭是否到位情况进行监督和指导。

三、省教育厅

（一）负责教育系统的安全监督管理，宏观指导各类学校（含幼儿园）的安全管理工作，指导各类学校制定突发事件应急预案和落实防范安全事故的措施。

（二）将安全教育纳入学校教育内容，指导中小学和中等职业学校开展安全教育活动，普及安全知识，增强师生的自我保护能力。

（三）加强安全与工程科学学科建设，发展安全生产普通高等教育和职业教育，加快培养煤矿和安全生产专业人才。

（四）指导各类学校加强学生校外社会实践活动的安全管理。

（五）会同有关部门加强对接送学生车辆的监督管理。

（六）负责指导各类学校教育设施的安全监督管理。

（七）负责组织实施中小学、幼儿园校舍安全工程监督检查工作，承担全省中小学校舍安全工程领导小组的日常工作。

（八）负责教育系统安全管理统计分析，依法组织或参与有关事故的调查处理。

四、省科技厅

（一）将安全生产科技进步纳入全省科学技术发展规划，并组织实施。

（二）负责安全生产重大科技攻关、基础研究和应用研究的组织指导工作，推动安全生产科研成果的转化应用。

（三）加大对安全生产重大科研项目的投入，引导企业增加安全生产研发资金投入，促使企业逐步成为安全生产科技投入和技术保障的主体。

五、省工业和信息化厅

（一）指导工业、信息化行业加强安全生产管理。在工业、信息化行业发展规划、政策法规、标准规范和技术改造等方面统筹考虑安全生产，指导重点行业排查治理隐患，加强产业结构升级和布局调整，严格行业准入管理，淘汰落后工艺和产能。

（二）会同有关部门安排专项资金，支持工业、通信业重大安全技术改造项目、安全领域重大信息化项目，促进先进、成熟的工艺技术和设备推广应用，促进企业本质安全水平不断提高。

（三）承担全省煤炭工业行业管理职责。组织拟订行业政策、技术标准、煤矿准入条件和开办标准；指导全省煤炭工业生产建设技术工作，监督煤炭企业执行生产建设规范和标准；指导全省煤炭、煤层气资源开发及综合利用；依法规范和整顿煤矿生产建设和经营秩序；承担全省煤炭生产和经营准入监督管理责任，负责煤炭生产许可、经营许可管理工作。

（四）负责工业、信息化行业安全生产统计分析，参与相关行业重特大生产安全事故的调查处理。

六、省国防科工局

（一）指导全省武器装备科研生产单位国家安全、保密和保卫工作；会同有关部门承担全省武器装备科研生产单位保密资格审查认证工作；指导军工安全生产；承担军工重大危险源评估、登记、监控工作；承担核事故应急管理工作，并对军用核设施安全实施监管。

（二）负责民爆器材的行业及生产、流通安全的监督管理，组织实施民爆器材安全生产，负责民爆器材生产、销售准入管理。

（三）负责民爆器材行业安全生产统计分析，参与相关行业重特大生产安全事故的调查处理。

七、省公安厅

（一）负责对全省消防工作实施监督管理,组织、指导、监督各地消防监督、火灾预防、火灾扑救工作和公安应急抢险救援工作。

（二）负责全省道路交通管理工作,指导各地公安机关预防和处理道路事故,维护道路交通秩序,开展道路交通安全宣传教育,对运输企业依法实行监督。

（三）负责民用爆炸物品和烟花爆竹的公共安全管理,指导、协调、监督各地市公安机关对民用爆炸物品购买、运输、爆破作业及烟花爆竹运输、燃放环节实施安全监管。

（四）指导、监督各地市公安机关依法对剧毒化学品购买、运输环节实行监管。

（五）指导、监督各地公安机关对焰火晚会、灯会等大型群众性活动实施安全管理和监管。

（六）负责指导、监督各地市公安机关调查处理道路交通事故、调查火灾事故,开展统计分析;指导各地市公安机关查处涉及安全生产的刑事案件。

八、省财政厅

（一）根据安全生产工作需要,落实政府安全生产投入,支持政府安全生产体系建设。

（二）研究完善安全生产经济政策,配合有关部门对安全生产经济政策落实情况进行监督检查。

九、省人力资源社会保障厅

（一）将安全生产法律、法规及安全生产知识纳入行政机关公务员培训内容,纳入事业单位工作人员职业教育、继续教育和培训学习计划并组织实施。

（二）拟订工伤保险政策、规划和标准,指导和监督落实企业参加工伤保险有关政策措施,规范企业劳动用工行为;指导农民工培训教育工作。

（三）依据国家规定的工时休假制度和女工、未成年工特殊劳动保护政策,拟订实施意见。

（四）会同有关部门制定和实施安全生产领域各类专业技术人才、技能人才规划、培养、继续教育、考核、奖惩等相关政策。

（五）指导技工学校、职业培训学校的安全管理工作。指导技工学校、职业培训学校制定突发事件应急预案和落实防范安全事故的措施。

（六）会同有关部门制定安全生产领域职业资格相关政策。

十、省国土资源厅

（一）负责查处无证开采、以采代探等违法违规行为,组织开展矿产资源勘查开采秩序专项整治。

（二）按照职责分工,负责对关闭矿井吊(注)销采矿许可证。

（三）参与相关行业生产安全事故的调查、处理。

十一、省环境保护厅

（一）负责核与辐射环境安全的监督管理。拟订有关政策、规划、标准,参与核事故应急处理,指导、协调核与辐射环境事故应急工作。对电磁辐射、核技术应用、射线装置、铀矿和伴有放射性矿产资源的开发、生产、销售、储存、使用的污染防治实施监督管理。组织实施辐射安全许可;负责放射性废物安全监管,会同有关部门对放射性物品运输的核与辐射安全实施监督管理。

(二)按照职责分工,依法对危险废物和废弃危险化学品的收集、储存、利用和处理处置等进行监督管理。调查相关危险化学品环境污染事故和生态破坏事件,负责危险化学品事故现场的应急环境监测,负责危险化学品环境管理登记和新化学物质环境管理登记。

(三)按照职责分工,指导、协调各地市开展生产安全事故次生重特大突发环境事件的应急救援。

十二、省住房城乡建设厅

(一)指导城市供水、燃气、热力等市政公用设施建设、安全和应急管理,指导农村住房建设、农村住房安全和危房改造。

(二)负责全省建筑施工企业安全生产准入管理,指导建筑施工企业从业人员安全生产教育培训工作。

(三)负责建筑安全生产监督管理,拟定建筑安全生产政策、规章制度并监督执行,依法查处建筑安全生产违法违规行为,监督管理房屋建筑工地和市政工程工地建筑机械、专用机动车辆的使用。

(四)负责住房和城乡建设系统安全生产统计分析,依法组织或参与有关事故的调查处理。

十三、省交通运输厅

(一)指导公路、水路行业安全生产和应急管理工作。拟订并监督实施公路、水路安全生产政策、规划和应急预案,指导有关安全生产和应急处置体系建设,承担有关公路、水路运输企业安全生产监督管理工作。

(二)负责水上交通安全监督管理。负责水上交通管制、船舶及相关水上设施检验、登记和防止污染、水上消防、航海保障、救助打捞、通信导航、船舶与港口设施保安及危险品运输监督管理等工作。负责船员管理有关工作。负责全省管理水域水上交通安全事故、船舶及相关水上设施污染事故的应急处置和水上交通安全监管工作。

(三)负责公路、水路建设工程安全生产监督管理工作。按规定制定公路、水路工程建设有关政策、制度和技术标准并监督实施。组织协调公路、水路有关重点工程建设安全生产监督管理工作,指导交通运输基础设施管理和维护,承担有关重要设施的管理和维护。

(四)按照职责组织并开展交通运输行业安全生产专项整治工作。指导各地组织实施公路安保工程,负责查处船舶超载和打击无牌、无证、报废船舶营运等违法行为;配合有关部门查处车辆超载和打击无牌、无证、报废车辆营运等违法行为。

(五)负责危险品道路、水路运输单位及其运输工具的行业安全监督管理,对危险品水路运输安全实施监督,按照职责范围组织拟订危险货物有关标准,负责危险品道路、水路运输从业人员资质认定和监督管理,并负责前述事项的监督检查。

(六)配合相关部门承担河道采砂影响航道及通航安全的管理工作。

(七)指导、监督有关交通运输企业安全评估、交通运输企业和从业人员的安全教育培训工作。

(八)承担全省水上交通应急搜救工作和协调治理车辆超限超载工作。

(九)负责交通运输系统安全生产统计分析,依法组织或参与有关事故的调查处理。

十四、省水利厅

(一)负责水利行业安全生产工作,组织、指导水库、水电站大坝、农村水电站的安全监督管理。

（二）组织实施水利工程建设安全生产监督管理工作,按规定制定水利水电工程建设有关政策、制度、技术标准和重大事故应急预案并监督实施。

（三）负责组织、协调、指导全省河道采砂的管理工作;监督检查河道采砂对防洪安全、河势稳定、堤防安全的影响。

（四）负责病险水库除险加固工作。

（五）指导、监督水利系统从业人员的安全生产教育培训考核工作。

（六）负责水利系统安全生产统计分析,依法组织或参与水利建设工程重大事故的调查处理。

十五、省农业厅

（一）指导农业安全生产工作,拟订农业安全生产政策、规划。督促系统制定应急预案并组织实施。

（二）指导渔业安全生产工作。指导渔业船员培训、安全教育和考核发证工作。代表省政府行使渔船检验和渔政、渔港监督管理权,依法负责渔船、渔机、网具的监督管理。依法组织或参加渔业船舶生产安全事故调查。

（三）负责农药监督管理工作。承担农药使用环节安全指导工作。

（四）负责农业行业安全生产统计分析工作。

十六、省农机局

指导农机安全生产工作。为农机安全使用提供监理保障。指导农机作业安全和维修管理。按照职责分工,依法指导农机注册登记、安全检验、事故处理、安全宣传教育、农机安全生产违法行为处罚、农机驾驶人员培训和考试发证及审验工作。

十七、省林业厅

（一）负责林业安全生产监督管理工作,监督检查林木凭证采伐、运输。

（二）指导监督林业系统所属单位的安全管理工作。

（三）负责林业系统安全生产统计分析。

十八、省卫生厅

（一）按照职责分工,负责职业卫生、放射卫生、环境卫生和学校卫生的监督管理工作。

（二）负责卫生系统安全管理工作,指导医疗机构做好医疗废弃物、放射性物品安全处置管理工作。

（三）指导协调重特大生产安全事故的医疗卫生救援。

（四）负责危险化学品事故伤亡人员的医疗救护工作。

十九、省政府国资委

按照出资人职责,负责督促检查所监管企业贯彻落实国家和省委、省政府的安全生产方针政策及有关法律法规、标准等工作。

二十、省工商局

（一）依法对企业登记注册中涉及安全生产的有关审批前置要件进行审查,未取得相关安全生产许可的,不予登记。

(二)依法监督管理化学品、烟花爆竹等危险物品的市场经营活动,取缔和打击非法、违法经营危险物品行为。

(三)配合有关部门开展安全生产专项整治,对有关部门撤销许可的企业,依法办理变更经营范围或注销登记;配合有关部门依法查处未经安全生产(经营)许可的企业。

(四)配合有关部门加强对商品交易市场的安全检查和促进市场主办单位依法加强安全管理。

二十一、省质监局

(一)承担综合管理特种设备安全监察、监督工作的责任。管理锅炉、压力容器、压力管道、电梯、起重机械、客运索道、大型游乐设施、场(厂)内专用机动车辆等特种设备的安全监察、监督工作。

(二)监督管理特种设备的设计、制造、安装、改造、维修、使用、检验检测和进出口。

(三)按规定权限组织或参与调查处理特种设备事故并进行统计分析。

(四)监督管理特种设备检验检测机构和检验检测人员、作业人员的资质资格。

(五)负责烟花爆竹的质量监督,负责危险化学品及其包装物、容器生产许可证的核发管理和生产环节的质量监督,负责进出口烟花爆竹、进出口危险化学品及其包装物和容器的检验监督工作和进出口检验。

(六)负责特种设备安全生产统计分析。

二十二、省旅游局

(一)参与全省旅游安全地方性法规的立法工作,根据法律、法规授权制定相应的管理规则,并组织实施。

(二)会同省有关部门对旅游安全实行综合治理,协调处理旅游安全事故。

(三)指导、检查和监督各级旅游行政管理部门和旅行社企业的安全生产及应急管理工作;指导、规范其他旅游企事业单位的安全生产及应急管理工作。

(四)负责全省旅游安全管理的宣传、教育、培训工作。

(五)负责旅游行业安全生产统计分析工作。

二十三、省法制办

(一)负责审查有关部门报送省政府的有关安全生产的地方性法规草案、行政规章草案,起草或组织起草有关安全生产重要地方性法规草案、行政规章草案。

(二)负责有关安全生产地方性法规、地方政府规章和省政府部门规范性文件的备案审查。

(三)负责有关安全生产行政规章的立法解释工作,承办申请省政府裁决的有关安全生产行政复议案件,指导、监督全省安全生产行政复议工作。

二十四、省监狱管理局

(一)指导监狱贯彻执行安全生产法律、法规和标准,落实安全生产责任制,完善安全生产条件,消除事故隐患。

(二)负责监狱系统安全生产统计分析。

二十五、郑州铁路局

（一）承担铁路安全生产监督管理责任。拟订铁路安全监督管理规章制度，组织制定铁路运输突发性事件的应急预案并监督实施。

（二）监督管理铁路运输安全、劳动安全、特种设备安全和劳动保护工作。

（三）承担铁路工程建设安全生产的监督管理工作，按规定制定铁路工程建设有关制度并组织实施，组织管理大中型铁路项目建设有关工作。

（四）负责危险品铁路运输和危险化学品铁路运输单位及其运输工具的安全管理及监督检查。

（五）负责铁路系统安全生产统计分析，依法组织或参与铁路交通事故的调查处理工作，管理铁路运输安全监察和行政执法有关工作。

二十六、省气象局

（一）根据天气气候变化情况及防灾减灾工作需要，及时向各有关地区和部门提供气象灾害监测、预报、预警及气象灾害风险评估等信息。

（二）负责雷电灾害安全防御工作，加强对防雷工程设计、施工、检测单位资质管理，组织做好防雷装置图纸审核和工程竣工验收、防雷设施的安全检查及雷电防护装置的安全检测。

（三）负责无人驾驶自由气球和系留气球、人工影响天气作业期间的安全检查和事故防范。

（四）负责为安全生产事故应急救援提供气象服务保障。

二十七、民航河南安全监督管理局

（一）承担辖区内民航规划、投资、价格监管以及行业统计的相关工作；承担辖区内民航网络和信息安全监管工作。

（二）参与辖区内民航飞行事故、航空地面事故的调查，组织事故征候和不安全事件的调查工作；负责辖区内民用航空安全信息管理工作。

（三）负责对辖区内民用航空运输和通用航空市场秩序、民用航空客货运输安全以及危险品航空运输实施监督管理，协调完成重大航空运输、通用航空任务；负责辖区内民用航空国防动员的有关工作。

（四）承办辖区内民用航空运营人运行合格审定、飞行训练机构合格审定的有关事宜并实施监督管理；负责辖区内民用航空飞行人员、乘务人员的资格管理；监督管理辖区内的民用航空卫生工作。

（五）监督检查辖区内民用航空飞行程序及各类应急程序的执行情况；负责辖区内飞行签派人员的资格管理。

（六）承办辖区内民用航空器维修单位合格审定的有关事宜并实施监督管理；负责辖区内民用航空器持续适航及维修管理；负责辖区内航空器维修人员资格管理。

（七）负责对辖区内民用机场（含军民合用机场民用部分）的安全运行、总体规划、净空保护以及民航专业工程建设项目和航油企业安全运行等实施监督管理。

（八）监督检查辖区内民航空管系统运行和安全状况；组织协调辖区内专机、重要飞行保障和民用航空器搜寻救援工作；监督、检查辖区内航班时刻和空域容量等资源的使用状况；承办辖区内民航无线电管理等事宜。

（九）负责对辖区内民航企事业单位执行民用航空安全保卫法律、法规和规章情况实施监督检查;监督检查辖区内民用机场公安、安检、消防工作。

二十八、河南煤矿安全监察局

(一)检查指导地方煤矿安全监督管理工作。对地方贯彻落实煤矿安全生产法律法规、标准,关闭不具备安全生产条件的矿井,煤矿安全监督检查执法,煤矿安全专项整治、事故隐患整改及复查,煤矿事故责任人责任追究的落实等情况进行监督检查,并向有关地方人民政府及其有关部门提出意见和建议。

(二)依法监察煤矿企业贯彻执行安全生产法律法规、规章规程、标准和安全生产条件、设备设施安全及作业场所职业卫生等情况;对煤矿安全实施重点监察、专项监察和定期监察;对煤矿安全生产违法行为作出现场处理决定或实施行政处罚,对不符合安全生产标准的煤矿企业进行查处。

(三)负责煤矿安全生产许可证的颁发管理;组织、指导煤矿安全程度评估工作。

(四)依法组织或参与煤矿事故的调查处理,监督事故查处的落实情况;负责煤矿安全监察调度、统计信息工作,发布煤矿事故、职业危害等煤矿安全生产信息。

(五)指导煤矿安全生产科研和科技成果推广工作,研究提出煤矿安全生产科技规划建议;组织对煤矿使用的设备、材料、仪器仪表、安全标志、劳动防护用品的安全监察工作。

(六)负责煤矿企业负责人和安全管理人员安全资格的培训考核与发证工作;负责煤炭行业注册安全工程师的管理工作。

(七)按照职责范围,依法监督检查煤矿企业建设项目安全设施"三同时"情况,组织煤矿建设工程安全设施的设计审查和竣工验收。

(八)按照职责范围,负责对从事煤矿安全生产条件和煤矿设备设施检测检验、安全评价、安全培训、安全咨询等业务的社会中介机构的资质管理工作,并进行监督检查。

(九)指导、协调或参与煤矿事故应急救援工作。

二十九、郑州电监办

(一)承担电力安全生产监督管理工作,组织制定电力安全生产有关规章,并对实施情况进行监督检查;负责制定全省主要电力企业安全生产责任目标,并组织检查考核;负责全省电力安全、电力系统所属水电站大坝安全、电力应急及电力可靠性的监督管理工作。

(二)制定重大电力生产安全事故处置预案,建立重大电力生产安全事故应急处置制度。

(三)组织电力安全生产大检查和专项检查,督促落实安全生产各项措施,组织对电力企业安全生产状况进行检查、诊断、分析和评估。

(四)负责全省电力安全的业务培训、考核和宣传教育工作,组织电力安全生产新技术的推广应用。

(五)承担电力建设工程施工安全生产监督管理工作。

(六)负责电力系统安全生产统计分析,依法组织或参与电力生产安全事故调查处理。

三十、省总工会

(一)依法维护职工安全与健康的合法权益,对有关安全卫生法律法规执行情况进行监督。

(二)调查研究安全生产工作中涉及职工合法权益的重大问题,参与涉及职工切身利益的有关安全生产政策、措施、制度和法律、法规草案的拟订工作。

(三)指导各地市工会参与职工劳动安全卫生的培训和教育工作,指导各地市工会开展群众性劳动安全卫生活动。

（四）参加特别重大生产安全事故和严重职业危害事故的调查处理,代表职工监督防范和整改措施的落实。

三十一、省安全生产监管局

（一）组织起草安全生产综合性法律法规草案,拟订安全生产政策和规划,指导协调全省安全生产工作,分析和预测全省安全生产形势,发布全省安全生产信息,协调解决安全生产中的重大问题。

（二）承担全省安全生产综合监督管理责任,依法行使综合监督管理职权,指导协调、监督检查政府有关部门和各省辖市人民政府的安全生产工作,监督考核并通报安全生产控制指标执行情况,监督事故查处和责任追究落实情况。

（三）承担工矿商贸行业安全生产监督管理责任,按照分级、属地原则,依法监督检查工矿商贸生产经营单位贯彻执行安全生产法律法规情况及其安全生产条件和有关设备（特种设备除外）、材料、劳动防护用品的安全生产管理工作,负责监督管理中央驻豫和省管工矿商贸生产经营单位安全生产工作。

（四）承担全省非煤矿矿山企业和危险化学品、烟花爆竹生产经营企业安全生产准入管理责任,依法组织并指导监督实施安全生产准入制度;负责危险化学品安全监督管理综合工作和烟花爆竹安全生产监督管理工作。

（五）承担工矿商贸作业场所（煤矿除外）职业卫生监督检查责任,负责职业卫生安全许可证的颁发管理工作,组织查处职业危害事故和违法违规行为。

（六）制定和发布工矿商贸行业安全生产规章、标准和规程并组织实施,监督检查重大危险源监控和重大事故隐患排查治理工作,依法查处不具备安全生产条件的工矿商贸生产经营单位。

（七）负责组织全省安全生产大检查和专项督查,根据省政府授权,依法组织重大生产安全事故调查处理和办理结案工作,监督事故查处和责任追究落实情况。

（八）负责安全生产应急管理的综合监管,组织指挥和协调安全生产应急救援工作,综合管理全省生产安全事故和安全生产行政执法统计分析工作。

（九）负责全省煤矿安全生产监督监察工作,拟订涉及煤炭工业安全生产的重大政策,监督监察煤矿企业贯彻落实安全生产法律、法规、规章和标准情况,依法查处煤矿安全生产违法违规行为。

（十）负责监督检查职责范围内新建、改建、扩建工程项目的安全设施与主体工程同时设计、同时施工、同时投产使用情况。

（十一）组织指导并监督特种作业人员（特种设备作业人员除外）的考核工作和工矿商贸生产经营单位主要负责人、安全生产管理人员的安全资格考核工作,监督检查工矿商贸生产经营单位安全生产和职业安全培训工作。

（十二）指导协调全省安全生产检测检验工作,监督管理安全生产社会中介机构和安全评价工作,监督和指导注册安全工程师执业资格考试和注册管理工作。

（十三）指导协调和监督全省安全生产行政执法工作。

（十四）组织拟订安全生产科技规划,指导协调安全生产重大科学技术研究和推广工作。

（十五）组织开展全省安全生产方面的对外交流与合作。

（十六）承担省政府安全生产委员会办公室和省安全生产领导小组办公室的日常工作。

　　省委宣传部、省检察院、省文化厅、省供销社、团省委、黄河水利委员会和省军区、消防总队依照有关规定履行相关安全生产工作职责。其他负有安全生产工作职责的部门管理机构,按照省政府批准的部门"三定"方案和现行法律、行政法规赋予的职责,负责本部门、本行业或本系统的安全生产监督管理工作。

河南省人民政府关于
进一步加强化工行业安全生产工作的若干意见

豫政〔2010〕29 号

各省辖市人民政府,省人民政府各部门:

为进一步加强我省化工(含医药,下同)行业安全生产工作,切实提高化工行业安全生产保障水平,有效防止化工行业安全生产事故的发生,根据《中华人民共和国安全生产法》、《危险化学品安全管理条例》(国务院令第 344 号)和《国务院安委会办公室关于进一步加强危险化学品安全生产工作的指导意见》(安委办〔2008〕26 号)精神,提出如下意见:

一、提高认识,加强对化工行业安全生产工作的领导

(一)提高对加强化工行业安全生产工作重要性的认识。近年来,化工行业特别是危险化学品事故多次发生,对人民群众生命财产、社会和经济发展造成了严重危害。各级政府和有关部门要进一步提高认识,切实增强做好化工行业安全生产工作的责任感、紧迫感和使命感。

(二)加强对化工行业安全生产工作的领导。各级政府要加强领导,定期研究化工行业安全生产工作,及时研究、解决化工行业依法监管、安全投入、应急救援体系建设等方面的突出问题。

(三)严格落实监督管理职责。安全监管、发展改革、工业和信息化、公安、质监、交通运输、环保、卫生、工商、住房城乡建设、国土资源、商务、农业、国防科工、气象、铁路、民航、邮政等有关部门要严格履行在化工行业项目建设、生产、经营、储存、运输、使用和废弃处理等环节中的监管职责。建立和完善化工行业安全监管联席会议制度和联合执法机制,及时协调解决化工行业安全管理中的突出问题。

二、落实安全生产主体责任,强化基础工作

(四)落实企业主体责任。化工行业生产经营单位要认真落实本单位安全生产的主体责任,主要负责人要严格履行第一责任人职责。要严格执行安全生产的各项法律、法规,完善企业安全生产责任制、安全生产管理制度和岗位操作规程,建立健全安全生产管理机构,保障安全投入,建立内部安全生产监督机制,确保企业安全生产主体责任落实到位。

(五)加强安全生产标准化建设。化工行业生产经营单位要将安全生产标准化建设纳入本单位安全管理工作计划。凡涉及危险工艺的危险化学品生产单位,要在 2010 年年底前达到安全标准化三级以上水平,2012 年年底前达到安全标准化二级以上水平;其他危险化学品生产单位要在 2012 年年底前达到安全标准化三级以上水平。

(六)认真落实危险化学品登记制度。危险化学品生产、储存企业,使用剧毒化学品和数量构成重大危险源的其他危险化学品从业单位应当在 2010 年 5 月底前完成登记工作。

(七)剧毒化学品的生产、储存、使用单位应当对剧毒化学品的产量、流向、储存量和用途如实记录并采取必要的措施,防止剧毒化学品被盗、丢失或者误售、误用;发现剧毒化学品被盗、丢失或者误售、误用时,必须立即向当地公安部门报告。

(八)加强危险工艺自动化改造工作。对涉及危险工艺的生产装置、可能发生有毒和易燃易爆气体泄漏的危险化学品生产储存场所,要在 2010 年年底前完成自动控制和监测报警技术改造。

(九)加强重大危险源管理。化工行业生产经营单位要按照规定,切实做好重大危险源识别、检测、评估、申报、登记、监控工作;在2010年年底前完成重大危险源数据和视频实时监控、自动监测报警技术改造。

(十)加强应急救援管理。化工行业生产经营单位要严格按照标准和规范编制事故应急预案,并进行评审、备案。要按规定建立应急救援专业队伍,配备应急装备和器材,并定期开展事故应急演练。规模较小、达不到建立应急救援专业队伍规定的,必须明确兼职应急救援人员,并与资质相符的临近应急救援专业队伍建立应急救援合作机制,签订救援服务协议。

化工园区或化工产业集聚区及化工经营市场要依托专职消防队伍或企业专业救护队伍,组建应急救援和公共消防技术服务机构,为化工行业生产经营单位的事故应急处置提供技术支撑。

(十一)建立健全事故隐患排查治理工作机制。化工行业生产经营单位要建立健全隐患排查治理制度,定期聘请本行业有关专家和组织安全管理人员、工程技术人员开展安全检查,认真排查治理事故隐患,并按规定报告本单位事故隐患排查治理情况。

(十二)加强安全生产教育和培训。化工行业生产经营单位要按照国家有关安全生产教育和培训的要求,健全安全生产教育培训制度,完善安全教育培训档案,保证本单位从业人员安全培训考核合格后上岗,特种作业人员持证上岗,安全管理人员持证任职。

(十三)严格安全技术检测检验和设备设施报废制度。危险性较大的设备设施和工作场所,应当经具有相应资质的检验机构的安全技术检测检验;对已到使用期限、带病运行、安全技术检测检验不合格的设备设施实行强制性报废。

(十四)保证安全生产资金投入。建立健全安全生产投入保障机制,保证用于安全设施建设、安全教育培训、安全保险等的资金投入。依靠科技进步、技术改造,提高本质安全水平。

三、合理规划,严格准入

(十五)合理规划化工产业布局。按照"产业集聚"、"集约用地"和"安全环保"的原则,各级政府要确定化工园区(集聚区),明确产业定位,完善安全、环保设施。各省辖市、县(市、区)政府要在2010年6月底前完成化工行业安全发展规划编制工作,确定危险化学品生产、储存的专门区域。自2010年7月起,危险化学品生产、储存新建、改建、扩建项目应在依法规划的专门区域内建设。对没有划定危险化学品生产、储存专门区域的地方,原则上投资主管部门不再受理危险化学品生产、储存建设项目备案、审批、核准申请,住房城乡建设部门不再受理建设项目规划许可申请,环保部门不再受理环境影响评价文件审批,安全监管部门不再受理危险化学品生产、储存建设项目安全审查申请。

推动现有危险化学品企业有计划地逐步迁入化工园区(集聚区)。对城镇人口密集区域内的危险化学品企业,其周边距离不符合要求的应当制定计划、限期搬迁;周边距离符合要求的要制定计划,逐步迁入化工园区(集聚区)。

严禁在化工园区(集聚区)和现有危险化学品企业周边安全距离内规划建设影响安全生产的项目。

(十六)推进化工经营市场专业化。各级政府要制定相关政策,积极推进集仓储、配送、物流、销售和商品展示为一体的化工经营市场建设,实现化工产品集中交易、统一管理、专库储存、专业配送的目标。

(十七)开展化工园区(集聚区)和化工经营市场安全评价工作。对新批准的,要对其整体规划进行安全评价,评价报告应报省安全监管部门审查备案。

(十八)严格危险化学品安全许可证颁发管理。严格按照规定,对从业人员素质不能满足安全生产要求、未进行危险化学品登记、未经过正规设计、未按期达到安全标准化标准、未按期完成重大危险源和危险化工工艺视频、监测报警、自动控制改造的单位,不予办理安全生产许可手续。

未经过正规设计的单位要委托具备相应设计资质的单位进行安全设施设计,并按照设计进行改造验收。

(十九)严格执行建设项目安全设施"三同时"(安全设施与主体工程同时设计、同时施工、同时投入使用)制度。严把市场准入关,从源头上消除事故隐患。各级政府要进一步规范化工建设项目安全设施"三同时"制度管理工作,严格执行未落实安全设施"三同时"制度的建设项目不得建设、不得投入生产使用的规定。

危险化学品和其他化工建设项目应当进行安全设立评价、安全竣工验收评价,办理设立、安全生产设施设计审查和安全设施竣工验收审批手续。

从严审批剧毒化学品、易燃易爆化学品、合成氨和涉及危险工艺的建设项目,严格限制涉及光气的建设项目。

四、深化专项整治,加强监督管理

(二十)深化安全生产专项整治。通过部门联合执法,运用法律、行政、经济等手段,采取转产、改造、关闭、搬迁、部门托管或企业兼并等多种措施,淘汰不符合产业规划、周边安全防护距离不符合要求、采用明令禁止和淘汰的化工工艺设备、能耗高、污染重和安全生产没有保障的化工企业。2010年上半年,对使用列入国家、省明令禁止和淘汰的化工生产装置的企业,各级行业主管部门要进行清理核实,当地政府要在限期内组织关闭。安全监管部门对使用淘汰工艺设备并经整改后仍不符合安全生产条件的危险化学品生产经营单位,要依法吊销其安全许可证。

(二十一)加强危险化学品道路运输安全监控和协查。交通运输部门要统筹做好本地危险化学品道路运输安全监控平台建设工作,保证监控覆盖范围,减少监管盲点,共享监控资源,实时动态监控危险化学品运输车辆运行安全状况;要按期完成危险化学品道路运输车辆安装符合标准规范要求的车载监控终端工作。

完善危险化学品道路运输联合执法和协查机制。各级政府要建立和完善公安、交通运输、环保、质监、安全监管等部门联合执法工作制度,形成合力,确保监督检查效果。针对危险化学品道路运输活动跨行政区的特点,建立地区间有关部门的协查机制。各省辖市政府要在危险化学品主要运输道路沿线建立重点危险化学品超载车辆、危险化学品事故车辆卸载基地。

(二十二)加强危险化学品使用和废弃物处置安全监管。安全监管部门要加强危险化学品使用监管,监督企业建立和落实危险化学品使用安全管理制度。公安部门要加强危险化学品公共安全管理,负责发放剧毒化学品购买凭证和准购证,负责审查核发剧毒化学品公路运输通行证,对危险化学品道路运输安全实施监督,并负责前述事项的监督检查。同时,要加强对化学品流向的监管,督促企业落实购买、储存和使用环节的公共安全管理措施,防止剧毒化学品意外流失。农药管理部门要加强对灭鼠药生产企业的监管,严禁使用剧毒化学品生产灭鼠药的行为。环保部门要监督企业落实废弃危险化学品处置措施,加强废弃危险化学品处置监督管理。

(二十三)严厉打击非法建设和非法生产经营行为。各级政府要加大对非法建设和非法生产经营行为的打击力度,明确职责分工,加强联合执法,采取有效措施,严厉打击违反建设项目安全设施"三同时"制度进行化工项目建设、无安全许可证进行危险化学品生产经营的行为。

(二十四)实施分类指导,加强重点监察。各级政府、各负有安全生产监督管理职责的部门和行业主管部门要结合本地、本部门实际,根据企业的危险程度、安全保障程度等,实施分类指导,加强重点监察。要制定年度执法检查计划,明确检查频次、程序、内容、标准和要求,依法实施执法监督监察。

(二十五)加强安全生产监督管理队伍建设。各级政府要根据本地危险化学品企业的数量和分布情况,配备相应的专业人员和技术装备,切实加强安全生产监督管理机构和执法队伍建设;对安全监管人员要加强思想作风和职业素质教育,提高依法行政能力和执法水平。

(二十六)严格安全生产责任追究。依法依纪严厉查处安全生产违法违纪行为,对不依法履职造成重大事故隐患又不及时整改的,参照对发生重大事故进行责任追究的有关规定,依法进行责任追究;对发生事故的,严格按照"四不放过"(事故原因未查清不放过,责任人未处理不放过,整改措施未落实不放过,有关人员未受到教育不放过)原则,依法追究责任单位、责任人的责任。

以上意见,请认真贯彻执行。

河南省人民政府

二○一○年二月九日

河南省人民政府关于
建立完善产业集聚区推进工作机制的通知

豫政〔2010〕35 号

各省辖市人民政府,省人民政府各部门:

为加快产业集聚区发展,省政府决定建立分工负责、协调配合、各司其职、合力推动的产业集聚区推进工作机制,进一步明确各级、各部门工作职责,确保各项任务的落实。现将有关事项通知如下:

一、完善省产业集聚区发展联席会议制度

进一步完善由分管副省长负责、省政府有关部门参加的省产业集聚区发展联席会议(以下简称联席会议)制度,统筹推进全省产业集聚区发展工作。联席会议要认真贯彻落实省委、省政府决策部署,研究制定促进产业集聚区发展的政策措施和年度工作方案;定期召开会议,听取各成员单位工作进展情况汇报,研究、协调、解决产业集聚区发展中的重大问题;指导、督促、考核各地产业集聚区发展工作。

联席会议办公室要从有关部门抽调人员组成政策体制、工作督查、监测考核等工作小组,负责研究提出促进产业集聚区发展的政策建议,协调督促落实联席会议议定事项,组织实施产业集聚区和专业园区监测考核,定期通报产业集聚区工作进展情况等。省发展改革委要做好联席会议办公室的日常工作。联席会议成员单位要按照各自职责,认真落实联席会议布置的各项工作任务。

二、明确部门责任分工

省发展改革委:负责拟订促进产业集聚区发展的政策措施,指导编制、实施发展规划,拟订并组织实施年度工作方案,组织开展升级竞赛,会同有关部门组织开展重大项目联审联批,建立完善产业集聚区部门、省辖市、县(市)工作督导机制,组织全省产业集聚区项目建设观摩活动。

省住房城乡建设厅:负责衔接确认产业集聚区空间布局,指导审查空间规划、控制性详细规划和专项规划,协调推进基础设施建设,组织推进村庄迁并和改造工作。

省工业和信息化厅:负责组织推进工业项目招商引资工作,宣传、贯彻、落实国家和省十大产业振兴规划和产业政策,指导产业集聚区积极承接集群式产业转移,建立完善中小企业信用担保服务体系,推进设立小额贷款公司和信息平台建设,指导产业集聚区内企业技术改造、淘汰落后工作,严格限制"两高一资"(高耗能、高污染、资源性)产业项目入驻,组织开展新型工业化基地创建工作。

省国土资源厅:负责衔接确认产业集聚区用地范围,拟订并实施建设用地保障政策,落实年度用地计划指标,促进土地挖潜改造和节约集约用地,协调推进标准化厂房建设。

省环保厅:负责拟订并实施促进产业集聚区发展的环保政策,指导审查规划环评,创新环评管理机制,督促落实环保措施,推进环保设施集合构建和共建共享。

省科技厅:负责拟订并实施产业集聚区技术创新能力建设政策,组织推进技术研发和创新平台建设,引导加大技术创新投入,组织推动技术创新人才队伍建设,推动技术创新体系建设。

省财政厅:负责拟订并实施促进产业集聚区发展的财税政策,指导推进投融资平台建设,提高产业集聚区自我积累、自我发展能力。

省商务厅:负责拟订并实施促进产业集聚区发展的招商引资政策,组织推进境外招商引资工作,指导发展开放型经济,协调推动交易市场体系建设。

省人力资源社会保障厅:负责拟订并实施促进产业集聚区发展的人才培训和引进政策,组织开展技术和管理人才培训,组织专家组进行巡回指导,制定实施后备干部和专业人才挂职锻炼工作方案,建立引进人才"绿色通道"。

省教育厅:负责拟订并实施产业集聚区职业教育计划,推动高等院校、示范性高职院校和实训基地开展定向人才培训。

省交通运输厅:负责组织协调产业集聚区交通建设,实现区内道路与区外道路互通对接。

省质量技术监督局:负责拟订并实施促进产业集聚区发展的名牌培育和标准化建设政策,指导推进检验检测等公共服务平台建设。

省统计局:负责拟订并实施产业集聚区发展监测方案,建立完善统计考核体系,指导组织监测分析,发布统计报告,提出年度考核评价意见。

省编办:负责拟订并实施完善产业集聚区管理体制的指导意见和政策措施,组织推动管理体制机制创新。

省政府金融办:负责拟订并实施促进产业集聚区发展的金融政策,指导产业集聚区提高投融资能力,协调金融机构加大信贷投入,组织开展金融管理人才培训,推进企业上市融资工作。

省通信管理局:负责协调推进产业集聚区电信基础设施建设,指导产业集聚区提高信息化水平。

省电力公司:负责组织推进产业集聚区输配电设施建设,落实同网同价等电价政策。

三、完善省辖市、县(市)推进工作机制

各地统筹负责辖区内产业集聚区的规划实施、产业发展、要素保障和环境建设,要不断创新体制机制,加大政策扶持力度,推进产业集聚区加快发展。

各省辖市政府要切实加强对产业集聚区规划建设的领导,成立由主要领导牵头,分管副市长、有关部门负责同志组成的领导机构;要制定、落实支持政策,研究协调解决重大问题;要实行目标责任制,加强督导检查和考核评比,形成省辖市、县(市)产业集聚区协同高效、部门配合联动、激励约束相统一的工作机制。

各县(市)要把产业集聚区规划建设作为政府的一项中心工作,由主要领导牵头,建立完善领导机构;要理顺产业集聚区管理体制,整合资源,形成合力,推动规划实施,落实推进方案;要加强目标考核,强化外部环境建设,形成全力推动产业集聚区加快发展的工作机制。

各产业集聚区要按照"小机构、大服务"的管理模式,加快建立完善独立的管理机构,明确责任目标,实行节点控制,形成统筹、高效、富有活力的工作机制。

四、建立考核评价机制

省政府有关部门要按照联席会议的决策部署,根据各自职责分工,制定年度工作方案,明确责任目标,确保各项政策和任务落到实处。

联席会议办公室负责督促、检查和协调工作,定期汇总通报各地、各部门工作进展情况,及时反映存在问题,提出工作建议。

省政府对各地、各部门任务完成情况进行年度考核,对成绩突出的给予表彰,对工作进展缓慢或措施不力的给予通报批评。

河南省人民政府

二〇一〇年三月二十二日

河南省人民政府关于
贯彻落实国发〔2010〕23号文件精神
进一步加强企业安全生产工作的意见

豫政〔2010〕82号

各省辖市人民政府,省人民政府各部门:

《国务院关于进一步加强企业安全生产工作的通知》(国发〔2010〕23号)进一步明确了新形势下加强企业安全生产工作的总体要求、目标和政策措施,是国务院对安全生产工作作出的一项重大决策部署,也是指导当前和今后一个时期安全生产工作的纲领性文件。为贯彻落实国发〔2010〕23号文件精神,进一步加强我省企业安全生产工作,特提出以下意见:

一、总体要求

1. 工作要求。深入贯彻落实科学发展观,坚持以人为本,牢固树立安全发展理念,加快转变经济发展方式,调整优化产业结构布局,提高经济发展质量和效益,把经济发展建立在安全生产有可靠保障的基础之上;坚持"安全第一、预防为主、综合治理"的方针,强化企业安全生产主体责任落实,全面加强企业安全管理,健全规章制度,完善安全标准,提高企业技术水平,夯实安全生产基础;坚持依法、依规生产经营,建立严格规范的安全生产法治秩序;切实加强企业安全监管,强化企业安全生产主体责任落实和责任追究,保障企业安全发展。

2. 主要任务。以煤矿、非煤矿山、交通运输、建筑施工、危险化学品、烟花爆竹、民用爆炸物品、消防、冶金有色、特种设备等行业(领域)为重点,全面加强企业安全生产工作。进一步调整产业结构,积极推进重点行业的企业重组和矿产资源开发整合,彻底淘汰安全性能低下、危及安全生产的落后产能;严格行业安全准入,建立更加完善的行业准入标准和行业产业标准体系;在高危行业强制推行先进安全适用的技术装备和防护设施,进一步增强企业应急救援能力,最大限度减少事故造成的损失;通过更加严格的目标考核和责任追究,采取更加有效的管理手段和政策措施,严厉打击非法、违法生产经营建设行为,以更加有力的政策引导,形成安全生产长效机制。

3. 工作目标。企业安全生产水平明显提升,应急救援能力明显增强,生产安全事故起数和死亡人数持续下降,重特大事故得到有效遏制,全省安全生产形势实现根本好转。

二、严格执行制度,全面落实企业安全生产主体责任

4. 严格执行安全发展制度。将安全生产作为企业发展的基本要求和重要前提,纳入企业发展总体布局,切实做到同步规划、同步实施、同步推进,真正做到安全发展。

5. 严格执行安全生产责任制度。企业要全面落实安全生产主体责任,实行安全生产"一岗双责"和全员责任制,依法确保安全投入、管理、装备、培训等措施落实到位。企业法定代表人是安全生产第一责任人,分管安全生产的负责人协助主要负责人履行安全生产管理职责,其他负责人对各自分管业务范围内的安全生产负领导责任。企业安全生产管理机构及其人员对本单位安全生产实施综合管理;各级管理人员对分管业务范围的安全生产工作负责。从业人员对所从事岗位的安全生产负责。

6. 严格执行安全生产管理制度。企业要健全完善例会、例检、现场带班、职业健康、责任考

核等各项安全生产基本规章制度并严格执行,全面规范生产经营行为,切实做到不安全不生产。建立健全企业安全生产管理网络,依法设立安全管理机构并配齐专(兼)职安全生产管理人员,专职安全生产管理人员应依法取得注册安全工程师职业资格;加强劳动组织管理和现场安全管理,杜绝违章指挥、违规作业、违反劳动纪律的"三违"行为和超能力、超强度、超定员的"三超"现象。凡超能力、超强度、超定员组织生产的,责令其停产停工整顿,并对企业和企业主要负责人依法给予规定上限的经济处罚。

7. 严格执行企业隐患排查治理制度。企业是隐患排查治理的责任主体,要建立安全生产隐患全员排查、登记、报告、分级治理、动态分析、限期整改销号制度;要开展经常性的隐患排查治理,对排查出的隐患实施登记管理,按照分类、分级治理原则,做到整改措施、责任、资金、时限和预案"五到位"。发现重大事故隐患,企业要采取紧急撤人避险措施,并按照"重患必停"的要求立即停工停产整顿。要建立以安全生产专业人员为主导的隐患整改效果评价制度,确保整改到位,严防漏管失控。对隐患整改不力的,要依法追究企业和企业相关负责人的责任,并向社会公布;导致事故发生的,从严追究责任。停产整改逾期未完成的企业不得复产。

8. 严格执行企业安全生产风险分析和预警制度。企业要建立完善安全生产监测监控及预警预报系统,主要负责人每月要组织 1 次安全生产大检查,并进行安全生产风险分析。发现事故征兆要立即发布预警信息,落实防范和应急处置措施,防止事故发生和事故损失扩大。对重大危险源和重大隐患监控治理情况,企业应当每季度向当地安全生产监管监察部门、负有安全生产监管职责的有关部门和行业管理部门备案。

9. 严格执行安全生产长期投入制度。企业在制定财务预算中必须确定必要的安全投入,必须按照规定足额提取并切实管好、用好安全费用,安全费用必须专项用于安全防护设备设施、应急救援器材装备、安全生产检查评价、事故隐患评估整改和监控、安全技能培训和应急演练等与安全生产直接相关的投入;重大事故隐患必须提取专项治理费用。要完善落实工伤保险制度,依据不同地区和企业单位的安全生产状况,调整企业缴费比例,促进安全生产工作;积极稳妥推行安全生产责任保险制度。企业要加大安全科技投入,开展关键技术科研攻关,积极推广应用先进适用的新技术、新工艺、新装备和新材料,提高本质安全度。

10. 严格执行职工安全培训制度。企业要制订员工教育培训年度计划和实施方案,针对不同岗位人员落实培训时间、培训内容、培训机构、培训费用,提高员工安全生产素质。企业主要负责人和安全生产管理人员、特种作业人员必须经过严格培训考核,按国家有关规定持职业资格证书上岗。职工必须全部经过培训合格后上岗。企业用工要严格按照劳动合同法与职工签订劳动合同。加强企业安全培训师资建设,确保全员培训质量。对存在职工不经培训上岗、无证上岗的企业,要依法停产整顿,情节严重的要依法予以关闭。

11. 严格执行领导干部现场带班和紧急撤人避险制度。企业主要负责人和领导班子成员要轮流现场带班。煤矿、非煤矿山矿领导要带班并与工人同时下井、同时升井。企业生产现场安监人员、班组长和调度人员遇到险情时,享有在第一时间下达停产撤人命令的直接决策权和指挥权。对无企业负责人带班下井或应带班而未带班的,对有关责任人按擅离职守处理,同时给予规定上限的经济处罚。发生事故而没有领导现场带班的,对企业给予规定上限的经济处罚,并依法从重追究企业主要负责人的责任。

12. 严格执行生产技术管理制度。企业要按规定配备安全技术人员,切实落实企业负责人安全生产技术管理负责制,强化企业主要技术负责人技术决策和指挥权。因安全生产技术问题不解决产生重大隐患的,要对企业主要负责人、主要技术负责人和有关人员给予处罚;发生事故的,依法追究责任。

13. 严格执行先进适用技术装备强制推行制度。煤矿、非煤矿山要制定和实施生产技术装备标准,安装监测监控系统、井下人员定位系统、紧急避险系统、压风自救系统、供水施救系统和通信联络系统等技术装备,并于 3 年内安装完成。逾期未安装的,依法暂扣安全生产许可证和生产许可证。烟花爆竹机械化生产系统要在 2 年内安装完成。化工企业自动化控制系统要在 2010 年年底前安装完成。运输危险化学品、烟花爆竹、民用爆破物品的专用车辆,旅游包车和三类以上的班线客车安装使用具有行驶记录功能的卫星定位装置,并在 2 年内安装完成。大型尾矿库要在 3 年内安装全过程在线监控系统。

14. 严格对外委外包工程的监管。凡是将生产经营项目、场所、设备发包或出租的单位,应当履行安全生产协调、管理职责,并与承包(承租)单位签订专门的安全生产管理协议,或者在承包合同、租赁合同中约定有关的安全生产管理事项。未签订安全生产管理协议或未约定安全生产管理事项和未对承包(承租)单位履行安全生产协调、管理职责发生事故的,追究发包或出租单位的相应责任。企业不得将外委外包工程发包给不具备相应资质的单位。对建设项目和外委外包工程单位存在违法分包、转包等行为的,立即依法停工停产整顿,并追究项目业主、承包方等方面的责任。

15. 严格执行应急管理制度。企业要按照有关规定成立应急组织、制定应急预案、加强应急培训、储备应急物资、配备应急装备等,每年要组织开展 1 次以上应急救援演练,不断完善应急救援预案和组织指挥体系。煤矿、非煤矿山和危险化学品企业,要依法建立专职或兼职人员组成的应急救援队伍。同时,要做好事故报告和应急处置工作。

16. 严格执行工伤事故死亡职工一次性赔偿制度。从 2011 年 1 月 1 日起,依照《工伤保险条例》的规定,对因生产安全事故造成的职工死亡,其一次性工亡补助标准按不低于全国上一年度城镇居民人均可支配收入的 20 倍计算,发放给工亡职工近亲属。

三、强化政府监管,监督支持企业加强安全生产管理

17. 制定完善安全生产发展规划。更加注重加快经济发展方式转变,切实把安全生产纳入经济社会发展总体布局,在制定发展规划时,同步明确安全生产目标和专项规划。要加快产业重组步伐,充分发挥产业政策导向和市场机制的作用,加大对相关高危行业资源整合和企业重组力度,进一步整合或淘汰资源消耗高、安全保障低的落后产能,提高安全基础保障能力。要编制化工行业安全发展规划,确定危险化学品生产、储存区域,新建、改建、扩建项目要在依法规划的区域内建设;现有危险化学品企业要有计划地逐步迁入化工园区(集聚区)。

18. 强化建设项目安全设施核准审批。要强化建设项目安全监管,严格落实行业安全发展规划,从严强化危险性、危害性较大建设项目和工艺设备的职业安全健康评估论证,不能保证安全生产和职业健康的一律不得批准立项。严格落实新建、改建、扩建项目"三同时"制度,安全设施与建设项目主体工程未做到同时设计的一律不予批准设计方案,未做到同时施工的责令立即停止施工,未同时投入使用的不得颁发安全生产许可证。对项目建设生产经营中存在违法分包、转包等行为的,立即依法停工停产整顿,并追究项目业主、承包方等的责任。

19. 严格行业安全准入。要把符合安全生产标准作为高危行业企业准入的前置条件,实行严格的安全标准核准制度。矿山建设项目和用于生产、储存危险物品的建设项目,要分别按照国家有关规定进行安全条件论证和安全评价。凡不符合安全生产条件违规建设的,要责令立即停止建设,情节严重的由本级政府实施关闭取缔。降低标准造成隐患的,依法、依规追究相关人员和负责人的责任。

20. 强化"打非治违"整治措施。要重点打击非法、违法生产经营建设行为,把打击煤矿非

法、违法生产经营建设行为作为重中之重,严格规范安全生产法治秩序。对非法、违法生产经营建设行为做到"四个一律":对非法生产经营建设和经停产整顿仍未达到要求的,一律关闭取缔;对非法、违法生产经营建设的有关单位和责任人,一律按规定上限予以经济处罚;对存在违法生产经营建设行为的单位,一律责令停产整顿,并严格落实监管措施;对触犯法律的有关单位和人员,一律依法严格追究法律责任。

21. 强化企业安全生产属地管理。各级安全监管监察部门和行业主管部门要依据职责分工对当地企业(包括中央、省属企业)实行严格的安全生产监督检查和管理。在所辖区域对群众举报、上级督办、日常检查发现的非法生产企业(单位)没有采取有效措施予以查处的,对县(市、区)、乡镇政府主要领导以及相关责任人,根据情节轻重,给予降级、撤职或者开除的行政处分,涉嫌犯罪的,依法追究刑事责任。

22. 强制淘汰落后技术产品。对不符合有关安全标准、安全性能低下、职业危害严重、危及安全生产的落后技术、工艺和装备要列入产业结构调整指导目录,予以强制性淘汰。各级政府要支持有效消除重大安全隐患的技术改造和搬迁项目,对技术装备落后、构成重大安全隐患的企业,要予以公布,责令限期整改,逾期未整改的依法予以关闭。

23. 实行事故隐患和事故查处挂牌督办。对重大安全隐患治理实行逐级挂牌督办、公告制度,各级相关部门加强督促检查。对事故查处层层挂牌督办,较大事故查处由省政府安全生产委员会办公室挂牌督办,并实行备案制度。

24. 实行职业资格否决制度。对重大、特别重大事故负有主要责任的企业主要负责人,终身不得担任本行业企业的厂长、经理、矿长;对较大事故负有主要责任的企业主要负责人,5年内不得担任本行业企业的厂长、经理、矿长。对较大以上事故负有直接责任的企业技术管理人员和特种作业人员等重点岗位人员,终身不得从事与本行业相同或相近岗位工作。

四、夯实基础,强化安全生产支撑保障能力建设

25. 加强企业安全标准化建设。健全企业安全标准化激励机制,将安全标准化与风险抵押金、保险费率、名优品牌、评先评优等挂钩,深入开展以技术装备达标、岗位达标、专业达标和企业达标为内容的安全生产标准化建设,2015年年底前,煤矿全部达到安全标准化省级以上标准;危险化学品生产企业全部达到安全标准化二级以上标准;烟花爆竹生产企业达到安全标准化二级以上标准,经营企业达到一级标准;规模以上金属与非金属矿山全部达到安全标准五级以上标准。凡在规定时间内未达标的企业,依法暂扣其生产许可证、安全生产许可证,责令停产整顿。

26. 加强安全生产专业服务体系建设。要建立完善具有独立性的安全生产评价、宣传教育、安全培训、检测检验等服务性机构。专业服务机构对相关评价、鉴定结论承担法律责任,对违法违规、弄虚作假的,要依法、依规从严追究相关人员和机构的法律责任,并降低或取消相关资质。

27. 加强应急救援能力建设。在做好国家危险化学品救援洛阳基地和陆地搜寻与救护平顶山基地建设的同时,加快区域应急救援基地建设,2012年年底前建成郑州、豫北、豫南、豫东、豫西应急救援基地;2015年年底前完成现有矿山、危险化学品等专业应急救援队伍装备的更新。各省辖市、县(市、区)要结合本地区产业结构、重大危险源等实际,建立专业性的应急救援队伍,配备必要的救援装备。建立省、市、县(市、区)和重点企业互联互通的应急救援指挥网络。

五、完善体制机制,齐抓共管形成合力

28. 加强组织领导。各级政府要高度重视和加强安全生产工作,定期分析本地区的安全生产形势,研究制定有针对性的工作措施,切实落实安全生产隐患限期督办制度,建立并落实领导

干部安全生产监督检查制度。

29. 加强综合监管工作。强化安全监管部门的综合监管职能,充分发挥安全生产委员会办公室沟通协调推动作用,全面落实负有安全监管职责部门的安全生产监督管理指导职责,形成安全生产综合监管与行业监管指导相结合的工作机制。

30. 强化安全目标考核和通报。层层签订安全生产目标责任书和承诺责任书,把全年目标任务分解落实到各级、各部门和企业单位。各级政府每季度召开1次安全生产形势分析会和安全生产工作部署会,严格控制安全生产考核指标。每季度通报1次安全生产控制考核指标情况,年终进行严格考核,并建立健全激励约束机制。

31. 强化安全监管责任追究。全面落实"党政同责、一岗双责"。各级党委、政府主要负责人是本地安全生产第一责任人,对安全生产工作负总责;分管安全生产工作负责人承担具体领导责任;分管其他工作的负责人,对其分管范围内的安全生产工作负直接具体责任。严肃安全生产事故责任追究,对发生安全事故的,依照国家和我省有关规定上限严肃追究有关责任人的责任。

32. 加强社会和舆论监督。要充分发挥工会、共青团、妇联等单位的作用,依法维护和落实企业职工对安全生产的参与权与监督权,鼓励职工监督举报各类安全隐患,对举报者予以奖励。各地、各部门要进一步畅通安全生产的社会监督渠道,设立举报箱,公布举报电话,接受人民群众的公开监督。要发挥新闻媒体的舆论监督作用,对舆论反映的客观问题要深查原因,切实整改。

各地、各部门和各有关单位要做好对加强企业安全生产工作的组织实施,制订部署本地、本行业贯彻落实本意见要求的具体措施,加强监督检查和指导,及时研究、协调解决贯彻实施中出现的突出问题。同时,要加强对境外我省投资企业安全生产工作的指导和管理,严格落实我省境内投资主体和派出企业的安全生产监督责任。省政府安全生产委员会办公室和省政府有关部门要加强工作督查,及时掌握各地、各部门和本行业(领域)安全生产工作进展情况,确保各项规定、措施落实到位。

河南省人民政府

二〇一〇年十月三十日

河南省人民政府关于
印发安全河南创建纲要(2010—2020 年)的通知

豫政〔2011〕1 号

各省辖市人民政府,省人民政府各部门:

现将《安全河南创建纲要(2010—2020 年)》印发给你们,请结合实际认真贯彻执行。

河南省人民政府

二〇一一年一月六日

安全河南创建纲要(2010—2020 年)

安全发展是科学发展的重要内容,是经济社会发展的基本要求。当前,我省正处在工业化、城镇化加速推进的关键时期,对安全发展提出了更高要求。从战略全局和长远发展出发,为提升安全生产保障水平,全面推进经济社会安全发展,特制定本纲要。

本纲要安全创建范围主要是本省行政区域内,在生产、生活、经营活动中,为避免发生造成人员伤害和财产损失的人为事故与自然灾害而采取相应的预防、控制措施,以防范和遏制重特大事故发生,保障人民群众生命财产安全的相关工作。环境保护、公共卫生、社会治安等领域不适用本纲要。

一、创建安全河南的背景和意义

1. 面临的挑战和机遇。近年来,我省深入贯彻落实科学发展观,坚持将生命安全摆在至高无上的位置,采取多种措施强化安全生产综合治理和源头治本,实现了全省安全生产总体形势持续稳定好转。同时,各级、各部门、各单位对安全生产工作重视程度进一步提高,监管监察队伍和应急救援队伍逐步加强,安全生产法制建设和依法行政加快推进,一批先进适用的灾害预防、治理和监控技术逐步推广应用,为做好新形势下安全生产工作积累了宝贵经验。特别是随着科学发展观贯彻落实的不断深入,经济发展方式转变的加快和经济结构调整力度的加大,为淘汰落后生产能力、推动安全生产源头治本提供了有利条件;经济社会的快速发展和综合实力的明显增强,为推进安全发展提供了必要的物质基础。但我省是人口大省、交通大省和新兴工业大省,能源及原材料加工企业比重偏大,技术装备水平不高,产业集中度偏低,矿山中后期开采灾害威胁加大,安全生产基础十分薄弱。在今后较长一个时期,我省仍将处在安全生产事故易发多发期,城市安全高风险、农村安全不设防、企业安全基础差的状况亟待改善,安全发展理念不深入、全民安全防范素质不高、企业主体责任不落实、政府监管监察不到位、安全生产投入不足、支撑保障体系不完善等诸多问题亟待解决,遏制、防范重特大事故发生和减少事故总量的任务十分繁重。

2. 创建安全河南的重要意义。安全生产直接关系人民群众生命财产安全,事关改革发展稳定大局。开展安全河南创建,依靠科技进步和全民素质提高推动综合治理和源头治本,解决当前安全生产突出问题,强化安全生产基层基础,建立健全安全防范长效机制,努力从根本上遏制和防范重特大事故发生,继续保持全省安全生产形势稳定好转良好势头,是加快发展方式转变、保持经济平稳较快增长、维护大局和谐稳定的重要保障,具有非常重要的意义。

二、总体要求和创建目标

3. 总体要求。以科学发展观为指导,以保障人民群众生命财产安全为根本出发点,以实现经济社会安全发展为目标,以建立健全安全生产长效机制为主线,以遏制、防范重特大事故发生为重点,以强化安全生产基层基础为着力点,组织动员社会各方面力量广泛开展安全创建活动,全面提升全民安全素质和安全生产综合保障水平,确保各类事故逐年下降、重特大事故得到有效遏制,保持全省安全生产状况持续稳定好转,到2020年实现根本好转。

4. 创建目标。近期目标:到2012年,初步形成适应安全发展的体制机制和支撑体系,煤矿、金属非金属矿山、危险化学品、交通运输(含铁路、民航和轨道交通)、消防等重点行业(领域)特大责任事故得到有效遏制,2012年事故总量比2009年减少10%以上。中期目标:到2015年,重大责任事故得到有效遏制,亿元生产总值死亡率、工矿商贸十万从业人员死亡率、道路交通万车死亡率、煤炭百万吨死亡率等指标达到全国领先水平。远期目标:到2020年,生产、交通运输等行业(领域)安全水平和职业健康整体水平显著提升,全省安全生产状况实现根本好转,安全生产达到中等发达国家水平。

三、切实解决制约安全发展的突出问题

5. 牢固树立安全发展理念。将安全发展作为经济社会发展一项基本原则,结合产业结构调整和经济发展转型,积极优化产业结构和企业布局,切实解决高危行业企业安全投入少、管理不规范、安全保障程度低等突出问题。以煤矿、金属非金属矿山、危险化学品、交通运输、消防、民爆、建筑施工等行业(领域)为重点,进一步完善产业安全发展规划,用先进适用技术改造传统产业,淘汰不能保障安全的工艺和设备设施。将安全发展作为招商引企、承接产业转移的重要前提条件,凡不符合城乡安全规划、产业安全发展规划的,一律不得批准承接引进。

6. 严厉打击、查处非法违法行为。以打击非法违法建设、生产经营行为为重点,深入开展各重点行业(领域)安全专项治理整顿。对煤矿要严厉打击非法违法生产行为,从严查处生产矿井超能力、超强度、超定员生产行为;对金属非金属矿山要严厉打击无证无照非法生产、滥采乱挖行为;对危险化学品要严厉打击无证生产经营、非法储存行为;对烟花爆竹要严厉打击非法生产行为,从严查处超定员、超药量、超范围组织生产和改变工房用途;对道路交通重点打击无证无照无牌非法营运、车辆非法改装,从严查处酒后驾驶、"四超"(超员、超载、超速、超限)、低速载货汽车和三轮汽车违法载人行为;对水路运输重点打击无船舶检验证书、无船员适任证书、无名称无标识船舶等非法违法经营行为;对消防要重点查处堵塞疏散通道、锁闭安全出口、停用消防设施和生产、储存、经营、居住"多合一"等违法违规行为。以煤矿、金属非金属矿山、危险化学品、建筑施工、道路交通等为重点,深入开展整治清理非法用工、非法承包、非法转包、非法挂靠专项行动,从严查处无证上岗、层层转包、以包代管、挂而不管等违法、违规行为。

7. 严格隐患排查治理。突出煤矿、金属非金属矿山、危险化学品、烟花爆竹、交通运输、消防、建筑施工、特种设备、民爆和旅游等重点行业(领域),节假日、汛期等重点时段,尾矿库、易燃易爆仓库、人员密集场所、学校、景区景点等重点场所和水库、桥梁、电网、铁路等重大设施,定期组织安全生产大检查,及时排查各种安全隐患。落实隐患现场查处和治理责任,强化重大隐患领

导包案、分级督办和动态监控,严格执行"重患必停"制度,切实做到治理责任、措施、资金、进度和预案"五落实"。省辖市、县(市、区)要落实公共隐患治理责任,对重大隐患实行政府挂牌督办;公安、交通运输、水利、国土资源等部门,每年确定一定数量的事故多发点(段)、病险水库、河道险工险段、病险桥梁和地质灾害区、矿山采空区等实施重点治理,严防漏管失控。

8. 实施安全生产区域综合防控。坚持煤与瓦斯突出矿井区域防突措施先行、局部防突措施补充的原则,强力推进瓦斯区域治理,2012年年底前完成全省瓦斯区域抽采和综合治理规划编制,2015年年底前建成一批煤矿瓦斯区域综合防治示范工程。推进矿山采空区综合治理,2015年年底前选择一批具有较好技术基础的矿山,分别在地下采空区非胶充填、露天矿坑回填和胶结充填采矿等方面进行区域工程示范。建立健全与周边省份的危险化学品区域协作应急联动机制,强化危险化学品生产、经营和运输跨地区联合执法和防控。加强轨道交通周边环境治理,保障轨道交通安全运行。建立健全强对流、强降雨等恶劣天气预测预警预防机制,2015年年底前气象灾害预警信息公众覆盖率达到90%以上,有效防范和遏制因极端天气引发安全事故。

9. 完善安全生产监管监察机制。坚持安全生产党政同责、一岗双责,全面落实党政主要领导第一责任人责任,发挥各级安全生产领导小组、安全生产委员会作用,探索建立安全生产激励约束机制、部门联合执法机制和企业安全诚信机制,构建党委统一领导、政府依法监管、企业全面负责、群众监督参与、全社会广泛支持的安全生产工作格局。紧紧抓住安全投入、安全管理和安全培训三项基础性工作,切实抓好科技进步、落实责任和提高素质三个关键环节,把综合治理方针和"标本兼治、重在治本"的要求真正落到实处。进一步加强安全生产监管监察队伍思想政治建设、作风建设和业务建设,加强党风廉政建设,严防以权谋私和失职渎职等行为。

四、实施安全素质提升工程

10. 全面提高全民安全素质。把安全素质作为公民素质重要组成部分,结合开展职业技能教育、普法教育、干部培训等,采取多种形式开展全民安全法制教育、警示教育、科普教育和应急避险教育。组织开展安全生产月、"11·9"消防日、安全生产中原行、"安康杯"竞赛等群众性安全教育活动,动员行政村和社区对辖区村(居)民集中开展安全常识普及活动。开展"应急救援演练周"和"安全生产科技周"活动,组织各级政府、规模以上企业和中小学校开展应急演练,提高公众识灾辨灾和应急避险能力。大中专院校、中小学校、幼儿园都要开设一定课时的安全教育课。

11. 全面提高从业人员安全技能。严格安全任职资格管理,生产经营单位的主要负责人和安全管理、特种作业、机动车驾驶等重点岗位作业人员,必须按规定经安全培训考核合格后持证上岗。严格高危行业新上岗人员强制性安全培训,保证其具备本岗位安全操作、自救互救以及应急处置所需的知识和技能。严格新工艺、新技术或新设备、新材料操作使用人员安全培训,强化各类从业人员岗前、岗中、转岗安全教育,未经安全培训教育考核合格不得上岗作业,单位主要负责人2015年年底前必须具备相关行业规定的专业知识,安全管理人员取得注册安全工程师资格的比例不低于30%。把农民工安全培训放在突出位置,纳入技能培训内容,使农村转移劳动力同步接受安全技能培训。

12. 全面提高安全生产监管监察人员执法水平。全面加强安全生产监管监察人才培养、引进和使用工作,优化知识和年龄结构,建设高素质安全生产监管监察和专业技术队伍。加大省、省辖市、县、乡镇(街道)四级安全生产监管监察人员业务培训力度,新任职人员必须经培训考核合格,在职人员每年至少接受一次安全业务知识培训,确保监管监察人员具备与本职岗位相适应的业务素质和执法能力。

13. 加强安全文化建设。各级政府、各生产经营单位要制定有利于安全文化建设的制度措施,编制安全文化建设发展规划,以安全发展、依法行政为主要内容,建设政府安全监管文化;以落实主体责任为主要内容,建设企业安全管理文化;以遵章守纪、依法维权为主要内容,建设班组安全文化;以关爱生命、参与安全为主要内容,建设社会安全文化。2015年年底前初步形成符合我省省情的政府、社会、企业、班组和职工等不同层次的安全文化建设模式。开展安全文化建设示范企业、示范班组创建活动,分行业培育一批省级安全文化建设示范企业和示范班组。

五、创建安全发展型企业

14. 严格建设项目安全生产准入。应当依法进行安全生产可行性论证的建设项目,未经安全论证合格不得批准立项。建设项目安全设施必须与主体工程同时设计、同时施工、同时投入生产和使用,未经安全专项检查验收合格不得投产。加强建设项目施工和试生产安全监管监察,从严打击违法违规施工和超批复期限试生产等行为。

15. 严格安全生产条件认证许可。严格煤矿、金属非金属矿山、危险化学品、烟花爆竹、民爆、建筑施工等生产经营单位安全生产许可制度。加强对已取得安全生产许可证生产经营单位的监管监察,监督生产经营单位保持和改进安全生产条件,对不再具备安全许可条件的必须依法采取停产整顿、关闭取缔等行政处罚措施。对现有不符合产业安全发展规划、采用明令禁止使用或者淘汰的技术工艺设备的企业,要监督企业在国家规定的期限内实施改造或在2012年年底前实施转产、搬迁、关闭。

16. 严格工艺技术安全论证和设备设施及作业安全检测。新工艺、新技术、新设备、新材料必须依法进行安全论证,不能保证安全的不得投入生产和使用;国家明令禁止使用或者列入淘汰目录的工艺、技术、材料和设备设施必须及时淘汰。严格对矿用产品、锅炉、压力容器、压力管道、起重机、电梯、架空索道、大型游乐设施等设备设施和易燃易爆、易中毒作业场所的安全检测检验,对矿用产品、电工用品等可能影响从业人员或者居民安全的危险性设备设施和劳动防护用品实行安全标识管理和安全检测检验,未经安全检测检验合格不得进入市场或者投入使用,易燃易爆、易中毒作业场所不符合职业安全健康要求不得投入使用。

17. 用先进适用技术改造提升安全生产条件。煤矿、金属非金属矿山要制定和实施生产技术装备标准,安装监测监控系统、井下人员定位系统、紧急避险系统、压风自救系统、供水施救系统和通信联络系统等技术装备,并于3年之内完成。逾期未安装的,依法暂扣安全生产许可证、生产许可证。运输危险化学品、烟花爆竹、民用爆炸物品的道路专用车辆,旅游包车和三类以上的班线客车要安装使用具有行驶记录功能的卫星定位装置,于2年之内全部完成。鼓励有条件的渔船安装防撞自动识别系统,在大型尾矿库安装全过程在线监控系统,大型起重机械要安装安全监控管理系统。积极推进信息化建设,努力提高企业安全防护水平。

18. 全面推进安全标准化工作。在大中型企业推行安全标准体系认证,在小型企业实行安全生产分级分类监管监察,并将安全标准化与风险抵押金、保险费率、名优品牌评选、评先评优等挂钩,健全企业安全标准化激励机制,全面开展企业安全标准化评审达标活动。2015年年底前,煤矿全部达到安全标准化省级以上标准;危险化学品生产企业、烟花爆竹生产经营企业全部达到二级以上标准;金属非金属矿山全部达到五级以上标准;冶金、机械企业全部达到二级以上标准。

19. 强化职业安全健康管理。煤矿、金属非金属矿山、冶炼、水泥制造、箱包加工、皮革加工、制鞋、家具制造、化工、五金电镀、装饰材料加工、医药加工等涉及有毒有害作业的企业,要依法进行职业危害因素登记、分析和危害程度分级,按要求配备作业场所职业危害防护设施,免费为从业人员发放合格的个体防护用品,并严格执行岗前、岗中、离岗健康体检制度,切实保障从业人员职业健康权益。2012年年底前完成重点行业企业职业安全健康分级;2015年年底前建立较为完善的职业安全健康检测体系和职业安全健康监督管理体系。

20. 健全企业安全生产诚信考核机制。大力推进企业安全生产诚信机制建设,强化企业安全生产主体责任意识,促进企业安全生产主体责任落实。开展企业安全信用评比,建立企业安全信用黑名单制度,通过媒体公布存在严重违法违规生产经营行为的企业,并在安全生产行政许可、安全资格证书等证照发放和项目审批、招投标、信贷等方面予以制裁和限制。2011年年底前初步建立企业安全生产诚信体系,2012年年底前完成高危行业企业安全信用评定,2015年年底前完成规模以上企业安全信用评定。建立企业负责人、管理人员和从业人员安全信用档案,对因工作失职渎职导致事故发生的,除依法吊销个人安全资质证书外,在法律、法规规定时限和范围内不得任职。

六、创建安全发展型行业

21. 煤矿。围绕加快河南大型煤炭基地建设,强力推进煤炭资源整合和小煤矿兼并重组,培育大型煤炭企业集团,提升煤炭产业集中度。深入开展煤矿瓦斯治理攻坚,全面强化煤矿水害预防、顶板管理、劳动组织等方面整治,严格煤与瓦斯突出矿井和受水害威胁严重矿井监管监察,坚决遏制煤矿重特大事故发生。2015年年底前全省煤炭百万吨死亡率保持在0.8以内,2020年年底前控制并稳定到0.5以内。

22. 道路交通。深化平安畅通县(市)创建活动,实施城市畅通工程,全面落实道路交通安全"五整顿三加强"(整顿驾驶人队伍,整顿路面行车秩序,整顿交通运输企业,整顿机动车生产、改装企业,整顿危险路段;加强责任制,加强宣传教育,加强执法检查)措施,加强道路交通安全规划,完善道路交通安全设施,严格校车、旅游车辆、危险物品运输等特殊车辆安全监管,坚决遏制重特大道路交通事故发生。

23. 危险化学品、金属非金属矿山和烟花爆竹。严格落实危险化学品、金属非金属矿山、烟花爆竹行业安全发展规划和企业安全准入制度,加快重大危险源普查登记和动态监控步伐,推动易燃易爆物品管理规范化,加快危险工序机械化改造和自动化监控进度,集中整治影响公众安全的尾矿库、采空区等方面的隐患,努力提升本质安全水平。合理规划布局化工园区(化工集聚区)和化工经营市场,监督新建、扩建项目依法进园区建设,引导现有企业迁入园区,2015年年底前基本完成城镇人口密集区内危险化学品企业的搬迁。强化金属与非金属矿山企业资源整合、兼并重组和治理整顿,2012年年底前完成泄洪河道、水库安全距离内各类井工矿山的清查和关闭工作,2015年年底前基本解决矿山企业规模小、管理乱、条件差等突出问题。加大烟花爆竹企业整顿提升力度,逐年淘汰落后生产企业,2015年年底前全省烟花爆竹生产企业控制到100家以内。保持危险化学品、烟花爆竹、金属非金属矿山行业安全形势稳定。

24. 消防。深入推进构筑社会消防安全"防火墙"工程建设,严格落实消防安全责任制,编制实施城乡消防规划,狠抓农村、社区火灾防控基础工作,从严整治人员密集场所、高层和地下建筑、"多合一"场所等火灾隐患,严格城中村等重点区域消防安全监管。2012年年底前所有人员密集场所基本达到消防安全"三会三化"(会检查消除火灾隐患、会扑救初起火灾、会组织人员疏散逃生和管理标准化、标示明细化、宣传常态化)建设标准。以强化野外用火管理为重点,着力提高全社会森林防火意识,建立健全群防群治机制,扎实开展森林火险区综合治理,有效防范森林火灾发生,努力将森林火灾年均受害率控制在1‰以内。

25. 建筑施工。以房屋建筑和市政基础设施、地铁、公路、铁路、水利、通信、电力等工程建设为重点,全面落实勘察、设计、审批、建设、施工等环节的安全责任,规范建设市场秩序,加强招标投标管理,推行建筑施工标准化管理,严厉打击违法违规建设,2015年年底前建设领域各项秩序得到全面规范,非法承包转包行为和重特大施工事故、质量事故得到有效遏制。

26. 冶金、建材和机械制造。以防范机械伤害、高处坠落、中毒窒息、触电、物体打击等事故为重点,全面加强冶金建材、机械制造行业企业安全生产管理和监督,督促企业制订和完善安全操作规程,严格危险作业安全管理,按照国家有关规范标准设置各种安全防护装置、预警报警装置和安全标志。

27. 特种设备。加强起重机械、压力管道元件、气瓶、危险化学品承压罐车等特种设备整治,落实压力管道普查、检验和登记制度,建立重点设备动态监控机制,坚决遏制特种设备事故发生。2015 年年底前重点监控设备监管率达到 100％,特种设备事故率控制在 0.4 起/万台以内、死亡率控制在 0.38 人/万台以内。

28. 铁路、民航、电力、民爆和通信行业、农机、水利、旅游、教育、供水、供气等行业(领域)。要结合行业(领域)特点,全面加强安全生产综合治理和源头治本,切实提升安全生产保障水平,组织开展本行业(领域)的安全创建活动。

七、创建安全和谐型村镇(社区)

29. 完善农村和城市社区安全管理网络。将安全生产纳入村(居)民自治范畴,建立与社会主义新农村和城市社区建设相适应的基层安全管理机制。充分发挥物业公司或业主委员会作用,将楼院公用设施安全检查、重点时段安全提示、家居安全教育纳入物业管理服务范围。行政村和社区要明确专兼职安全管理人员,组织开展安全宣传教育、隐患检查治理等日常活动,切实解决农村和社区安全不设防问题。县(市、区)政府应当将乡镇(街道)安全生产经费列入政府财政预算,提高基层安全监管装备水平,2015 年年底前乡镇(街道)安全监管站所办公条件和监管执法装备等应当达到标准要求。

30. 做好村镇发展安全规划工作。新农村建设规划应当借鉴城市规划经验,把安全作为村镇建设发展重要前提,将生产、生活等功能区分开。合理布局农村液化气充装点、加油点,科学建设农村沼气工程,指导村民安全用气。小城镇建设应当同步建设消防等公共安全基础设施。矿山开采、隧道施工等可能影响居民安全的,必须进行可行性安全论证,不能保证安全的不得开采、施工。不得在矿山采空塌陷区、尾矿库下游、地质灾害易发区等区域建设居民区、重要设施和公众聚集场所;不得在村民居住区及其周边建设危险物品生产企业和储存场所。按照出行更便捷、更安全、更舒适的目标和要求,加快实施农村公路改造工程,完善农村客运交通网络,支持客运公司开拓农村客运市场,提高农村交通网络的覆盖水平和通畅程度。到 2015 年,所有具备条件的建制村通达沥青或水泥路,与就近城镇开行客运车辆。

31. 加强农村和社区安全管理。将安全生产月等活动向农村和社区延伸,结合"三夏"、"三秋"深入开展安全进农村宣传教育活动。加强农村和社区安全文化建设,制定农村(社区)安全村规民约,推进开展安全文化大院、安全一条街建设活动。加强农村和社区防火、用电、道路交通、水上交通、农用机械、集会等生产生活安全管理。加强农村和社区房屋安全管理,开展中小学校、幼儿园、卫生院、诊所、敬老院等公共场所隐患排查,加大危房改造力度,提高房屋安全等级。

32. 深入开展安全村镇(社区)创建活动。建立完善农村和社区安全标准体系,积极创建安全村镇(社区)。2012 年年底前全省 30％的行政村和城市社区达到安全基本标准;2015 年年底前 80％的行政村和城市社区达到安全基本标准。

八、创建安全保障型城市

33. 构建城市安全新格局。紧紧围绕中原城市群空间发展布局,结合城市体系、产业布局和核心区建设,按照"政府指导推动、部门服务监管、基层单位自治、居民群众自律、社会广泛参与"要求,逐步建立适用于开发区、工业园区、会展、物流等不同领域的安全监管模式,构建集生产、生活和公共安全为一体的城市安全新格局。

34. 强化城市发展安全规划。城市规划要符合有关安全要求,合理规划城市功能分区,完善城市基础安全设施布局,同步建设城镇新区和产业集聚区、科技示范园等园区公共安全设施,易燃易爆单元与居民区必须保证足够的安全防护距离。强化高层建筑、大型设施质量安全和防灾抗灾监督管理,不能保证安全的不得投入使用。对老城区公共安全设施有计划地增加和实施改造,保证基础安全设施完好有效。城市道路、小区道路和庭院道路建设应当满足消防车辆通过等安全要求,保证安全通道畅通。

35. 强化城区易燃易爆安全管理。按照安全、便民原则,对城区加油站、液化气站点等科学布点、严格管理。公共安全隐患主管单位要落实治理责任,省辖市、县(市、区)政府要组织治理无单位负责的公共隐患。加强城区燃气管道等重大设施管理,严禁在重大危险源和易燃易爆场所安全距离内建设公众聚集场所和居住区,严禁违章占压天然气、煤气、原油、成品油等危险物品运输管线。

36. 强化城市公共设施安全管理。通信、广播电视、燃气、自来水、电力、热力、市政、路政等主管部门或单位应当完善城市公共安全设施,加强公共设施管理和巡查,及时整改消除事故隐患。科学规划布局城市公用线路,通过共同沟、专用地下管线等逐步减少地上电缆电线。对楼院或者居民自有的设备设施,有关单位应当根据职责及时提醒安全注意事项,积极提供便民服务。高层建筑物、体育场馆、会展场馆及涵洞、桥梁等大型建筑、设施必须保证工程质量,科学同步设置安全防护和应急避险设施。

37. 强化道路交通安全保障。紧密围绕中原城市群建设构建现代综合立体交通体系,利用涵洞、桥梁逐步消除平交道口,利用现代信息技术手段科学安全调度车辆,强化铁路专线、城市地铁和中原城市群轨道交通安全保障。加强对危险物品运输车辆进入城区的管制,严厉打击危险物品运输车辆超载、超速和不按规定线路行驶等违章行为。

九、完善安全发展支撑体系

38. 完善安全生产法规体系。依据上位法的要求,制订和细化符合我省安全生产实际需要的法规、规章,力争通过3年的努力,基本建立全省较为完善的安全生产法规体系和标准体系,实现政府监管有法可依、企业管理有章可循、员工操作有规可守。统筹规划,加强立法项目申报衔接工作。积极争取制定出台建设项目安全设施"三同时"、重大危险源监督、作业场所职业安全监督、安全生产检测检验、建设工程安全生产和危险化学品安全管理等方面的管理办法,形成具有河南特色、比较完善的地方性法规体系,为我省安全生产提供强有力的法制保障。

39. 完善安全生产监督管理机构及装备支撑体系。加快推进安全生产监督管理机构标准化建设,全面提升安全生产监管监察队伍素质,保证监察执法必备的办公条件和专用设备设施。2012年年底前省辖市安全生产监督管理机构全部达到标准化要求。2015年年底前县(市、区)安全生产监督管理机构全部达到标准化要求。

40. 完善安全生产技术支撑体系。构建安全生产科研协作体系,以省安全科技研究院为基础,联合郑州大学、河南理工大学、河南工程技术学院等高等院校、科研机构,2012年年底前形成省级安全生产科研协作体系。依托省劳动保护检测检验宣传教育中心、省安全科技研究院和矿用安全产品检验中心,2012年年底前建成省级安全生产检测检验中心实验室,2015年年底前建成区域安全检测检验实验室、职业安全健康中心。建立健全省、市、县三级安全专家组,培育发展安全生产、职业安全健康评价、咨询、培训等社会中介组织,2012 年年底前形成安全生产专家咨询服务体系。省财政安排的科技、安全生产等专项资金要对安全生产基础理论和关键技术研究攻关进行支持,2012 年年底前启动一批煤矿瓦斯灾害综合防治、危险化学品重大危险源监控和应急救援、金属非金属矿山典型灾害监测预警、烟花爆竹涉药工序人与药分离等示范项目。加快安全生产科技人才培养,采取对口单招、校企联合等方式,进一步扩大矿业、化工、安全工程等院校主体专业招生规模,为高危行业安全生产储备必需的专业技术人才。

41. 完善安全生产应急救援体系。加快安全生产应急救援体系建设,2012 年省辖市和县(市)全部成立安全生产应急救援指挥中心。加快安全生产应急救援指挥体系建设,2015 年年底前建成省、省辖市、县(市)安全生产应急救援综合指挥调度系统,实现国家、省、省辖市和县四级互联互通。继续加强国家危险化学品救援洛阳基地和陆地搜寻与救护平顶山基地建设。加快区域应急救援基地建设,以大型骨干企业为依托,采取各级财政补助的办法,2015 年年底前建成豫中、豫北、豫南、豫东、豫西应急救援基地。2015 年年底前建成国家级区域性公路交通应急指挥和路网协调中心。加快应急救援队伍体系建设,2012 年年底前以公安消防部队为主,建成省、省辖市、县(市)综合应急救援队伍,加强矿山、危险化学品、建筑施工、交通运输、卫生、环保、电力等专业救援队伍建设,逐步形成指挥统一、优势互补、协调联动、反应迅速的应急救援体系。

42. 完善安全生产宣传教育培训体系。加快安全生产宣传教育培训机构标准化建设,2012 年年底前省辖市成立安全生产宣传教育培训机构;2015 年年底前建成省、省辖市安全生产培训基地并达到标准化要求。以省、省辖市安全生产培训基地为骨干,以社会和企业培训机构为补充,2015 年年底前形成全方位安全生产宣传教育培训体系。规范安全生产教育培训管理,强化培训师资管理和教材审定,2012 年年底前实现全省安全生产教育培训统一大纲、统一教材、统一证件。

43. 完善安全生产信息体系。落实国家安全生产信息系统"金安"工程的建设要求,加快全省安全生产信息体系建设,启动中央数据库和应用系统建设。2015 年年底前建成省、省辖市、县(市、区)和重点企业互联互通的安全生产信息资源专网,实现安全生产监管监察和应急救援等主要业务信息资源共享。建设高危行业和高风险领域从业人员安全信息平台,2015 年年底前建成煤矿、建筑施工、金属非金属矿山、危险化学品、民用爆炸物品和烟花爆竹、特种设备等高危行业(领域)的特种作业人员和道路交通营运驾驶人员的安全信用信息系统。

44. 完善安全生产资金投入体系。各级政府要加大安全生产基础设施建设、宣传教育培训、表彰奖励、公共重大事故隐患治理等必要的投入,积极发挥市场配置资源的基础性作用,拓宽安全生产投入渠道,引导社会资金投入安全生产,逐步形成以企业投入为主、政府投入引导、保险参与的全社会多元化安全生产投融资体系,切实改善企业安全生产条件。按照国家安全费用提取、风险抵押金、安全生产责任险等安全生产资金投入的规定,有关部门要督促煤矿、金属非金属矿山、交通运输、建筑施工、危险化学品、烟花爆竹、民爆等行业(领域)从事生产经营活动的单位严格执行安全生产资金投入政策,做到应提尽提、应缴尽缴、专款专用。

45. 完善安全生产责任目标考核奖惩体系。继续将安全生产作为领导干部政绩、国有企业负责人业绩和县域经济评价重要指标,建立健全安全生产工作绩效评价考核体系,强化安全生产过程和结果双重考核,并将考核结果与领导干部任用挂钩,实行安全生产"一票否决"。强化安全生产责任目标动态管理、过程管控,实行月统计、季通报、年考核,进一步发挥考核指标的激励和约束作用,推动政府监管责任和企业主体责任的落实。加大政府安全生产奖惩力度,从 2011 年起省政府每两年开展一次安全生产先进单位和先进个人表彰奖励。

十、纲要实施保障

46. 加强组织领导。安全河南创建工作由省政府统一领导,省政府安全生产委员会综合协调,各省辖市、县(市、区)及各有关部门组织实施。各级政府、各部门、各单位主要负责人是安全创建第一责任人,要对安全创建工作亲自研究部署,制定实施方案,周密计划安排,严格督导检查,确保创建进度和成效。

47. 坚持齐抓共建。安全河南创建是全省各级、各部门、各单位和全社会的共同任务。安全生产监管、发展改革、公安、消防、交通运输、国土资源、工业和信息化、住房城乡建设、水利、文化、教育、体育、林业、环保、旅游、质监、煤矿安全监察、气象、农机、工商等部门,要紧紧围绕安全创建的目标要求,制定创建规划和具体实施方案,加大推进力度,加快创建进度,形成创建合力。将安全社区、安全农村、安全校园、平安农机、平安交通等基层安全达标活动纳入安全河南创建总体规划,继续深入开展。

48. 注重创建保障。各级政府要加大对安全创建经费的保障力度,并随着经济发展逐步增加投入,保证创建工作顺利开展。要将公共安全隐患治理、重大危险源监管、公共安全基础设施建设、安全生产应急救援、检测检验、科学技术研究及推广、宣传教育培训、安全创建基层基础建设等所需资金纳入本级财政年度预算。

49. 强化宣传引导。各级、各部门、各单位要加大宣传力度,创新宣传形式,丰富宣传载体,延伸宣传渠道,广泛深入地宣传安全创建目的、意义,形成人人参与、齐抓共管、共同防范、同享和谐的浓厚氛围。

50. 严格检查考核。各级、各部门要把安全创建工作纳入年度工作目标管理范围,完善督查检查、定量考核和评比奖惩制度,制定安全创建年度计划和考核奖惩办法,每年对下级政府及有关部门安全创建工作进行检查考核。对完成创建任务的省辖市、县(市、区)以及对安全创建工作做出突出贡献的集体和个人给予表彰奖励。各省辖市政府要制定具体的安全创建奖惩实施细则。

河南省人民政府关于批转省工业和信息化厅 《河南省淘汰落后产能工作实施意见》的通知

豫政〔2010〕56 号

各省辖市人民政府,省人民政府各部门:

省政府同意省工业和信息化厅制定的《河南省淘汰落后产能工作实施意见》,现批转给你们,请认真贯彻执行。

河南省人民政府
二○一○年五月二十五日

河南省淘汰落后产能工作实施意见

（省工业和信息化厅　二○一○年五月二十四日）

为深入贯彻落实科学发展观,加快转变经济发展方式,促进产业结构调整和优化升级,推进节能减排,根据《国务院关于进一步加强淘汰落后产能工作的通知》(国发〔2010〕7 号)精神,制定河南省淘汰落后产能工作实施意见。

一、深刻认识淘汰落后产能的重要意义

加快淘汰落后产能是转变我省经济发展方式、调整经济结构、提高经济增长质量和提升经济效益的重大举措,是加快节能减排、积极应对全球气候变化的迫切需要,是我省走新型工业化道路、实现由工业大省向工业强省转变的必然要求。近年来,随着加快产能过剩行业结构调整、抑制重复建设、促进节能减排政策措施的实施,淘汰落后产能工作取得了明显成效。但由于长期积累的结构性矛盾比较突出,落后产能退出的政策措施不够完善,激励和约束作用不够强以及部分地方工作认识上存在偏差,当前我省一些行业落后产能比重较大的问题依然存在,已成为提高我省工业整体水平、落实环境保护政策、完成节能减排任务、实现经济社会可持续发展的严重制约因素。为此,各地务必采取更加有力的措施,综合运用法律、经济、技术及必要的行政手段,进一步建立健全淘汰落后产能的长效机制,确保按期实现淘汰落后产能的各项目标。

二、总体要求和目标任务

（一）总体要求。

1. 发挥市场作用。充分发挥市场配置资源的基础性作用,调整和理顺资源性产品价格形成机制,强化税收杠杆调节,努力营造有利于落后产能退出的市场环境。

2. 坚持依法行政。充分发挥法律、法规的约束作用和技术标准的门槛作用,严格执行环境保护、节约能源、清洁生产、安全生产、产品质量、职业健康等方面的法律、法规和技术标准,依法淘汰落后产能。

3. 落实目标责任。分解淘汰落后产能的目标任务,明确省直有关部门、各级政府和企业的

责任,加强指导、督促和检查,确保工作落到实处。

4. 优化政策环境。强化政策约束和政策激励,统筹淘汰落后产能与产业升级、经济发展、社会稳定的关系,建立健全促进落后产能退出的政策体系。

5. 加强协调配合。建立主管部门牵头,相关部门各负其责、密切配合、联合行动的工作机制,加强组织领导和协调配合,形成工作合力。

(二)目标任务。以电力、煤炭、钢铁、水泥、有色金属、焦炭、造纸、制革、印染等行业为重点,按照《国务院关于发布实施促进产业结构调整暂行规定的决定》(国发〔2005〕40号)、《国务院关于印发节能减排综合性工作方案的通知》(国发〔2007〕15号)、《国务院批转发展改革委员会等部门关于抑制部分行业产能过剩和重复建设引导产业健康发展若干意见的通知》(国发〔2009〕38号)、国家《产业结构调整指导目录》以及国务院制定的钢铁、有色金属、轻工、纺织等产业调整和振兴规划等文件规定,近期重点行业淘汰落后产能的具体目标任务是:

煤炭行业:按照《河南省人民政府关于批转河南省煤炭企业兼并重组实施意见的通知》(豫政〔2010〕32号)执行。

焦炭行业:2010年年底前淘汰炭化室高度4.3米以下的小机焦(3.2米及以上捣固焦炉除外)。

铁合金行业:2010年年底前淘汰6300千伏安以下普通矿热炉。

电石行业:2010年年底前淘汰6300千伏安以下普通矿热炉。

钢铁行业:2011年年底前淘汰400立方米及以下炼铁高炉,淘汰30吨及以下炼钢转炉、电炉。

有色金属行业:2011年年底前淘汰100千安及以下电解铝小预焙槽;淘汰密闭鼓风炉、电炉、反射炉炼铜工艺及设备;淘汰采用烧结锅、烧结盘、简易高炉等落后方式炼铅工艺及设备,淘汰未配套建设制酸及尾气吸收系统的烧结机炼铅工艺;淘汰采用马弗炉、马槽炉、横罐、小竖罐(单日单罐产量8吨以下)等进行焙烧、采用简易冷凝设施进行收尘等落后方式炼锌或生产氧化锌制品的生产工艺及设备。2012年年底前全面淘汰160千伏安及以下电解铝预焙槽,关闭所有5万吨/年及以下规模铅锌冶炼厂。

建材行业:2012年年底前淘汰窑径2.5米以下水泥干法中空窑(生产特种水泥的除外)、日产1000吨及以下新型干法水泥生产线和能耗较高的日产1000吨及以下水泥熟料生产线、直径3米以下的水泥磨机(生产特种水泥的除外),防止水泥立窑死灰复燃;淘汰平拉工艺平板玻璃生产线(含格法)等落后产能。

轻工业:2011年年底前淘汰年产3.4万吨以下草浆生产装置、年产1.7万吨以下化学制浆生产线,淘汰以废纸为原料、年产1万吨以下的造纸生产线;淘汰落后酒精生产工艺及年产3万吨以下的酒精生产企业(废糖蜜制酒精除外);淘汰年产3万吨以下味精生产装置;淘汰环保不达标的柠檬酸生产装置;淘汰年加工3万标张以下的制革生产线。

纺织行业:2011年年底前淘汰74型染整生产线、使用年限超过15年的前处理设备、浴比大于1∶10的间歇式染色设备,淘汰落后型号的印花机、热熔染色机、热风布铗拉幅机、定形机,淘汰高能耗、高水耗的落后生产工艺设备;淘汰R531型酸性老式粘胶纺丝机、年产2万吨以下粘胶生产线、湿法及DMF溶剂法氨纶生产工艺、DMF溶剂法腈纶生产工艺、涤纶长丝锭轴长900毫米以下的半自动卷绕设备、间歇法聚合聚酯设备等落后化纤产能。

三、目标责任

(一)省工业和信息化厅、发展改革委要根据国务院和我省确定的淘汰落后产能阶段性目标任务,结合产业升级要求及我省实际,协商有关部门提出上述分行业的淘汰落后产能年度目标任务,并将年度目标任务分解落实到各省辖市。各有关部门要充分发挥职能作用,抓紧制定限制落后产能企业生产、激励落后产能退出、促进落后产能改造等方面的配套政策措施,指导和督促各地认真贯彻执行。

(二)各省辖市政府要根据省工业和信息化厅、发展改革委下达的淘汰落后产能目标任务,制定措施,将目标任务分解到县(市、区),落实到具体企业,及时将计划淘汰落后产能企业名单报省工业和信息化厅、发展改革委。要切实承担本行政区域内淘汰落后产能工作的职责,严格执行相关法律、法规和各项政策措施,组织督促企业按要求淘汰落后产能、拆除落后设施装置,防止落后产能转移;对未按要求淘汰落后产能的企业,要依据有关法律、法规责令停产或予以关闭。

(三)企业要切实承担淘汰落后产能的主体责任,严格遵守安全、环保、节能、质量等法律、法规,认真贯彻国家产业政策,积极履行社会责任,主动淘汰落后产能。

(四)各相关行业协会要充分发挥政府和企业间的桥梁纽带作用,认真宣传贯彻国家方针政策,加强行业自律,维护市场秩序,协助有关部门做好淘汰落后产能工作。

四、强化政策约束机制

(一)严格市场准入。强化安全、环保、能耗、物耗、质量、土地和矿产开发等指标的约束作用,制定和完善相关行业准入条件和落后产能界定标准,提高准入门槛,鼓励发展低消耗、低污染的先进产能。加强投资项目审核管理,对产能过剩行业坚持新增产能与淘汰产能"等量置换"或"减量置换"的原则,严格环评、土地和安全生产审批,遏制低水平重复建设,防止新增落后产能。改善土地利用计划调控,严禁为落后产能和产能严重过剩行业建设项目提供土地。支持优势企业通过兼并、收购、重组落后产能企业,淘汰落后产能。

(二)强化经济和法律手段。充分发挥差别电价、资源性产品价格改革等价格机制在淘汰落后产能中的作用,落实和完善资源及环境保护税费制度,强化税收对节能减排的调控功能。加强环境保护监督性监测、减排核查和执法检查,加强对企业执行产品质量标准、能耗限额标准和安全生产规定的监督检查,提高落后产能企业和项目使用能源、资源、环境、土地的成本。采取综合性调控措施,抑制高消耗、高排放产品的市场需求。

(三)加大执法处罚力度。对未按期完成淘汰落后产能任务的地方,严格控制国家、省安排的投资项目,实行项目"区域限批",暂停对该地项目的环评、核准和审批。对未按规定期限淘汰落后产能的企业,吊销排污许可证,银行业金融机构不得提供任何形式的新增授信支持,投资管理部门不予审批和核准新的投资项目,国土资源部门不予批准新增用地,相关部门不予办理生产许可,已颁发生产许可证、安全生产许可证的要依法撤回。对未按规定淘汰落后产能、被政府责令关闭或撤销的企业,限期办理工商注销登记,或者依法吊销工商营业执照。必要时,电力供应企业要按照政府及相关部门的要求对落后产能企业停止供电。

五、完善政策激励机制

(一)加强财政资金引导。积极争取中央财政对淘汰落后产能的资金支持,充分发挥中央财政奖励资金对淘汰落后产能的引导作用。各级政府要积极安排资金,支持开展淘汰落后产能工作。资金安排使用与各地淘汰落后产能任务相衔接,重点支持解决淘汰落后产能有关职工安置、企业转产等问题。在资金申报、安排、使用中,要充分发挥政府的调控作用,确保资金安排对淘汰落后产能产生实效。

(二)做好职工安置工作。妥善处理淘汰落后产能与职工就业的关系,认真落实和完善企业职工安置政策,依照相关法律、法规和规定妥善安置职工,做好职工社会保险关系转移与接续工作,避免大规模集中失业,防止发生群体性事件。

(三)支持企业升级改造。充分发挥科技对产业升级的支撑作用,落实并完善相关税收优惠和金融支持政策,支持符合国家产业政策和规划布局的企业运用高新技术和先进适用技术,以质量品种、节能降耗、环境保护、改善装备、安全生产等为重点,对落后产能进行改造。根据生产、技术、安全、能耗、环保、质量等国家标准和行业标准,做好标准间的衔接,加强标准贯彻,引导企业技术升级。对淘汰落后产能任务较重且完成较好的地方和企业,在投资项目核准备案、土地开发利用、融资支持等方面予以倾斜。对积极淘汰落后产能企业的土地开发利用,在符合国家土地管理政策的前提下优先予以支持。积极实施"走出去"战略,支持有条件的过剩产能企业到省外、境外投资办厂。

六、健全监督检查机制

(一)加强舆论监督。省工业和信息化厅、各级政府要每年向社会公布淘汰落后产能企业名单、落后工艺设备、淘汰时限和年底进展情况。加强各地、各行业淘汰落后产能工作交流,总结推广、广泛宣传淘汰落后产能工作先进地方和先进企业的做法,营造有利于淘汰落后产能的舆论氛围。

(二)加强监督检查。各省辖市政府有关部门要及时了解、掌握淘汰落后产能工作进展和职工安置情况,并定期向省直有关部门报告。省工业和信息化厅、发展改革委、财政厅等有关部门要定期对各地淘汰落后产能工作情况进行监督检查,切实加强对重点地区淘汰落后产能工作的指导并将进展情况报省政府。

(三)实行问责制。将淘汰落后产能任务完成情况纳入政府绩效考核体系,对淘汰落后产能任务完成情况进行考核,提高淘汰落后产能任务完成情况的考核比重。对未按要求完成淘汰落后产能任务的地方进行通报,限期整改。对瞒报、谎报淘汰落后产能进展情况或整改不到位、造成不良影响的地方,要依法依纪追究有关责任人员的责任。

七、切实加强组织领导

建立淘汰落后产能工作组织协调机制,加强对淘汰落后产能工作的领导。成立由省工业和信息化厅牵头,省发展改革委、监察厅、财政厅、人力资源社会保障厅、国土资源厅、环保厅、农业厅、商务厅、工商局、安全监管局、省政府国资委、省国税局、地税局、质监局、人行郑州中心支行、河南银监局、郑州电监办、省能源局等部门参加的淘汰落后产能工作协调小组,统筹协调淘汰落后产能工作,研究解决淘汰落后产能工作中的重大问题。有关部门要认真履行职责,积极贯彻落实各项政策措施,加强沟通配合,共同做好淘汰落后产能的各项工作。各省辖市政府要健全领导机制,明确职责分工,做到责任到位、措施到位、监管到位,确保淘汰落后产能工作取得明显成效。

附件:

淘汰落后产能重点工作分工表

序号	工作任务	负责单位	参加单位
1	提出分行业的淘汰落后产能年度目标任务和实施方案,并分解落实到各省辖市	省工业和信息化厅、发展改革委	省国土资源厅、环保厅、商务厅、安全监管局等相关部门
2	根据省下达的淘汰落后产能目标任务,制定实施方案,将目标任务分解到县(市、区),落实到具体企业;将拟淘汰落后产能企业名单报省工业和信息化厅、发展改革委	各省辖市政府	

续表

序号	工作任务	负责单位	参加单位
3	制定和完善落后产能界定标准	省工业和信息化厅、发展改革委	省环保厅、安全监管局、能源局等相关部门
4	加强投资项目审核管理,严格环评、土地和安全生产审批,防止新增落后产能	省发展改革委、工业和信息化厅、国土资源厅、环保厅、安全监管局	省能源局
5	支持优势企业通过兼并、收购、重组落后产能企业淘汰落后产能,实施"走出去"战略,支持产能过剩企业到省外、境外办厂	省工业和信息化厅、商务厅	省发展改革委、省政府国资委
6	完善差别电价政策,加大对落后产能企业执行差别电价的力度	省发展改革委	省工业和信息化厅、财政厅、郑州电监办、省能源局
7	推进资源性产品价格改革	省发展改革委	省工业和信息化厅、财政厅、能源局
8	落实和完善资源及环境保护税费制度,强化税收对节能减排的调控功能	省财政厅	省发展改革委、工业和信息化厅、国土资源厅、环保厅、国税局、地税局、能源局
9	加强环境保护监督性检测、减排核查和执法检查	省环保厅	省工业和信息化厅、发展改革委、能源局
10	加强对企业执行产品质量标准情况的监督检查	省质监局	省工业和信息化厅
11	加强对企业执行产品能耗限额标准情况的监督检查	省工业和信息化厅、发展改革委	省能源局
12	加强对企业安全生产情况的监督检查	省安全监管局	
13	提高落后产能企业和项目的土地使用成本	省国土资源厅	
14	采取综合性调控措施,抑制高消耗、高排放产品的市场需求	省发展改革委、财政厅、商务厅、	省工业和信息化厅、能源局等相关部门
15	对未按期完成淘汰落后产能任务的地方严格控制国家、省安排的投资项目,实行项目"区域限批"	省发展改革委、工业和信息化厅、环保厅	省能源局
16	对未按规定期限淘汰落后产能的企业,吊销排污许可证,银行业金融机构不得提供任何形式的新增授信支持,投资管理部门不予审批和核准新的投资项目,国土资源部门不予批准新增用地,相关部门不予办理生产许可,撤回已颁发的生产许可证、安全生产许可证	省发展改革委、工业和信息化厅、国土资源厅、环保厅、质监局、安全监管局、人行郑州中心支行、河南银监局	省能源局
17	对未按规定淘汰落后产能、被政府责令关闭或撤销的企业,限期办理工商注销登记,或者依法吊销工商营业执照、停止供电	省工商局、郑州电监办	
18	各级政府要积极安排资金支持开展淘汰落后产能工作	各省辖市政府、省财政厅	省工业和信息化厅
19	指导、督促地方和企业做好职工安置工作	省人力资源社会保障厅、发展改革委、财政厅	省工业和信息化厅、能源局
20	完善并落实相关税收优惠和金融支持政策,支持对落后产能进行技术改造;对淘汰落后产能任务较重且完成较好的地方和企业,在投资项目核准备案、土地开发利用、融资支持等方面给予倾斜	省发展改革委、工业和信息化厅、财政厅、国土资源厅、国税局、地税局、安全监管局、人行郑州中心支行、河南银监局	省能源局

续表

序号	工作任务	负责单位	参加单位
21	支持积极淘汰落后产能企业的土地开发利用		省国土资源厅
22	向社会公布淘汰落后产能企业名单、落后工艺设备、淘汰时限和年底进展情况	省工业和信息化厅、各省辖市政府	
23	加强工作交流,总结推广、广泛宣传淘汰落后产能工作先进地方和先进企业的做法	省工业和信息化厅、发展改革委	省能源局
24	对各地淘汰落后产能工作情况进行监督检查,对任务完成情况进行考核	省工业和信息化厅、发展改革委、财政厅	省监察厅、国土资源厅、环保厅、商务厅、工商局、安全监管局、质监局、人行郑州中心支行、河南银监局、郑州电监办、省能源局
25	谎报、瞒报淘汰落后产能进展情况或整改不到位、造成不良影响的地方,要依法依纪追究有关责任人员的责任	省监察厅	省工业和信息化厅、发展改革委、财政厅、环保厅、能源局
26	建立淘汰落后产能工作组织协调机制	省工业和信息化厅	省发展改革委、监察厅、财政厅、人力资源社会保障厅、国土资源厅、环保厅、农业厅、商务厅、工商局、安全监管局、省政府国资委、省国税局、地税局、质监局、人行郑州中心支行、河南银监局、郑州电监办、省能源局

河南省人民政府关于印发河南省重大事故隐患排查治理责任追究规定的通知

豫政〔2011〕41 号

各省辖市人民政府,省人民政府各部门:

现将《河南省重大事故隐患排查治理责任追究规定》印发给你们,请认真贯彻执行。

河南省人民政府
二〇一一年四月二十五日

河南省重大事故隐患排查治理责任追究规定

第一条　为有效治理整改重大事故隐患,防止重特大事故发生,保障人民群众生命财产安全,根据有关安全生产法律、法规规定,结合本省实际,制定本规定。

第二条　在本省行政区域内从事生产经营活动的单位和个人应当遵守本规定。

第三条　有下列情形之一的,应当认定为重大事故隐患:

(一)未按规定建立事故隐患排查治理工作制度和开展重大事故隐患排查治理工作的;

(二)未按规定向负有安全生产监督管理职责的有关部门报告重大事故隐患排查整改情况的;

(三)矿井超能力、超强度、超定员生产的;

(四)交通运输工具存在超速、超载、超限运输行为的;

(五)烟花爆竹生产企业超药量、超定员、超范围和改变工房用途生产或者使用国家严格禁止的违禁药物生产烟花爆竹的;

(六)特种作业人员和现场管理人员违章作业、违章指挥、冒险蛮干或者强令作业人员冒险作业的;

(七)停工停产停业整顿和技改期间擅自组织生产经营和建设施工的;

(八)使用国家明令淘汰、禁止使用的危及生产安全和劳动者身体健康的工艺、设备、原材料或者生产经营国家明令淘汰、禁止生产的产品的;

(九)新建、改建、扩建的生产经营性建设项目的安全设施未按规定经设计审查或者未经验收合格投入生产和使用的;

(十)危险物品的生产经营场所及储存数量构成重大危险源的储存设施、输油和燃气管道、高压输电线路和尾矿库与居民区(楼)、学校、幼儿园、集贸市场及其他公众聚集的建筑物未保持国家规定的安全距离的;

(十一)重大危险源未按规定安装泄漏报警、监控预警、安全联锁等装置或者系统,不能实现实时有效监测监控的;

(十二)非法开采、超层越界开采矿产资源的;

(十三)作业场所有毒有害物质种类、浓度和强度超过规定范围而没有按规定报告,也未采取相应处置措施的;

(十四)井工开采的金属和非金属矿山未按规定采用机械通风或者通风状况不能满足井下作业需要的;

(十五)采用欺骗手段致使监测、监控、联锁、报警、保险等装置不能发挥正常作用的;

(十六)生产经营单位将生产经营项目、场所、设备发包或者出租给不具备安全生产条件或者相应资质的单位或者个人的;

(十七)井工开采的矿山未按规定使用取得矿山安全标志的设备、设施或者使用的危险性较大设备、设施未按规定经有规定资质的检验机构检测检验合格的;

(十八)事故发生单位对较大以上事故的防范及整改措施逾期仍没有落实的;

(十九)对国家和省有关安全生产工作部署落实不力,致使事故隐患存在或者存在的安全生产问题不能及时解决的;

(二十)有关安全生产法律、法规、规章、标准、规程等认定为重大事故隐患的;

(二十一)构成重大事故隐患的其他情形。

第四条　生产经营单位是重大事故隐患排查治理的责任主体,生产经营单位主要负责人是本单位重大事故隐患排查治理的第一责任人,并应当履行下列职责:

(一)建立健全事故隐患排查治理的常态化工作机制;

(二)组织开展事故隐患排查治理工作;

(三)按规定报告重大事故隐患及其治理整改情况;

(四)研究制定重大事故隐患的治理方案和措施;

(五)保证重大事故隐患整改资金的投入;

(六)落实重大事故隐患整改措施和防范措施;

(七)法律、法规和规章、标准规定的其他职责。

第五条　生产经营单位存在或者发现重大事故隐患,应当立即停产停业或者停止建设,研究制定治理方案和整改措施,按期治理整改。要按规定将重大事故隐患治理方案、整改措施和整改进展情况,报告所在地县级以上政府负有安全生产管理、监督和监察职责的有关部门。

第六条　县级以上政府应当加强对事故隐患排查治理监督管理工作的领导,支持、督促各有关部门加强监督监察,及时协调解决重大事故隐患排查治理工作中的有关问题,将重大事故隐患排查治理情况纳入年度目标考核内容,并安排专项资金,用于保障重大事故隐患排查治理的监督管理和涉及安全生产的重大公共隐患治理整改。

第七条　县级以上政府负有安全生产管理、监督和监察职责的有关部门在安全生产监督检查和执法监察中发现生产经营单位存在重大事故隐患,应当依法责令其停产停业整顿或者停止建设,暂扣其安全生产许可证、生产许可证或者经营(销售)许可证。

发现的重大事故隐患应当由其他部门进行处理的,应当及时移送相关部门处理。

第八条　对因责令停产停业整顿或者停止建设而需要停止供水、供电、供气、供火工用品等,县级以上政府负有安全生产管理、监督和监察职责的有关部门及时向有关部门或者单位提出建议,有关部门或者单位应当给予支持和配合,并实施水、电、气、火工用品等的停供措施。

第九条　乡镇政府和街道办事处发现辖区内存在重大事故隐患的,在要求生产经营单位整改的同时,应当向县级政府负有安全生产管理、监督和监察职责的有关部门报告。

第十条　对限期整改重大事故隐患而逾期没有完成整改的生产经营单位,依法对生产经营单位及其相关责任人员处以上限的罚款。生产经营单位主要负责人、分管负责人和有关责任人员属于国家工作人员的,给予警告、记过或者记大过处分;情节较重的,给予降级或者撤职处分;情节严重的,给予开除处分。

第十一条 对存在重大事故隐患拒不停工停产停业整顿或者拒不整改的生产经营单位,由相关部门依法吊销其各类许可证照,由县级以上政府依法予以关闭。生产经营单位相关责任人属于国家工作人员的,给予撤职或者开除处分;不属于国家工作人员的,依法撤销其有关资格证书;构成犯罪的,依法追究刑事责任。

第十二条 县级以上政府负有安全生产管理、监督和监察职责的有关部门及其工作人员在实施重大事故隐患排查治理监督检查和执法监察过程中,有下列情形之一的,对负有责任的有关人员给予警告、记过或者记大过处分;情节较重的,给予降级或者撤职处分;情节严重的,给予开除处分:

(一)发现重大事故隐患而没有依法责令生产经营单位进行治理整改的;

(二)接到举报、反映或者移送的重大事故隐患问题没有及时进行依法查处的;

(三)对重大事故隐患经限期整改而逾期没有完成整改或者拒不整改的生产经营单位未依法暂扣或者吊销相关许可证照,或者撤销有关责任人员资格证书;

(四)对存在重大事故隐患而拒不停工停产停业整顿或者拒不整改的生产经营单位未按规定提请地方政府予以关闭的。

第十三条 有关部门或者单位应当落实水、电、气、火工用品等停供措施而没有落实的,对负有责任的有关人员给予警告、记过或者记大过处分;情节较重的,给予降级或者撤职处分;情节严重的,给予开除处分。

第十四条 乡镇政府和街道办事处及其工作人员在辖区内发现重大事故隐患而未按有关规定向县级政府负有安全生产管理、监督和监察职责的有关部门报告的,对有关责任人员给予警告、记过或者记大过处分。

第十五条 对生产经营单位及其相关责任人员的行政处罚,由县级以上政府负有安全生产管理、监督和监察职责的有关部门依法作出。

第十六条 对重大事故隐患排查治理负有责任的相关人员涉及党政纪处分的,由县级以上政府负有安全生产管理、监督和监察职责的有关部门移送有管辖权的纪检、监察机关处理。

第十七条 县级以上政府负有安全生产管理、监督和监察职责的部门对被责令停产停业整顿或者关闭的生产经营单位,应当自生产经营单位被责令停产停业整顿或者关闭之日起3日内在当地主要媒体公告;被责令停产停业整顿的生产经营单位经验收合格恢复生产的,应当自验收合格恢复生产之日起3日内在同一媒体公告。对未按规定进行公告的有关负责人,根据情节轻重,给予警告、记过、记大过或者降级处分。

第十八条 重大事故隐患难以认定或者对重大事故隐患认定有异议的,应当委托具有国家规定的甲级资质的安全评价机构进行评估或者邀请有关专家论证确定。

河南省安全生产标准化建设实施意见

豫安委〔2011〕18 号

为进一步强化全省安全生产基层基础工作,落实企业安全生产主体责任,进一步夯实安全生产基础,规范安全生产行为,建立安全生产长效机制,推动企业安全生产管理规范化、标准化、制度化和科学化,提高企业本质安全水平,实现全省安全生产形势的根本好转,根据《国务院安委会关于深入开展企业安全生产标准化建设的指导意见》(安委〔2011〕4 号),特制定本实施意见。

一、重要意义

开展企业安全生产标准化建设是国务院和省政府加强安全生产工作的重要部署,是全面贯彻安全生产法律法规,落实企业安全生产主体责任的必然要求;是强化企业安全生产基础工作,建立安全生产长效机制的根本途径;同时也是各级政府实施安全生产分类指导、分级监管的重要依据。全面开展企业安全生产标准化建设,对于提高全员安全意识,深化隐患排查治理和重大危险源监控工作,有效防范和坚决遏制重特大生产安全事故,促进全省安全生产形势持续稳定好转,具有十分重要的意义。

二、指导思想

以科学发展观为指导,坚持"安全第一、预防为主、综合治理"方针,认真落实国务院《关于进一步加强企业安全生产工作的通知》(国发〔2010〕23 号)精神,以落实企业主体责任为主线,以着力抓好企业安全生产标准化建设为重点,全面夯实安全生产工作基础,提高企业安全生产管理水平,加快企业安全生产走上法制化、规范化、制度化轨道,创新安全生产监督管理方式,提升安全生产监管水平,推动企业转型升级,为加快转变经济发展方式提供安全保障。

三、工作目标

在全省工矿商贸深入开展安全生产标准化建设,重点突出煤矿、非煤矿山、交通运输、建筑施工、危险化学品、烟花爆竹、民用爆炸物品、冶金、机械等行业(领域),其中:

(一)煤矿:到 2011 年底,煤矿安全生产标准化达标率达到以下目标:

1. 国有重点大型煤矿(≥120 万吨/年)全部达到省一级标准化标准,50%以上达到国家级标准;

2. 中型煤矿(30~120 万吨/年)全部达标,其中:80%以上的矿井达到省二级标准化以上标准;

3. 国有重点煤炭企业兼并重组的小煤矿,做到竣工投产一个,生产标准化达标一个(三级标准以上);

4. 地方国有煤矿和小煤矿生产标准化达标率要分别达到80%和50%以上(三级标准以上)。

(二)金属非金属矿山:到 2011 年底全省大、中型矿山企业 30%达到三级标准,小型矿山20%以上达到三级标准;2012 年底大、中型矿山企业 70%达到三级标准,小型矿山 60%以上达到三级标准;2013 年底前全省金属非金属矿山企业 100%达到三级以上安全标准。

（三）危险化学品生产企业：凡涉及危险工艺的危险化学品生产企业，在 2010 年底前达到安全标准化三级以上水平，2012 年年底前达到安全标准化二级以上水平；其他危险化学品生产单位要在 2012 年年底前全部达到安全标准化三级以上水平。

（四）烟花爆竹生产企业：2011 年底前 50％以上生产经营企业达到安全标准化等级以上水平；2012 年底全部达标。

（五）工贸行业企业：2011 年底，20％的冶金、机械、烟草等规模以上企业达到三级以上标准；到 2012 年底，40％的规模以上企业达到三级以上标准；到 2013 年底，100％规模以上的工贸企业安全生产标准化达到三级以上标准；力争 2015 年底所有工贸企业实现安全生产标准化达标。

四、工作步骤

为使全省企业安全生产标准化工作扎实有效地开展，确保安全评审工作质量，准确客观地反映企业安全生产的现状，真正达到有效监管的目的，全省企业安全生产标准化推进工作，已经按照四个阶段进行了部署，并且已经开展了前期工作。具体安排是：

（一）宣传发动阶段（2011 年元月—6 月）

根据国家、省有关安全生产标准化建设工作的要求，结合实际，制定本地区、行业安全标准化三年建设实施方案，建立评审机构，健全专家队伍，明确评审制度，做好安全生产标准化建设的宣传、培训工作，督促生产经营企业全面启动安全标准化建设工作，这个阶段的工作已经基本做完。

（二）启动试点阶段（2011 年 5 月—12 月）

1. 安排部署。各省辖市、省直管县（市）安全监管局、各有关行业、各省属重点企业，要按照省安全生产标准化建设总体部署，结合本地区、部门、企业实际情况，制定安全生产标准化建设达标实施方案，明确目标、任务、责任，确定标准化试点企业名单，确保安全生产标准化达标工作有计划、有步骤顺利开展。

2. 摸底调查。各省辖市、省直管县（市）安全监管部门要组织对辖区内企业基本情况进行全面摸底排查，全面掌握辖区内企业分布、结构、类别、数量、事故等情况，为整个安全生产标准化建设工作奠定基础。

3. 开展试点。各地要在本地区、本行业选择具有一定代表性、具有一定的生产经营规模、安全生产管理基础较好的试点企业，按照各行业安全生产标准化建设程序及要求开展创建工作。

（三）普遍推开阶段（2012 年 1 月—12 月）

在各类行业（领域）企业全面开展标准化创建的基础上，稳步扩大标准化企业创建成果。

1. 各级安监部门要强化监管，加强督促指导，通过经验交流、现场观摩、督查检查等形式，引导企业主动参与安全生产标准化创建，形成企业安全生产标准化创建工作的良好氛围。

2. 企业按照各行业安全生产标准化建设标准的要求，全面查找各项安全管理制度、各生产工艺的安全设施、各岗位、各工种作业行为存在的问题和隐患，并按照行业标准技术规范进行整改后，对照考评标准，主动积极参与做好各项工作，努力实现安全生产达标。

（四）全面达标阶段（2013 年 1 月—2013 年底）

力争 100％的规模以上的各类企业安全生产标准化达到三级以上标准；力争 2015 年底所有工贸企业实现安全生产标准化达标。采取各种宣传手段、行政手段、经济手段扩大标准化企业覆盖面，力争完成全省企业安全生产全面达标的任务。

四、工作措施

（一）制定方案，周密部署。各地、各有关部门和企业要高度重视和大力宣传安全生产标准化达标工作的重要意义,立即迅速成立安全生产标准化建设工作机构,组织学习国家和省有关安全生产标准化建设的文件,召开专题会议研究部署本地区、本行业(领域)安全生产标准化建设工作。结合行业特点和达标时限要求,制定本地区、本行业的安全生产标准化建设实施方案,明确指导思想,设定工作目标,规划时间进度,细化岗位职责,落实工作措施。

(二)健全标准,完善体系。各有关部门(领域)、各行业要对照国家标准、行业规范认真梳理已有标准、规定和制度,凡有缺失的,要迅速组织制定与国家标准和行业规范相配套的符合我省安全生产需要的地方标准和制度规范。按照《基本规范》要求,将企业安全生产标准化等级规范为一、二、三级,分别由国家、省、设区市负责。各有关部门和行业(领域)要制定和完善安全生产标准化评定标准,建立健全安全生产标准化考评体系,制定考评办法,确定评审单位,加强考评管理。

(三)注重建设,强化督导。企业要从组织机构、安全投入、规章制度、教育培训、装备设施、现场管理、隐患排查治理、重大危险源监控、职业健康、应急管理以及事故报告、绩效评定等方面,严格对应评定标准要求,逐项建立完善安全生产标准化具体实施方案并严格落实,使各生产作业环节都符合《基本规范》的要求,人、机、物、环处于良好状态。各地、各有关部门和行业要加强对安全生产标准化建设工作的指导和督促检查,帮助解决工作中遇到的突出问题,加快企业达标进度。要督促企业做到隐患排查治理的措施、责任、资金、时限和预案"五到位"。对存在重大隐患的企业,要责令停产整顿,并跟踪督办,对发生较大以上生产安全事故、存在非法违法生产经营建设行为、重大隐患限期整顿仍达不到安全要求,以及未按规定要求开展安全生产标准化建设且在规定限期内未及时整改的,取消其安全生产标准化达标参评资格,当地政府要依法责令其停产整改直至依法关闭。

(四)严格考评,确保质量。对安全生产标准化一级企业的评审、公告、授牌等有关事项,由国家有关部门或授权单位组织实施;二级(省级)企业的评审、公告、授牌等有关事项,由省有关部门组织实施;三级(市级)企业的评审、公告、授牌等有关事项,由设区市、或省直管县有关部门组织实施。各级政府应对标准化创建工作给予必要的经费支持,各级、各有关部门在企业安全生产标准化创建中不得收取任何费用。各有关部门和行业要加强对评审单位的管理,各评审单位都要有一定数量经过安全标准化培训合格的评审人员,不断完善工作程序,严格考评流程控制,规范考评工作,严把考评质量关。对于违反相关规定、弄虚作假的评审单位,要进行严肃查处;情节严重的,要取消评审资格。

五、工作要求

(一)提高认识,加强领导。各级政府、部门要把企业安全生产标准化创建工作列为安全生产目标考核的重要内容,纳入重要议事日程,作为今后一个时期的重点工作来抓。要切实加强领导,建立健全组织机构和技术支撑队伍,制定实施方案,深入宣传、广泛发动,将标准化创建工作做精、做细、做实,做出成效。

为全面贯彻落实好国家安全生产标准化建设工作精神,推动全省安全生产标准化建设工作,经研究决定,河南省安全生产监督管理局成立安全生产标准化工作领导小组,省安全监管局副局长郝敬红同志任组长,领导小组下设办公室,由监管二处处长张树勋同志担任办公室主任。办公室设在省局监管二处,负责日常事务。各省辖市、省直管县(市)安全生产监管局要结合实际,设立相应的组织机构。请有关部门于2011年7月底前将本地区安全生产标准化建设实施方案,报省安全生产监督管理局(河南省安全生产标准化工作办公室)。

(二)选好试点,总结经验。各地各部门要选好试点企业、组织业务培训,提高监管部门指导能力和企业创建能力。要及时总结成功的经验和做法,巩固和提升创建成果。省局将在适当的时候召开全省标准化创建推进工作会议,总结各地工作经验,树立典型,以点带面,全面推进标准化创建工作的深入开展。各级安监部门要强化对试点企业在创建标准化工作中的指导力度,及时发现和纠正工作中的偏差。各企业要在全面摸清自身情况的基础上,合理制定符合要求和企业实际的创建标准化实施方案,注重在工作中不断总结积累经验,突出重点,分步实施。针对创建过程中显现制约企业安全工作落实的薄弱环节,及时予以整改完善,确保创建标准化工作卓有成效的完成。

(三)健全机制,务求实效。各级、各有关部门要加强协调联动,建立推进安全生产标准化建设工作机制,及时发现解决创建中出现的突出矛盾和问题,对重大问题要组织相关部门开展联合调查解决,切实把安全生产标准化建设工作作为落实企业主体责任、部门监管责任、属地管理责任的重要手段,作为调整产业结构、加快转变经济发展方式的重要方式,扎实推进。要把安全生产标准化建设纳入安全生产"十二五"规划及有关行业(领域)发展规划。要积极研究制定推进安全生产标准化建设工作的激励机制等政策措施,将企业安全生产标准化建设与项目立项审批(核准)、保险费率、融资贷款、信用等级评定、申报上市等涉及企业利益和荣誉的事项挂钩,也要与监管执法、评优评先、奖惩考核、事故处理等工作有机结合,区别对待达标企业和未达标企业,有效促进达标建设的质量和水平。

(四)技术支撑,完善服务。建立健全安全生产标准化技术支撑和社会化服务体系,引导社会各方积极参与标准化创建工作。一是充分发挥协会的桥梁与纽带作用,支持协会在企业标准化创建工作中发挥技术咨询服务作用,促进企业标准化创建工作。二是引导安全生产咨询机构和有关行业协会参与标准化创建工作,积极培育一批诚信守法、运营规范、技术力量过硬的标准化创建考评服务机构。三是建立标准化创建工作专家库,组建一支专业技术精湛、实践经验丰富的专家队伍,作为技术支撑力量,参与标准化创建的指导服务工作。

(五)落实责任,严格考核。各级、各有关部门要把安全生产标准化作为一项重要的工作任务,将工作目标分解到各地区、各企业,责任落实到个人,形成层层负责、配套联动的责任体系。建立检查、考核、总结、评比的安全标准化目标管理考核制度,充分利用信息化管理工具,建立信息化管理平台,及时掌握指标落实和工作进展情况。各级、各有关部门和行业要明确专人负责安全生产标准化创建信息报送工作,每月要将安全生产标准化达标指标完成情况的统计、经验总结和政策建议,形成书面材料,报送省安委会办公室。

(六)搞好分级管理,探索结合路子。在全省企业普遍开展安全生产分级管理活动是我省的既定思路,开展安全生产标准化建设是国家提出的要求。分级管理是安监部门实行科学管理的有力抓手,标准化是企业应当达到的基本生产条件。分级管理是标准化工作"推进器",标准化既是分级管理的实现目标又为更高层次的分级管理奠定了基础。二者相辅相成、互为条件。因此,要在不增加企业负担的前提下探索二者结合的方法,走出具有我省特色的安全生产标准化建设路子。

二〇一一年七月八日

关于发布《河南省化工园区(集聚区)风险评价与安全容量分析导则(试行)》的通知

豫安委〔2011〕6 号

各省辖市、县(市、区)人民政府:

根据《国务院关于进一步加强企业安全生产工作的通知》(国发〔2010〕23 号)、《关于危险化学品企业贯彻落实〈国务院关于进一步加强企业安全生产工作的通知〉的实施意见》(安监总管三〔2010〕186 号)、省政府《关于进一步加强化工行业安全生产工作的若干意见》(豫政〔2010〕29 号)、《安全评价通则》(AQ 8001—2007)的有关规定,为加强我省化工园区(集聚区)的安全管理,指导、规范化工园区(聚集区)定量风险评价与安全容量分析工作,保证园区的合理规划和科学布局,促进化工行业的安全和谐发展,省安全生产监督管理局组织编制了《河南省化工园区(集聚区)风险评价与安全容量分析导则(试行)》,现印发给你们,请遵照执行,并提出以下要求:

一、本省行政区域内规划、在建或建成的化工园区(聚集区)及工业园区(聚集区)的化工功能区都应该进行园区风险评价与安全容量分析(以下简称园区评价)。

二、园区评价由具有危险化学品业务范围资质的甲级安全生产评价机构承担。

三、园区评价报告应报省级安全监管部门备案。

四、从 2012 年起园区评价结论作为安全监管部门对园区内企业安全许可审查中的重要依据,有关企业需提供所在化工园区(集聚区)、化工功能区的园区评价报告及其备案资料:

1. 新建危险化学品建设项目设立审查时;

2. 现有危险化学品企业办理安全生产许可证延期换证时;

3. 不在园区的危险化学品企业办理安全生产许可证延期换证时需要提供搬迁园区的规划。

五、经过评价的化工园区(集聚区)的整体规划有较大调整时,应重新进行评价。

六、本导则自 2011 年 4 月 25 日发布,自发布之日起实施。

二〇一一年四月二十五日

附件:

河南省化工园区(聚集区)风险评价与安全容量分析导则(试行)

1　总则

为指导、规范我省化工园区(聚集区)风险评价与安全容量分析工作,提高安全监督管理水平,促进安全监督管理工作科学化、规范化,制定本导则。

本导则规定了河南省化工园区(聚集区)风险评价与安全容量分析的一般原则、程序、方法、内容和基本要求。

2　适用范围

本导则适用于本省行政区域内规划、在建或建成的化工园区(聚集区)的风险评价与安全容量分析工作。

3　术语和定义

下列术语和定义适用于本导则。

3.1　化工园区(集聚区)

由两个或两个以上化工企业及其相关联的或非相关联的企业组成的一个相对集中的区域。

3.2　危险化学品重大危险源

长期地或临时地生产、加工、使用或存储危险化学品,且危险化学品的数量等于或超过临界量的单元。

3.3　风险

发生特定危害事件的可能性以及发生事件后果严重性的结合。

3.4　风险评价

以实现工程、系统安全为目的,应用安全系统工程原理和方法,对工程、系统中存在的危险、有害因素进行识别与分析,判断工程、系统发生事故和急性职业危害的可能性及其严重程度,提出安全对策建议,从而为工程、系统制定防范措施和管理决策提供科学依据。风险评价可针对一个特定的对象,也可针对一特定的区域范围。

3.5　定量风险评价

对某一设施或作业活动中发生事故频率和后果进行综合定量分析,采用个人风险和社会风险值描述风险程度,并与风险可接受标准比较的系统方法。

3.6　个人风险

化工园区(聚集区)内部或周边某一固定位置的人员,由于发生事故而导致的死亡频率,单位为次/年。

3.7　社会风险

能够引起大于等于 N 人以上死亡事故的累积频率(F),也即单位时间内(通常每年)的死亡人数。常用社会风险曲线($F-N$ 曲线)表示。

3.8　安全容量

一定的经济、技术、自然环境、人文等条件下,化工园区(聚集区)在一段时期内对园区内的正常生产经营活动,以及周边环境、社会、文化、经济等带来无法接受的不利影响的最高限度,也即对风险的最大承载能力。

4　风险评价与安全容量分析程序

化工园区(聚集区)风险评价与安全容量分析程序为:前期准备;辨识与分析危险、有害因素;划分评价单元;选择评价方法;整体性定性、定量评价与分析;提出安全对策措施建议;做出评价与分析结论;编制风险评价与安全容量分析报告等。

化工园区(聚集区)风险评价与安全容量分析程序框图见附录 A。

5　风险评价与安全容量分析内容

5.1　前期准备

前期准备工作应包括:明确评价对象和评价范围;组建评价组;明确评价目的和目标;确定评价规则;制定计划进度;收集国内相关法律、法规、规章、标准、规范;实地调查被评价对象的基础资料,现场勘察,准确记录勘察结果。

风险评价与安全容量分析应获取的参考资料见附录 B。

5.2　辨识与分析危险、有害因素

辨识和分析化工园区(聚集区)可能存在的各种危险、有害因素;分析危险、有害因素发生作用的途径及其变化规律。

5.3　划分评价单元

评价单元划分应考虑化工园区(聚集区)区域性的特点以及风险评价的特点,划分的评价单元应相对独立,具有明显的特征界限,便于实施评价。

评价单元可分为:选址安全性单元、外部安全距离单元、功能区划分安全性单元、项目布局安全性单元、项目安全风险单元、区域安全风险单元、区域危险化学品运输安全风险单元、安全容量合理性单元、区域安全保障单元、安全管理单元以及评价所需的其他单元。

5.4　选择评价方法

根据评价目的和目标以及划分的评价单元的特点,选择科学、合理、适用的定性、定量评价方法进行整体性评价与分析。定性、定量评价方法的选择应根据化工园区(聚集区)在不同建设阶段的特点进行。

能进行定量评价的应采用定量评价方法,不能进行定量评价的可选用半定量或定性评价方法。

对于不同的评价单元,可根据评价的需要和评价单元特征选择不同的评价方法。

5.5　整体性定性、定量评价与分析

依据有关法律、法规、规章、标准、规范,采用选定的评价方法以实地调查、现场勘察的结果为基础,并可参考类比对象的实际状况对化工园区(聚集区)的危险、有害因素导致事故发生或造成急性职业危害的可能性和严重程度进行定性、定量评价与分析。

整体性定性、定量评价与分析的技术框架见附录 C。

5.6　安全对策措施建议

为保障化工园区(聚集区)在规划、建设阶段或建成实施后的安全条件,应从选址、布局、安全风险、产业规划、安全保障、安全管理等方面提出安全对策措施;从保证评价对象安全条件的需要提出其他安全对策措施。

5.7　评价结论

应概括评价结果,给出评价对象在评价时的条件下与国家有关法律、法规、规章、标准、规范的符合性结论,给出危险、有害因素引发各类事故的可能性及其严重程度的预测性结论,明确评价对象在规划、建设或建成实施后能否具备安全条件的结论。

6　风险评价与安全容量分析报告

6.1　风险评价与安全容量分析报告的总体要求

风险评价与安全容量分析报告是评价工作过程的具体体现,是评价对象在规划、建设或建成实施过程中的安全技术指导文件。风险评价与安全容量分析报告文字应简洁、准确,可同时采用图表和照片,以使评价过程和结论清楚、明确,利于阅读和审查。

6.2　风险评价与安全容量分析报告的基本内容

6.2.1　结合评价对象的特点,阐述编制风险评价与安全容量分析报告的目的。

6.2.2　列出有关的法律、法规、规章、标准、规范和评价对象被批准设立的相关文件及其他有关参考资料等评价的依据。

6.2.3　介绍评价对象的选址、总图及平面布置、气象条件、水文情况、地质条件、地形地貌情

况、园区规划、功能分布、产业规模、经济技术指标、公用工程配套、人流、物流、安全机构等概况。

6.2.4 列出辨识与分析危险、有害因素的依据,阐述辨识与分析危险、有害因素的过程。

6.2.5 阐述划分评价单元的原则、分析过程等。

6.2.6 列出选定的评价方法,并做简单介绍,阐述选定此方法的原因。详细列出定性、定量评价与分析过程。给出相关的评价与分析结果,并对得出的评价与分析结果进行分析。

6.2.7 列出安全对策措施建议的依据、原则、内容。

6.2.8 作出评价与分析结论

评价与分析结论应简要列出主要危险、有害因素评价结果,指出评价对象应重点防范的重大危险有害因素,明确应重视的安全对策措施建议,明确评价对象潜在的危险、有害因素在采取安全对策措施后,能否得到控制以及受控的程度如何。给出评价对象从安全生产角度是否符合国家有关法律、法规、规章、标准、规范的要求。

6.3 风险评价与安全容量分析报告的格式

风险评价与安全容量分析报告的格式应符合《安全评价通则》(AQ 8001—2007)中规定的要求。

附录 A:风险评价与安全容量分析程序框图

附录 B:风险评价与安全容量分析应获取的参考资料

附录 C:整体性定性、定量评价的技术框架

附录 D:定量风险评价方法

附录 E:推荐的个人风险标准

附录 A:

风险评价与安全容量分析程序框图

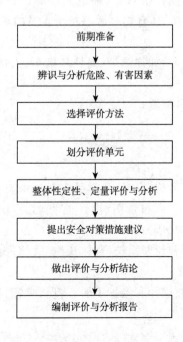

前期准备

辨识与分析危险、有害因素

选择评价方法

划分评价单元

整体性定性、定量评价与分析

提出安全对策措施建议

做出评价与分析结论

编制评价与分析报告

附录 B

风险评价与安全容量分析应获取的参考资料

B.1　相关安全生产法律、法规、规章、标准及规范

B.2　合法证明材料

B.2.1　化工园区(集聚区)规划批准文件;

B.2.2　企业立项批准文件、可行性研究报告;

B.2.3　企业安全评价报告。

B.3　综合性资料

B.3.1　气象资料:大气参数(气压、温度、湿度、太阳辐射热等)、风速及大气稳定度联合频率;

B.3.2　地质、水文资料;

B.3.3　地形、地貌资料;

B.3.4　化工园区(聚集区)与周边环境关系位置图。

B.4　化工园区(聚集区)基础资料

B.4.1　规划图:总体布局图、产业布局图、地块控制规划图、道路交通规划图、物流流向图、公用工程配套规划图、消防规划图等;

B.4.2　规划说明;

B.4.3　周边人员分布:应根据评价目标,确定人口统计的边界;考虑人员在不同时间上的分布,如白天与晚上;考虑娱乐场所、体育馆等敏感场所人员的流动性;考虑已批准的规划区内可能存在的人口;

B.4.4　周边点火源分布:点源,如加热炉(锅炉)、机车、人员等;线源,如公路、铁路、输电线路;面源,如冶炼厂等;

B.4.5　安全机构设置及人员配置;

B.4.6　应急资源资料。

B.5　企业基础资料

B.5.1　危险物质:危险物质名称、存量,化学品安全技术说明书(MSDS);

B.5.2　设计和运行数据:总平面布置图、设计说明、工艺技术规程、安全操作规程、工艺流程图(PFD)、管道和仪表流程图(P&ID)、设备数据、管道数据、运行数据等;

B.5.3　减缓控制系统:探测和切断系统(气体探测、火焰探测、毒性探测、电视监控、连锁切断等)、消防、水幕等减缓控制系统;

B.5.4　管理系统:管理制度、操作和维护手册、培训、应急、事故调查、安全标准化等;

B.5.5　企业内部人员分布;

B.5.6 企业内部点火源分布。

B.6 相关类比资料

B.6.1 类比工程资料；

B.6.2 相关事故案例。

B.7 其他可用于安全评价的资料

附录 C：

整体性定性、定量评价的技术框架

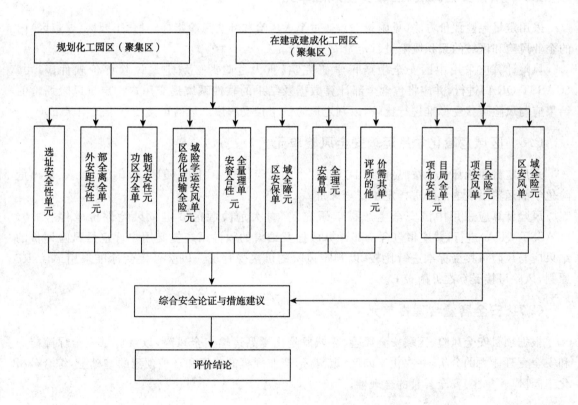

C.1 选址安全性单元

从国家有关法律、法规、规章、标准、规范的符合性，以及气象、水文、地质、地形地貌等角度，定性评价化工园区（聚集区）选址的安全性。

C.2　外部安全距离单元

从国家有关法律、法规、规章、标准、规范的符合性角度，定性评价化工园区（聚集区）与外部安全距离的符合性；当国家法律、法规、规章、标准、规范没有明确规定或需进一步论证外部安全防护措施的有效性时，可采用定量风险评价方法（见附录D），通过个人风险和社会风险指标进行论证。

C.3　功能区划分安全性单元

结合国家有关法律、法规、规章、标准、规范的要求，采用可以提供事故后果、多米诺事故影响以及个人风险的安全评价方法，定量评价化工园区（聚集区）功能区划分的安全性。

C.4　项目布局安全性单元

结合国家有关法律、法规、规章、标准、规范的要求，采用可以提供事故后果、多米诺事故影响以及个人风险、社会风险的安全评价方法，定量评价化工园区（聚集区）内企业布局的安全性。

C.5　项目安全风险、区域安全风险单元

采用定量风险评价方法（见附录D），通过个人风险和社会风险指标，对化工园区（聚集区）内的企业风险和区域的累积风险进行定量安全评价。

风险计算应采用中国安全生产科学研究院《重大危险源区域定量风险评价软件V1.0》（CASST-QRA）进行，并应将包含全部计算数据及结果的软件系统提交用户。定量风险评价的结果应与风险可接受标准进行比较，以判定风险的可接受程度。风险可接受标准见附录E。

C.6　区域危险化学品运输安全风险单元

采用定量风险评价方法（见附录D），通过个人风险指标，对化工园区（聚集区）输入、输出危险化学品运输沿线的风险进行定量安全评价。

风险计算应采用中国安全生产科学研究院《重大危险源区域定量风险评价软件V1.0》（CASST-QRA）进行，并应将包含全部计算数据及结果的软件系统提交用户。定量风险评价的结果应与风险可接受标准进行比较，以判定风险的可接受程度。风险可接受标准采用ALARP原则，风险可接受标准见附录E。

C.7　安全容量合理性单元

根据项目安全风险、区域安全风险、区域危险化学品运输安全风险，以及区域安全保障能力和安全管理能力的分析，并在化工园区（聚集区）产业规模的分析和合理预测的基础上，综合分析化工园区（聚集区）安全容量的合理性。

C.8　区域安全保障单元

根据国家有关法律、法规、规章、标准、规范的要求，采用科学、合理的定性、定量方法，对化工园区（聚集区）的消防、供水、排水、供电、工业管廊、疏散场地等进行评价。

C.9　安全管理单元

采用科学、合理的定性、定量方法，对化工园区（聚集区）的安全管理机构及人员配置、安全管理制度等进行评价。

附录 D:

定量风险评价方法

D.1　术语和定义

失　效

指系统、结构或元件失去其原有包容流体或能量的能力(如泄漏)。

失效频率

失效事件所发生的频率,单位为次/年。

失效后果

失效事件的结果,一个事件有一个或多个不利结果。

单　元

具有清晰边界和特定功能的装置、设施或场所,在泄漏时能与其它装置及时切断。

死亡概率

表示个体死于暴露下的概率大小,为 0~1 之间的无因次数。

潜在生命损失

表示单位时间内某一范围内全部人员中可能死亡人员的数目。

ALARP(As Low As Reasonably Practicable)原则

在当前的技术条件和合理的费用下,对风险的控制要做到"尽可能的低"。

D.2　定量风险评价程序

定量风险评价程序如图 D.1 所示,具体包括以下步骤:

a)准备;

b)资料数据收集;

c)危险辨识;

d)失效频率分析;

e)失效后果分析;

f)风险计算;

g)风险评价。

D.3　危险辨识

应根据评价对象的具体情况进行系统的危险辨识,识别系统中可能对人造成急性伤亡或对物造成突发性损坏的危险,确定其存在的部位、方式以及发生作用的途径和变化规律。

当危险性单元满足以下条件之一时,必须进行定量风险评价:

a)政府主管部门要求;

b)依据 GB 18218 识别的重大危险源;

c)单元过于复杂,不能使用定性、半定量的方法做出合理的风险判断;

d)具有潜在严重后果的单元。

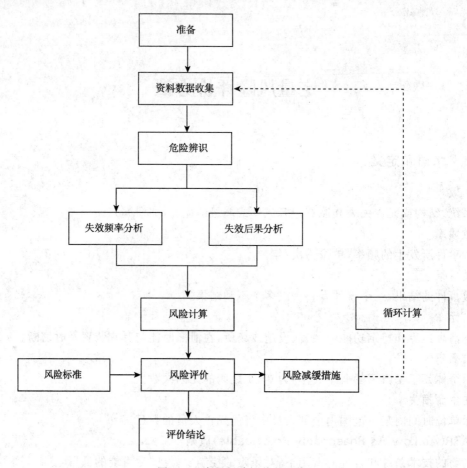

图 D.1　定量风险评价的程序

D.4　泄漏场景

在定量风险评价中,应包括对个人风险和社会风险起作用的所有泄漏场景,泄漏场景应同时满足以下两个条件:

a)发生的概率≥10^{-8}/年;

b)至少导致 1%的致死伤害概率。

泄漏场景可根据泄漏孔径大小分为完全破裂以及孔泄漏两大类,有代表性的泄漏场景见表 D.1。

表 D.1　泄漏场景

泄漏场景	范围	代表值
小孔泄漏	0mm~5mm	5mm
中孔泄漏	5mm~50mm	25mm
大孔泄漏	50mm~150mm	100mm
完全破裂	>150mm	整个设备的直径

当设备(设施)直径小于 150mm 时,取小于设备(设施)直径的孔泄漏场景以及完全破裂场景。

D. 5　失效频率分析

泄漏频率可使用以下数据来源:

a)工业失效数据库;

b)企业历史数据;

c)供应商的数据;

d)基于可靠性的失效概率模型。

使用工业数据库时,应确保使用的失效数据与数据内在的基本假设相一致,并应考虑设备(设施)的工艺条件、运行环境和设备管理水平等因素的影响对泄漏频率进行修正。

D. 6　失效后果分析

失效后果计算应采用先进、可靠的模型,并至少包括以下失效后果:

a)池火;

b)喷射火;

c)火球;

d)闪火;

e)蒸气云爆炸;

f)凝聚相含能材料爆炸;

g)毒性气体扩散。

D. 7　风险计算

风险计算应给出个人风险、社会风险和潜在生命损失。个人风险可表现为个人风险等高线,社会风险可表现为 F-N 曲线,并遵循如下原则:

a)计算网格单元的尺寸大小取决于当地人口密度和事故影响范围,网格尺寸应尽可能小而不会影响计算结果;

b)个人风险应在标准比例尺地理图上以等高线的形式给出,应表示出频率大于 10^{-8}/年的个人风险等高线;

c)个人风险可只考虑人员处于室外的情况,社会风险应考虑人员处于室外和室内两种情况。

D. 8　风险评价

将风险评价的结果和风险可接受标准相比较,判断项目的实际风险水平是否可以接受。如果评价的风险超出容许上限,则应采取降低风险的措施,并重新进行定量风险评价,并将评价的结果再次与风险可接受标准进行比较分析,直到满足风险可接受标准。

风险可接受准则可采用 ALARP 原则:

a)如果风险水平超过容许上限,该风险不能被接受;

b)如果风险水平低于容许下限,该风险可以接受;

c)如果风险水平在容许上限和下限之间,可考虑风险的成本与效益分析,采取降低风险的措施,使风险水平"尽可能低"。

附录 E:

推荐的个人风险标准

应用对象	典型对象	最大可容许风险 (/每年)	标准说明
高敏感或 高密度场所	党政机关、军事禁区、军事管理区、古迹、学校、医院、敬老院、居民区、大型体育场馆、大型商场、影剧院、大型宾馆饭店等	1×10^{-6}	在高敏感或高密度场所不接受1×10^{-6}的个人风险。1×10^{-6}每年的个人风险等值线不应进入该区域。
中密度场所	零星居民、办公场所、劳动密集型工厂、小型商场(商店)、小型体育及文化娱乐场所等	1×10^{-5}	1×10^{-5}每年的个人风险等值线不应进入该区域。
低密度场所	周边化工企业等	1×10^{-4}	1×10^{-4}每年的个人风险等值线不应进入该区域。
企业内部		1×10^{-3}	厂区内不应出现1×10^{-3}每年的个人风险等值线。

推荐的社会风险标准

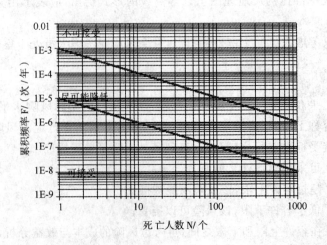

第四部分
河南省安全生产监督管理局文件

关于印发《河南省非药品类易制毒化学品
生产经营许可工作实施方案》的通知

豫安监管危化〔2006〕301 号

各省辖市安全生产监督管理局：

现将《河南省非药品类易制毒化学品生产经营许可工作实施方案》印发给你们，并提出以下要求，请一并贯彻执行。

一、提高认识，加强领导

国家建立易制毒化学品生产、经营许可制度，是加强易制毒化学品管理、规范易制毒化学品生产和经营行为、防止易制毒化学品被用于制造毒品、维护经济和社会秩序的重要举措。我省化工企业较多，非药品类易制毒化学品生产、经营单位量大面广，许可工作任务重、责任大。对此，各级安全生产监管部门一定要高度重视，提高认识，加强领导，精心组织，制定方案，积极实施，稳步推进。

二、广泛宣传，推动工作

各级安全生产监管部门要加强对易制毒化学品管理知识的宣传教育和培训工作，有计划地组织辖区内非药品类易制毒化学品生产、经营单位，学习贯彻国家和省有关法规规定，熟悉掌握易制毒化学品有关知识，重点是要抓好生产经营单位主要负责人和技术、管理人员的专业知识培训、考核工作，进一步增强依法经营意识，完善生产、经营条件，尽快申请取证。

三、积极协调，搞好衔接

开展非药品类易制毒化学品监管是安全生产监管部门的一项新工作，这项工作涉及公安、海关、工商、环保、商务等部门。各级安全生产监管部门要积极做好与相关部门的沟通协调工作，确保非药品类易制毒化学品生产、经营许可工作顺利开展。

四、严格审查，依法行政

各级安全生产监管部门要按照国家有关法律法规规定和本实施方案要求，严格发证程序、严格条件审查、严格发证标准，严肃认真地做好非药品类易制毒化学品生产、经营许可工作。对符合条件的，要在规定期限内颁发许可证或备案证明；对不符合条件的，一律不予发证；对违法生产、经营行为，要坚决依法予以查处。

省安全生产监督管理局非药品类易制毒化学品生产、经营许可证发放工作职责由危险化学品安全监督管理处具体承担。各省辖市、县（市、区）安全生产监管局也要尽快确定专门机构和工作人员；请各省辖市安全生产监督管理局于 10 月 30 日前将本辖区内机构和人员情况汇总后，上报省局危险化学品安全监督管理处。

联系人：钱永亮；联系电话及传真：0371-63833261。

附件：河南省非药品类易制毒化学品生产经营许可工作实施方案

二〇〇六年十月二十三日

附件：

河南省非药品类易制毒化学品
生产经营许可工作实施方案

为切实做好我省非药品类易制毒化学品生产经营许可工作，根据《易制毒化学品管理条例》（国务院令第 445 号）和《非药品类易制毒化学品生产经营许可办法》（国家安监总局令第 5 号）（以下简称《办法》）等法规规定，以及国家安监总局办公厅《关于开展非药品类易制毒化学品生产、经营许可工作有关问题的通知》（安监总厅危化函〔2006〕103 号）和《关于启用〈非药品类易制毒化学品生产许可证〉等 4 种证件及有关事宜的通知》（安监总厅危化〔2006〕89 号）精神，结合实际，特制定如下实施方案。

一、许可范围及对象

全省依法登记从事非药品类易制毒化学品（分类和品种见附件 5）的生产、经营单位，必须向有关安全生产监督管理部门申请生产、经营许可或备案。

二、职责分工

省安监局负责全省非药品类易制毒化学品生产、经营许可制度实施的监督管理工作，并负责全省第一类非药品类易制毒化学品生产、经营的审批和许可证的颁发工作；

各省辖市安监局负责本辖区非药品类易制毒化学品生产、经营许可制度实施的监督管理工作，并负责辖区内第二类非药品类易制毒化学品生产、经营和第三类非药品类易制毒化学品生产的备案证明颁发工作；

各县（市、区）安监局负责本辖区非药品类易制毒化学品生产、经营许可制度实施的监督管理工作，并负责辖区内第三类非药品类易制毒化学品经营的备案证明颁发工作。

三、申请

（一）申请书的领取和填报

非药品类易制毒化学品生产经营申请书可就近到各级安监部门领取或在国家安监总局网站（www.chinasafety.gov.cn）、河南省安全生产信息网（www.hnsafety.gov.cn）上下载，按国家安监总局统一印制样式（纸张尺寸为 A4，见附件 1）和填写说明的要求填报有关内容并剔除无关页码，与所提供的文件、资料装订成册（向省安监局申请第一类非药品类易制毒化学品生产、经营许可的单位，其申请材料需采用热熔或胶装方式封装）。

（二）需要提供的文件、材料

1. 第一类非药品类易制毒化学品生产单位申请领取许可证时，应当提交下列文件、资料，并对其真实性负责：

①《非药品类易制毒化学品生产、经营申请书》——非药品类易制毒化学品生产许可证申请书；

②生产设备、仓储设施和污染物处理设施情况说明材料；

③易制毒化学品管理制度和环境突发事件应急预案；

④安全生产管理制度;

⑤单位法定代表人或者主要负责人和技术、管理人员具有相应安全生产知识的证明材料;

⑥单位法定代表人或者主要负责人和技术、管理人员具有相应易制毒化学品知识的证明材料及无毒品犯罪记录证明材料;

⑦工商营业执照副本(复印件);

⑧产品包装说明和使用说明书。

属于危险化学品生产单位的,还应当提交危险化学品生产企业安全生产许可证和危险化学品登记证(复印件),免于提交本款第④、⑤、⑦项所要求的文件、资料。

2. 第一类非药品类易制毒化学品经营单位申请领取许可证时,应当提交下列文件、资料,并对其真实性负责:

①《非药品类易制毒化学品生产、经营申请书》——非药品类易制毒化学品经营许可证申请书;

②经营场所、仓储设施情况说明材料;

③易制毒化学品经营管理制度和包括销售机构、销售代理商、用户等内容的销售网络文件;

④单位法定代表人或者主要负责人和销售、管理人员具有相应易制毒化学品知识的证明材料及无毒品犯罪记录证明材料;

⑤工商营业执照副本(复印件);

⑥产品包装说明和使用说明书。

属于危险化学品经营单位的,还应当提交危险化学品经营许可证(复印件),免于提交本款第⑤项所要求的文件、资料。

3. 第二、三类非药品类易制毒化学品生产单位进行备案时,应当提交下列资料,并对其真实性负责:

①《非药品类易制毒化学品生产、经营申请书》——非药品类易制毒化学品生产品种、产量、销售量等情况的备案申请书;

②易制毒化学品管理制度;

③产品包装说明和使用说明书;

④工商营业执照副本(复印件)。

属于危险化学品生产单位的,还应当提交危险化学品生产企业安全生产许可证和危险化学品登记证(复印件),免于提交本款第④项所要求的文件、资料。

4. 第二、三类非药品类易制毒化学品经营单位进行备案时,应当提交下列资料,并对其真实性负责:

①《非药品类易制毒化学品生产、经营申请书》——非药品类易制毒化学品销售品种、销售量、主要流向等情况的备案申请书;

②易制毒化学品管理制度;

③产品包装说明和使用说明书;

④工商营业执照副本(复印件)。

属于危险化学品经营单位的,还应当提交危险化学品经营许可证,免于提交本款第④项所要求的文件、资料。

(三)申请的提交

申请单位应按生产、经营的非药品类易制毒化学品品种类别和许可机关职责分工,直接向相应的省、市、县(市、区)安监局提出申请,提交有关文件、资料(一式两份)。

四、受理

各级安监部门对非药品类易制毒化学品生产、经营单位提交的申请按下列规定分别处理:

(一)申请事项不属于本部门职权范围的,应当即时作出不予受理的决定,并告知申请人向有关部门申请;

(二)申请材料不齐全或者不符合要求的,应当当场或者在5个工作日内一次告知申请人需要补正的全部内容,逾期不告知的,自收到申请材料之日起即为受理;

(三)申请材料存在错误可以当场更正的,应当允许或者要求申请人当场更正;

(四)申请材料齐全,符合要求或者按照要求全部补齐的,自收到申请材料或者全部补正材料之日起即为受理;

(五)决定受理的,要填写《非药品类易制毒化学品生产、经营申请受理通知书》;决定不予受理的,要填写《非药品类易制毒化学品生产、经营申请不予受理通知书》,并写明不予受理的原因。

五、审查与发证

(一)生产、经营许可

省安监局自受理之日起,对非药品类易制毒化学品生产许可证申请在60个工作日内、对经营许可证申请在30个工作日内进行审查,根据需要进行实地核查,作出颁发或者不予颁发许可证的决定。对决定颁发的,自决定之日起10个工作日内送达或者通知申请人领取许可证;对不予颁发的,在10个工作日内书面通知申请人并说明理由。申请和审查材料由省安监局存档。

(二)生产、经营备案

各省辖市、县(市、区)安监局收到并受理本方案第三条规定的第二、三类非药品类易制毒化学品生产、经营备案材料后,应当于当日发给备案证明。申请及审查材料分别由省辖市、县(市、区)安监局存档。

六、换证、变更和注销

(一)换证

第一类非药品类易制毒化学品生产、经营许可证有效期为3年。许可证有效期满后需继续生产、经营的,应当于期满前3个月内向省安监局提出换证申请并提交相应资料,经审查合格后换领新证。

第二、三类非药品类易制毒化学品生产、经营备案证明有效期为3年。备案证明有效期满后需继续生产、经营的,应当在期满前3个月内重新办理备案手续。

(二)变更

第一类非药品类易制毒化学品生产、经营单位变更法定代表人或者主要负责人、许可品种主要流向的,应当自发生改变之日起20个工作日内提出申请;变更单位名称的,应当自工商营业执照变更后提出申请;需要增加许可品种、数量的,应当提供本方案第三、(二)条第1款第②、③、⑧项或第2款第②、③、⑥项要求的有关资料;经省安监局审查批准后换发新证。

第二、三类非药品类易制毒化学品生产、经营单位的法定代表人或者主要负责人、单位名称、单位地址发生变化的,应当自工商营业执照变更之日起30个工作日内重新办理备案手续;生产或者经营的备案品种增加、主要流向改变的,在发生变化后30个工作日内重新办理备案手续。

(三)注销

非药品类易制毒化学品生产、经营单位不再生产、经营非药品类易制毒化学品时,应当在停止生产、经营后 3 个月内办理许可或备案注销手续。企业办理许可注销时,须向原许可或备案的安监部门提出注销申请,应提供本企业不再从事生产、经营非药品类易制毒化学品的证明材料,并携带原许可证或备案证明的正证和副证。

七、相关问题的处理办法

(一)关于有关人员"无毒品犯罪记录"的证明

单位法定代表人或者主要负责人和技术、管理人员的"无毒品犯罪记录"证明,可由当地派出所等公安机关、企业的上级主管部门或单位提供;一般技术、管理人员的,也可由本人所在单位提供。

(二)关于有关人员"具有相应易制毒化学品知识"的证明

单位法定代表人或者主要负责人和分管技术、生产、销售的负责人具有相应易制毒化学品知识的证明,由省安监局根据国家安监总局制定的《2006 年非药品类易制毒化学品知识考核大纲》(见附件 4)组织培训考核,考核合格证视为证明材料;一般技术、管理人员可由企业自行组织培训,提供考核结果。

(三)关于生产设备、仓储设施和污染物处理设施符合国家标准的情况

由申请单位按申请书要求提供相关材料说明。这些设备、设施没有专门国家标准、行业标准的,要说明它们符合通用标准、要求的情况,或者其设计制造单位有无符合规定资质的情况。

(四)关于易制毒化学品管理制度和环境突发事件应急预案的内容要求

申请单位应建立包括各级各部门责任制、出入库、进货与采购、销售发货以及生产企业半成品管理等内容要求的易制毒化学品管理制度,并按环保部门有关规定和要求编制环境突发事件应急预案。

(五)关于许可证、备案证明有关主要流向的内容

非药品类易制毒化学品生产、经营许可证和备案证明有关主要流向的内容,是指标注主要销售流向。可以选择填写本市、本省或外省(自治区、直辖市)、大区名称;属于出口的,可以选择填写东北亚、东南亚、中亚、东欧、北欧、西欧,澳大利亚、新西兰,非洲,北美洲、南美洲等国际性地区名称。

(六)关于许可证和备案证书的购置与填写

作为非药品类易制毒化学品生产、经营许可的 4 种证件——《非药品类易制毒化学品生产许可证》、《非药品类易制毒化学品经营许可证》、《非药品类易制毒化学品生产备案证明》和《非药品类易制毒化学品经营备案证明》,国家安监总局已委托其信息研究院印刷发行。为了便于开展工作,全省所需要的许可证和备案证书,由省安监局统一订购,各地安监局可根据实际需要,及时到省安监局领取。各种证件的具体填法,见附件 2。

附件:1. 非药品类易制毒化学品生产、经营申请书
　　　2. 非药品类易制毒化学品(生产/经营)许可证及备案证明正、副本填写说明
　　　3. 河南省县及县以上行政区划代码及备案证明的流水号段
　　　4. 2006 年非药品类易制毒化学品知识考核大纲
　　　5. 非药品类易制毒化学品分类和品种目录

附件 1

申请编号：　　　　　　　　　　受理编号：

申请日期：　　　　　　　　　　受理日期：

非药品类易制毒化学品
生产、经营申请书

申请事项：第一类□　　第二类□　　第三类□　　生产□　　经营□

许可□　　备案□　　许可证变更□

申请单位＿＿＿＿＿＿＿＿＿＿＿＿

经办人＿＿＿＿＿＿＿＿＿＿＿＿

联系电话＿＿＿＿＿＿＿＿＿＿＿＿

传　　真＿＿＿＿＿＿＿＿＿＿＿＿

填写日期＿＿＿＿＿＿＿＿＿＿＿＿

国家安全生产监督管理总局制样

目　录

填写说明

一、本申请书封面"申请编号"、"申请日期"、"受理编号"、"受理日期"和"表 5、审查意见表"由非药品类易制毒化学品生产、经营许可管理部门填写,本申请书的其他内容由非药品类易制毒化学品生产、经营单位填写。

二、本申请书使用说明:

(一)表 1～表 6 为基本表,各地使用时不应更改表中的项目设置;表 7～表 12 为可调表,各地使用时可以对表格中的项目进行补充或调整。

(二)生产单位申请第一类非药品类易制毒化学品生产许可证时,在申请书封面上标识"第一类"、"生产"和"许可"的方框中打"√"并使用表 1、表 2、表 6、表 7、表 9、表 10、表 11、表 12 进行填报;

生产单位进行第二类、第三类非药品类易制毒化学品生产备案时,在申请书封面上标识"第二类"或"第三类"、"生产"和"备案"的方框中打"√"并使用表 1、表 2、表 6、表 12 进行填报;

经营单位申请第一类非药品类易制毒化学品经营许可证时,在申请书封面上标识"第一类"、"经营"和"许可"的方框中打"√"并使用表 1、表 3、表 6、表 8、表 10、表 12 进行填报;

经营单位进行第二类、第三类非药品类易制毒化学品经营备案时,在申请书封面上标识"第二类"或"第三类"、"经营"和"备案"的方框中打"√"并使用表 1、表 3、表 6、表 12 进行填报;

生产、经营单位变更第一类非药品类易制毒化学品生产、经营许可证时,在申请书封面上标识"第一类"、"生产"或"经营"、"许可证变更"的方框中打"√"并使用表 1、表 4、表 6 进行填报;

三、本申请书表格的填写方法:

本申请书用钢笔、签字笔填写或者用打印机打印文本,字迹要清晰、工整。

(一)表 1、申请单位基本情况表

申请单位是指申请生产、经营非药品类易制毒化学品的单位。

1."名称"栏,填写工商登记名称;"地址"栏,填写工商登记地址。

2."原许可证编号"栏,由第一类非药品类易制毒化学品生产、经营单位进行非药品类易制毒化学品生产、经营许可证变更时填写。

3."法定代表人或主要负责人"栏,如果申请单位是法人单位,填写法定代表人姓名;如果申请单位是非法人单位填写最高职位管理人的姓名。

4."企业类型"栏,按照国家统计局和原国家工商行政管理局《关于划分企业登记注册类型的规定》(国统字〔1998〕200号)的规定,填写企业登记注册类型。

5."成立日期"栏,填写生产或经营单位批准成立的日期。

6."经营场所"和"储存设施"栏,仅限非药品类易制毒化学品经营单位填写,其中的"地址"栏按所在地的实际地址填写。

(二)表2、生产许可(备案)申请表

1."产品名称"栏,应填写该产品符合《非药品类易制毒化学品分类和品种目录》的名称。

2."产量"栏填写申请许可品种的产量或填写要求备案品种的产量。

3."主要流向"栏,填写产品的主要销售流向、用途。申请单位依据实际情况,主要销售流向可以填写本市(地)、本省(市);属于销往外省(市)的,应填写具体省(市)或地区名称;属于出口的,应填写出口的国别或地区;用途可以填写自用、购买方生产某类产品、转销等。

4."现有生产能力"栏,填写生产装置现有的设计生产能力。

(三)表3、经营许可(备案)申请表

1."品名"栏,应填写该易制毒化学品符合《非药品类易制毒化学品的分类和品种目录》的名称。

2."销售量"栏,填写申请许可品种的销售数量或要求备案品种的销售数量。

3."主要流向"栏,填写该易制毒化学品的主要销售流向、用途。主要销售流向的填写同上述表2;用途可以填写购买方生产某类产品、转销等。

4."经营方式"栏填写申请许可或备案的经营方式,如批发、零售或分销网点的说明。

(四)表4、变更申请表

填写变更前后法定代表人或主要负责人姓名,变更前后单位名称,变更前后许可或备案的易制毒化学品名称及数量。

备案单位重新办理备案手续时,也需填写该表相应内容。

(五)表5、审查意见表

1."审查意见"栏,可填写分级审查各级的意见,并署本级公章或负责人签字。

2."证书颁发部门意见"栏,填写是否给予颁发许可证或备案证明的决定,并由主要负责人或其授权人签字后,填写日期,并加盖公章。

(六)表6、提交材料清单

填写申请许可或备案时提交材料的名称和序号。

(七)表7、生产单位生产条件情况表

由生产单位根据《易制毒化学品管理条例》对本单位生产条件进行概述,其中"提交材料编号"栏,填写表6中提交材料的序号。其中"3. 环境突发事件应急预案结构情况",是指对该预案包括的主要内容方面进行概述,如是否有指挥、执行机构设置与职责,预防措施,应急响应和应急保障措施,后期处置程序等内容。

(八)表8、经营单位经营条件情况表

由经营单位根据《易制毒化学品管理条例》对本单位经营条件进行概述,其中"提交材料编号"栏,填写表6中提交材料的序号。

(九)表9、生产单位主要设备情况表

1. 本表主要填写反应器、换热器、塔器、分离器、重要储罐、重要机泵及其它独特设备等；压力容器类别的填写以Ⅰ、Ⅱ、Ⅲ表示，非压力容器不填写；选购的定型通用设备可只填写制造单位名称及有无符合的资质栏，非标设备须同时填写设计单位名称及有无符合的资质，自制设备应注明"自制"并说明与国家有关规定的符合情况。

2. "属于淘汰设备的情况"栏，填写列入国家《淘汰落后生产能力、工艺和产品的目录》等有关规定中的设备的情况，包括设备名称、数量、已用年限等。

（十）表10、易制毒化学品仓储设施情况表

填写生产、经营单位的易制毒化学品仓储设施有关的情况。

（十一）表11、污染物处理设施情况表

填写易制毒化学品生产过程中产生的污染物的处理设施情况。

（十二）表12、易制毒化学品管理制度情况表

填写本单位各易制毒化学品管理制度的要点，如名称、目录等。

表 1　申请单位基本情况表

申请单位基本情况	名称				
	地址				
	邮政编码		电子邮箱		
	原许可证（备案证明）编号				
	法定代表人或主要负责人				
	企业类型		成立日期		
	从业人员人数		技术/销售、管理人员人数		
	上年固定资产净值（万元）		上年销售收入（万元）		
	仅经营单位填写	经营场所	地址		
			产权		
		储存设施	地址		
			产权	储存能力（吨）	
申请单位意见	本单位在申请书中所填内容是真实的，并对此及其后果负责。 主要负责人（签字）：　　　　　　　　　　　　　　　　　（公章） 　　　　　　　　　　　　　　　　　　　　　　　　　年　月　日				

表 2　生产 许可□ 申请表
**　　　　　备案□**

序号	产品名称	产量（吨/年）	主要流向	备注	
				现有生产能力（吨/年）	上年度产量（吨）

注：第一类非药品类易制毒化学品生产单位，在标识"许可"的方框中打"√"；第二、三类非药品类易制毒化学品生产单位，在标识"备案"的方框中打"√"。

表 3　经营　许可□　申请表
**　　　　　备案□**

序号	品名	销售量（吨/年）	主要流向	备注	
				上年度销售量（吨）	经营方式

注：第一类非药品类易制毒化学品经营单位，在标识"许可"的方框中打"√"；第二、三类非药品类易制毒化学品经营单位，在标识"备案"的方框中打"√"。

表 4　变更申请表

事项＼内容	变更前	变更后	备注
法定代表人或主要负责人			
单位名称			
地址			

许可范围变更

序号	变更前			变更后			备注
	品名	数量（吨/年）	主要流向	品名	数量（吨/年）	主要流向	

表 5 审查意见表

审查意见	
证书颁发部门意见	负责人(签字): (公章) 　年　月　日

表 6　提交材料清单

序号	提交材料名称	备注

表7 生产单位生产条件情况表

序号	生产条件要素	内容	提交材料编号
1	工商营业执照编号及主要生产范围		
2	危险化学品安全生产许可证编号及危险化学品登记证编号		
3	环境突发事件应急预案结构情况		
4	易制毒化学品主要生产工艺、设备及流程方框图		
5	单位生产组织结构图,主要生产、技术岗位名称、数量,各级、各部门安全生产责任制,岗位安全生产操作管理制度等情况		
6	法定代表人或主要负责人和技术、管理人员具有安全生产有关知识考核情况		
7	法定代表人或主要负责人和技术、管理人员具有易制毒化学品有关知识考核情况		
8	法定代表人或主要负责人和技术、管理人员无毒品犯罪记录的说明以及出具证明材料的单位名称		
9	符合规定的易制毒化学品产品包装和使用说明书情况		

注:已取得危险化学品生产企业安全生产许可证的单位,免填第1、5、6项内容。

表 8　经营单位经营条件情况表

序号	经营条件要素	内容	提交材料编号
1	工商营业执照编号及主要经营范围		
2	危险化学品经营许可证编号		
3	经营场所面积,是否固定;经营场所属于租赁的,是否有书面租赁合同		
4	销售方式(直销、代销,批发、零售)情况;若存在分销机构,说明其机构设置和管理情况,以及代理商的资质和分布情况		
5	法定代表人或主要负责人和销售、管理人员具有易制毒化学品有关知识考核情况		
6	法定代表人或主要负责人和销售、管理人员无毒品犯罪记录的说明以及出具证明材料的单位名称		
7	符合规定的易制毒化学品产品包装和使用说明书情况		

注:已取得危险化学品经营许可证的单位,免填第 1 项内容。

表 9 生产单位主要设备情况表

序号	设备名称及规格型号	数量	压力容器类别	设计或制造单位情况		提交材料编号
				单位名称	有无符合规定的资质	
属于淘汰设备的情况						
主要设备是否符合国家标准及相关规定的自我评价						

表 10　易制毒化学品仓储设施情况表

序号	项目	内容	提交材料编号
1	库房或仓储场所建筑面积,储存的易制毒化学品名称及数量		
2	同库储存的其他化学品名称、数量		
3	库房或仓储场所有无符合规定的隔离措施,安全、防盗措施及监控设施等情况		
4	储罐(容器)名称、容积、数量及储存的易制毒化学品名称		
5	仓储设施是否符合国家标准及相关规定的自我评价		
6	其他需要说明的事项		

表 11　污染物处理设施情况表

序号	项目	内容	提交材料编号
1	生产易制毒化学品产生的主要污染物以及国家规定的排放标准		
2	污染物处理的工艺流程简述		
3	污染物处理的设施、设备简述		
4	污染物排放时的实际浓度		
5	其他需要说明的事项		

表 12 易制毒化学品管理制度情况表

序号	项目	内容	提交材料编号
1	易制毒化学品销售管理制度要点		
2	易制毒化学品出入库管理制度要点		
3	易制毒化学品各级责任人、各部门责任制要点		
4	易制毒化学品进货、采购管理制度要点		
5	易制毒化学品半成品管理制度要点		

注:易制毒化学品经营单位免填第 5 项。

附件 2

非药品类易制毒化学品(生产/经营)许可证
及备案证明正、副本填写说明

一、编号

(一)编号形式

1. 生产许可证：　　　　(X_1)　1S　X_2　Y_3　Y_4
2. 经营许可证：　　　　(X_1)　1J　X_2　Y_3　Y_4
3. 生产备案证明：　　　(X_1)　2S　X_2　Y_3　Y_4
　　　　　　　　　　　(X_1)　3S　X_2　Y_3　Y_4
4. 经营备案证明：　　　(X_1)　2J　X_2　Y_3　Y_4
　　　　　　　　　　　(X_1)　3J　X_2　Y_3　Y_4

(二)符号说明

1S——第一类非药品类易制毒化学品生产单位；

1J——第一类非药品类易制毒化学品经营单位；

2S——第二类非药品类易制毒化学品生产单位；

3S——第三类非药品类易制毒化学品生产单位；

2J——第二类非药品类易制毒化学品经营单位；

3J——第三类非药品类易制毒化学品经营单位；

X_1——河南省汉字简称"豫"；

X_2——河南省行政区划代码(河南省县及县以上行政区划代码见附件3)的前2位，即"41"；

　Y_3——发证机关管辖区域的行政区划代码的后4位，如省安监局行政区划代码410000，则 Y_3 为"0000"；郑州市中牟县行政区划代码410122，则 Y_3 为"0122"；

　Y_4——许可证及备案证明在全省范围内的流水编号，由5位数字组成。省安监局和各省辖市的流水号段已经设定(见附件3)，各省辖市安监局可根据辖区内县(市、区)的实际情况进行分配，并将分配结果报省局备案；各省辖市的流水号段使用完之后，可及时向省安监局申请。

(三)编号举例

　　如中牟县安监局向第三类非药品类易制毒化学品经营企业，颁发其经营备案证明。省局给郑州市设定的第三类非药品类易制毒化学品备案证明流水号段为01000—02999，假定郑州市分配给中牟县的流水号段为02950—02999，企业申请顺序号定为02951，而中牟县行政区划代码为410122，则该企业备案证明的编号是"(豫)3J41012202951"。

二、单位名称

填写领取许可证或备案证明的单位全称。

三、经济类型

按照企业在工商行政管理部门登记注册的类型填写，如"国有企业"、"集体企业"、"有限责任公司"。

四、主要负责人

领证单位是法人单位的,填写领证单位的法定代表人;领证单位是非法人单位的,填写领证单位的主要负责人。

五、单位地址

填写领证单位所在的省、市、县(市、区)、乡(镇、街道)、村。所在地为城镇的,应写明单位所在的街道和门牌号码。

六、品种类别

写明许可或备案的非药品类易制毒化学品所属类别,即第一类、第二类或者第三类。

七、生产品种、产量

写明许可或备案的具体产品及生产数量,如"苯乙酸 50 吨/年"、"硫酸 50 吨/年"。

八、经营品种、产量

写明许可或备案可销售的具体品种及数量,如"苯乙酸 10 吨/年"、"硫酸 10 吨/年"。

九、主要流向

按照本"实施方案"第七、(五)条要求填写。

十、有效期

按照《非药品类易制毒化学品生产经营许可办法》(国家安监总局令第 5 号)有关规定,从颁发许可证或备案证明的当年当月当日至 3 年后的当月当日。

十一、发证机关

加盖发证机关的公章。

十二、填写及出证

非药品类易制毒化学品生产经营许可证或备案证明的正本和副本填写的文字、数字,一律使用规范的字体,应以打印方式填写。填写错误的,应当销毁,不得涂改。

附件 3

河南省县及县以上行政区划代码
及备案证明的流水号段

410000　　　河南省(流水号段:00001—00999)
410100　　　郑州市(流水号段:01000—02999)

410101　　　市辖区
410102　　　中原区
410103　　　二七区
410104　　　管城回族区
410105　　　金水区
410106　　　上街区
410108　　　惠济区
410122　　　中牟县
410181　　　巩义市
410182　　　荥阳市
410183　　　新密市
410184　　　新郑市
410185　　　登封市

410200　　　开封市(流水号段:03000—03999)

410201　　　市辖区
410202　　　龙亭区
410203　　　顺河回族区
410204　　　鼓楼区
410205　　　南关区
410211　　　郊　区
410221　　　杞　县
410222　　　通许县
410223　　　尉氏县
410224　　　开封县
410225　　　兰考县

410300　　　洛阳市(流水号段:04000—04999)

410301　　　市辖区

410302	老城区
410303	西工区
410304	瀍河回族区
410305	涧西区
410306	吉利区
410307	洛龙区
410322	孟津县
410323	新安县
410324	栾川县
410325	嵩　县
410326	汝阳县
410327	宜阳县
410328	洛宁县
410329	伊川县
410381	偃师市

| 410400 | 平顶山市(流水号段:05000—05999) |

410401	市辖区
410402	新华区
410403	卫东区
410404	石龙区
410411	湛河区
410421	宝丰县
410422	叶　县
410423	鲁山县
410425	郏　县
410481	舞钢市
410482	汝州市

| 410500 | 安阳市(流水号段:06000—06999) |

410501	市辖区
410502	文峰区
410503	北关区
410505	殷都区
410506	龙安区
410522	安阳县
410523	汤阴县
410526	滑　县
410527	内黄县

410581	林州市
410600	鹤壁市（流水号段：07000—07999）
410601	市辖区
410602	鹤山区
410603	山城区
410611	淇滨区
410621	浚　县
410622	淇　县
410700	新乡市（流水号段：08000—08999）
410701	市辖区
410702	红旗区
410703	卫滨区
410704	凤泉区
410711	牧野区
410721	新乡县
410724	获嘉县
410725	原阳县
410726	延津县
410727	封丘县
410728	长垣县
410781	卫辉市
410782	辉县市
410800	焦作市（流水号段：09000—09999）
410801	市辖区
410802	解放区
410803	中站区
410804	马村区
410811	山阳区
410821	修武县
410822	博爱县
410823	武陟县
410825	温　县
410882	沁阳市
410883	孟州市

410900	濮阳市（流水号段：10000—10999）
410901	市辖区
410902	华龙区
410922	清丰县
410923	南乐县
410926	范　县
410927	台前县
410928	濮阳县
411000	许昌市（流水号段：11000—11999）
411001	市辖区
411002	魏都区
411023	许昌县
411024	鄢陵县
411025	襄城县
411081	禹州市
411082	长葛市
411100	漯河市（流水号段：12000—12999）
411101	市辖区
411102	源汇区
411103	郾城区
411104	召陵区
411121	舞阳县
411122	临颍县
411200	三门峡市（流水号段：13000—13999）
411201	市辖区
411202	湖滨区
411221	渑池县
411222	陕　县
411224	卢氏县
411281	义马市
411282	灵宝市
411300	南阳市（流水号段：14000—14999）

411301	市辖区
411302	宛城区
411303	卧龙区
411321	南召县
411322	方城县
411323	西峡县
411324	镇平县
411325	内乡县
411326	淅川县
411327	社旗县
411328	唐河县
411329	新野县
411330	桐柏县
411381	邓州市
411400	商丘市（流水号段：15000—15999）
411401	市辖区
411402	梁园区
411403	睢阳区
411421	民权县
411422	睢　县
411423	宁陵县
411424	柘城县
411425	虞城县
411426	夏邑县
411481	永城市
411500	信阳市（流水号段：16000—16999）
411501	市辖区
411502	师河区
411503	平桥区
411521	罗山县
411522	光山县
411523	新　县
411524	商城县
411525	固始县
411526	潢川县
411527	淮滨县
411528	息　县

411600　　　　周口市(流水号段:17000—17999)

411601　　市辖区
411602　　川汇区
411621　　扶沟县
411622　　西华县
411623　　商水县
411624　　沈丘县
411625　　郸城县
411626　　淮阳县
411627　　太康县
411628　　鹿邑县
411681　　项城市

411700　　　　驻马店市(流水号段:18000—18999)

411701　　市辖区
411702　　驿城区
411721　　西平县
411722　　上蔡县
411723　　平舆县
411724　　正阳县
411725　　确山县
411726　　泌阳县
411727　　汝南县
411728　　遂平县
411729　　新蔡县

410881　　　　济源市(流水号段:19000—19999)

注:本附件中未列出的县(市、区),其代码用所在省辖市的市辖区代码。

附件 4

2006 年非药品类易制毒化学品知识
考核大纲

一、考核的范围、人员对象

主要考核《易制毒化学品管理条例》(以下简称《条例》)和《非药品类易制毒化学品生产、经营许可办法》(以下简称《办法》)所规定的内容。

考核对象主要是生产、经营第一类非药品类易制毒化学品单位的法定代表人或主要负责人和技术(销售)、管理人员。

二、考核的主要内容

(一)易制毒化学品的基本知识

1. 易制毒化学品的概念

2.《条例》对易制毒化学品的分类及规定的品种数

3. 非药品类易制毒化学品的品种及数量

(二)易制毒化学品管理的基本规定

1. 对易制毒化学品的实行许可制度包括的环节和要求

2. 生产、经营非药品类易制毒化学品的许可和备案规定

3. 生产、经营非药品类易制毒化学品应具备的条件

4. 国家对易制毒化学品违法行为的处罚规定

5. 安全生产监管部门对非药品类易制毒化学品的分级管理职责

6. 领取非药品类易制毒化学品生产、经营许可证或备案证明应申报的材料

7. 非药品类易制毒化学品生产、经营许可证及备案证明的有效期,非药品类易制毒化学品生产、经营单位变更许可事项以及提交年度报告的规定

(三)对加强易制毒化学品管理的认识

1. 对易制毒化学品生产、经营进行产品流向管理的意义

2. 根据《条例》要求,生产、经营单位应当建立哪些环节的内部易制毒化学品管理制度

三、通过考核的基本要求

对上述各项内容的掌握应能达到及格水平。

附件 5

非药品类易制毒化学品分类和品种目录

第一类

   1.1-苯基－2-丙酮(分子式:$C_9H_{10}O$)

   2.3,4-亚甲基二氧苯基-2-丙酮(分子式:$C_{10}H_{10}O_3$)

   3. 胡椒醛(分子式:$C_8H_6O_3$)

   4. 黄樟素(分子式:$C_{10}H_{10}O_2$)

   5. 黄樟油

   6. 异黄樟素(分子式:$C_{10}H_{10}O_2$)

   7.N-乙酰邻氨基苯酸(分子式:$C_9H_9NO_3$)

   8. 邻氨基苯甲酸(分子式:$C_7H_7NO_2$)

第二类

   1. 苯乙酸(分子式:$C_8H_8O_2$)

   2. 醋酸酐☆(分子式:$C_4H_6O_3$)

   3. 三氯甲烷☆(分子式:$CHCl_3$)

   4. 乙醚☆(分子式:$C_4H_{10}O$)

   5. 哌啶☆(分子式:$C_5H_{11}N$)

第三类

   1. 甲苯☆(分子式:C_7H_8)

   2. 丙酮☆(分子式:C_3H_6O)

   3. 甲基乙基酮☆(分子式:C_4H_8O)

   4. 高锰酸钾☆(分子式:$KMnO_4$)

   5. 硫酸☆(分子式:H_2SO_4)

   6. 盐酸☆(分子式:HCl)

说明:1. 第一类、第二类所列物质可能存在的盐类,也纳入管制。

    2. 带有☆标记的品种为危险化学品。

关于做好非药品类易制毒化学品生产
经营许可有关工作的通知

豫安监管危化〔2007〕33 号

各省辖市安全生产监督管理局：

我省的非药品类易制毒化学品生产、经营许可工作，经过半年多来的广泛宣传和充分准备，2007 年将全面推开。为了加强非药品类易制毒化学品监督管理，及时掌握全省非药品类易制毒化学品生产、经营许可工作进度，根据《易制毒化学品管理条例》（国务院令第 445 号）（以下简称《条例》）和《非药品类易制毒化学品生产、经营许可办法》（国家安全监管总局令第 5 号）（以下简称《办法》）之规定以及国家安全监管总局办公厅《关于定期报送非药品类易制毒化学品生产、经营许可证和备案证明颁发情况的通知》（安监总厅危化函〔2006〕272 号）（以下简称《通知》）精神，结合实际，现就做好我省非药品类易制毒化学品生产、经营许可的有关工作通知如下：

一、许可公告工作

各级安全监管部门应当上网及时公布本级颁发非药品类易制毒化学品生产、经营许可证和备案证明的企业名单，以接受社会监督。

二、许可通报工作

根据《条例》第二十八条之规定，各级安全监管部门应当及时将本级非药品类易制毒化学品生产、经营许可及吊销许可情况，向同级公安、工商、商务等部门通报。

三、许可衔接工作

为了顺利开展许可工作，根据《通知》要求，各地应认真处理好易制毒化学品原有管理工作的有关衔接问题。对在《条例》施行前已获得公安部门、经贸部门许可且在有效期内的易制毒化学品生产、经营单位，在重新申请许可时，可结合各地实际情况适当简化手续，在基本符合《条例》、《办法》要求的条件下应予以批准。

四、许可统计工作

1. 生产、经营情况统计

非药品类易制毒化学品生产、经营单位，每年 3 月 31 日前应当将本单位上年度生产经营非药品类易制毒化学品的品种、数量和主要流向等情况，按附表一、二要求填写、盖章后上报当地安全生产监督管理部门；

当地安全监管部门应当自收到报表后 5 个工作日内，将本行政区域内上年度非药品类易制毒化学品生产、经营情况，汇总后报上级安全监管部门；

各省辖市安全监管局每年 4 月 10 日前应当将本行政区域内上年度非药品类易制毒化学品生产、经营汇总情况报省安全监管局。

2. 生产、经营许可情况统计

各县（市、区）安全监管局每月 5 日前应当将本行政区域内上月第三类非药品类易制毒化学

品经营备案证明的颁发情况,按照附表三、四要求分别汇总后,报所属的省辖市安全监管局;

各省辖市安全监管局每月 10 日前应当将本行政区域内上月第二、三类非药品类易制毒化学品生产、经营备案证明的颁发情况,按照附表三、四要求分别汇总后,报省安全监管局。

3. 统计报送方式

各省辖市安全监管局要按照上述要求,将报表报送省安全监管局危化处(传真电话:0371-63861722)并将电子文档发送到信箱(地址:ajqyl@126.com)。如有需要可以另附补充说明。

附件(略):1. 河南省非药品类易制毒化学品生产企业(年度)报表
　　　　　　2. 河南省非药品类易制毒化学品经营单位(年度)报表
　　　　　　3. 河南省非药品类易制毒化学品生产、经营备案证明月报表
　　　　　　4. 河南省非药品类易制毒化学品生产、经营备案证明登记(月)报表

二〇〇七年一月二十九日

关于进一步规范危险化学品生产企业
安全评价报告有关问题的通知

豫安监管危化〔2007〕403 号

各省辖市安全生产监督管理局，各有关安全评价单位：

为加强危险化学品生产企业的安全监管，进一步规范安全评价行为，提高安全评价报告质量，确保安全评价工作的科学性、公正性和严肃性，根据《安全评价通则》（AQ 8001—2007）、《安全预评价导则》（AQ 8002—2007）、《安全验收评价导则》（AQ 8003—2007）和《现状评价导则》、《危险化学品生产企业安全评价导则（试行）》、《危险化学品建设项目安全评价细则（试行）》的有关规定，结合实际，现就我省危险化学品生产企业安全评价报告编制工作的有关要求，通知如下：

一、关于安全评价的依据

1. 安全评价（安全预评价、安全验收评价、安全现状评价）必须符合《安全评价通则》和具体导则、细则的要求。

2. 关于卫生防护距离：凡国家已发布实施的国家、行业标准中有明确规定的卫生防护距离标准的，安全评价时应予采用；如国家、行业标准中没有具体规定的，企业（或建设项目）经环保部门批复的环境评价报告中确定的卫生防护距离，安全评价时也应予采用。

二、关于建设单位（企业）和建设项目（生产装置）的名称

1. 建设单位（企业）名称：评价报告中所使用的建设单位（企业）名称，必须是建设单位工商营业执照或企业名称预先核准通知书中所注册的规范性名称。评价单位在编制安全评价报告时，严禁随意更改或简化建设单位（企业）名称。

2. 建设项目（生产装置）名称：评价报告中所使用的建设项目（生产装置）名称，必须是建设单位（企业）在政府及其投资主管部门审批（核准、备案）的项目名称。若评价对象为一个整体项目中的子项目，则该建设项目名称应为 xxx（审批、核准、备案的项目名称）中的 yyy（被评价对象名称）项目（工程、生产装置等）。评价单位在编制安全评价报告时，不得随意更改建设项目名称。

三、关于评价报告中的"前言"或"编制说明"

评价报告的"前言"或"编制说明"，应当明确具体评价对象和评价范围，指出被评价企业或建设项目生产过程中（原料、最终产品和中间产品）涉及的危险化学品及其用量和生产能力，界定属危险化学品使用单位、生产单位或储存单位，简述评价过程和评价结论。

若危险化学品生产企业需申请或申请变更《安全生产许可证》，则申请的许可范围，不得超出评价报告中所确定的危险化学品品种（中间产品和最终产品）。

四、关于危险化学品生产企业的判定依据

根据《危险化学品生产企业安全生产许可证实施办法》（原国家安监局令第 10 号）之规定，危险化学品生产企业，是指依法设立且取得企业法人营业执照的从事危险化学品生产的企业，包括最终产品或者中间产品列入《危险化学品名录》（2002 年版）的危险化学品的生产企业。中间产

品是指危险化学品生产企业为满足生产的需要,生产一种或多种产品作为下一个生产过程参与化学反应的原料。

根据《关于危险化学品的范围和名称问题的复函》(安监总厅危化函〔2006〕199号)、《关于危险化学品范围界定问题的函》(安监总厅函字〔2005〕173号)和《国家安全监管总局办公厅关于确定危险化学品的复函》(安监总厅危化函〔2007〕304号)的要求,对于未列入《危险化学品名录》(2002年版)和《剧毒化学品目录》(2002年版)的物品,目前暂不纳入危险化学品安全监督管理的范畴。

五、关于对企业外部环境的分析评价

1. 关于对现有企业的外部环境评价:对现有企业外部环境的评价要包含以下三个方面的内容:一是要说明企业与周边企业、重要设施及居民社区等的实际距离,并评价其是否符合国家有关法律、法规或标准规定。二是生产装置或储存设施已构成重大危险源的,要说明重大危险源与周围居民区、学校等公共设施的实际距离,并评价其是否符合国家有关法律、法规或标准规定;对于未构成重大危险源的生产装置或储存设施,同样应评价其与周边建(构)筑物的安全间距是否符合国家有关法律、法规或标准规定。无论生产装置或储存设施是否构成重大危险源,都应当分析周边环境和企业的相互影响。三是分析企业周边的道路交通情况,评价其是否满足企业应急救援的需要。上述三种情况,均须做出明确的评价结论。

2. 关于建设项目的外部环境评价:对危险化学品新建、改建或扩建项目的外部环境评价,应包括以下三方面的内容:一是建设项目内在的危险、有害因素对建设项目周边单位生产、经营活动或者居民生活的影响,尤其是在现有厂区内部的改、扩建项目,要分析说明新、老装置之间的相互影响;二是建设项目周边单位生产、经营活动或者居民生活,对建设项目的影响;三是当地自然条件对建设项目的影响。对上述三种情况,要依据国家有关法律、法规和标准规范,分别进行评价,最后要做出该建设项目选址是否符合要求的明确结论。

六、关于对生产工艺的介绍

评价报告应当将危险化学品生产单位或建设项目的生产工艺介绍清楚,并用工艺流程简图将过程予以表示,主要化学反应步骤,尽量用化学反应方程式表示。通过各步的化学反应方程式,显示出该生产过程中的主要危险化学品和主要工艺操作参数。

七、关于对国家法定检测、检验项目的评价

现状评价报告和验收评价报告,应根据企业或建设项目的实际情况,界定企业生产装置或设施中属于国家法定检测、检验的项目。对国家法定检测、检验的项目,必须经有资质的检测、检验机构检测、检验合格,评价报告方可做出该项符合要求的明确结论。

具有资质的检验检测机构出具的建设项目安全设施检验检测报告,作为建设项目安全设施竣工验收前的安全评价重要依据之一。

八、关于对消防的评价

对于2005年底以前已投入生产的危险化学品生产企业,未经建筑消防安全验收就投入使用,且公安消防部门没有补办手续的,安全评价单位可依据国家有关消防法律、法规和标准、规范的规定,在评价报告中单列一个章节对企业的消防现状进行专门评价。在消防评价结束后,应做出"符合消防安全要求"的明确结论,且不得有任何附带条件。

九、关于事故状态下"清净下水"措施的评价

建设项目的安全预评价报告和验收安全评价报告,应当按照国家安全监管总局和国家环保总局《关于督促化工企业切实做好几项安全环保重点工作的紧急通知》(安监总危化〔2006〕10号)的要求,对事故状态下"清净下水"收集、处理措施进行评价。

十、关于对企业安全生产条件的分析评价

根据《危险化学品建设项目行政许可实施办法》(国家安监总局令第 8 号)规定,危险化学品生产企业建设项目的验收评价报告,将作为建设单位申请或申请变更《安全生产许可证》的主要文件。因此,验收评价报告和现状评价报告,都要对照《危险化学品生产企业安全生产许可证实施办法》(原国家安监局令第 10 号)第二章中"安全生产条件",逐条说明是否符合有关规定要求。对于不符合的条款,在评价结论的"隐患整改确认表"中,要明确已于何时完成整改。

十一、关于安全评价对策、措施及复查

1. 现状评价报告、验收评价报告的对策措施应包含以下三个方面内容:

(1)针对评价报告中提出的存在问题和隐患的整改措施,短期内整改不了的,还需提出当前正常生产的情况下保证安全生产的应急(补救)措施。

(2)企业在安全管理的各个方面还需进一步提高或改进的措施(企业目前已做到的,不需再提)。

(3)在定量评价中采取补偿系数的,还需提出相对应的应采取的补偿措施。

2. 复查:现状评价报告、验收评价报告都要增加对企业或建设项目对策建议落实情况复查的内容。评价单位应根据企业提交的整改报告,针对所提出的对策建议进行逐项复查,明确指出合格项和不合格项。

十二、关于安全评价的结论

若企业对评价报告中提出的隐患和问题已全部整改完成,或企业存在的问题和隐患不涉及《危险化学品生产企业安全生产许可证实施办法》(原国家安监局令第 10 号)第二章规定的安全生产条件的,则企业的安全风险可接受,可直接做出符合或基本符合安全生产条件的结论。

若企业存在的隐患或问题涉及《危险化学品生产企业安全生产许可证实施办法》(原国家安监局令第 10 号)第二章规定的安全生产条件,且未完成整改的,评价单位要综合分析。评价报告中应当在确认企业已落实了当前正常生产情况下保障安全生产的各项应急措施,可认定企业的安全风险可接受,做出符合或基本符合安全生产条件的结论。否则,应当做出不具备安全生产条件的结论。

安全评价结论不得有任何附加或前置条件。

十三、关于评价报告的附件

安全评价报告的附件应按照相关的导则、细则规定准备,同时,还要结合不同的评价阶段,满足以下主要内容要求:

1. 现状评价报告

(1)涉及评价报告中的具体评价过程;

(2)企业的区域位置图、平面布置图、周边道路交通状况图;

(3)企业有关法定检测、检验项目的检测报告或清单(清单应包含检测项目、检测日期、检测数据、检测结论、检测周期和检测部门等内容,并加盖被评价单位公章);

(4)企业"一书两证"(《建设项目选址意见书》、《建设用地规划许可证》、《建设工程规划许可证》或《村镇规划选址意见书》)或土地使用证;

(5)企业有关消防验收的证明文件;

(6)企业隐患整改报告。

2. 预评价报告

(1)建设项目经政府及其投资主管部门审批(核准、备案)的文件(文书)复印件;

(2)建设项目区域位置图(当地最新地图缩印件)、建设项目与周边环境关系位置图(评价单位或企业绘制的示意图)、平面布置图(可行性研究报告中附图)、工艺流程及物料平衡图等;

(3)建设(规划)主管部门颁发的建设项目规划许可文件(《建设项目选址意见书》、《建设用地规划许可证》、《建设工程规划许可证》或《乡村建设规划许可证》复印件);

(4)其它可用于建设项目安全评价的资料(如:建设单位取得的《安全生产许可证》等)。

3. 验收评价报告

(1)建设项目经政府及其投资主管部门审批(核准、备案)的文件(文书)复印件;

(2)建设项目经安全生产许可实施部门审批(备案)的设立审查意见书、设计审查意见书和试生产(使用)备案告知书等文件(文书)复印件;

(3)建设(规划)主管部门颁发的建设项目规划许可文件(《建设项目选址意见书》、《建设用地规划许可证》、《建设工程规划许可证》或《乡村建设规划许可证》复印件);

(4)建设项目区域位置图(当地最新地图缩印件)、建设项目与周边环境关系位置图(评价单位绘制示意图)、平面布置图(项目竣工图)、工艺流程及物料平衡图等;

(5)建设项目有关法定检测、检验项目的检测报告或清单(清单应包含检测项目、检测日期、检测数据、检测结论、检测周期和检测部门等内容,并加盖被评价单位公章);

(6)施工单位的资质证明;

(7)建设项目有关消防验收的证明文件;

(8)建设单位对存在隐患和不足整改情况的报告。

十四、关于评价报告的格式

1. 布局、字号、字体:应严格按照评价导则执行。

2. 计量单位:应采用国标,并且中英文要前后一致。

3. 装订:评价报告采用热熔(胶装)方式封装,并用评价单位公章对安全评价报告进行封页。

十五、关于评价报告的审查

安全评价报告的审查主要是安监部门组织有关专家,依据安全评价通则、导则和有关法律、法规、标准、规范以及评价对象现场情况进行科学性、符合性的审查。根据审查的具体情况,一般审查结论可以为:通过、有条件通过、不予通过。

预评价报告的审查:安全预评价报告是《危险化学品建设项目行政许可实施办法》(国家安监总局令第8号)规定的建设项目设立安全审查申请文件、资料之一。主要依据《安全评价通则》、《安全预评价导则》和《危险化学品建设项目行政许可实施办法》(国家安监总局令第8号)第八条的规定,参考可行性研究报告等相关资料,对安全预评价报告和建设项目可研方案的安全可靠性进行审查,确定其与安全生产法律、法规、标准、规范的符合性,对安全预评价报告提出审查意见。

验收评价报告的审查:安全验收评价报告是《危险化学品建设项目行政许可实施办法》(国家安监总局令第 8 号)规定的建设项目安全设施竣工验收申请文件、资料之一。主要依据《安全评价通则》、《安全验收评价导则》、《危险化学品建设项目行政许可实施办法》(国家安监总局令第 8 号)第二十一条的规定和本《通知》的有关要求,参考建设项目前期有关安全工作的资料和安全许可批复文件、试生产(使用)情况、安全设施检测检验情况等,并对评价对象的各项安全措施和现场进行符合性检查后,对安全验收评价报告提出审查意见。

现状评价报告的审查:主要依据《安全评价通则》、《现状评价导则》、《危险化学品生产企业安全评价导则(试行)》和本《通知》的有关要求,对评价对象的各项安全措施和现场进行符合性检查后,对安全现状评价报告提出审查意见。

专家审查意见和建议,应当依据清楚、具体翔实、具有针对性和可操作性。按照针对性和重要性的不同,意见、建议可分为应采纳和宜采纳两种类型。

评价单位对专家审查意见有不同看法或意见的,应当进行充分讨论,达成一致。若经过讨论后不能达成一致的,当地安监部门可另行组织专家研究或向上级安监部门反映,最终做出决定。

十六、关于评价报告的备案

根据《危险化学品安全管理条例》第十七条有关规定,安全评价报告应当自专家审查修改完善、正式出具后,由被评价单位于 10 个工作日内分别报送安全生产许可部门和省辖市安监局备案。

上述要求,各安全评价单位要认真执行,各级安监部门要加强日常监管,确保贯彻落实。

二〇〇七年十二月十八日

关于转发《国家安全监管总局
关于危险化学品生产企业安全生产许可证颁发
管理有关事宜的通知》的通知

豫安监管危化〔2008〕73 号

各省辖市安全生产监督管理局,各有关评价机构:

现将《国家安全监管总局关于危险化学品生产企业安全生产许可证颁发管理有关事宜的通知》(安监总危化〔2008〕54 号)转发你们,并提出如下要求,请结合《关于认真做好危险化学品安全生产许可证延期换证工作的通知》(豫安监管危化〔2007〕412 号)精神,一并贯彻执行。

一、实行许可公告制度

为了督促企业及时做好《安全生产许可证》延期许可工作,省安监局将从 2008 年 5 月 1 日实行许可公告制度。

1. 注销公告。根据《中华人民共和国行政许可法》第七十条有关规定,省安监局将对《安全生产许可证》有效期满未办理延期手续的予以注销,每半月将对注销情况在河南省安全生产信息网上予以公告。

2. 延期提示公告。省安监局将提前 3 个月对即将到期的《安全生产许可证》,在河南省安全生产信息网上予以公告,请各级安监部门,各有关评价单位和各有关企业要密切关注,积极做好准备,并按照《危险化学品生产企业安全生产许可证实施办法》有关规定,在《安全生产许可证》有效期满前 3 个月提出延期许可申请。

二、关于超期申请问题

从 2008 年 5 月 1 日起,企业在《安全生产许可证》有效期满后提出延期申请的,要提交安监部门作出的行政处罚凭证。

三、关于变更许可与延期许可同时申请问题

若企业提交《安全生产许可证》延期许可申请时,发现有企业名称、企业法人和许可范围变更事宜的而未及时办理变更手续的,要视情节,责令企业限期补办相关手续,或予以行政处罚后,与延期许可申请同时申请办理变更手续。

四、关于延期申请的许可范围

延期申请书中"申请延期许可范围"栏的"产品名称"、"生产能力"和"工艺系统",必须与评价报告中评价内容和企业现有的实际情况保持一致,否则,不予办理延期手续。

五、关于中间产品属危险化学品,而最终产品不是危险化学品的申请问题

若企业将中间产品分离出单独销售的,可将中间产品直接提出申请;若企业的中间产品只作为下一步生产原料而不分离出单独销售的,则可在申请的最终产品名称后加注"(中间产品×××属危险化学品)"即可。

二〇〇八年四月七日

关于进一步规范危险化学品
经营许可范围的通知

豫安监管危化〔2009〕21 号

各省辖市安全生产监督管理局：

为进一步规范危险化学品经营许可工作，落实国家安监总局《关于天津市危险化学品经营许可证办理过程中有关问题的复函》（安监总厅危化函〔2007〕232 号）（以下简称《复函》）精神，现将危险化学品经营许可有关事宜通知如下：

一、按照《复函》要求，对于未列入《危险化学品名录》（2002 版）的化学品，暂不纳入危险化学品经营许可范围。

二、柴油没有列入《危险化学品名录》（2002 版），故暂不纳入危险化学品经营许可范围，以后也不再受理有关许可事项。对于已取得《危险化学品经营许可证》的，根据下述情况分别处理：

对仅经营柴油的加油站，以后不再换发或变更《危险化学品经营许可证》；

对于经营范围中同时有柴油和其它危险化学品的，待以后申请换证或变更时，将经营范围作相应调整。

三、今后，我省各级安全生产监督管理部门在统计《危险化学品经营许可证》信息时，应根据本通知要求作相应调整。

二○○九年一月十二日

关于下发《关于规范河南省危险化学品
生产经营单位从业人员基本条件的意见》的通知

豫安监管危化〔2009〕162 号

各省辖市安全生产监督管理局：

　　为落实《国务院安委会办公室关于进一步加强危险化学品安全生产工作的指导意见》(安委办〔2008〕26 号)有关要求,切实提高从业人员基本素质,改善企业安全生产状况,减少重特大事故发生,结合我省实际,特制定《关于规范河南省危险化学品生产经营单位从业人员基本条件的意见》,现印发给你们,请认真遵照执行。

　　附件:关于规范河南省危险化学品生产经营单位从业人员基本条件的意见

二〇〇九年五月三十一日

附件:

关于规范河南省危险化学品生产经营单位
从业人员基本条件的意见

　　危险化学品生产经营单位涉及各种危险、有害因素,特别是危险化学品生产企业,多存在高温、高压和连续性生产的作业条件,技术性强,危险性大,对从业人员的素质要求较高。近年来,随着企业改制和用工制度的变化,不少危险化学品生产经营单位,大量使用未经专业教育、未经业务培训的临时工从事危险化学品作业。由于文化水平较低、专业素质差、缺乏必要的操作技能训练,违规操作、冒险蛮干现象严重,导致生产安全事故时有发生。从近年来我省化工企业发生的生产安全事故中看,80％是由于操作人员违章作业造成的。从业人员素质低,危险岗位操作人员无化工专业知识,已成为当前危险化学品生产经营单位重大安全隐患之一。

　　为切实提高从业人员基本素质,改善企业安全生产状况,减少重特大事故发生,根据《安全生产法》、《危险化学品安全管理条例》和《国务院安委会办公室关于进一步加强危险化学品安全生产工作的指导意见》(安委办〔2008〕26 号)等有关规定,现就危险化学品生产经营单位从业人员基本条件,提出如下意见:

一、基本从业条件

　　(一)危险化学品生产经营单位主要负责人、分管安全负责人和分管技术负责人的基本从业条件:

　　1. 能认真履行法律、法规赋予的安全生产工作职责;无严重违反国家有关安全生产法律法规行为;若因未履行法定安全生产职责,导致发生生产安全事故,依法受刑事处罚或者撤职处分的,自刑罚执行完毕或者受处分之日起,五年内不得担任主要负责人。

2. 三年以上危险化学品相关行业从业经历。

3. 生产企业和大型国有经营单位主要负责人、分管安全负责人和分管技术负责人应具有大学专科以上学历,其中分管技术负责人具有化工或其相关专业大学专科以上学历,或者具有化工专业中、高级技术职称;中小型经营单位主要负责人、分管安全负责人和分管技术负责人应具有中专以上学历,其中分管技术负责人具有化工或其相关专业中专以上学历,或者具有化工专业初级技术职称。

4. 主要负责人接受安全生产法律法规和危险化学品安全管理知识教育培训,经安全生产监督管理部门考核合格,取得危险化学品生产经营单位主要负责人安全资格证书;分管安全负责人接受上述培训考核,取得安全生产管理人员安全资格证书。

(二)危险化学品生产经营单位专职安全管理人员的基本从业条件:

1. 具有化工或相关专业大学专科以上学历;或者注册助理安全工程师以上执业资格证书;或者具有化工专业初级以上技术职称。

2. 三年以上危险化学品相关行业从业经历。

3. 接受安全生产法律法规和危险化学品安全管理知识教育培训,经安全生产监督管理部门考核合格,取得危险化学品生产经营单位安全管理人员资格证书。

(三)危险化学品生产企业主要危险岗位作业人员的基本从业条件:

本条所讲的主要危险岗位作业人员是指在涉及硝化、氯化、氟化、氨化、磺化、加氢、重氮化、氧化、过氧化等危险性较高的反应工艺,且直接进行高温高压、放热、深冷、裂解、聚合、有机合成、易燃易爆危险化学品分离、自动控制等操作的人员。

1. 具有化工或相关专业中等职业教育以上学历,或者具有高中以上学历。

2. 依法接受国家规定的从业人员安全生产培训,参加本岗位有关工艺、设备、电气、仪表等岗位操作知识和操作技能的培训,通过考试,取得培训合格证书。

(四)危险化学品生产经营单位中的特种作业人员,应按照国家有关规定参加专门培训,经考核合格并取得特种作业操作证。

(五)危险化学品生产经营单位其它岗位作业人员基本从业条件:

1. 具有初中以上学历。

2. 依法接受国家规定的从业人员安全生产培训。

二、工作要求

(一)危险化学品生产经营单位要加强对从业人员的安全教育培训和专业技术培训,切实提高从业人员的安全素质和专业技能。自本意见下发之日起,所有新建危险化学品生产经营单位,应按本意见精神配备相关从业人员;现有的危险化学品生产经营单位,要对照本意见要求,两年内完成有关从业人员的调整配备。

(二)安全评价机构进行安全评价时,要对涉及本通知所列的主要危险作业岗位进行确认,对本意见提出的各类人员基本从业条件进行专门评价和认真核实,不合格的,要提出整改意见。

(三)各级安监部门应切实加强对危险化学品从业人员教育培训。有关安全培训、考核机构在对危险化学品生产经营单位从业人员进行培训时,要依据本意见精神严把其基本从业条件,对不具备条件的,不予考核发证。

（四）各级安监部门要加强对危险化学品生产经营单位人员情况的日常监督检查，督促指导有关单位按照本意见要求配备人员。在危险化学品生产经营单位安全许可过程中，要严格标准，认真把关。

（五）使用危险化学品从事化工和医药生产的企业，其从业人员的基本条件可参照本意见执行。

关于中石化河南石油分公司
增设撬装式柴油加油设施的批复

豫安监管危化〔2009〕173 号

中石化河南石油分公司：

你公司《关于增设撬装式柴油加油设施的报告》（石化股份豫安〔2009〕63 号）收悉，经研究，同意你公司在符合安全要求的加油站增加撬装式柴油加油设施，并就有关问题答复要求如下：

一、按照国家安监总局《关于天津市危险化学品经营许可证办理过程中有关问题的复函》（安监总厅危化函〔2007〕232 号）要求，对未列入《危险化学品名录》（2002 版）的化学品，暂不纳入危险化学品经营许可范围。柴油没有列入《危险化学品名录》（2002 版），故暂不纳入危险化学品经营许可范围。

二、你公司应按照国家规定，选择合格产品，进行安装施工。并确保施工、使用过程的安全生产。

三、安装撬装式柴油加油设施的加油站，不得降低原加油站的安全生产条件。

二〇〇九年六月八日

关于印发河南省劳动防护用品监督管理
办法的通知

豫安监管政法〔2009〕217 号

各省辖市安全生产监督管理局、各劳动防护用品生产、经营、检验及使用单位：

为进一步加强和规范劳动防护用品的监督管理，保障从业人员的安全和健康，根据《安全生产法》《河南省安全生产条例》、《劳动防护用品监督管理规定》等法律法规及规章的有关规定，我局重新修订了《河南省劳动防护用品监督管理办法》，现印发给你们，请遵照执行。

二〇〇九年七月三日

河南省劳动防护用品监督管理办法

第一章　总　则

第一条　为加强和规范劳动防护用品的监督管理，保障从业人员的安全与健康，根据《安全生产法》、《河南省安全生产条例》、《劳动防护用品监督管理规定》等有关法律、法规和规章制定本办法。

第二条　本办法适用于本省行政区域内所有生产、检验、经营和使用劳动防护用品的单位。

第三条　本办法所称劳动防护用品，是指由生产经营单位为从业人员配备的使其在劳动过程中免遭或者减轻事故伤害及职业危害的个人防护装备。

第四条　劳动防护用品分为特种劳动防护用品和一般劳动防护用品。

第五条　河南省对劳动防护用品实行安全性能鉴定证管理。劳动防护用品生产企业和经营单位实行备案管理。

第六条　生产经营单位必须配备专（兼）职劳动防护用品监督管理员，负责本企业内部劳动防护用品的监督管理工作。

第七条　河南省安全生产监督管理局（以下简称省局）成立河南省劳动防护用品管理办公室对全省劳动防护用品的生产、检验、经营和使用实施综合管理。

河南省劳动防护用品管理办公室职能如下：

（一）对劳动防护用品安全性能鉴定证实施监督管理；

（二）对劳动防护用品生产、经营备案企业定期公布；

（三）开展劳动防护用品监管员上岗培训和管理；

（四）编制河南省劳动防护用品年度抽检计划；

（五）组织宣贯劳动防护用品质量标准。

省辖市、县（市、区）安全生产监督管理部门对本行政区域内劳动防护用品生产、经营和使用单位实施监督管理。

第二章　劳动防护用品的生产

第八条　生产劳动防护用品的企业应当具备下列条件：
(一)有工商行政管理部门核发的营业执照；
(二)有满足生产需要的生产场所和技术人员；
(三)有保证产品安全防护性能的生产设备；
(四)有满足产品安全防护性能要求的检验与测试手段；
(五)有完善、有效的质量保证体系；
(六)有相关产品技术标准和技术文件；
(七)产品符合国家标准或者行业标准的要求；
(八)法律、法规规定的其他条件。
第九条　生产劳动防护用品的企业应当按其产品所依据的国家标准、行业标准或地方标准进行生产和自检，出具产品合格证，并对产品的安全防护性能负责。
第十条　新研制和开发的劳动防护用品，应当对其安全防护性能进行严格的科学试验并委托具有相应资质的检测检验机构检测检验合格，并通过有关部门组织的产品鉴定后，方可生产、使用。
第十一条　备案企业生产的劳动防护产品，必须经具有资质的检测检验机构检测检验合格，并取得安全性能鉴定证后方可销售。
第十二条　生产劳动防护用品的企业，具备本办法第八条规定条件的，应向所在省辖市安全生产监督管理局提出备案申请，经核实并对其产品进行抽样，送具有资质的检测检验机构检测检验，对符合条件且产品检验合格的生产企业，由省辖市安全生产监督管理局予以备案，取得国家安全标志的企业可直接报省辖市安全生产监督管理局备案，并将备案情况报河南省劳动防护用品管理办公室定期公布。
第十三条　企业变更名称、地址或有其他变更的，应变更相应备案内容。

第三章　劳动防护用品的检测检验

第十四条　检测检验机构必须取得国家安全生产监督管理总局或省局认可的安全生产检测检验资质，并在批准的业务范围内开展劳动防护用品检测检验工作。
第十五条　检测检验机构应当严格按照有关标准和规范对劳动防护用品的安全防护性能进行检测检验，出具的检测检验报告必须科学、公正、准确，并对所出具的检测检验报告及安全性能鉴定证负责。
第十六条　承担劳动防护用品检测检验的机构，应当依法保守被检劳动防护用品的技术秘密。

第四章　劳动防护用品的经营

第十七条　经营单位应具备下列条件：
(一)有工商行政管理部门核发的营业执照；
(二)有满足与经销产品相适应的经营场地、资金和储存条件；
(三)主要负责人和采购人员应具有劳动防护用品知识，并获得劳动防护用品监管员证书方可上岗；

(四)有经营劳动防护用品验收、保管、定期检查和失效报废等管理制度,并能为用户提供良好的售后服务;

(五)经营的产品有生产单位的备案证书或有合格的产品检测检验报告。

第十八条 经营单位不得经营假冒伪劣、无安全性能鉴定证和安全标志的劳动防护用品。

第十九条 经营单位必须向购买单位提供所销售的劳动防护用品的备案证书、出厂合格证、安全性能鉴定证和检验报告。

第二十条 经营单位具备第十七条规定的条件,应向所在省辖市安全生产监督管理局提请出备案申请,经核实,对符合条件的,由省辖市安全生产监督管理局进行备案,并将备案情况报河南省劳动防护用品管理办公室定期公布。

第二十一条 经营单位变更名称、地址或有其他重大变更的,应变更相应备案内容。

第五章 劳动防护用品的配备与使用

第二十二条 生产经营单位应当按照《河南省从业人员劳动防护用品配备标准》及《劳动防护用品选用规则》,为从业人员免费发放劳动防护用品。

第二十三条 生产经营单位应当按规定安排用于配备劳动防护用品的专项经费。

生产经营单位不得以货币形式或者其他物品替代应当按规定配备的劳动防护用品。

第二十四条 生产经营单位为从业人员提供的劳动防护用品,必须符合国家标准、行业标准或者地方标准,不得超过使用期限。

生产经营单位应当督促、教育从业人员正确佩戴和使用劳动防护用品。

第二十五条 生产经营单位不得采购、使用无安全性能鉴定证或安全标志的劳动防护用品。

第二十六条 生产经营单位应当配备具有劳动防护用品知识的监管员,建立健全劳动防护用品的采购、验收、保管、发放、使用、更换、报废等管理制度,并按劳动防护用品的使用性能要求,在使用前对其安全防护性能进行必要的检查或安全性能检测检验。

第二十七条 从业人员在作业过程中,必须按照安全生产规章制度和劳动防护用品使用规则,正确佩戴和使用劳动防护用品;未按规定佩戴和使用劳动防护用品的,不得上岗作业。

第六章 监督管理

第二十八条 各级安全生产监督管理部门应依法对劳动防护用品的生产、检验、经营、使用情况进行监督检查,督促生产经营单位按照有关规定为从业人员配备符合国家标准、行业标准或者地方标准的劳动防护用品。

第二十九条 有下列行为之一的劳动防护用品生产、经营、使用单位,安全生产监督管理部门应当依法查处:

(一)不按有关规定或者标准配发和使用劳动防护用品的;

(二)配发无安全性能鉴定证劳动防护用品的;

(三)配发不合格劳动防护用品的;

(四)配发超过使用期限的劳动防护用品的;

(五)劳动防护用品管理混乱,由此对从业人员造成事故伤害及职业健康危害的;

(六)生产或者经营假冒伪劣劳动防护用品、无安全性能鉴定证、无检验合格证劳动防护用品的;

(七)其他违反劳动防护用品管理有关法律、法规、规章、标准行为的。

第三十条 劳动防护用品生产企业有下列情况之一的,由省辖市安全生产监督管理局予以撤销备案：

（一）弄虚作假,骗取安全性能鉴定证的；

（二）存在安全隐患责令整改期间继续从事生产或整改期满经复查不合格的；

（三）被吊销或注销营业执照的；

（四）不具备生产合格劳动防护用品条件的；

（五）劳动防护用品已不符合相关技术标准的；

（六）产品已经国家淘汰或停止生产、使用的；

（七）伪造、转让、买卖或者非法使用安全性能鉴定证的；

（八）未能保持防护用品安全防护性能稳定合格而引起事故的。

第三十一条 检测检验机构有下列情况之一的,按有关规定予以处罚：

（一）不按现行国家标准、行业标准和地方标准及有关规定进行检测检验工作的；

（二）伪造检测检验结果或者出具虚假检测检验报告的；

（三）出具的检测检验结果错误,造成损失或重大不良影响的；

（四）检验人员弄虚作假或无故刁难被检单位的；

（五）检验有失公正的。

第三十二条 生产经营单位监管员应定期参加劳动防护用品知识培训,监督本单位劳动防护用品管理制度的落实。

第三十三条 生产经营单位的从业人员有权依法向本单位提出配备所需劳动防护用品的要求；有权对本单位劳动防护用品管理的违法行为提出批评、检举、控告。

安全生产监督管理部门对从业人员提出的批评、检举、控告,经查实后应当依法处理。

第三十五条 省安全生产监督管理局对劳动防护用品生产、经营单位进行监督检查,对其产品下达年度质量抽检计划；对企业使用的劳动防护用品进行专项执法监督检查。

第三十六条 违反劳动防护用品有关规定的,安全生产监督管理部门依据《安全生产法》、《河南省安全生产条例》等有关法律法规进行处罚。

第七章 附 则

第三十七条 进入我省销售的外省劳动防护用品企业须向河南省劳动防护用品管理办公室备案,其产品应取得安全性能鉴定证后方可在我省销售。

第三十八条 在河南省经营使用的进口劳动防护用品,其安全防护性能不得低于国家相关标准,并取得国家有关部门的准用手续,同时应有同批次产品的检验报告。

第三十九条 本办法自印发之日起施行,原 2007 年 10 月 17 日起施行的《河南省劳动防护用品监督管理办法》同时废止。

第四十条 本办法解释权归河南省安全生产监督管理局。

关于做好危险化工工艺自动化控制改造的意见

豫安监管三〔2009〕268 号

各省辖市安全生产监督管理局、有关中央驻豫、省管企业：

根据《国务院安委会办公室关于进一步加强危险化学品安全生产工作的指导意见》(安委办〔2008〕26 号)、《国家安全监管总局关于公布首批重点监管的危险化工工艺目录的通知》(安监总管三〔2009〕116 号)精神,为切实做好我省的危险化工工艺自动化控制改造工作,现提出如下意见,请认真贯彻执行。

一、范围

1. 自动化控制包括视频监控、检测报警、紧急停车、安全泄放、紧急处置、工艺条件控制等。
2. 采用国家安全监管总局公布的危险化工工艺的化工企业。
3. 可能产生有毒和易燃易爆气体泄漏的危险化学品生产储存场所。
4. 其它采用危险化工工艺的企业。

二、设计施工验收

1. 自动化控制改造方案由企业委托具有相应资质的设计、科研或相关技术单位编制;
2. 安装改造工程应当由具备相应资质的施工安装单位承担;
3. 工程完工后,企业应组织有关专家对自动化控制改造工程进行验收,形成验收意见,书面报当地安全监管部门。

三、时间要求

2010 年底前必须完成所有采用危险化工工艺的生产装置自动化控制改造工作。

四、监督管理

1. 化工企业自动化控制改造和采用情况要作为安全评价和建设项目安全许可的重要内容。凡采用危险化工工艺的生产装置,未达到自动控制要求的,安全评价报告、安全设施设计、竣工验收不得审查通过。

2. 2010 年底前未完成危险化工工艺自动化控制改造的企业,作为存在重大隐患处理,依法吊销其相关安全许可证件。

3. 各级安全生产监督管理部门要切实加强改造期间的安全监管。同时,要结合本地实际,制定工作计划,监督相关企业做好自动化控制改造工作。

附件:1. 河南省化工企业自动化控制改造报告表
　　　2.《国家安全监管总局关于公布首批重点监管的危险化工工艺目录的通知》(安监总管三〔2009〕116 号)

二〇〇九年八月十一日

附件1：

河南省化工企业自动化控制改造报告表

一、化工企业情况			
单位名称		经济类型	
单位地址		安全许可证书编号	
企业主要负责人		联系电话	
主要产品		主要工艺	

改造内容：

二、设计(科研、技术)单位情况			
单位名称		资质等级	
单位地址		联系电话	

设计内容或改造方案：

三、施工单位情况			
单位名称		资质等级	
单位地址		联系电话	

施工内容：

验收意见：

　　经验收自动化控制改造合格，符合国家有关规定，同意投入使用。

生产企业(盖章)　　　　　设计(科研、技术)单位(盖章)　　　　　施工单位(盖章)

年　　月　　日　　　　　　年　　月　　日　　　　　　年　　月　　日

注：①本表一式四份，企业、设计(科研、技术)单位、施工单位和当地安全监管部门各存一份；
　　②附专家验收意见。

附件 2:

国家安全监管总局关于公布
首批重点监管的危险化工工艺目录的通知

安监总管三〔2009〕116 号

各省、自治区、直辖市及新疆生产建设兵团安全生产监督管理局,有关中央企业:

为贯彻落实《国务院安委会办公室关于进一步加强危险化学品安全生产工作的指导意见》(安委办〔2008〕26 号,以下简称《指导意见》)有关要求,提高化工生产装置和危险化学品储存设施本质安全水平,指导各地对涉及危险化工工艺的生产装置进行自动化改造,国家安全监管总局组织编制了《首批重点监管的危险化工工艺目录》和《首批重点监管的危险化工工艺安全控制要求、重点监控参数及推荐的控制方案》,现予公布,并就有关事项通知如下:

一、化工企业要按照《首批重点监管的危险化工工艺目录》、《首批重点监管的危险化工工艺安全控制要求、重点监控参数及推荐的控制方案》要求,对照本企业采用的危险化工工艺及其特点,确定重点监控的工艺参数,装备和完善自动控制系统,大型和高度危险化工装置要按照推荐的控制方案装备紧急停车系统。今后,采用危险化工工艺的新建生产装置原则上要由甲级资质化工设计单位进行设计。

二、各地安全监管部门要根据《指导意见》的要求,对本辖区化工企业采用危险化工工艺的生产装置自动化改造工作,要制定计划、落实措施、加快推进,力争在 2010 年底前完成所有采用危险化工工艺的生产装置自动化改造工作,促进化工企业安全生产条件的进一步改善。

三、在涉及危险化工工艺的生产装置自动化改造过程中,各有关单位如果发现《首批重点监管的危险化工工艺目录》和《首批重点监管的危险化工工艺安全控制要求、重点监控参数及推荐的控制方案》存在问题,请认真研究提出处理意见,并及时反馈国家安全监管总局(安全监督管理三司)。各地安全监管部门也可根据当地化工产业和安全生产的特点,补充和确定本辖区重点监管的危险化工工艺目录。

四、请各省级安全监管局将本通知转发给辖区内(或者所属)的化工企业,并抄送从事化工建设项目设计的单位,以及有关具有乙级资质的安全评价机构。

附件:1. 首批重点监管的危险化工工艺目录
　　　2. 首批重点监管的危险化工工艺安全控制要求、重点监控参数及推荐的控制方案

国家安全生产监督管理总局
二〇〇九年六月十二日

附件 1：

首批重点监管的危险化工工艺目录

一、光气及光气化工艺

二、电解工艺（氯碱）

三、氯化工艺

四、硝化工艺

五、合成氨工艺

六、裂解（裂化）工艺

七、氟化工艺

八、加氢工艺

九、重氮化工艺

十、氧化工艺

十一、过氧化工艺

十二、胺基化工艺

十三、磺化工艺

十四、聚合工艺

十五、烷基化工艺

附件 2：

首批重点监管的危险化工工艺安全控制要求、
重点监控参数及推荐的控制方案

1. 光气及光气化工艺

反应类型	放热反应	重点监控单元	光气化反应釜、光气储运单元
工艺简介			
光气及光气化工艺包含光气的制备工艺，以及以光气为原料制备光气化产品的工艺路线，光气化工艺主要分为气相和液相两种。			
工艺危险特点			
（1）光气为剧毒气体，在储运、使用过程中发生泄漏后，易造成大面积污染、中毒事故； （2）反应介质具有燃爆危险性； （3）副产物氯化氢具有腐蚀性，易造成设备和管线泄漏使人员发生中毒事故。			

续表

反应类型	放热反应	重点监控单元	光气化反应釜、光气储运单元

典型工艺
一氧化碳与氯气的反应得到光气; 光气合成双光气、三光气; 采用光气作单体合成聚碳酸酯; 甲苯二异氰酸酯(TDI)的制备; 4,4-二苯基甲烷二异氰酸酯(MDI)的制备等。

重点监控工艺参数
一氧化碳、氯气含水量;反应釜温度、压力;反应物质的配料比;光气进料速度;冷却系统中冷却介质的温度、压力、流量等。

安全控制的基本要求
事故紧急切断阀;紧急冷却系统;反应釜温度、压力报警联锁;局部排风设施;有毒气体回收及处理系统;自动泄压装置;自动氨或碱液喷淋装置;光气、氯气、一氧化碳监测及超限报警;双电源供电。

宜采用的控制方式
光气及光气化生产系统一旦出现异常现象或发生光气及其剧毒产品泄漏事故时,应通过自控联锁装置启动紧急停车并自动切断所有进出生产装置的物料,将反应装置迅速冷却降温,同时将发生事故设备内的剧毒物料导入事故槽内,开启氨水、稀碱液喷淋,启动通风排毒系统,将事故部位的有毒气体排至处理系统。

2. 电解工艺(氯碱)

反应类型	吸热反应	重点监控单元	电解槽、氯气储运单元

工艺简介
电流通过电解质溶液或熔融电解质时,在两个极上所引起的化学变化称为电解反应。涉及电解反应的工艺过程为电解工艺。许多基本化学工业产品(氢、氧、氯、烧碱、过氧化氢等)的制备,都是通过电解来实现的。

工艺危险特点
(1)电解食盐水过程中产生的氢气是极易燃烧的气体,氯气是氧化性很强的剧毒气体,两种气体混合极易发生爆炸,当氯气中含氢量达到5‰以上,则随时可能在光照或受热情况下发生爆炸; (2)如果盐水中存在的铵盐超标,在适宜的条件(pH<4.5)下,铵盐和氯作用可生成氯化铵,浓氯化铵溶液与氯还可生成黄色油状的三氯化氮。三氯化氮是一种爆炸性物质,与许多有机物接触或加热至90℃以上以及被撞击、摩擦等,即发生剧烈的分解而爆炸; (3)电解溶液腐蚀性强; (4)液氯的生产、储存、包装、输送、运输可能发生液氯的泄漏。

典型工艺
氯化钠(食盐)水溶液电解生产氯气、氢氧化钠、氢气; 氯化钾水溶液电解生产氯气、氢氧化钾、氢气。

重点监控工艺参数
电解槽内液位;电解槽内电流和电压;电解槽进出物料流量;可燃和有毒气体浓度;电解槽的温度和压力;原料中铵含量;氯气杂质含量(水、氢气、氧气、三氯化氮等)等。

续表

反应类型	吸热反应	重点监控单元	电解槽、氯气储运单元
安全控制的基本要求			
电解槽温度、压力、液位、流量报警和联锁；电解供电整流装置与电解槽供电的报警和联锁；紧急联锁切断装置；事故状态下氯气吸收中和系统；可燃和有毒气体检测报警装置等。			
宜采用的控制方式			
将电解槽内压力、槽电压等形成联锁关系，系统设立联锁停车系统。 安全设施，包括安全阀、高压阀、紧急排放阀、液位计、单向阀及紧急切断装置等。			

3. 氯化工艺

反应类型	放热反应	重点监控单元	氯化反应釜、氯气储运单元
工艺简介			
氯化是化合物的分子中引入氯原子的反应，包含氯化反应的工艺过程为氯化工艺，主要包括取代氯化、加成氯化、氧氯化等。			
工艺危险特点			
(1)氯化反应是一个放热过程，尤其在较高温度下进行氯化，反应更为剧烈，速度快，放热量较大； (2)所用的原料大多具有燃爆危险性； (3)常用的氯化剂氯气本身为剧毒化学品，氧化性强，储存压力较高，多数氯化工艺采用液氯生产是先汽化再氯化，一旦泄漏危险性较大； (4)氯气中的杂质，如水、氢气、氧气、三氯化氮等，在使用中易发生危险，特别是三氯化氮积累后，容易引发爆炸危险； (5)生成的氯化氢气体遇水后腐蚀性强； (6)氯化反应尾气可能形成爆炸性混合物。			
典型工艺			
(1)取代氯化 氯取代烷烃的氢原子制备氯代烷烃； 氯取代苯的氢原子生产六氯化苯； 氯取代萘的氢原子生产多氯化萘； 甲醇与氯反应生产氯甲烷； 乙醇和氯反应生产氯乙烷（氯乙醛类）； 醋酸与氯反应生产氯乙酸； 氯取代甲苯的氢原子生产苄基氯等。 (2)加成氯化 乙烯与氯加成氯化生产1,2-二氯乙烷； 乙炔与氯加成氯化生产1,2-二氯乙烯； 乙炔和氯化氢加成生产氯乙烯等。 (3)氧氯化 乙烯氧氯化生产二氯乙烷； 丙烯氧氯化生产1,2-二氯丙烷； 甲烷氧氯化生产甲烷氯化物； 丙烷氧氯化生产丙烷氯化物等。			

续表

反应类型	放热反应	重点监控单元	氯化反应釜、氯气储运单元

(4)其他工艺

硫与氯反应生成一氯化硫;

四氯化钛的制备;

黄磷与氯气反应生产三氯化磷、五氯化磷等。

重点监控工艺参数

氯化反应釜温度和压力;氯化反应釜搅拌速率;反应物料的配比;氯化剂进料流量;冷却系统中冷却介质的温度、压力、流量等;氯气杂质含量(水、氢气、氧气、三氯化氮等);氯化反应尾气组成等。

安全控制的基本要求

反应釜温度和压力的报警和联锁;反应物料的比例控制和联锁;搅拌的稳定控制;进料缓冲器;紧急进料切断系统;紧急冷却系统;安全泄放系统;事故状态下氯气吸收中和系统;可燃和有毒气体检测报警装置等。

宜采用的控制方式

将氯化反应釜内温度、压力与釜内搅拌、氯化剂流量、氯化反应釜夹套冷却水进水阀形成联锁关系,设立紧急停车系统。安全设施,包括安全阀、高压阀、紧急放空阀、液位计、单向阀及紧急切断装置等。

4. 硝化工艺

反应类型	放热反应	重点监控单元	硝化反应釜、分离单元

工艺简介

硝化是有机化合物分子中引入硝基($-NO_2$)的反应,最常见的是取代反应。硝化方法可分成直接硝化法、间接硝化法和亚硝化法,分别用于生产硝基化合物、硝胺、硝酸酯和亚硝基化合物等。涉及硝化反应的工艺过程为硝化工艺。

工艺危险特点

(1)反应速度快,放热量大。大多数硝化反应是在非均相中进行的,反应组分的不均匀分布容易引起局部过热导致危险。尤其在硝化反应开始阶段,停止搅拌或由于搅拌叶片脱落等造成搅拌失效是非常危险的,一旦搅拌再次开动,就会突然引发局部激烈反应,瞬间释放大量的热量,引起爆炸事故;

(2)反应物料具有燃爆危险性;

(3)硝化剂具有强腐蚀性、强氧化性,与油脂、有机化合物(尤其是不饱和有机化合物)接触能引起燃烧或爆炸;

(4)硝化产物、副产物具有爆炸危险性。

典型工艺

(1)直接硝化法

丙三醇与混酸反应制备硝酸甘油;

氯苯硝化制备邻硝基氯苯、对硝基氯苯;

苯硝化制备硝基苯;

蒽醌硝化制备1-硝基蒽醌;

甲苯硝化生产三硝基甲苯(俗称梯恩梯,TNT);

丙烷等烷烃与硝酸通过气相反应制备硝基烷烃等。

(2)间接硝化法

苯酚采用磺酰基的取代硝化制备苦味酸等。

续表

反应类型	放热反应	重点监控单元	硝化反应釜、分离单元
(3)亚硝化法 2-萘酚与亚硝酸盐反应制备 1-亚硝基-2-萘酚; 二苯胺与亚硝酸钠和硫酸水溶液反应制备对亚硝基二苯胺等。			
重点监控工艺参数			
硝化反应釜内温度、搅拌速率;硝化剂流量;冷却水流量;pH 值;硝化产物中杂质含量;精馏分离系统温度;塔釜杂质含量等。			
安全控制的基本要求			
反应釜温度的报警和联锁;自动进料控制和联锁;紧急冷却系统;搅拌的稳定控制和联锁系统;分离系统温度控制与联锁;塔釜杂质监控系统;安全泄放系统等。			
宜采用的控制方式			
将硝化反应釜内温度与釜内搅拌、硝化剂流量、硝化反应釜夹套冷却水进水阀形成联锁关系,在硝化反应釜处设立紧急停车系统,当硝化反应釜内温度超标或搅拌系统发生故障,能自动报警并自动停止加料。分离系统温度与加热、冷却形成联锁,温度超标时,能停止加热并紧急冷却。 硝化反应系统应设有泄爆管和紧急排放系统。			

5. 合成氨工艺

反应类型	吸热反应	重点监控单元	合成塔、压缩机、氨储存系统
工艺简介			
氮和氢两种组分按一定比例(1:3)组成的气体(合成气),在高温、高压下(一般为 400—450℃,15—30 MPa)经催化反应生成氨的工艺过程。			
工艺危险特点			
(1)高温、高压使可燃气体爆炸极限扩宽,气体物料一旦过氧(亦称透氧),极易在设备和管道内发生爆炸; (2)高温、高压气体物料从设备管线泄漏时会迅速膨胀与空气混合形成爆炸性混合物,遇到明火或因高流速物料与裂(喷)口处摩擦产生静电火花引起着火和空间爆炸; (3)气体压缩机等转动设备在高温下运行会使润滑油挥发裂解,在附近管道内造成积炭,可导致积炭燃烧或爆炸; (4)高温、高压可加速设备金属材料发生蠕变、改变金相组织,还会加剧氢气、氮气对钢材的氢蚀及渗氮,加剧设备的疲劳腐蚀,使其机械强度减弱,引发物理爆炸; (5)液氨大规模事故性泄漏会形成低温云团引起大范围人群中毒,遇明火还会发生空间爆炸。			
典型工艺			
(1)节能 AMV 法; (2)德士古水煤浆加压气化法; (3)凯洛格法; (4)甲醇与合成氨联合生产的联醇法; (5)纯碱与合成氨联合生产的联碱法; (6)采用变换催化剂、氧化锌脱硫剂和甲烷催化剂的"三催化"气体净化法等。			

反应类型	吸热反应	重点监控单元	合成塔、压缩机、氨储存系统
重点监控工艺参数			
合成塔、压缩机、氨储存系统的运行基本控制参数,包括温度、压力、液位、物料流量及比例等。			
安全控制的基本要求			
合成氨装置温度、压力报警和联锁;物料比例控制和联锁;压缩机的温度、入口分离器液位、压力报警联锁;紧急冷却系统;紧急切断系统;安全泄放系统;可燃、有毒气体检测报警装置。			
宜采用的控制方式			
将合成氨装置内温度、压力与物料流量、冷却系统形成联锁关系;将压缩机温度、压力、入口分离器液位与供电系统形成联锁关系;紧急停车系统。 合成单元自动控制还需要设置以下几个控制回路: (1)氨分、冷交液位;(2)废锅液位;(3)循环量控制;(4)废锅蒸汽流量;(5)废锅蒸汽压力。 安全设施,包括安全阀、爆破片、紧急放空阀、液位计、单向阀及紧急切断装置等。			

6. 裂解(裂化)工艺

反应类型	高温吸热反应	重点监控单元	裂解炉、制冷系统、压缩机、引风机、分离单元
工艺简介			
裂解是指石油系的烃类原料在高温条件下,发生碳链断裂或脱氢反应,生成烯烃及其他产物的过程。产品以乙烯、丙烯为主,同时副产丁烯、丁二烯等烯烃和裂解汽油、柴油、燃料油等产品。 　　烃类原料在裂解炉内进行高温裂解,产出组成为氢气、低/高碳烃类、芳烃类以及馏分为288℃以上的裂解燃料油的裂解气混合物。经过急冷、压缩、激冷、分馏以及干燥和加氢等方法,分离出目标产品和副产品。 　　在裂解过程中,同时伴随缩合、环化和脱氢等反应。由于所发生的反应很复杂,通常把反应分成两个阶段。第一阶段,原料变成的目的产物为乙烯、丙烯,这种反应称为一次反应。第二阶段,一次反应生成的乙烯、丙烯继续反应转化为炔烃、二烯烃、芳烃、环烷烃,甚至最终转化为氢气和焦炭,这种反应称为二次反应。裂解产物往往是多种组分混合物。影响裂解的基本因素主要为温度和反应的持续时间。化工生产中用热裂解的方法生产小分子烯烃、炔烃和芳香烃,如乙烯、丙烯、丁二烯、乙炔、苯和甲苯等。			
工艺危险特点			
(1)在高温(高压)下进行反应,装置内的物料温度一般超过其自燃点,若漏出会立即引起火灾; 　　(2)炉管内壁结焦会使流体阻力增加,影响传热,当焦层达到一定厚度时,因炉管壁温度过高,而不能继续运行下去,必须进行清焦,否则会烧穿炉管,裂解气外泄,引起裂解炉爆炸; 　　(3)如果由于断电或引风机机械故障而使引风机突然停转,则炉膛内很快变成正压,会从窥视孔或烧嘴等处向外喷火,严重时会引起炉膛爆炸; 　　(4)如果燃料系统大幅度波动,燃料气压力过低,则可能造成裂解炉烧嘴回火,使烧嘴烧坏,甚至会引起爆炸; 　　(5)有些裂解工艺产生的单体会自聚或爆炸,需要向生产的单体中加阻聚剂或稀释剂等。			
典型工艺			
热裂解制烯烃工艺; 重油催化裂化制汽油、柴油、丙烯、丁烯; 乙苯裂解制苯乙烯;			

续表

反应类型	高温吸热反应	重点监控单元	裂解炉、制冷系统、压缩机、引风机、分离单元

二氟一氯甲烷(HCFC-22)热裂解制得四氟乙烯(TFE)；

二氟一氯乙烷(HCFC-142b)热裂解制得偏氟乙烯(VDF)；

四氟乙烯和八氟环丁烷热裂解制得六氟乙烯(HFP)等。

重点监控工艺参数

裂解炉进料流量；裂解炉温度；引风机电流；燃料油进料流量；稀释蒸汽比及压力；燃料油压力；滑阀差压超驰控制、主风流量控制、外取热器控制、机组控制、锅炉控制等。

安全控制的基本要求

裂解炉进料压力、流量控制报警与联锁；紧急裂解炉温度报警和联锁；紧急冷却系统；紧急切断系统；反应压力与压缩机转速及入口放火炬控制；再生压力的分程控制；滑阀差压与料位；温度的超驰控制；再生温度与外取热器负荷控制；外取热器汽包和锅炉汽包液位的三冲量控制；锅炉的熄火保护；机组相关控制；可燃与有毒气体检测报警装置等。

宜采用的控制方式

将引风机电流与裂解炉进料阀、燃料油进料阀、稀释蒸汽阀之间形成联锁关系，一旦引风机故障停车，则裂解炉自动停止进料并切断燃料供应，但应继续供应稀释蒸汽，以带走炉膛内的余热。

将燃料油压力与燃料油进料阀、裂解炉进料阀之间形成联锁关系，燃料油压力降低，则切断燃料油进料阀，同时切断裂解炉进料阀。

分离塔应安装安全阀和放空管，低压系统与高压系统之间应有逆止阀并配备固定的氮气装置、蒸汽灭火装置。

将裂解炉电流与锅炉给水流量、稀释蒸汽流量之间形成联锁关系；一旦水、电、蒸汽等公用工程出现故障，裂解炉能自动紧急停车。

反应压力正常情况下由压缩机转速控制，开工及非正常工况下由压缩机入口放火炬控制。

再生压力由烟机入口蝶阀和旁路滑阀(或蝶阀)分程控制。

再生、待生滑阀正常情况下分别由反应温度信号和反应器料位信号控制，一旦滑阀差压出现低限，则转由滑阀差压控制。

再生温度由外取热器催化剂循环量或流化介质流量控制。

外取热汽包和锅炉汽包液位采用液位、补水量和蒸发量三冲量控制。

带明火的锅炉设置熄火保护控制。

大型机组设置相关的轴温、轴震动、轴位移、油压、油温、防喘振等系统控制。

在装置存在可燃气体、有毒气体泄漏的部位设置可燃气体报警仪和有毒气体报警仪。

7. 氟化工艺

反应类型	放热反应	重点监控单元	氟化剂储运单元

工艺简介

氟化是化合物的分子中引入氟原子的反应，涉及氟化反应的工艺过程为氟化工艺。氟与有机化合物作用是强放热反应，放出大量的热可使反应物分子结构遭到破坏，甚至着火爆炸。氟化剂通常为氟气、卤族氟化物、惰性元素氟化物、高价金属氟化物、氟化氢、氟化钾等。

工艺危险特点

(1)反应物料具有燃爆危险性；

(2)氟化反应为强放热反应，不及时排除反应热量，易导致超温超压，引发设备爆炸事故；

(3)多数氟化剂具有强腐蚀性、剧毒，在生产、贮存、运输、使用等过程中，容易因泄漏、操作不当、误接触以及其他意外而造成危险。

续表

反应类型	放热反应	重点监控单元	氟化剂储运单元

典型工艺
(1)直接氟化 黄磷氟化制备五氟化磷等。 (2)金属氟化物或氟化氢气体氟化 SbF_3、AgF_2、CoF_3 等金属氟化物与烃反应制备氟化烃; 氟化氢气体与氢氧化铝反应制备氟化铝等。 (3)置换氟化 三氯甲烷氟化制备二氟一氯甲烷; 2,4,5,6-四氯嘧啶与氟化钠制备 2,4,6-三氟-5-氯嘧啶等。 (4)其他氟化物的制备 浓硫酸与氟化钙(萤石)制备无水氟化氢等。

重点监控工艺参数
氟化反应釜内温度、压力;氟化反应釜内搅拌速率;氟化物流量;助剂流量;反应物的配料比;氟化物浓度。

安全控制的基本要求
反应釜内温度和压力与反应进料、紧急冷却系统的报警和联锁;搅拌的稳定控制系统;安全泄放系统;可燃和有毒气体检测报警装置等。

宜采用的控制方式
氟化反应操作中,要严格控制氟化物浓度、投料配比、进料速度和反应温度等。必要时应设置自动比例调节装置和自动联锁控制装置。 将氟化反应釜内温度、压力与釜内搅拌、氟化物流量、氟化反应釜夹套冷却水进水阀形成联锁控制,在氟化反应釜处设立紧急停车系统,当氟化反应釜内温度或压力超标或搅拌系统发生故障时自动停止加料并紧急停车。安全泄放系统。

8. 加氢工艺

反应类型	放热反应	重点监控单元	加氢反应釜、 氢气压缩机

工艺简介
加氢是在有机化合物分子中加入氢原子的反应,涉及加氢反应的工艺过程为加氢工艺,主要包括不饱和键加氢、芳环化合物加氢、含氮化合物加氢、含氧化合物加氢、氢解等。

工艺危险特点
(1)反应物料具有燃爆危险性,氢气的爆炸极限为 4%—75%,具有高燃爆危险特性; (2)加氢为强烈的放热反应,氢气在高温高压下与钢材接触,钢材内的碳分子易与氢气发生反应生成碳氢化合物,使钢制设备强度降低,发生氢脆; (3)催化剂再生和活化过程中易引发爆炸; (4)加氢反应尾气中有未完全反应的氢气和其他杂质在排放时易引发着火或爆炸。

典型工艺
(1)不饱和炔烃、烯烃的三键和双键加氢 环戊二烯加氢生产环戊烯等。

续表

反应类型	放热反应	重点监控单元	加氢反应釜、氢气压缩机
(2)芳烃加氢 苯加氢生成环己烷； 苯酚加氢生产环己醇等。 (3)含氧化合物加氢 一氧化碳加氢生产甲醇； 丁醛加氢生产丁醇； 辛烯醛加氢生产辛醇等。 (4)含氮化合物加氢 己二腈加氢生产己二胺； 硝基苯催化加氢生产苯胺等。 (5)油品加氢 馏分油加氢裂化生产石脑油、柴油和尾油； 渣油加氢改质； 减压馏分油加氢改质； 催化(异构)脱蜡生产低凝柴油、润滑油基础油等。			
重点监控工艺参数			
加氢反应釜或催化剂床层温度、压力；加氢反应釜内搅拌速率；氢气流量；反应物质的配料比；系统氧含量；冷却水流量；氢气压缩机运行参数、加氢反应尾气组成等。			
安全控制的基本要求			
温度和压力的报警和联锁；反应物料的比例控制和联锁系统；紧急冷却系统；搅拌的稳定控制系统；氢气紧急切断系统；加装安全阀、爆破片等安全设施；循环氢压缩机停机报警和联锁；氢气检测报警装置等。			
宜采用的控制方式			
将加氢反应釜内温度、压力与釜内搅拌电流、氢气流量、加氢反应釜夹套冷却水进水阀形成联锁关系，设立紧急停车系统。加入急冷氮气或氢气的系统。当加氢反应釜内温度或压力超标或搅拌系统发生故障时自动停止加氢，泄压，并进入紧急状态。安全泄放系统。			

9. 重氮化工艺

反应类型	绝大多数是放热反应	重点监控单元	重氮化反应釜、后处理单元
工艺简介			
一级胺与亚硝酸在低温下作用，生成重氮盐的反应。脂肪族、芳香族和杂环的一级胺都可以进行重氮化反应。涉及重氮化反应的工艺过程为重氮化工艺。通常重氮化试剂是由亚硝酸钠和盐酸作用临时制备的。除盐酸外，也可以使用硫酸、高氯酸和氟硼酸等无机酸。脂肪族重氮盐很不稳定，即使在低温下也能迅速自发分解，芳香族重氮盐较为稳定。			
工艺危险特点			
(1)重氮盐在温度稍高或光照的作用下，特别是含有硝基的重氮盐极易分解，有的甚至在室温时亦能分解。在干燥状态下，有些重氮盐不稳定，活性强，受热或摩擦、撞击等作用能发生分解甚至爆炸； 　　(2)重氮化生产过程所使用的亚硝酸钠是无机氧化剂，175℃时能发生分解、与有机物反应导致着火或爆炸； 　　(3)反应原料具有燃爆危险性。			

反应类型	绝大多数是放热反应	重点监控单元	重氮化反应釜、后处理单元

典型工艺
(1)顺法 对氨基苯磺酸钠与2-萘酚制备酸性橙-Ⅱ染料; 芳香族伯胺与亚硝酸钠反应制备芳香族重氮化合物等。 (2)反加法 间苯二胺生产二氟硼酸间苯二重氮盐; 苯胺与亚硝酸钠反应生产苯胺基重氮苯等。 (3)亚硝酰硫酸法 2-氰基-4-硝基苯胺、2-氰基-4-硝基-6-溴苯胺、2,4-二硝基-6-溴苯胺、2,6-二氰基-4-硝基苯胺和2,4-二硝基-6-氰基苯胺为重氮组份与端氨基含醚基的偶合组份经重氮化、偶合成单偶氮分散染料; 2-氰基-4-硝基苯胺为原料制备蓝色分散染料等。 (4)硫酸铜触媒法 邻、间氨基苯酚用弱酸(醋酸、草酸等)或易于水解的无机盐和亚硝酸钠反应制备邻、间氨基苯酚的重氮化合物等。 (5)盐析法 氨基偶氮化合物通过盐析法进行重氮化生产多偶氮染料等。

重点监控工艺参数
重氮化反应釜内温度、压力、液位、pH值;重氮化反应釜内搅拌速率;亚硝酸钠流量;反应物质的配料比;后处理单元温度等。

安全控制的基本要求
反应釜温度和压力的报警和联锁;反应物料的比例控制和联锁系统;紧急冷却系统;紧急停车系统;安全泄放系统;后处理单元配置温度监测、惰性气体保护的联锁装置等。

宜采用的控制方式
将重氮化反应釜内温度、压力与釜内搅拌、亚硝酸钠流量、重氮化反应釜夹套冷却水进水阀形成联锁关系,在重氮化反应釜处设立紧急停车系统,当重氮化反应釜内温度超标或搅拌系统发生故障时自动停止加料并紧急停车。安全泄放系统。 重氮盐后处理设备应配置温度检测、搅拌、冷却联锁自动控制调节装置,干燥设备应配置温度测量、加热热源开关、惰性气体保护的联锁装置。 安全设施,包括安全阀、爆破片、紧急放空阀等。

10. 氧化工艺

反应类型	放热反应	重点监控单元	氧化反应釜

工艺简介
氧化为有电子转移的化学反应中失电子的过程,即氧化数升高的过程。多数有机化合物的氧化反应表现为反应原料得到氧或失去氢。涉及氧化反应的工艺过程为氧化工艺。常用的氧化剂有:空气、氧气、双氧水、氯酸钾、高锰酸钾、硝酸盐等。

工艺危险特点
(1)反应原料及产品具有燃爆危险性; (2)反应气相组成容易达到爆炸极限,具有闪爆危险; (3)部分氧化剂具有燃爆危险性,如氯酸钾,高锰酸钾、铬酸酐等都属于氧化剂,如遇高温或受撞击、摩擦以及与有机物、酸类接触,皆能引起火灾爆炸;

续表

反应类型	放热反应	重点监控单元	氧化反应釜

(4)产物中易生成过氧化物,化学稳定性差,受高温、摩擦或撞击作用易分解、燃烧或爆炸。

典型工艺

乙烯氧化制环氧乙烷;

甲醇氧化制备甲醛;

对二甲苯氧化制备对苯二甲酸;

异丙苯经氧化-酸解联产苯酚和丙酮;

环己烷氧化制环己酮;

天然气氧化制乙炔;

丁烯、丁烷、C_4 馏分或苯的氧化制顺丁烯二酸酐;

邻二甲苯或萘的氧化制备邻苯二甲酸酐;

均四甲苯的氧化制备均苯四甲酸二酐;

苊的氧化制 1,8-萘二甲酸酐;

3-甲基吡啶氧化制 3-吡啶甲酸(烟酸);

4-甲基吡啶氧化制 4-吡啶甲酸(异烟酸);

2-乙基己醇(异辛醇)氧化制备 2-乙基己酸(异辛酸);

对氯甲苯氧化制备对氯苯甲醛和对氯苯甲酸;

甲苯氧化制备苯甲醛、苯甲酸;

对硝基甲苯氧化制备对硝基苯甲酸;

环十二醇/酮混合物的开环氧化制备十二碳二酸;

环己酮/醇混合物的氧化制己二酸;

乙二醛硝酸氧化法合成乙醛酸;

丁醛氧化制丁酸;

氨氧化制硝酸等。

重点监控工艺参数

氧化反应釜内温度和压力;氧化反应釜内搅拌速率;氧化剂流量;反应物料的配比;气相氧含量;过氧化物含量等。

安全控制的基本要求

反应釜温度和压力的报警和联锁;反应物料的比例控制和联锁及紧急切断动力系统;紧急断料系统;紧急冷却系统;紧急送入惰性气体的系统;气相氧含量监测、报警和联锁;安全泄放系统;可燃和有毒气体检测报警装置等。

宜采用的控制方式

将氧化反应釜内温度和压力与反应物的配比和流量、氧化反应釜夹套冷却水进水阀、紧急冷却系统形成联锁关系,在氧化反应釜处设立紧急停车系统,当氧化反应釜内温度超标或搅拌系统发生故障时自动停止加料并紧急停车。配备安全阀、爆破片等安全设施。

11. 过氧化工艺

反应类型	吸热反应或放热反应	重点监控单元	过氧化反应釜

工艺简介

向有机化合物分子中引入过氧基($-O-O-$)的反应称为过氧化反应,得到的产物为过氧化物的工艺过程为过氧化工艺。

续表

反应类型	吸热反应或放热反应	重点监控单元	过氧化反应釜

工艺危险特点

(1)过氧化物都含有过氧基(—O—O—),属含能物质,由于过氧键结合力弱,断裂时所需的能量不大,对热、振动、冲击或摩擦等都极为敏感,极易分解甚至爆炸;

(2)过氧化物与有机物、纤维接触时易发生氧化、产生火灾;

(3)反应气相组成容易达到爆炸极限,具有燃爆危险。

典型工艺

双氧水的生产;

乙酸在硫酸存在下与双氧水作用,制备过氧乙酸水溶液;

酸酐与双氧水作用直接制备过氧二酸;

苯甲酰氯与双氧水的碱性溶液作用制备过氧化苯甲酰;

异丙苯经空气氧化生产过氧化氢异丙苯等。

重点监控工艺参数

过氧化反应釜内温度;pH 值;过氧化反应釜内搅拌速率;(过)氧化剂流量;参加反应物质的配料比;过氧化物浓度;气相氧含量等。

安全控制的基本要求

反应釜温度和压力的报警和联锁;反应物料的比例控制和联锁及紧急切断动力系统;紧急断料系统;紧急冷却系统;紧急送入惰性气体的系统;气相氧含量监测、报警和联锁;紧急停车系统;安全泄放系统;可燃和有毒气体检测报警装置等。

宜采用的控制方式

将过氧化反应釜内温度与釜内搅拌电流、过氧化物流量、过氧化反应釜夹套冷却水进水阀形成联锁关系,设置紧急停车系统。

过氧化反应系统应设置泄爆管和安全泄放系统。

12. 胺基化工艺

反应类型	放热反应	重点监控单元	胺基化反应釜

工艺简介

胺化是在分子中引入胺基(R_2N-)的反应,包括 $R-CH_3$ 烃类化合物(R:氢、烷基、芳基)在催化剂存在下,与氨和空气的混合物进行高温氧化反应,生成腈类等化合物的反应。涉及上述反应的工艺过程为胺基化工艺。

工艺危险特点

(1)反应介质具有燃爆危险性;

(2)在常压下 20℃时,氨气的爆炸极限为 15%—27%,随着温度、压力的升高,爆炸极限的范围增大。因此,在一定的温度、压力和催化剂的作用下,氨的氧化反应放出大量热,一旦氨气与空气比失调,就可能发生爆炸事故;

(3)由于氨呈碱性,具有强腐蚀性,在混有少量水分或湿气的情况下无论是气态或液态氨都会与铜、银、锡、锌及其合金发生化学作用;

(4)氨易与氧化银或氧化汞反应生成爆炸性化合物(雷酸盐)。

典型工艺

邻硝基氯苯与氨水反应制备邻硝基苯胺;

对硝基氯苯与氨水反应制备对硝基苯胺;

续表

反应类型	放热反应	重点监控单元	胺基化反应釜

间甲酚与氯化铵的混合物在催化剂和氨水作用下生成间甲苯胺；

甲醇在催化剂和氨气作用下制备甲胺；

1-硝基蒽醌与过量的氨水在氯苯中制备 1-氨基蒽醌；

2,6-蒽醌二磺酸氨解制备 2,6-二氨基蒽醌；

苯乙烯与胺反应制备 N-取代苯乙胺；

环氧乙烷或亚乙基亚胺与胺或氨发生开环加成反应,制备氨基乙醇或二胺；

甲苯经氨氧化制备苯甲腈；

丙烯氨氧化制备丙烯腈等。

重点监控工艺参数

胺基化反应釜内温度、压力；胺基化反应釜内搅拌速率；物料流量；反应物质的配料比；气相氧含量等。

安全控制的基本要求

反应釜温度和压力的报警和联锁；反应物料的比例控制和联锁系统；紧急冷却系统；气相氧含量监控联锁系统；紧急送入惰性气体的系统；紧急停车系统；安全泄放系统；可燃和有毒气体检测报警装置等。

宜采用的控制方式

将胺基化反应釜内温度、压力与釜内搅拌、胺基化物料流量、胺基化反应釜夹套冷却水进水阀形成联锁关系,设置紧急停车系统。

安全设施,包括安全阀、爆破片、单向阀及紧急切断装置等。

13. 磺化工艺

反应类型	放热反应	重点监控单元	磺化反应釜

工艺简介

磺化是向有机化合物分子中引入磺酰基($-SO_3H$)的反应。磺化方法分为三氧化硫磺化法、共沸去水磺化法、氯磺酸磺化法、烘焙磺化法和亚硫酸盐磺化法等。涉及磺化反应的工艺过程为磺化工艺。磺化反应除了增加产物的水溶性和酸性外,还可以使产品具有表面活性。芳烃经磺化后,其中的磺酸基可进一步被其他基团[如羟基($-OH$)、氨基($-NH_2$)、氰基($-CN$)等]取代,生产多种衍生物。

工艺危险特点

(1)应原料具有燃爆危险性；磺化剂具有氧化性、强腐蚀性；如果投料顺序颠倒、投料速度过快、搅拌不良、冷却效果不佳等,都有可能造成反应温度异常升高,使磺化反应变为燃烧反应,引起火灾或爆炸事故；

(2)氧化硫易冷凝堵管,泄漏后易形成酸雾,危害较大。

典型工艺

(1)三氧化硫磺化法

气体三氧化硫和十二烷基苯等制备十二烷基苯磺酸钠；

硝基苯与液态三氧化硫制备间硝基苯磺酸；

甲苯磺化生产对甲基苯磺酸和对位甲酚；

对硝基甲苯磺化生产对硝基甲苯邻磺酸等。

(2)共沸去水磺化法

苯磺化制备苯磺酸；

续表

反应类型	放热反应	重点监控单元	磺化反应釜

甲苯磺化制备甲基苯磺酸等。

(3)氯磺酸磺化法

芳香族化合物与氯磺酸反应制备芳磺酸和芳磺酰氯;

乙酰苯胺与氯磺酸生产对乙酰氨基苯磺酰氯等。

(4)烘熔磺化法

苯胺磺化制备对氨基苯磺酸等。

(5)亚硫酸盐磺化法

2,4-二硝基氯苯与亚硫酸氢钠制备 2,4-二硝基苯磺酸钠;

l-硝基蒽醌与亚硫酸钠作用得到 α-蒽醌硝酸等。

重点监控工艺参数

磺化反应釜内温度;磺化反应釜内搅拌速率;磺化剂流量;冷却水流量。

安全控制的基本要求

反应釜温度的报警和联锁;搅拌的稳定控制和联锁系统;紧急冷却系统;紧急停车系统;安全泄放系统;三氧化硫泄漏监控报警系统等。

宜采用的控制方式

将磺化反应釜内温度与磺化剂流量、磺化反应釜夹套冷却水进水阀、釜内搅拌电流形成联锁关系,紧急断料系统,当磺化反应釜内各参数偏离工艺指标时,能自动报警、停止加料,甚至紧急停车。

磺化反应系统应设有泄爆管和紧急排放系统。

14. 聚合工艺

反应类型	放热反应	重点监控单元	聚合反应釜、粉体聚合物料仓

工艺简介

聚合是一种或几种小分子化合物变成大分子化合物(也称高分子化合物或聚合物,通常分子量为 1×10^4—1×10^7)的反应,涉及聚合反应的工艺过程为聚合工艺。聚合工艺的种类很多,按聚合方法可分为本体聚合、悬浮聚合、乳液聚合、溶液聚合等。

工艺危险特点

(1)聚合原料具有自聚和燃爆危险性;

(2)如果反应过程中热量不能及时移出,随物料温度上升,发生裂解和暴聚,所产生的热量使裂解和暴聚过程进一步加剧,进而引发反应器爆炸;

(3)部分聚合助剂危险性较大。

典型工艺

(1)聚烯烃生产

聚乙烯生产;

聚丙烯生产;

聚苯乙烯生产等。

(2)聚氯乙烯生产

(3)合成纤维生产

涤纶生产;

反应类型	放热反应	重点监控单元	聚合反应釜、 粉体聚合物料仓
锦纶生产； 维纶生产； 腈纶生产； 尼龙生产等。 (4)橡胶生产 丁苯橡胶生产； 顺丁橡胶生产； 丁腈橡胶生产等。 (5)乳液生产 醋酸乙烯乳液生产； 丙烯酸乳液生产等。 (6)涂料粘合剂生产 醇酸油漆生产； 聚酯涂料生产； 环氧涂料粘合剂生产； 丙烯酸涂料粘合剂生产等。 (7)氟化物聚合 四氟乙烯悬浮法、分散法生产聚四氟乙烯； 四氟乙烯(TFE)和偏氟乙烯(VDF)聚合生产氟橡胶和偏氟乙烯－全氟丙烯共聚弹性体(俗称 26 型氟橡胶或氟橡胶-26)等。			

重点监控工艺参数
聚合反应釜内温度、压力、聚合反应釜内搅拌速率；引发剂流量；冷却水流量；料仓静电、可燃气体监控等。

安全控制的基本要求
反应釜温度和压力的报警和联锁；紧急冷却系统；紧急切断系统；紧急加入反应终止剂系统；搅拌的稳定控制和联锁系统；料仓静电消除、可燃气体置换系统，可燃和有毒气体检测报警装置；高压聚合反应釜设有防爆墙和泄爆面等。

宜采用的控制方式
将聚合反应釜内温度、压力与釜内搅拌电流、聚合单体流量、引发剂加入量、聚合反应釜夹套冷却水进水阀形成联锁关系，在聚合反应釜处设立紧急停车系统。当反应超温、搅拌失效或冷却失效时，能及时加入聚合反应终止剂。安全泄放系统。

15. 烷基化工艺

反应类型	放热反应	重点监控单元	烷基化反应釜

工艺简介
把烷基引入有机化合物分子中的碳、氮、氧等原子上的反应称为烷基化反应。涉及烷基化反应的工艺过程为烷基化工艺，可分为 C-烷基化反应、N-烷基化反应、O-烷基化反应等。

工艺危险特点
(1)反应介质具有燃爆危险性； (2)烷基化催化剂具有自燃危险性，遇水剧烈反应，放出大量热量，容易引起火灾甚至爆炸； (3)烷基化反应都是在加热条件下进行，原料、催化剂、烷基化剂等加料次序颠倒、加料速度过快或者搅拌中断停止等异常现象容易引起局部剧烈反应，造成跑料，引发火灾或爆炸事故。

反应类型	放热反应	重点监控单元	烷基化反应釜

典型工艺
(1)C-烷基化反应 乙烯、丙烯以及长链 α-烯烃,制备乙苯、异丙苯和高级烷基苯; 苯系物与氯代高级烷烃在催化剂作用下制备高级烷基苯; 用脂肪醛和芳烃衍生物制备对称的二芳基甲烷衍生物; 苯酚与丙酮在酸催化下制备 2,2-对(对羟基苯基)丙烷(俗称双酚 A); 乙烯与苯发生烷基化反应生产乙苯等。 (2)N-烷基化反应 苯胺和甲醚烷基化生产苯甲胺; 苯胺与氯乙酸生产苯基氨基乙酸; 苯胺和甲醇制备 N,N-二甲基苯胺; 苯胺和氯乙烷制备 N,N-二烷基芳胺; 对甲苯胺与硫酸二甲酯制备 N,N-二甲基对甲苯胺; 环氧乙烷与苯胺制备 N-(β-羟乙基)苯胺; 氨或脂肪胺和环氧乙烷制备乙醇胺类化合物; 苯胺与丙烯腈反应制备 N-(β-氰乙基)苯胺等。 (3)O-烷基化反应 对苯二酚、氢氧化钠水溶液和氯甲烷制备对苯二甲醚; 硫酸二甲酯与苯酚制备苯甲醚; 高级脂肪醇或烷基酚与环氧乙烷加成生成聚醚类产物等。

重点监控工艺参数
烷基化反应釜内温度和压力;烷基化反应釜内搅拌速率;反应物料的流量及配比等。

安全控制的基本要求
反应物料的紧急切断系统;紧急冷却系统;安全泄放系统;可燃和有毒气体检测报警装置等。

宜采用的控制方式
将烷基化反应釜内温度和压力与釜内搅拌、烷基化物料流量、烷基化反应釜夹套冷却水进水阀形成联锁关系,当烷基化反应釜内温度超标或搅拌系统发生故障时自动停止加料并紧急停车。 安全设施包括安全阀、爆破片、紧急放空阀、单向阀及紧急切断装置等。

关于转发《国家安全监管总局办公厅
关于推广应用阻隔防爆技术
有关问题的通知》的通知

豫安监管三〔2009〕334 号

各省辖市安全生产监督管理局,各有关企业:

现将《国家安全监管总局办公厅关于推广应用阻隔防爆技术有关问题的通知》(附件 1)转发给你们,望遵照执行。

按照总局要求,结合我省实际,我们制定了《河南省阻隔防爆技术改造工程施工管理与验收办法》(附件 2),现予以发布,望一并贯彻执行。

附件:1. 国家安全监管总局办公厅关于推广应用阻隔防爆技术改造工程施工管理与验收办法
　　　2. 河南省阻隔防爆技术改造工程施工管理与验收办法

二〇〇九年九月二十一日

附件 1:

国家安全监管总局办公厅关于推广应用
阻隔防爆技术有关问题的通知

安监总厅管三函〔2009〕231 号

各省、自治区、直辖市安全生产监督管理局:

自 2005 年国家推广应用阻隔防爆技术以来,在地方各级安全监管等部门的大力推动下,该项技术在加油(气)站埋地储罐改造,轻质燃油和液化石油气汽车罐车用储罐改造,橇装式汽车加油(气)装置制造等方面得到了广泛应用,其技术应用市场日趋规范。但在推广应用过程中也遇到了一些问题,如执行标准、验收办法不明确等。为了更好地发挥该项技术在安全生产中的作用,结合各地实际,现就有关推广应用问题通知如下:

凡符合《汽车加油加气站设计与施工规范》(GB50156—2006)、《汽车加油(气)站、轻质燃油和液化石油气汽车罐车用阻隔防爆储罐技术要求》(AQ3001—2005)、《阻隔防爆橇装式汽车加油(气)装置技术要求》(AQ3002—2005)和其他相关法规标准规定的阻隔防爆技术,都可以按照新技术推广应用程序进行推广、应用,具体实施和验收办法由各省级安全监管部门制定。

地方各级安全监管部门要加强对阻隔防爆技术推广应用工作的跟踪、指导,充分发挥市场机制作用,结合本地实际,引导和规范阻隔防爆技术的推广应用工作。

国家安全生产监督管理总局办公厅

二○○九年八月十九日

附件2:

河南省阻隔防爆技术改造工程
施工管理与验收办法

　　为改善我省危险化学品生产经营单位安全生产条件,规范我省阻隔防爆技术的推广应用,根据国家有关法律、法规和技术标准的规定,制定本办法。

一、一般要求

　　1. 各级安全生产监督管理部门按照属地管理的原则,切实履行职责,加强对阻隔防爆技术推广应用的监督管理。

　　2. 省市安全生产监督管理部门(以下简称相关许可部门)按照安全许可的职责分工,分别负责阻隔防爆技术改造工程的验收监督管理和备案工作。

　　3. 阻隔防爆技术工程(以下简称工程)实行第三方监理制度。监理工作由省内有相应资质的安全生产检测检验机构(以下简称监理单位)承担。监理单位应对工程进行全过程跟踪检测和监理。

　　4. 承揽阻隔防爆技术的施工单位(以下简称施工单位)应当具备化工石油设备管道安装工程专业承包企业资质。

二、施工

　　1. 实施阻隔防爆技术的单位(以下简称业主单位),可自主选择施工单位和监理单位。

　　2. 业主单位应与施工单位签订必要的书面合同或协议,明确各方的责任和义务。

　　3. 工程使用的阻隔防爆材料应符合《汽车加油(气)站、轻质燃料油和液化石油气罐车用阻隔防爆储罐技术要求》(AQ 3001—2005),并经具备产品质量监测能力的法定检测机构检验合格。

　　4. 施工单位应按照《汽车加油(气)站、轻质燃料油和液化石油气罐车用阻隔防爆储罐技术要求》(AQ 3001—2005)中的有关规定进行施工。施工单位在正式施工前必须制定详细可行的施工方案,并经监理单位审核同意后方可施工。

　　5. 施工单位要加强施工现场安全管理,对施工过程中的安全负责。业主单位要督促和配合施工单位做好安全管理和施工,防止发生事故。

　　6. 监理单位对施工要进行全过程监理,并跟踪检测。其监理报告应包含施工过程的检测结果和监理记录,并由施工单位和监理单位双方签字确认。监理单位在监理过程中应做到认真、客观、全面和公正,严禁弄虚作假。

三、验收

1. 工程结束后,由业主或业主上级单位组织专家会同施工单位和监理单位进行验收,并签署验收意见。(见附件 1《应用阻隔防爆技术储罐验收意见表》)

2. 验收以施工记录、监理记录、检验报告及其相关文件为依据,以现场审查的方式进行验收。未经验收合格的,不能投入使用。

四、备案

工程验收合格后,业主单位应当将工程有关情况报相关许可部门备案。申请备案时提供下列材料:

(1)《应用阻隔防爆技术储罐备案表》(见附件 2);

(2)《应用阻隔防爆技术储罐验收意见表》(见附件 1);

(3)汽车加油(气)站平面布置示意图;

(4)施工监理报告。

申请备案资料审查合格的,相关许可部门准予备案。

五、有关问题

1. 目前已经完成阻隔防爆技术改造的汽车加油(气)站,业主单位应对其工程现状进行自查,并填写《应用阻隔防爆技术储罐备案表》,于 2009 年 12 月 31 日前报相关许可部门备案。

2. 本办法适用于汽车加油(气)站储罐、轻质燃油和液化石油气汽车罐车用储罐、翘装式汽车加油(气)装置等应用阻隔防爆技术的制造和改造工程。

附件:1. 应用阻隔防爆技术储罐验收意见表
　　　2. 应用阻隔防爆技术储罐备案表

附件 1:

应用阻隔防爆技术储罐验收意见表

单位名称	
地　　点	
工程情况	改造储罐数量＿＿＿＿台;改造总容积＿＿＿＿m³

阻隔防爆材料产品及工程安装质量检验			
检验项目	检验标准和要求	结果	单位意见
产品证书	有产品合格证书		施工负责人签字:
外观质量、 结构尺寸、 清洗质量	符合 AQ 3001—2005 第 5.2.1 条的规定		（公章） 　　年　月　日
施工监理	符合 AQ 3001—2005 第 5.5 条的规定		监理负责人签字: （公章） 　　年　月　日
防爆性能检测报告	符合 AQ 3001—2005 第 5.5 条的规定		检测负责人签字: （公章） 　　年　月　日

验收结论:

汽车加油(气)站负责人签字:　　　　　　　　　　　　　　　　　　　　　　（公章）
　　　　　　　　　　　　　　　　　　　　　　　　　　　　　　　　　年　月　日

附件 2：

应用阻隔防爆技术储罐备案表

加油(气)站名称			
加油(气)站地址			
联系人		电话/传真	
材料生产单位名称			
安装施工单位名称			
施工监理单位名称			
工程检测单位名称			
工程竣工时间			
是否验收合格	是□		否□

序号	储罐编号	储罐容积(m³)	储存介质	储罐设计使用年限	储罐已使用年限

汽车加油(气)站负责人签字：

(公章)

年 月 日

安监部门备案意见：

(公章)

年 月 日

填表说明：1. 本表中填写的储罐编号应与加油(气)站平面布置示意图中标注的储罐编号相对应。

2. 本表 1 式 3 份，1 份交加油(气)站，其余 2 份分别由市安监局(省安监局)和省安监局存档。

关于下发《河南省危险化学品生产企业
安全生产分级监察指导意见》的通知

豫安监管三〔2009〕433 号

各省辖市安全生产监督管理局:

为落实《安全生产事故隐患排查治理暂行规定》、《安全生产监管监察职责和行政执法责任追究的暂行规定》有关规定,进一步规范危险化学品生产企业安全监督检查,督促企业落实安全生产主体责任,特制定《河南省危险化学品生产企业安全生产分级监察指导意见》,现印发给你们,请认真遵照执行。

附件:河南省危险化学品生产企业安全生产分级监察指导意见

二〇〇九年十二月十四日

附件:

河南省危险化学品生产企业安全生产
分级监察指导意见

为进一步规范危险化学品生产企业安全监督检查,督促企业落实安全生产主体责任,根据《安全生产法》、《危险化学品安全管理条例》、《安全生产事故隐患排查治理暂行规定》、《安全生产监管监察职责和行政执法责任追究的暂行规定》等法律法规和规章的有关规定,决定对全省危险化学品生产企业实行安全生产分级监督检查制度。特制定如下指导意见。

一、适用范围

本意见适用于全省各级安全监管部门对已取得安全生产许可证危险化学品生产企业的日常监督检查。

二、实施原则

(一)企业主体原则

企业是安全生产的责任主体,企业主要负责人是本单位安全生产第一责任人。安全监管部门监督检查的目的是通过政府监督检查,督促企业落实安全生产主体责任。

(二)属地监管原则

县级以上各级安全监管部门依据国家有关法律法规,在各自的职责范围内,对辖区内危险化学品生产企业实施安全生产监督检查。

(三)重点检查原则

安全监管部门按照执法监察计划进行安全检查属重点抽查。重点检查企业事故隐患排查治理制度的建立和落实情况。

(四)分级检查原则

安全监管部门根据企业危险程度和安全管理水平,将企业分为一、二、三、四个级别,并针对不同级别制定年度执法监察计划。

三、级别划分

(一)一级企业

1. 达到危险化学品安全标准化一级企业的。

2. 通过职业安全卫生管理体系,或健康、安全和环境管理体系(HSE)等安全生产相关体系认证的。

3. 省辖市、县(市、区)安全监管部门按照危险化学品生产企业安全生产分级系统(详见网址http://124.207.105.61:8080/hn/login.jsp,下同)对企业安全生产级别考核认定为一级的。

(二)二级企业

1. 达到危险化学品安全标准化二级企业的。

2. 省辖市、县(市、区)安全监管部门按照危险化学品生产企业安全生产分级系统,对企业安全生产级别考核认定为二级的。

(三)三级企业

1. 达到危险化学品安全标准化三级企业的。

2. 由省辖市、县(市、区)安全监管部门按照危险化学品生产企业安全生产分级系统对企业安全生产级别考核认定为三级的。

(四)四级企业

1. 由省辖市、县(市、区)安全监管部门按照危险化学品生产企业安全生产分级系统对企业安全生产级别考核认定为四级的。

2. 一年内发生较大以上生产安全事故的。

四、级别管理

(一)危险化学品生产企业发生下列情况,可以视严重程度降低级别进行监督检查:

1. 发生较大以上生产安全事故的,降至四级;

2. 发生一般生产安全事故的,下降一级;

3. 对安全生产监管部门限期整改的事故隐患,逾期不改的,下降一级;

(二)各级安全监管部门每年底前调整一次企业等级,填写危险化学品生产企业分级统计表(见附件),于下年元月15日前逐级上报。

五、工作要求

(一)安全监管部门要依据企业等级参照下列检查频次制定每年的执法监察计划:

1. 一级企业每年不少于1次;

2. 二级企业每年不少于1次,应聘请专家参与;

3. 三级企业每年不少于2次;其中聘请专家参与不少于1次;

4. 四级企业每年不少于4次,其中聘请专家参与不少于2次。

执法监察计划应报本级人民政府批准,并报上一级安全监管部门备案。

(二)安全监管部门在安全检查中要认真落实国家安全生产监督管理总局《安全生产监督检查监

察职责和行政执法责任追究的暂行规定》各项规定,按照规定第八条规定的内容和重点进行检查。

(三)安全监管部门的主要检查方式为:听取企业介绍;检查企业安全检查记录和隐患整改记录;查阅企业安全生产管理制度、台账等相关资料;询问有关人员;现场抽查。必要时可聘请有关专家参加监督检查。

(四)各级安全监管部门在监督检查时发现危险化学品生产经营单位存在安全生产违法行为或者事故隐患的,应当依据相关法律、法规、规章及《河南省人民政府关于规范行政处罚裁量权的若干意见》等规定进行处罚。检查出的安全问题涉及地方政府或有关部门的,应及时向有关地方政府报告或向有关部门移交。

(五)各级安全监管部门应按照"一企一档"的要求,建立完善危险化学品生产企业监管档案,做好监督检查记录、行政执法文书的归档工作。

(六)各级安全监管部门每半年对执法监察情况进行总结并及时上报上级安全监管部门。

附件:危险化学品生产企业分级统计表

附件:

危险化学品生产企业分级统计表

单位盖章: 日期:

序号	辖区	企业名称	许可证编号	级别

关于印发《河南省危险化学品生产企业专家安全检查制度指导意见》的通知

豫安监管三〔2010〕4 号

各省辖市安全生产监督管理局、有关中央驻豫、省管企业：

为落实《安全生产法》、《危险化学品安全管理条例》、《河南省安全生产条例》和《安全生产事故隐患排查治理暂行规定》等有关规定，进一步落实企业安全生产主体责任，推动企业深入开展安全检查和隐患排查治理工作，促进隐患排查治理工作制度化、长效化，提高企业安全保障程度，现将《河南省危险化学品生产企业专家安全检查制度指导意见》印发给你们，请认真遵照执行。

附件：河南省危险化学品生产企业专家安全检查制度指导意见

二〇一〇年一月五日

附件：

河南省危险化学品生产企业专家安全检查制度指导意见

为进一步落实企业安全生产主体责任，推动企业深入开展安全检查和隐患排查治理工作，促进隐患排查治理工作制度化、长效化，提高企业安全保障程度，依据《安全生产法》、《危险化学品安全管理条例》、《河南省安全生产条例》和《安全生产事故隐患排查治理暂行规定》等法律、法规和规章有关规定，制定本制度。

一、适用范围

本意见适用于全省已取得安全生产许可证的危险化学品生产企业定期聘请专家参与的安全检查。

二、实施原则

（一）企业主体原则

企业是安全生产的责任主体，企业主要负责人是本单位安全生产第一责任人。聘请专家参与检查的目的是在安全技术和专业知识方面帮助企业更好地完成安全检查和隐患排查治理。帮助企业落实安全生产主体责任。专家检查不能取代企业自查。

（二）依靠专家原则

企业要充分发挥专家的技术支撑作用。在专家检查中，要全力配合专家的工作，听取专家的建议，尊重专家的意见。共同做好安全检查和隐患整改工作。

(三)常态化原则

企业应参照本指导意见并结合本企业实际情况,建立聘请专家安全检查制度,并制定相应计划。使专家检查制度化、常态化。

三、总体要求

(一)落实企业日常安全检查制度

危险化学品生产企业应按照安全生产的有关法律、法规规定,健全企业安全生产管理体系,按规定设置安全管理机构,配备安全管理人员,并按照《注册安全工程师管理规定》(国家安全监管总局令第 11 号)的要求,配备注册安全工程师,认真落实企业日常安全检查。

(二)建立专家定期安全检查制度

危险化学品生产企业要建立专家定期安全检查制度,健全企业安全检查制度体系。企业应聘请符合条件的专家,定期对企业生产作业场所进行安全检查,切实解决危险化学品生产企业专业安全管理人员缺乏的问题。

企业可以与聘请的专家直接签订协议,也可以与社会中介组织签订派出专家的协议。协议应明确定期安全检查中双方各自承担的责任和义务,商定安全检查时间、内容等相关事宜。

(三)建立专家定期安全检查台账

企业应建立专家定期安全检查记录台账,详细记录每次安全检查的情况以及整改完成情况。

四、专家的有关要求

(一)资历要求

具有国民教育化工专业大专及以上学历,从事化工及其相关专业 5 年以上,且具有中级以上专业技术职称或注册安全工程师资质。

(二)专家来源

1. 省、市安全生产专家库中的专家。

2. 大型危险化学品生产企业、化工科研及设计部门中的安全专家。

3. 社会中介组织中的安全专家。各地可依托具有资质的社会中介机构开展安全技术服务工作;有条件的地区,可建立注册安全工程师事务所,向中小危险化学品企业派驻专家开展安全技术服务。

4. 中央驻豫和省管企业所聘请的专家,可在本系统、本企业内选择。

(三)专家开展安全检查的要求

受企业聘用的专家要切实履行职责,认真开展安全检查,如实反映企业安全生产中存在的问题和隐患,提出合理并切实可行的整改意见或建议,帮助企业解决安全生产中存在的问题。安全检查不得走过场,不得弄虚作假,不得隐瞒真实情况。

五、专家定期安全检查的工作方式

(一)安全检查频次

按照《河南省危险化学品生产企业安全生产分级监察指导意见》(豫安监管三〔2009〕433 号)划分企业级别,其专家检查频次为:

1. 一级企业每年不少于 1 次;

2. 二级企业每年不少于 2 次;

3. 三级企业每年不少于 3 次;

4. 四级企业每年不少于 4 次。

以上专家检查频次不含按照"豫安监管三〔2009〕433 号"文件要求，安全监管部门聘请专家参与的检查。

具体检查频次由企业与所聘请的专家共同商定，但不得低于上述要求。每次参与安全检查的专家不少于 2 名。

（二）安全检查内容

1. 企业生产、储存装置（设施）场所事故隐患排查，安全设施运行及其完好情况、作业场所安全状况等；

2. 安全评价报告与企业实际符合情况，评价以后安全生产条件的变化情况；

3. 企业各类检查中发现的事故隐患及其整改情况；

4. 企业重大危险源监控管理情况；

5. 企业安全生产责任制和相关制度落实情况；

6. 其它安全生产条件相关内容。

（三）安全检查记录

安全检查过程中，专家对检查出的问题和隐患应逐一向企业交底，并提出整改意见或建议；检查结束后，专家应如实记录检查情况，并在检查记录上签字。检查记录由专家和企业分别留存。

（四）事故隐患整改

针对专家检查出的问题和隐患，企业应建立隐患整改档案。能整改的应立即组织整改，一时难以整改的，要采取切实保障安全的措施，并制定整改计划抓紧整改。对危及生产安全的重大事故隐患，要立即停产整改，重大事故隐患应按规定上报当地安全监管部门。

（五）事故隐患整改复查

专家可针对企业隐患情况，适时对整改情况进行复查；也可于每次专家检查前，对上一次检查出的隐患的整改情况进行复查。整改复查情况也应如实进行记录并存档。

六、监督管理

（一）各级安全监管部门要督促企业加快建立专家定期安全检查制度，并认真执行，推进企业安全检查制度体系建设。企业聘请专家开展定期安全检查制度必须于 2010 年 3 月底前落实到位。

（二）各级安全监管部门要加快建立健全本地的危险化学品专家库，细化行业分类，调整专家库人员结构，专家库人员名单应向企业公开，为企业聘请专家提供帮助。企业聘请的专家应报当地安全监管部门备案。

（三）各地在本意见执行过程中遇到的具体问题，请及时反馈省安全监督管理局三处。

关于印发《河南省安全生产监督管理局行政处罚案件办理规程》、《河南省安全生产监督管理局行政处罚听证工作规则》、《河南省安全生产监督管理局行政复议工作规则》的通知

豫安监管〔2010〕26 号

各省辖市安全生产监督管理局、局机关各处室、执法监察总队：

为规范安全生产行政执法行为，保护公民、法人或者其他组织的合法权益，根据《中华人民共和国行政处罚法》、《中华人民共和国行政复议法》、《安全生产违法行为行政处罚办法》（国家安全生产监督管理总局令第15号）等法律、规章规定，结合我局实际，制定《河南省安全生产监督管理局行政处罚案件办理规程》、《河南省安全生产监督管理局行政处罚听证工作规则》、《河南省安全生产监督管理局行政复议工作规则》。现印发给你们，请遵照执行。

各省辖市安全生产监督管理局可参照省局规定，结合实际，制定本单位相应的工作规程、规则。

附件：1. 河南省安全生产监督管理局行政处罚案件办理规程
　　　2. 河南省安全生产监督管理局行政处罚听证工作规则
　　　3. 河南省安全生产监督管理局行政复议工作规则

二○一○年四月三十日

附件 1：

河南省安全生产监督管理局
行政处罚案件办理规程

第一章　总　则

第一条　为规范行政处罚程序，保证行政处罚依法正确实施，保护公民、法人或者其他组织的合法权益，根据《中华人民共和国行政处罚法》、《安全生产违法行为行政处罚办法》等有关法律、规章的规定，结合本局实际，制定本规程。

第二条　本局行政处罚的简易程序和一般程序，执法文书的使用应当按照本规程规定执行。

第三条　执法人员（执法监察总队、局机关业务处室行政执法人员）以简易程序或一般程序实施行政处罚，执法人员不得少于2名。

第四条　有下列情形之一的，执法人员应当回避：

（一）本人是本案的当事人或是当事人的近亲属的；

（二）本人或其近亲属与本案有利害关系的；

（三）与本人有其他利害关系，可能影响案件的公正处理的。

第五条　执法人员的回避，由局主管负责人决定。局主管负责人的回避，由局集体讨论决定。回避决定作出之前，承办案件的执法人员不得擅自停止对案件的调查。

第二章　简易程序

第六条　违法事实确凿并有法定依据，对个人处以 50 元以下、对生产经营单位处以 1000 元以下罚款或者警告的行政处罚的，执法人员可以当场作出行政处罚决定。

第七条　执法人员适用简易程序实施行政处罚的，应当遵循以下步骤：

（一）向当事人出示执法身份证件；

（二）当场指出违法事实、说明处罚理由、告知当事人有进行陈述和申辩的权利、听取当事人的陈述与申辩；

（三）制作统一编号的《行政（当场）处罚决定书》并当场交付当事人。

第八条　有下列情形之一的，执法人员可以当场收缴罚款：

（一）依法给予二十元以下的罚款的；

（二）不当场收缴事后难以执行的；

（三）当事人向指定的银行缴纳罚款确有困难，经当事人提出的。

第九条　执法人员当场收缴罚款的，必须向当事人出具省财政部门统一制发的罚款收据；应当自收缴罚款之日起二日内，将收缴的罚款交至局统一罚没账户。

第十条　执法人员当场作出行政处罚决定后应当及时向本处室（执法监察总队、局机关业务处室）负责人报告，并在 5 日内报本局负责法制工作的机构备案。

第三章　一般程序

第十一条　除依照简易程序当场作出的行政处罚外，本局作出的其他行政处罚应当执行行政处罚的一般程序。符合听证条件，被处罚单位或者个人提出听证申请的，负责法制工作的机构应当按照规定组织听证。

第一节　立案

第十二条　本局在接到报告、举报或者现场检查、事故调查时，发现生产经营单位或者有关人员违反安全生产法律法规，拟作出行政处罚的，执法监察总队负责填写《立案审批表》，报局主管负责人审批。

对于同一违法行为存在若干责任主体时，应当分别立案。

第十三条　对需要当场查处的安全生产违法行为，可以先行调查取证，并在 5 日内补办立案手续。

第十四条　安全生产违法案件一经立案，执法人员不得随意停止办案或者自行销案。

第二节　调查取证

第十五条　《立案审批表》经局主管负责人审批同意后，进行案件调查。

第十六条　执法人员在进行案件调查时，可以对当事人或有关人员进行询问。对当事人或有关人员进行询问，应当下达询问通知书。询问通知书，以人次为单位，一次一份。

第十七条　执法人员在笔录中应告知当事人有关权利和义务，不得询问与案件无关的问题。国家秘密或个人隐私，如果与案件有关，也应作为询问的内容，但必须采取保密措施。

第十八条 询问笔录应当交被询问人核对，对没有阅读能力的，应向其宣读；被询问人、被检查单位要求补正的，应当允许，并由被询问人在补充或更正处按压指印。被询问人确认笔录无误后，应在笔录上签名或者盖章。被询问人或者被检查单位拒绝签名或者盖章的，执法人员应当在笔录上注明原因并签名。

第十九条 执法人员对与案件有关的物品、场所进行勘验检查时，应当通知当事人到场，制作勘验笔录，并由当事人核对无误后签名或者盖章。有专业技术人员参与勘验的，专业技术人员作为被邀请人应在笔录上签字。当事人拒绝到场的，可以邀请在场的其他人员作证，并在勘验笔录中注明；也可以采用录音、录像等方式记录有关物品、场所的情况后，再进行勘验检查。

第二十条 当事人代表单位对勘验笔录进行确认时，应有相关的授权手续。

第二十一条 执法人员应当收集、调取与案件有关的原始凭证作为证据。调取原始凭证确有困难的，可以复制，复制件应当注明"经核对与原件无异"的字样和原始凭证存放的单位及其住所，并由出具证据的人员签名或者单位盖章。

第二十二条 需对有关物品进行抽样调查取证的，应当通知被调查取证的单位负责人到场，并开具《抽样取证凭证》，由执法人员和被抽样检查单位负责人签名后，交被抽样检查单位。被抽样检查单位负责人拒绝到场的，可由在场的其他人员见证并签名或盖章。

如果检验机构对送检物品有特殊要求，并派员抽样的，《抽样取证凭证》应予以注明。

第二十三条 对物证和书证，需要经过鉴定才能确定事实的，应按照法定程序、期限提交鉴定机构，并将其鉴定结论收入案卷。

第二十四条 执法人员在收集证据时，在证据可能灭失或者以后难以取得的情况下，经局主管负责人批准，可以先行登记保存。

第二十五条 实施证据保全措施，应制作《先行登记保存证据审批表》报局主管负责人批准后，制作《先行登记保存证据通知书》、《先行登记保存证据清单》交被取证人（单位）。

第二十六条 采取先行登记保存证据的措施应当在采取之日起 7 日内作出处理决定。处理决定包括以下情形：

（一）违法事实成立依法作出行政处罚的，依法做出没收等相关决定；

（二）违法事实不成立或者依法不应予以没收、扣留、封存，解除登记保存措施。

第二十七条 《先行登记保存证据处理审批表》经局主管负责人审批后，制作《先行登记保存证据处理决定书》送达被取证人（单位）。

第三节　告　知

第二十八条 在作出行政处罚决定之前，本局应当告知当事人作出行政处罚决定的事实、理由及依据，并告知当事人依法享有的权利。

第二十九条 本局应当充分听取当事人的陈述和申辩。对当事人提出的事实、理由和证据，应当进行复核。当事人提出的事实、理由和证据成立的，应当采纳。不得因当事人陈述或者申辩而加重处罚。

第四节　听　证

第三十条 本局行政处罚听证工作按《河南省安全生产监督管理局行政处罚听证工作规则》组织实施。

第五节　呈　批

第三十一条 在下达行政处罚决定书之前，负责承办案件的执法人员应填写《案件处理呈批表》，呈报局主管负责人审批。

第六节　决　定

第三十二条　拟作出下列行政处罚的重大复杂安全生产违法案件,由本局案审委决定。

(一)责令停产停业整顿、责令停产停业、责令停止建设、责令停止施工。

(二)吊销有关许可证、撤销有关执业资格或者岗位证书。

(三)3万元以上罚款和没收违法所得价值3万元以上的行政处罚。

(四)拟报请给予关闭的行政处罚。

第三十三条　除本规程第三十二条外,执法监察总队以本局名义所做出的其他行政处罚直接呈报局主管负责人审批。

第三十四条　案审委决定或局主管负责人审批后,承办人员应按案审委决定或局主管负责人审批意见填写《行政处罚决定书》并送达被处罚人(单位)。行政处罚决定书加盖本局印章。

第七节　送　达

第三十五条　行政处罚决定书应当在宣告后当场交付当事人;当事人不在场的,承办案件的执法人员应当在7日内,将行政处罚决定书送达当事人或者其他的法定受送达人。

第三十六条　送达行政处罚决定书必须有送达回执,由受送达人在送达回执上记明收到日期并签名或者盖章。

第三十七条　送达行政处罚决定书,应当直接送交受送达人。受送达人是公民的,本人不在交他的同住成年家属签收,并在行政处罚决定书送达回执的备注栏内注明与受送达人的关系;受送达人是法人或者其他组织的,应当由法人的法定代表人、其他组织的主要负责人或者该法人、组织负责收件的人签收;受送达人指定代收人的,交代收人签收并注明受当事人委托的情况。

第三十八条　受送达人或者他的同住成年家属拒绝接收行政处罚决定书的,送达人应当邀请有关基层组织的代表或者有关人员到场,注明情况,在送达回证上记明拒收事由和日期,由送达人、见证人签名或者盖章,把行政处罚决定书留在受送达人的收发部门或者住所,即视为送达。

第三十九条　直接送达确有困难的,可以委托当地安全生产监督管理部门代为送达,或者挂号邮寄送达。邮寄送达的,以回执上注明的收件日期为送达日期。

第四十条　受送达人下落不明,或者用本节规定的其他方式无法送达的,公告送达。自发出公告之日起,经过60日,即视为送达。公告送达,应当在案卷中记明原因和经过。

第八节　执　行

第四十一条　当事人对本局行政处罚决定不服申请行政复议或者提起行政诉讼的,行政处罚不停止执行。法律另有规定的除外。

第四十二条　行政处罚决定依法作出后,当事人在行政处罚决定的期限内不履行的,本局可以采取下列措施:

(一)逾期不缴纳罚款的,每日按罚款数额的3%加处罚款;

(二)根据法律规定,将已查封、扣押的财物拍卖或者将冻结的存款划拨抵缴罚款;

(三)制作《强制执行申请书》,申请人民法院强制执行。

第九节　期　限

第四十三条　行政处罚案件应当自立案之日起30日内办理完毕;由于客观原因不能完成的,经局主管负责人同意,可以延长,但不得超过90日;特殊情况需进一步延长的,应当经国家安全生产监督管理总局批准,可延长至180日。

第十节　结案归档

第四十四条　行政处罚执行后,承办人员应当及时制作《结案审批表》,报局主管负责人审批。

第四十五条　行政处罚全部程序完成后,承办人员应当及时进行案卷立卷,一案一卷,并妥善保管。

附件 2:

河南省安全生产监督管理局
行政处罚听证工作规则

第一条　为了规范安全生产行政处罚听证工作,确保处罚公平、公正,保护公民、法人和其他组织的合法权益,根据《中华人民共和国行政处罚法》、《安全生产违法行为行政处罚办法》,结合本局实际,制定本规则。

第二条　听证应当遵循下列原则:

(一)听证实行告知、回避制度,依法保障和便利当事人行使陈述、申辩和质证的权利;

(二)公开、公正,除涉及国家秘密、商业秘密或个人隐私外,听证应当公开举行。

第三条　依据法律规定,听证工作由本局组织。

本局法制工作机构,具体负责行政处罚听证工作。

第四条　听证参加人由听证主持人、听证员、书记员、案件调查人、当事人及其委托代理人组成。

听证主持人,一般由法制工作机构的主要负责人或者其委托的副职负责人担任。听证主持人1名,听证员2名,书记员1名。

当事人可以委托1至2人作为代理人参加听证,委托代理人须出具委托代理书,明确代理人的权限。

第五条　作出如下行政处罚,应当告知当事人有听证的权力,当事人依法提出申请的,本局应当按规定组织听证:

(一)责令停产停业整顿;

(二)责令停产停业;

(三)吊销有关许可证;

(四)撤销有关执业资格、岗位证书;

(五)对个人处以1万元以上、对生产经营单位处以3万元以上罚款;

(六)法律、法规规定可以要求听证的其他情形。

第六条　本局收到听证申请,经局主管负责人签署意见后,由法制工作机构进行审查。

法制工作机构对符合听证要求的,应当受理,对不符合听证要求,决定不予受理的,应当告知当事人。

第七条　听证主持人、听证员、书记员有下列情形之一的,应当回避:

(一)参与本案调查取证的;

(二)本案当事人或者案件调查人员的近亲属;

(三)与案件处理结果有利害关系,可能影响对案件公正听证的。

听证主持人的回避由局主管负责人决定,听证员、书记员的回避由听证主持人决定。

第八条　案件调查人员应当在听证受理之日起 3 日内将案卷移交组织听证的法制工作机构。

第九条　组织听证法制工作机构应当自接到案件调查人员移交案卷之日起 10 日内确定听证的时间、地点,并应当在举行听证 7 日前,将举行听证的时间、地点通知当事人和案件调查人员。

《听证通知书》可以采用邮寄或者直接送达,邮寄应当以挂号的形式,直接送达(或委托省辖市安全生产监督管理部门直接送达)的,应当由当事人在送达回执上签字。

第十条　听证按照下列程序进行:

(一)书记员宣布听证会场场纪律、当事人的权利和义务;

(二)听证主持人宣布案由,核实听证参加人名单,询问当事人或其委托代理人对听证主持人、听证人、书记员是否要求回避;

(三)案件调查人员提出当事人的违法事实、出示证据,说明拟作出的行政处罚的内容及法律依据;

(四)当事人或者其委托代理人对案件的事实、证据、适用的法律等进行陈述和申辩,提交新的证据材料;

(五)听证主持人就案件的有关问题向当事人、案件调查人员、证人询问;

(六)案件调查人员、当事人或者其委托代理人相互辩论;

(七)当事人或者其委托代理人作最后陈述;

(八)听证主持人宣布听证结束。

第十一条　听证应当制作笔录。《听证笔录》应当当场交当事人或其委托代理人核对。当事人或其代理人,认为笔录有遗漏或有差错的,可以请求补正或者改正。经确认无误后,当事人或其委托代理人、听证主持人、书记员应当在听证笔录上签名或盖章。

当事人拒绝签名或者盖章的,应在听证笔录上载明情况。

第十二条　有下列情形之一的,经本局主管负责人批准,听证可延期一次:

(一)当事人因不可抗力无法到场的;

(二)当事人有正当理由提出延期举行的。

第十三条　有下列情形之一的,应当中止听证:

(一)需要重新调查、鉴定的;

(二)需要通知新证人到场作证的;

(三)因不可抗力无法继续进行听证的。

第十四条　有下列情形之一的,应当终止听证:

(一)当事人撤回听证要求的;

(二)当事人无正当理由不按时参加听证的;

(三)拟作出的行政处罚决定已经变更,不适用听证程序的。

第十五条　听证结束后,听证人员应当根据听证确定的事实和证据,依照有关法律、法规、规章对原拟作出的处罚决定及其事实、理由和依据进行合议后制作《听证会报告书》,并附听证笔录报局主管负责人审核决定。

第十六条　《听证会报告书》经局主管负责人审核决定维持原拟行政处罚决定的,案件调查人员按照原拟决定执行;对原拟处罚决定提出异议的,案件调查人员应当重新作出处罚决定。

第十七条　组织听证的费用由本局负责,不得向当事人收取。

第十八条　本规则自发布之日起施行。

附件 3:

河南省安全生产监督管理局
行政复议工作规则

第一条 为规范安全生产行政复议工作,纠正违法或者不当行政行为,保护公民、法人和其他组织的合法权益,根据《中华人民共和国行政复议法》、《安全生产行政复议规定》等法律、规章的规定,结合本局实际,制定本规则。

第二条 政策法规处是本局的行政复议机构,负责行政复议工作。

第三条 行政复议机构的职责:

(一)受理行政复议申请;

(二)向有关组织和人员调查取证、查阅文件和资料;

(三)转送案卷材料至相关业务处室,对相关业务处室核实情况后所提出的处理意见进行审定并提出行政复议决定建议;

(四)转送有关规定的审查申请;

(五)根据本局集体讨论决定或主管负责人审批意见,制作行政复议决定书;

(六)承担因不服行政复议决定提起行政诉讼的应诉事项;

(七)法律、法规规定的其他职责。

第四条 行政复议工作,遵循合法、公正、公开、及时、便民的原则,坚持有错必纠,保障法律、法规的正确实施。

第五条 本局受理公民、法人或者其他组织提出的以下情形行政复议申请:

(一)对省辖市安全生产监督管理部门作出的行政处罚决定不服的;

(二)对省辖市安全生产监督管理部门作出的查封、扣押等行政强制措施决定不服的;

(三)对省辖市安全生产监督管理部门作出的有关许可证的变更、中止、撤销、撤回等决定不服的;

(四)认为省辖市安全生产监督管理部门违法收费或者违法要求履行其他义务的;

(五)认为符合法定条件,向省辖市安全生产监督管理部门申请办理许可证、资格证等行政许可手续,安全生产监督管理部门没有依法办理的;

(六)认为省辖市安全生产监督管理部门的其他具体行政行为侵犯其合法权益的;

(七)其他需要直接受理的情形。

第六条 本局办理行政复议案件按照下列程序,统一受理,分工负责:

(一)向本局提出的行政复议申请,由行政复议机构统一受理;

(二)行政复议机构自收到行政复议申请之日起 3 日内对复议申请进行初步审查,5 日内做出受理或不予受理的决定;

(三)决定受理的,制发行政复议受理决定书。决定不予受理的,制发行政复议申请不予受理决定书。对不属于本机关受理的行政复议申请,告知申请人向有关行政复议机关提出;

(四)行政复议机构对已经受理的行政复议,将有关案卷材料转送相关处室分口承办。相关处室接到案卷材料后,应当在 30 日内了解核实情况,提出书面处理意见;

(五)行政复议机构根据相关业务处室处理意见,在 20 日内提出行政复议决定建议,提交本局集体讨论决定或者主管负责人审批决定；

（六）经局集体讨论决定或者主管负责人审批决定后，行政复议机构制作《行政复议决定书》，送达申请人、被申请人和第三人。

第七条　行政复议机构对复议申请是否符合下列条件进行初步审查：

（一）有明确的申请人和被申请人；

（二）申请人与具体行政行为有利害关系；

（三）有具体的行政复议申请和事实依据；

（四）在法定申请期限内提出；

（五）属于本规则第五条规定的行政复议范围；

（六）属于本局的职责范围；

（七）省辖市人民政府尚未受理同一行政复议申请，人民法院尚未受理同一主体就同一事实提起的行政诉讼。

第八条　行政复议原则上采取书面审查的方法。但是申请人提出要求或者行政复议机构认为必要时，可以向有关组织和个人调查情况，听取申请人、被申请人和第三人的意见，并制作行政复议调查笔录；也可以采取听证的方式审理。

第九条　行政复议机构应当自行政复议申请受理之日起 7 日内，将行政复议申请书副本或者行政复议申请笔录复印件送达被申请人。

被申请人应当自收到行政复议申请书副本或者行政复议申请笔录复印件之日起 10 日内，向行政复议机关（政策法规处）提出书面答复，并提交当初作出具体行政行为的证据、依据和其他有关材料。

第十条　本局按有关规定允许申请人、第三人查阅被申请人提出的书面答复、作出具体行政行为的证据、依据和其他有关材料，除涉及国家秘密、商业秘密或者个人隐私外。

第十一条　行政复议决定作出前，申请人要求撤回行政复议申请的，经说明理由，本局应当同意撤回。申请人撤回行政复议申请，应当提交撤回行政复议的书面申请或者在撤回行政复议申请笔录上签字。

撤回行政复议申请的，行政复议终止。本局应当将行政复议终止的情况书面通知申请人、被申请人和第三人。

申请人撤回行政复议申请并终止行政复议后，申请人以同一事实和理由重新提起行政复议申请的，本局不予受理。

第十二条　申请人在申请行政复议时，一并提出对有关规定的审查申请的，本局应当在 7 日内按照法定程序转送有权处理的行政机关依法处理。处理期间，中止对具体行政行为的审查。

行政复议机构在对被申请人作出的具体行政行为进行审查时，认为其依据不合法，应当在 7 日内按照法定程序转送有权处理的国家机关依法处理。处理期间，中止对具体行政行为的审查。

第十三条　行政复议机构根据相关业务处室核实情况所提出的行政复议处理意见，对被申请人作出的具体行政行为进行审查，提出行政复议决定建议，经本局集体讨论决定或者主管负责人审批决定后，按照下列规定制作行政复议决定书。

（一）具体行政行为认定事实清楚，证据确凿，适用依据正确，程序合法，内容适当的，决定维持。

（二）被申请人不履行法定职责的，决定其在一定期限内履行。

（三）具体行政行为有下列情形之一的，决定撤销、变更或者确认该具体行政行为违法；决定撤销或者确认该具体行政行为违法的，可以责令被申请人在一定期限内重新作出具体行政行为：

1. 主要事实不清、证据不足的;

2. 适用依据错误的;

3. 违反法定程序的;

4. 超越或者滥用职权的;

5. 具体行政行为明显不当的。

(四)被申请人不按照本规则第九条第二款的规定提出书面答复、提交当初作出具体行政行为的证据、依据和其他有关材料的,视为该具体行政行为没有证据、依据,决定撤销该具体行政行为。

责令被申请人重新作出具体行政行为的,被申请人不得以同一的事实和理由作出与原具体行政行为相同或者基本相同的具体行政行为。

第十四条 行政复议申请由两个以上申请人共同提出的,在行政复议决定作出前,部分申请人撤回行政复议申请的,本局应当就其他申请人未撤回的行政复议申请作出行政复议决定。

被申请人在复议期间改变原具体行政行为的,应当书面告知复议机构。申请人不撤回复议申请的,本局经审查认为原具体行政行为违法的,应当作出确认其违法的复议决定;认为原具体行政行为合法的,应当作出维持的复议决定。

第十五条 本局自受理行政复议申请之日起 60 日内作出行政复议决定。情况复杂,不能在规定期限内作出行政复议决定的,经局主管负责人批准,可以适当延长,并告知申请人和被申请人;但是延长期限最多不超过 30 日。

第十六条 《行政复议决定书》一经送达,即发生法律效力。被申请人应当履行行政复议的决定。

被申请人不履行或者无正当理由拖延履行行政复议决定的,本局应当责令其限期履行。

第十七条 申请人逾期不起诉又不履行行政复议决定的,按照下列规定分别处理:

(一)维持具体行政行为的行政复议决定,由作出具体行政行为的安全生产监督管理部门依法执行,或者申请人民法院强制执行;

(二)变更具体行政行为的行政复议决定,由本局依法执行,或者申请人民法院强制执行。

第十八条 申请人在申请行政复议时一并提出的行政赔偿请求,本局认为符合国家赔偿法的有关规定,在决定撤销、变更被申请人的具体行政行为或者确认具体行政行为违法时,应当同时决定被申请人依法给予赔偿。

第十九条 送达行政复议文书,应当根据民事诉讼法的规定,采用直接送达、邮寄送达、委托送达和公告送达等方式。

第二十条 本规则自发布之日起施行。

关于印发《河南省氮肥生产企业
专项整治实施方案》的通知

豫安监管三〔2010〕74 号

各省辖市安全生产监督管理局、有关中央驻豫及省管单位：

根据《河南省人民政府关于进一步加强化工行业安全生产工作的若干意见》（豫政〔2010〕29号）文件精神，结合氮肥生产企业现状，我局制定了《河南省氮肥生产企业专项整治实施方案》，请结合本地区、本单位实际，认真贯彻执行。

附件：河南省氮肥生产企业专项整治实施方案

二〇一〇年四月一日

附件：

河南省氮肥企业安全生产专项整治实施方案

我省氮肥生产企业数量多、规模小、自动化程度低、从业人员素质不高，安全生产保障能力不强。为了进一步提高氮肥企业本质安全水平，促进全省化工行业安全发展，决定在全省氮肥企业开展安全生产专项治理活动，制定如下实施方案。

一、指导思想

深入贯彻落实《国务院办公厅关于继续深入开展"安全生产年"活动的通知》（国办发〔2010〕15号）和《河南省人民政府关于进一步加强化工行业安全生产工作的若干意见》（豫政〔2010〕29号）文件精神，严格标准，统筹兼顾，综合整治，稳步推进，全面提升我省氮肥企业安全生产水平。

二、整治任务及目标

1. 自动化控制改造：按照《关于做好危险化工工艺自动化控制改造的意见》（豫安监管三〔2009〕268号）要求完成改造任务，符合国家有关标准规定；

2. 从业人员基本条件：必须满足《规范河南省危险化学品生产经营单位从业人员基本条件的意见》（豫安监管危化〔2009〕162号）要求；

3. 安全设施设计改造：未经正规设计或经过设计施工后又擅自改扩建的生产装置和储存设施，有关企业要委托有资质的设计单位进行安全设施设计，并选择有资质的施工单位进行改造施工，达到国家有关标准要求；

4. 重大危险源监控：按期完成重大危险源自动监控改造任务；

5. 安全标准化达标：按期达到三级以上安全标准化水平；

6. 危险化学品登记:今年 5 月 31 日前必须完成危险化学品登记工作;

7. 安全生产条件审查:对存在重大事故隐患不整改,不具备安全生产条件的企业,吊销其《安全生产许可证》;

8. 建设项目安全设施"三同时"检查:对未履行《危险化学品建设项目安全许可实施办法》(国家安监总局令第 8 号)和《关于进一步做好危险化学品建设项目安全许可有关工作的通知》(豫安监管危化〔2009〕238 号)规定的有关手续的建设项目,责令立即停止建设,限期补办有关手续,并按照规定进行处罚;

9. 证照审查:审查其《安全生产许可证》等有关证件是否齐全有效。对于非法企业,应提请当地政府予以关闭。

三、方法步骤

1. 第一阶段:宣传发动,制定方案(4 月 1 日—4 月 30 日)。各省辖市安全监管局要组织辖区内相关企业,学习文件,领会精神,明确任务,提出要求;各相关企业要结合企业实际,组织人员对照有关文件和标准要求,进行全面排查,制定工作计划和工作方案。

2. 第二阶段:自查自纠,全面整治(5 月 1 日—9 月 30 日)。各相关企业要按照工作方案,有计划、有步骤地抓好落实,确保各项整治任务圆满完成。

3. 第三阶段:专项检查,依法整治(10 月 1 日—12 月 31 日)。各省辖市安全监管局要抽调人员和专家,组织专项检查组对有关企业整治情况进行综合检查,并将检查结果上报省局。对于需要关闭的企业,要书面提请当地政府实施关闭,省局将依法吊销或注销其《安全生产许可证》。

四、几点要求

1. 高度重视,加强领导。今年氮肥企业安全生产专项整治活动,时间较紧、内容较多、技术性强、任务艰巨,各级安全监管部门、各有关企业一定要高度重视,切实加强组织领导,尤其是整治任务较重的单位,要领导挂帅,抽调技术力量,搞好方案论证,确保顺利开展。

2. 科学整治,安全生产。各有关企业要妥善处理好依法整治与安全生产的关系,改造方案要科学合理、改造措施要安全可靠、现场施工要安全生产;当地安全监管部门要加强安全监管和政策指导,打击改造期间的"三违"行为,及时消除事故隐患。

3. 强化督查,狠抓落实。专项整治期间,省局将派督查组深入各地进行督查,及时通报各地整治情况。各地在整治过程中遇到实际问题,要认真研究,加强协调,妥善解决。涉及共性问题,可及时向省局反映。

关于进一步完善危险化学品企业
安全设施设计与改造的通知

豫安监管三〔2010〕100 号

各省辖市安全生产监督管理局：

为加强我省危险化学品企业安全生产基础工作，提高企业本质安全，按照《河南省人民政府关于进一步加强化工行业安全生产工作的若干意见》（豫政〔2010〕29 号）有关要求，未经正规设计而取得《安全生产许可证》或《危险化学品经营许可证》的危险化学品生产单位和专用储存仓库，要进行安全设施设计，并按照设计进行改造验收。现将有关事宜通知如下：

一、安全设施设计由企业委托具有相应资质的设计单位承担。

二、安全设施改造应当由具备相应资质的施工安装单位承担。

三、设计改造完成后，当地安全生产监管部门应组织有关专家进行验收，出具验收意见（附件 1）。

四、工作要求

（一）相关企业必须在 2010 年底前，完成设计改造工作。从 2011 年元月 1 日开始，将设计改造纳入下一轮安全评价和安全许可证延期换证的审查内容，凡未达到规定要求的，相关安全许可不予受理。

（二）相关企业的设计改造工作应与危险化工工艺自动化控制改造和重大危险源视频和数据监控改造相结合。

（三）各省辖市安全监管局要对当地企业原有设计情况进行认真排查摸底，按照附件 2 要求上报省局。

（四）各级安全生产监督管理部门要切实加强安全设施设计与改造过程中的安全监管。同时，要结合本地实际，制定工作计划，监督相关企业按期保质完成该项工作。

附件：1. 河南省危险化学品企业设计与改造验收意见表
　　　2. 危险化学品生产单位和专用储存仓库安全设施设计普查登记表

二〇一〇年四月二十四日

附件1：

河南省危险化学品企业设计与改造验收意见表

一、危险化学品企业基本情况

单位名称		经济类型	
单位地址		安全许可证书编号	
企业主要负责人		联系电话	
主要产品		主要工艺	

设计与改造内容：

二、设计单位情况

单位名称		资质等级	
单位地址		联系电话	

设计与改造内容：

三、施工单位情况

单位名称		资质等级	
单位地址		联系电话	

施工内容：

验收意见：

　　经验收安全设施设计与改造合格,符合国家有关规定,同意投入使用。

　　危险化学品企业(盖章)　　　　　　　　　　　　设计单位(盖章)
　　　　年　　月　　日　　　　　　　　　　　　　　年　　月　　日

　　施工单位(盖章)　　　　　　　　　　　　　　安全监管部门(盖章)
　　　　年　　月　　日　　　　　　　　　　　　　　年　　月　　日

附件 2：

危险化学品生产单位和专用储存仓库安全设施设计普查登记表

企业名称	是否正规设计	设计单位

关于开封越宫化工有限公司
在光气及光气化生产装置安全防护
距离内新建化工项目的复函

豫安监管三〔2010〕306 号

开封市安全生产监督管理局：

　　你局《关于开封越宫化工有限公司在光气及光气化生产装置安全防护距离内新建化工项目的请示》（汴安监管〔2010〕137 号）收悉。经研究函复如下：

　　开封越宫化工有限公司申请的新建项目在开封市农药厂光气发生装置安全防护距离之内，根据《光气及光气化产品生产安全规程》（GB 19041—2003）规定，不允许建设该化工项目。

二〇一〇年十二月九日

关于认真做好新建危险
化学品生产企业登记的通知

豫安监管三〔2011〕71 号

各省辖市安全生产监督管理局：

根据《危险化学品安全管理条例》规定，按照河南省人民政府《关于进一步加强化工行业安全生产工作的若干意见》（豫政〔2010〕29 号）、《关于贯彻落实豫政〔2010〕29 号文切实做好化工行业安全生产工作的通知》（豫安监管三〔2010〕56 号）文件要求，新建危险化学品生产企业须到河南省危险化学品登记注册办公室（以下简称省登记办）办理危险化学品注册登记，企业凭已经登记的有关材料到安全监管部门办理安全生产许可证。

考虑到新建危险化学品生产企业的具体情况，现将有关问题说明如下：

一、登记程序和步骤

1. 登记企业登录国家安全生产监督管理总局化学品登记中心（网址：http://www.nrcc.com.cn），通过网络版《危险化学品登记信息管理系统》向省登记办提出登记申请；

2. 申请经省登记办审核批准后，登记企业登录系统，根据提示如实填写登记单位信息和化学品信息，核查无误后提交省登记办。

3. 省登记办对登记企业提交的电子文档进行审核，审核合格者提交国家安全监管总局化学品登记中心；不合格者，在化学品信息栏办公室审核意见中给出具体原因，登记企业按此意见修改完善后再次提交省登记办。

4. 电子文档经国家安全监管总局化学品登记中心审核通过后，登记企业向省登记办上报以下登记材料纸质文档（统一使用 A4 纸）：

①《危险化学品生产单位登记表》一式 3 份（由系统自动生成，企业签字并加盖公章）；

②《营业执照》复印件 2 份或《企业名称预先核准通知书》2 份（加盖公章）；

③竣工验收后的《危险化学品建设项目安全许可意见书》复印件 1 份（加盖公章）；

④危险化学品安全技术说明书和安全标签各 2 份（按照《化学品安全技术说明书编写规定》（GB 16483—2000 或 GB/T 16483—2008）、《化学品安全标签编写规定》（GB 15258—1999 或 GB 15258—2009）要求编制）；

⑤危险性不明或新化学品的危险性鉴别、分类和评估报告各 3 份（由国家安全监管总局认可的鉴别分类机构出具；产品包含在最新版《危险化学品名录》、《剧毒化学品目录》的无须提供）；

⑥办理登记的危险化学品产品标准（采用国家标准或行业标准的，提供所采用的标准编号；采用企业标准、国际标准或外国标准的应提供标准全文）。

5. 省登记办在受理登记材料纸质文档后的 5 个工作日内，完成审核工作；对审核合格的，报国家安全监管总局化学品登记中心。

6. 省登记办接到国家安全监管总局化学品登记中心核发的登记证书后 5 个工作日内，通知登记单位领取登记证。

二、有关要求

1. 登记申请及登记信息录入工作，登记企业可自行进行，也可直接到省登记办（郑州市顺河路 12 号）由工作人员协助完成。

2. 无《组织机构代码证》的企业，法人代码填写 00000000-0。

3. 企业应按照规定，认真、如实填写《危险化学品登记信息管理系统》要求的内容，所有内容填写完毕并检查无误后，及时提交登记信息。

4. 企业自行设置"应急服务电话"的，应按照国家安全监管总局《关于〈危险化学品登记管理办法〉的实施意见》第五条款的要求：

1）设立专门应急咨询服务电话，电话号码应印在本单位生产的危险化学品的"一书一签"上，该电话不得挪作他用；

2）有专职人员负责接听并回答用户应急咨询，专职人员应当熟悉本单位生产的危险化学品的"一书一签"内容，以及国家有关危险化学品安全管理法律法规；

3）除不可抗拒的因素外，应急服务咨询电话应当每天 24 小时开通，并有专职人员职守。

国家安全监管总局化学品登记中心将按照规定要求，对该电话进行不定时核查，连续 2 次测试不合格者，将列入重点审查名单，并提交当地安全监管部门严肃处理。

三、其它事项

1. 企业在办理危险化学品《安全生产许可证》首次申请时应提交国家安全监管总局化学品登记中心核发的登记证书（复印件）或省登记办提供的登记证明材料。

2. 登记工作不收取任何费用。本着自愿的原则，对于无能力提供化学品安全技术说明书、安全标签的企业，可委托有关机构或省危险化学品登记办公室提供制作服务；无能力提供符合国家规定要求"应急服务电话"的企业，可委托国家安全监管总局化学品登记中心或其它具有国家安全监管总局认可资质的机构代理应急咨询服务。

二〇一一年三月二十九日

关于做好危险化学品
先进适用新装备安装改造工作的通知

豫安监管办〔2011〕51 号

各省辖市安全监管局：

　　根据国家安全监管总局办公厅《关于印发 2011 年危险化学品和烟花爆竹安全监管重点工作安排的通知》（安监总厅管三〔2011〕16 号）和河南省安全监管局《关于印发 2011 年化工行业安全生产重点工作安排的通知》（豫安监管三〔2011〕42 号）有关要求，为加快安全生产科技支撑体系建设，提高安全生产保障能力，请省辖市局结合本地区实际，督促企业做好先进适用新装备的安装改造工作。现将有关事宜通知如下：

一、工作任务

1. 安装介质泄漏报警仪表

　　危险化学品企业涉及有毒有害、易燃易爆场所要全部安装介质泄漏仪表。参照《石油化工可燃气体和有毒气体检测报警设计规范》（GB 50493—2009）、《易燃易爆罐区安全监控预警系统验收技术要求》（GB 17681—1999），合理设置仪表的数量和位置，要利于报警使用，便于校验维护。

2. 建立重大危险源安全监控预警系统

　　按照《危险化学品重大危险源安全监控通用技术规范》（AQ 3035—2010）和《危险化学品重大危险源罐区现场安全监控装备设置规范》（AQ 3036—2010）要求，建立相对独立的危险化学品重大危险源安全监控预警系统。

3. 使用万向充装管道系统

　　涉及液氯、液氨、液化石油气、液化天然气、二甲醚、三氯氢硅等品种的槽车充装环节要全部完成万向充装管道系统的安装、改造任务。

二、工作步骤

1. 清查摸底阶段（2011 年 4 月 20 日—5 月 20 日）

　　各省辖市安全监管局要贯彻落实文件精神，对企业做好宣传动员和摸底调查工作。组织企业查清先进适用新装备安装的基本情况，认真填写摸底调查表（附件）；指导企业根据工作任务和自身情况，制定切实可行的工作方案。5 月 20 日前将摸底调查表一、表三、表四上报省局。

2. 安装实施阶段（5 月 21 日—10 月 31 日）

　　各级安全监管部门要适时举办各种培训班、现场会等，切实做好安装过程中的服务指导和监督管理，督促各相关企业依据工作方案，对照要求和时间节点，扎实有效的开展先进适用新装备的安装、改造、完善和使用。

3. 检查验收阶段（11 月 1 日—12 月 31 日）

　　各省辖市安全监管局可委托有关专家或技术支撑机构对先进适用新装备的安装改造工作进行检查验收，出具检查验收意见，不符合要求的要限期整改，跟踪督办，确保年内全面实现先进适用新装备的安装改造工作。12 月 31 日前将本地区先进适用新装备安装改造结果报送省局。

三、工作要求

1. 有关企业一定要充分认识先进适用新装备的安装改造，对提高企业本质安全水平，减少人身伤害事故和财产损失的重要作用，切实加强组织领导。改造任务重的企业，由主要领导负责，拿出专项资金，抽调技术力量，搞好方案论证，确保改造工作顺利开展。

2. 各地安全监管部门要及时掌握改造进度，对改造进度迟缓或不积极的企业要给予通报批评，并将按期完成改造达标情况作为重要的安全生产条件在安全生产行政许可和日常监察中严格要求。

3. 各省辖市安全监管局要根据通知要求，及时上报相关材料（同时提交电子文本）。省局将把各地工作完成情况纳入年底考核内容。联系人：王亚辉；联系电话：65866877；电子信箱：hnajwhc@126.com。

附件：先进适用新装备安装摸底调查表

二〇一一年四月十五日

附件：

先进适用新装备安装摸底调查表

表一：介质泄漏报警仪表摸底汇总情况

省辖市：   填表时间： 年 月 日

序号	企业名称	需要安装改造的作业场所数量	需要安装改造的报警仪表数量	已符合标准的作业场所数量	已安装的报警仪表数量	备注
合计						

表二:介质泄漏报警仪表摸底情况统计

企业名称:　　　　　　　　　　　　　　　　　　　　填表时间:　　年　　月　　日

序号	涉及的作业场所名称	需要安装改造的报警仪表数量	作业场所是否符合标准	已安装的报警仪表数量	备注
合计					

表三:重大危险源安全监控预警系统摸底情况

省辖市(企业名称):   填表时间: 年   月   日

序号	重大危险源地点	是否已建立危险化学品 重大危险源安全监控预警系统	备注
合计			

表四:万向充装管道系统摸底汇总情况

省辖市: 　　　　　　　　　　　　　　　　　　　填表时间: 　　年　　月　　日

序号	企业名称	充装介质名称	是否使用万向充装管道系统	备注
合计				

表五：万向充装管道系统摸底情况统计

企业名称：　　　　　　　　　　　　　　　　　　填表时间：　　年　　月　　日

序号	充装介质名称	是否使用 万向充装管道系统	备注

关于开展乙炔行业安全生产
专项整治工作的通知

豫安监管〔2011〕32 号

各省辖市安全生产监管局：

为深入贯彻落实省委、省政府领导关于安全生产工作的重要指示及全国、全省安全生产工作会议精神，根据《国务院关于进一步加强企业安全生产工作的通知》(国发〔2010〕23 号)、《关于危险化学品企业贯彻落实〈国务院关于进一步加强企业安全生产工作的通知〉的实施意见》(安监部管三〔2010〕186 号)和《河南省人民政府关于进一步加强化工行业安全生产工作的若干意见》(豫政〔2010〕29 号)(三个文件简称《系列文件》)文件要求，结合我省实际，决定从 4 月到年底在全省范围内开展乙炔行业安全生产专项整治工作。

一、整治工作目标

在开展"深化安全生产年"活动基础上，以贯彻落实省政府《安全河南创建纲要(2010—2020年)》《系列文件》为核心，以强化乙炔企业安全生产主体责任落实为重点，以《溶解乙炔生产企业安全生产标准化实施指南》(AQ 3039—2010)为重要抓手，全面实施乙炔企业生产装置自动化改造，着重治理企业技术落后、安全管理水平低、管理制度不完善及执行不到位等问题，着力构建乙炔安全生产长效机制，提高生产过程中的本质安全水平，严防伤亡事故发生，确保全省化工行业安全生产形势持续稳定。

二、整治检查重点

1. 安全标准化达到三级以上水平。

2. 要求经过有资质的设计单位进行安全设施设计，检查安全设施改造、验收情况。

3. 企业落实主体责任的方案制定、上报备案、执行、落实情况。

4. 企业聘请专家制度执行情况。

5. 企业配备专职的分析化验人员，检查分析化验记录，重点包括开停车、检维修前、中、后有相应的氧含量、可燃气体含量等分析数据记录。

6. 要求企业在当地规划的园区内，不在园区的要制定搬迁计划，逐步实施搬迁。

7. 检查乙炔气瓶添加丙酮的记录。

8. 企业停业、歇业、开停车计划和方案报县局(或市局)备案情况。

9. 可燃气体检测仪、有毒有害气体检测仪安装数量符合要求、投用并处于完好状态。配备的便携式可燃气体检测仪状态完好。有检测仪定期校验记录。

10. 从业人员素质符合《关于规范河南省危险化学品生产经营单位从业人员基本条件的意见》要求。

11. 企业对从业人员涉及企业危险源、危险因素，危险化学品的危险、危害特性、紧急处置等的安全培训情况。监管部门进行现场抽查考试(80 分为合格，60 分为基本合格，合格率应在80％以上，基本合格率 100％)。

三、整治工作步骤

推进专项整治工作从 2011 年 4 月 20 日开始,分三个阶段进行。

第一阶段:安排部署阶段。4 月 20 日—5 月 20 日,各地完成安排部署工作,认真制定推进专项整治实施方案,对辖区内纳入整治范围的企业进行详细筛查,针对以上整治内容要求企业根据各自实际情况制定整治计划。

第二阶段:整治实施阶段。5 月 21 日—10 月 31 日前,市、县两级安全监管局督促企业对照整治计划认真进行整改,围绕标准化建设、落实企业主体责任等整治内容深入推进隐患治理,存在重大隐患的立即停产整顿。按照第二部分整治检查重点有 6 项及以上不符合要求的,立即停产整顿。

第三阶段:验收和总结阶段。11 月 1 日—12 月 20 日前,各地对已完成整治目标任务的企业进行验收,要求企业整治检查重点全部得到落实,在此基础上由省安全监管局组织督查组对各地整治工作完成情况进行抽查,主要检查省辖市专项整治工作的组织领导、工作措施和整治工作落实情况,并抽查企业的专项整治情况。同时,做好专项整治工作总结。

四、整治工作措施与要求

(一)加强领导,相互配合

各地要充分认识推进乙炔行业专项整治工作的重要性、必要性和紧迫性,切实加强对专项整治工作的组织领导,明确工作目标。各级安全监管部门要协调配合,及时沟通信息,研究重大问题,确保整治工作上台阶。

(二)落实措施,扎实推进

各地要按照全省推进乙炔行业专项整治工作的要求和步骤,结合实际,研究辖区内乙炔企业安全生产现状,制定切实可行的工作措施。要以全面推进标准化建设为重点,扎实抓好专项整治工作。要及时发现、了解辖区内乙炔企业专项整治工作中出现的新情况、新问题,研究制定相应对策和措施,加强对辖区内乙炔企业专项整治工作的督促和指导,全面推动专项整治工作扎实有效开展,取得实效。

(三)依法监管,严格执法

各地要认真落实好化工企业的主体责任和政府的监管责任。结合各地制定的化工行业安全发展规划,要把整治工作纳入换发安全生产许可证的前置条件,整改不到位的,一律不予换发安全生产许可证,已换发的要予以暂扣。发生伤害事故的,企业停产停业整顿;发生一般事故的,吊销生产许可证,重新开工,应履行建设项目"三同时"手续;发生较大及以上事故的,吊销生产许可证,提请当地政府予以关闭。

各地在每一阶段结束后要认真总结,并将书面情况报省安全监管局监管三处,12 月 25 日前综合报告全年完成情况。

二〇一一年四月二十日

关于印发《河南省 2011 年多晶硅行业安全生产专项整治方案》的通知

豫安监管〔2011〕31 号

各省辖市安全生产监督管理局、各相关企业：

现将《河南省 2011 年多晶硅行业安全生产专项整治方案》印发给你们，请贯彻执行。

二〇一一年四月二十日

河南省 2011 年多晶硅行业安全生产专项整治方案

近年来我省多晶硅行业快速发展，但由于相关的技术和措施不够成熟，有的形成安全生产隐患，并导致事故发生。为了进一步加强多晶硅行业安全生产，省局决定从今年 4 月份起至年底，在全省范围内开展多晶硅生产企业安全专项整治。

一、指导思想

坚持"安全第一，预防为主"的方针，深入贯彻《国务院关于进一步加强企业安全生产工作的通知》（国发〔2010〕23 号）、《关于危险化学品企业贯彻落实〈国务院关于进一步加强企业安全生产工作的通知〉的实施意见》（安监总管三〔2010〕186 号）和《河南省人民政府关于进一步加强化工行业安全生产工作的若干意见》（豫政〔2010〕29 号）等三个文件精神，严格行业准入条件，切实落实企业安全生产主体责任，建立健全企业安全生产的机制体制。统筹兼顾，综合整治，稳步推进，全面提升我省多晶硅生产企业安全生产水平

二、整治重点

1. 安全标准化达标。按照《危险化学品从业单位安全标准化通用规范》（AQ 3013—2008）的要求，在年底前达到三级以上安全标准化水平。

2. 严格按照《多晶硅行业准入标准》，淘汰落后产能。

3. 结合《多晶硅行业安全技术指导书》，结合本企业实际，制定相关操作规程和岗位安全生产责任制情况。

4. 企业落实主体责任的方案制定、上报备案、执行、落实情况。

5. 进行危险化学品登记情况。

6. 建设项目安全设施"三同时"情况。

7. 企业应在当地规划的园区（集聚区）内。不在园区的要制定搬迁计划，逐步实施搬迁。

8. 企业聘请进行专家隐患排查情况。

9. 从业人员素质符合《关于规范河南省危险化学品生产经营单位从业人员基本条件的意见》要求。

10. 自动化控制安全设施设计改造。

11 涉及有毒有害、易燃易爆场所全部安装介质泄漏报警仪表。

12. 危险化学品重大危险源的按照 AQ 3035—2010、AQ 3036—2010 要求安装安全监控预警系统。

13. 危险化学品充装环节全面使用液化气体万向节管道充装系统。

14. 企业对从业人员涉及企业危险源、危险因素,危险化学品的危险、危害特性、紧急处置等的安全培训情况。监管部门进行现场抽查考试(80 分为合格,60 分为基本合格,合格率应在 80% 以上,基本合格率 100%)。

三、整治工作步骤

专项整治工作计划分三个阶段进行,年内完成:

(一)宣传发动和制定方案(2011 年 4 月 20 日—5 月 31 日)

1. 各地安全监管部门要根据整治工作的总体要求,对本地区有关企业进行排查摸底,制定本地区的整治方案,明确任务,提出要求,一并贯彻到企业。

2. 有关企业搜集有关资料,全面宣传专项治理方案及要求宣传贯彻的有关内容,做到有关资料人手一本,有关人员应知尽知。

3. 有关企业应该根据整治方案要求,组织人员进行全面排查,制定工作计划和工作方案并报当地安全监管部门备案。

4. 各级安全监管部门根据当地企业情况,采取有关安全监管人员定点联系企业的方法,分配工作任务和职责,确保整治工作的进行。

(二)自查自纠和全面整治阶段(2011 年 6 月 1 日—8 月 31 日)

1. 相关企业要按照工作方案,有计划、有步骤地抓好落实。整治完成后首先进行自查,问题整改完成后,报当地安全监管部门验收。

2. 各级安全监管部门根据整治工作的总体要求部署,督促企业按照本企业的计划和方案开展工作,并切实做好服务,帮助企业解决整治过程中出现的问题。

3. 各级安全监管部门可以按照以点带面的原则,先行试点一个企业,总结经验,逐渐推开。

(三)检查验收阶段(2011 年 10 月 1 日—11 月 30 日)

1. 各省辖市安全监管局,对照整治内容制定验收方案,组织专家对有关企业进行验收。验收不合格者,令其停产整顿,提请省局暂扣安全生产许可证。逾期未整改的或整改达不到要求的,提请省局依法吊销安全生产许可证,并提请政府予以关闭。

2. 各省辖市安全监管部门将辖区内有关企业的专项整治中出现的问题及时研究对策,验收情况总结上报省局。

3. 省监管三处牵头,抽调有关安全监管人员和专家,组织专项检查组对有关企业整治情况进行抽查,并将抽查结果公布。

四、整治工作措施与要求

(一)提高认识,加强领导

要充分认识整治工作的必要性和复杂性。各级安全监管部门和有关企业一定要高度重视,切实加强组织领导,尤其是整治任务较重的单位,要领导挂帅,抽调技术力量,搞好方案论证,确保顺利开展。

(二)广泛宣传,统一思想

充分宣传此次专项整治工作重要意义,使相关单位、人员提高认识,统一思想,积极参与,有效协作,形成有利氛围,促进整治工作的顺利开展。各地安全监管部门在整治中应对企业的宣传贯彻情况进行现场抽查考试,其考试成绩作为整治验收的重要内容。

(三)建立信息反馈制度

各地可将专项整治中出现的问题和困难,一些先进的经验和做法等及时上报省局,以便及时解决问题,指导和推动全省专项整治工作。

(四)科学整治,安全生产

各有关企业要妥善处理好依法整治与安全生产的关系,改造方案要科学合理、改造措施要安全可靠、现场施工要安全生产。当地安全监管部门要加强安全监管和政策指导,打击整治期间的"三违"行为,及时消除事故隐患。对于在整治期间因改造、检修或其它原因需要停产或半停产的,必须制定停工和复工方案,并按照规定办理有关手续,对于不按规定擅自停车、开车的,以造成重大事故隐患论处。

关于印发《多晶硅生产企业安全技术指导书》的通知

豫安监管〔2011〕35 号

各省辖市安全生产监督管理局、各相关企业：

现将《多晶硅生产企业安全技术指导书》印发给你们，请遵照执行。

附件：多晶硅生产企业安全技术指导书

二〇一一年四月二十五日

附件：

多晶硅生产企业安全技术指导书

1　范围

本指导书规定了多晶硅生产过程产生的各类危害因素应采取的基本安全技术要求和措施，包括总图平面布局与通道、防火防爆、防雷防静电、电气安全、生产装置安全、防尘防毒、防噪声、防护用品、多晶硅作业安全和安全管理等方面内容。适用于河南省境内用氯硅烷法生产多晶硅的生产企业。

2　基本安全要求

2.1　基本规定

2.1.1　新建、扩建、改建多晶硅生产企业(装置)应符合本指导书的规定。暂不符合本指导书规定的现有多晶硅生产企业，应采取综合预防、治理措施，达到本指导书要求。

2.1.2　新建、扩建、改建多晶硅生产企业的安全、卫生状况，安全、卫生技术措施与管理措施应符合 GB 12801—2008《生产过程安全卫生要求总则》的规定；其安全设施设计专篇应符合《危险化学品建设项目安全设施设计专篇编制导则》(试行)；爆炸危险场所应当符合《爆炸危险场所安全规定》(劳部发〔1995〕56 号)。多晶硅生产企业的新建、改建、扩建工程，必须进行安全、环保和职业卫生评价，其安全、卫生、消防、环保设施，应与主体工程同时设计、同时施工、同时投入生产和使用。用于生产、储存危险化学品的多晶硅生产企业应进行安全条件论证和委托有资质的机构进行安全评价；其建设项目应委托具有化工设计乙级以上资质的设计单位设计；应委托具有化工建设(安装)资格的单位负责施工。

2.2　总图功能分区与通道

2.2.1　多晶硅生产企业总图布置应符合《建筑设计防火规范》(GB 50016—2006)和《石油

化工企业设计防火规范》(GB 50160—2008)、《化工企业总图运输设计规范》(GB 50489—2009)的有关规定。

2.2.2　建筑物的耐火等级和防火间距符合《建筑设计防火规范》(GB 50016—2006)和《石油化工企业设计防火规范》(GB 50160—2008)的有关规定。

2.2.3　厂区消防系统设计应符合《建筑设计防火规范》(GB 50016—2006)的有关规定。

2.3　防火防爆分区与间距

2.3.1　同一防火分区内有不同性质生产时,其火灾分类,应按火灾危险性较大的部分确定。多晶硅生产企业火灾危险性分类和举例见附录 A。

2.3.2　氯化氢与三氯氢硅合成装置、多晶硅还原装置、还原尾气回收分离装置、四氯化硅氢化装置、电解水制氢装置、氢气罐区、氯硅烷罐区等有爆炸危险厂房的泄爆面积应符合 GB 50016—2006《建筑设计防火规范》(GB 50016—2006)第 3.6 节要求。

2.3.3　易燃易爆厂房内不应设置办公室、休息室。如必须贴邻本厂房设置时,应采用一、二级耐火等级建筑,并应采用耐火极限不低于 3h 的非燃烧体防护墙隔开或设置直通室外或疏散楼梯的安全出口。

2.3.4　若专用控制室、中控化验室必须与设有氯化氢与三氯氢硅合成反应、四氯化硅氢化反应、多晶硅还原反应、电解水反应等生产设备的房间布置在同一建筑物内时,应用非燃烧体防火墙隔开和设置独立的安全出口,朝向爆炸危险区域的应采用防爆墙。防火墙的耐火等级应为一级。

2.4　贮存场所

2.4.1　构成重大危险源的氢气罐区和氯硅烷储罐区应严格按照重大危险源的有关规定执行。

2.4.2　所有氯硅烷罐区都应按照该罐区单个最大容积储罐配备备用储罐。

2.4.3　所有甲、乙类液体的轻便容器(如桶、瓶)存放在室外时,应设置防晒棚或水喷淋(雾)设施。氯硅烷贮罐区应设防日晒设施或其他降温设施,甲、乙类液体贮罐阀门冬季应有防冻措施。储存氯硅烷液体,应选用压力储罐。

2.4.4　厂区消防设施应按照《建筑设计防火规范》(GB 50016—2006)、《建筑灭火器配备设计规范》(GB 50140—2005)的相关要求配置。

2.5　消防、防雷、防静电

2.5.1　扑救四氯化硅、三氯氢硅、二氯二氢硅、一氯三氢硅、硅烷、等甲、乙、丙类液体应选用干粉灭火器。生产作业场所应按 GB 50140—2005《建筑灭火器配置设计规范》的规定根据火源及着火物质性质,配备适当种类、足够数量的消防器材,并定期检查,保持有效状态。

2.5.2　生产作业场所的各类建、构筑物、露天装置、贮罐应设置防雷设施。防雷措施及防雷装置应符合 GB 50057—1994(2002 年版)《建筑物防雷设计规范》的要求。防雷设施应由有资质的单位进行设计、安装和监测。

2.5.3　生产作业场所内可能产生静电危害的物体应采取工业防静电接地措施,应符合 GB 12158—2006《防止静电事故通用导则》的要求。使用、贮存、输送、装卸、运输易燃易爆物品(各类溶剂、氯硅烷、导热油、产生可燃性粉料等)的生产装置(反应器、提纯塔、换热容器、贮罐、输送泵、装卸设施和过滤器、易燃液体、气体管道阀门等)、装卸场所以及产生静电积累易燃易爆的生产设施岗位都应有防静电接地措施。各专设的防静电接地电阻值不应大于 100Ω。

2.5.4　在输送和灌装过程时,应防止液体的飞散和飞溅,以减少静电产生。从底部或上部入罐的注入管末端应设计成不易使液体飞散的倒 T 形状或另加导流板;或在上部灌装时,使液体沿侧壁缓慢下流。

2.5.5　易燃易爆液体应从槽车等大型容器底部注入,若不得已在上部灌装时,应将注入管伸入容器内离其底部不大于 200 mm 处,在注入管未浸入液面前,其流速应限制在 1 m/s 以内。

2.5.6　装运危险化学品的汽车槽车装卸作业时应配戴阻火帽、静电接地链等设施,在装卸区应安装静电接地报警器,装卸作业按照先接地再作业的原则进行。装卸工作完毕后,应静置 2 min 以上时间,才能拆除接地线。

2.5.7　氢气储罐区、氢气压缩机房等重点防火防爆作业区的入口处,应设置人体静电消除装置(接地裸露金属体如栏杆、金属支架等)。

2.6　电气安全

2.6.1　电解水制氢装置、氯化氢合成装置、三氯氢硅合成装置、氯硅烷分离提纯装置、多晶硅还原装置、还原尾气干法回收装置、四氯化硅氢化装置、氢气和氯硅烷罐区等爆炸性气体环境电气装置应符合 GB 50058—1992《爆炸和火灾危险环境电力装置设计规范》第 2 章的要求,硅粉仓库等爆炸性粉尘环境电气装置应符合 GB 50058—1992《爆炸和火灾危险环境电力装置设计规范》第 3 章的要求。

2.6.2　电解水制氢装置、氯化氢合成装置、三氯氢硅合成装置、氯硅烷分离提纯装置、多晶硅还原装置、还原尾气干法回收装置、四氯化硅氢化等生产装置中的 DCS 过程控制系统应有 ups 备用电源,多晶硅还原炉冷却系统循环动力泵应有其它备用电源或冷却水备用水箱。四氯化硅氢化、活性炭吸附和多晶硅还原或其他工艺采用直接电加热方式,应采取电气防爆措施,并符合 GB 50058—1992《爆炸和火灾危险环境电力装置设计规范》要求。

2.6.3　电解水制氢装置、氯化氢合成装置、三氯氢硅合成装置、氯硅烷分离提纯装置、多晶硅还原装置、还原尾气干法回收装置、四氯化硅氢化装置生产装置、氢气和氯硅烷罐区等易燃易爆环境的电气设备和线路的安装和敷设应符合 GB 50058—1992《爆炸和火灾危险环境电力装置设计规范》、GB 50257—1996《爆炸和火灾危险环境电力装置竣工及验收规范》。

2.6.4　各种场所的电气设施防爆等级见附录。

2.7　生产装置安全

2.7.1　生产设备应具备基本安全功能,符合 GB 5083—1999《生产设备安全卫生设计总则》的通用安全要求。

锅炉、压力容器及其压力管道、电梯、电动葫芦、供垂直运输物品的升降机、叉车等特种设备应当符合《特种设备安全监察条例》要求。

2.7.2　建构筑物防腐应满足 GB 50046—95《工业建筑防腐蚀设计规范》的要求。

2.7.3　生产工艺过程中接触氯硅烷介质的生产装置不宜采用 304 不锈钢材料。

2.7.4　工业金属管道的材料、组成件的选用、布置应符合 GB 50316—2000《工业金属管道设计规范》的要求。

2.7.5　工业管道的识别色、识别符号、安全标识应符合 GB 7231—2003《工业管道的基本识别色、识别符号和安全标识》要求。

2.8　相关安全装置

2.8.1　凡工艺上有放空的设备均应设放空装置,并定期检查其有效性。用于易燃、易爆气体放空的安全阀及放空管,应至少将其导出管高出建筑物屋脊 1.0 m 以上,不应将导出管置于下水道等限制性空间,以免引起爆炸。放空管应选用金属材料,不应使用塑料管或橡皮管。其中释放压力大于等于 0.1 MPa 的放空管线应采用不锈钢材料。放空管上应设有阻火器,应静电接地。管口上应有挡雨、阻雪的伞盖。

2.8.2　易燃易爆液体严禁使用玻璃管液位计。

2.8.3　四氯化硅氢化反应器和导热油电加热器温度控制装置应有冗余设计,宜使用两套控制仪器,并定期校验。氢化反应器及系统中的安全附件、安全保护装置、测量调控装置及有关附属仪器应完整、齐全、有效。

2.9　安全标志

2.9.1　多晶硅企业生产作业场所应按 GB 2894—1996《安全标志》的规定设置安全标志,或在建(构)筑物及设备上按 GB 2893—2001《安全色》规定涂安全色。

2.9.2　生产作业场所的紧急通道和出入口,应设置明显醒目的标志。生产作业区入口及其他禁止明火和产生火花的场所应有禁止烟火的安全标志。

2.10　职业危害控制

2.10.1　生产过程应严格控制粉尘、毒物的产生。存在严重职业危害的作业岗位应按 GBZ 158—2003《工作场所职业病危害警示标识》的规定设置醒目的警示标识和中文警示标志。

2.10.2　根据生产工艺和粉尘、毒物特性,采取防尘、防毒通风措施控制其扩散,使作业场所有害物质及粉尘的浓度符合 GBZ 2—2002《工作场所有害因素职业接触限值》规定。多晶硅生产场所空气中主要有毒物质及粉尘容许浓度见附件 B。

2.10.3　产生粉尘、可燃性气体烟雾的作业场所,应设排毒或除尘净化的通风设施。通风设施应有防爆措施,风机与电机应要求防爆隔爆等级。通风空气不应循环使用。

2.10.4　对于毒性危害严重的生产过程和设备,应设计可靠的事故处理装置及应急防护措施。在有毒性危害的作业环境中,应设置必要的洗眼器、淋洗器等卫生防护设施,其服务半径应小于 15 m。并根据作业特点和防护要求,确定配置事故柜、急救箱或个人防护用品。

2.10.5　应从声源上控制生产过程和设备噪声,以低噪声的工艺和设备代替高噪声的工艺和设备。

2.10.6　生产过程和设备的噪声应采取隔声、消声、隔振及管理等综合措施,使操作人员每天连续 8 h 接触的噪声不大于 85 dB(A)。作业场所噪声声级的卫生限值,应符合国家标准 GBZ 1—2002《工业企业设计卫生标准》要求。

2.10.7　当室内作业地点气温等于或大于 37℃ 时应采取局部降温和防暑措施,并应减少接触时间。在炎热季节对高温作业的工人应供应含盐清凉饮料(含盐量为 0.1%～0.2%)。

2.10.8　当室内作业地点温度近十年最冷月平均温度等于或小于 8℃ 的月份连续三个月以上的,应设置采暖设施,设置采暖设施应符合 GB 50016—2006《建筑设计防火规范》第 10.2 节的要求。甲、乙类厂房和甲、乙类仓库内不应采用明火和电热散热器采暖。

2.11　防护用品管理

2.11.1　对作业人员应采取个人防护措施,配备专用的劳动防护用品。不同岗位作业人员配用劳动防护用品及劳动防护用品质量性能应符合 GB/T 11651—2008《个体防护装备选用规范》的要求。易燃易爆场所作业人员应配用阻燃、防静电、防酸碱的工作服、防毒口罩、工作手套等。

2.11.2　生产作业场所应配备呼吸防护器以及其他应急防护用品。呼吸防护器配备应符合 GB/T 18664—2002《呼吸防护用品的选择、使用与维护》的要求。

2.12　过程自动控制设计安全要求

2.12.1　系统 DCS 的操作站、控制器、通讯总线、I/O 卡件等应当考虑冗余要求。

2.12.2　提纯塔、三氯氢硅气化装置、还原尾气压缩机、氢化反应器等重要设备应根据其内部物料的火灾危险性和操作条件设置相应的仪表报警讯号,自动联锁保护系统或紧急停车系统。

2.12.3 多晶硅生产装置中，采用 DCS、PLC 等执行监控的生产装置仪表电源应采用 ups 备用电源，其后备电池供电时间：15 min—30 min。

2.12.4 氢气压缩机房、还原炉室、氯硅烷储罐区等区域内，应设置可燃气体检测报警仪。氯硅烷罐区的区域内，还应设置有毒气体检测报警仪。

2.12.5 易燃易爆装置内的保护管与仪表、检测元件、电气设备、接线箱、拉线盒等的连接作业，应当符合 GB 50257—1996《爆炸和火灾危险环境电力装置竣工及验收规范》的有关要求。

3 多晶硅生产作业安全

3.1 工艺控制及一般规定

3.1.1 企业应按照不同的多晶硅生产具体工艺及特点，根据本指导书制定岗位操作规程。

3.1.2 多晶硅生产的工艺技术指标和中间控制指标应仔细核对、严格控制，重要的控制指标应设管理控制点。更改指标应有相应的安全保障，并经技术负责人批准。

3.1.3 加热设备、提纯设备、还原设备、氢化反应设备、HCL 与 TCS 合成设备、制氢设备、干法回收设备、辅助设备（过滤机、离心机、各类泵、空气压缩机、通风机、电动葫芦）等生产设备的操作应按照安全操作规程进行。

3.1.4 系统开停车基本指导书

3.1.4.1 系统开车前应先检查并确认水、电、汽（气）必须符合开车要求，设备及其安全附件完好，各种原料、材料、辅助材料的供应必须齐备，合格，投料前必须进行分析验证。

3.1.4.2 检查阀门开闭状态及盲板抽加情况，保证装置流程畅通，各种机电设备及电气仪表等均应处在完好状态。

3.1.4.3 保温、保压及洗净的设备要符合开车要求，必要时应重新置换，清洗和分析，使之合格。

3.1.4.4 必要时停止一切检修作业，无关人员不准进入现场。

3.1.4.5 各种条件具备后开车，开车过程中要加强有关岗位之间的联络，严格按开车方案中的步骤进行，严格遵守升降温，升降压和加减负荷的幅度（速率）要求。

3.1.4.6 开车过程中要严密注意工艺的变化和设备运行的情况，加强与有关岗位和部门的联系，发现异常现象应及时处理，情况紧急时应中止开车，严禁强行开车。

3.1.4.7 必须编制停车方案，正常停车必须按停车方案中的步骤进行。用于紧急处理的自动停车联锁装置，不应用于正常停车，加强与有关岗位和部门的联系。

3.1.4.8 系统降压，降温必须按要求的幅度（速率）并按先高压后低压的顺序进行。凡需保压、保温的设备容器等，停车后要按时记录压力、温度的变化。

3.1.4.9 大型传动设备的停车，必须先停主机，后停辅机。

3.1.4.10 设备（容器）卸压时，要注意易燃，易爆，易中毒等化学危险物品的排放和散发都应进入尾气处理系统，防止造成事故。

3.1.4.11 冬季停车后，要采取防冻防凝措施。

3.1.5 紧急处理

3.1.5.1 工艺及机电设备等发生异常情况时，应迅速采取措施，并通知有关岗位协调处理。如仍不可控，或发生爆炸、着火、大量泄漏等事故时，立即启动应急救救援预案。

3.2 三氯氢硅提纯

3.2.1 提纯塔开车

3.2.1.1 应按照所开提纯塔的工艺操作规程（或作业本指导书）的要求操作。

3.2.1.2　提纯塔进料前要确保所有相关设备、阀门、管道均已打压检漏吹扫合格,各种仪表监控装置经校验合格并正常投用。

3.2.1.3　该提纯塔以及相关所有设备管道用高纯氮气置换合格(经检测后氮中氧小于5000 ppm,露点小于－45℃)。

3.2.1.4　应按照工艺技术操作规程的要求逐步开车,注意进料流量,升温升压速度,防止因为升压过快引起塔失去控制,发生事故。在开塔过程中注意,冷热源的投入必须遵循"先冷后热"的原则,先通冷却介质,再通加热介质,在通入热源之间要先进料,应避免加热设备"干烧"的状况。

3.2.2　提纯塔运行控制

3.2.2.1　提纯塔运行中要严格按照工艺操作参数控制,不应超过所有参数的控制范围。

3.2.2.2　提纯塔运行中如果出现泄漏时应立即采取停塔处理措施,停止加热,停止进出料,打开尾气阀门泄压,通入高纯氮气,防止因为泄漏出现着火爆炸等次生事故。如果条件允许,可使用带压堵漏工具对泄漏部位进行封堵,否则待压力降低后将塔内物料倒出,高纯氮气置换,分析合格后再对泄漏部位进行处理。

3.2.2.3　提纯塔运行中要精心观察各参数运行是否异常,定期对循环水 pH 值及系统压力进行检测,以确保在换热器泄漏时能够及时发现处理。

3.2.3　提纯塔停车

3.2.3.1　提纯塔停车时应遵循"先热后冷"的原则,当提纯塔所有进出料停止,与其他系统断开后,先停止热源,保持冷却水继续运转,待塔内温度降下来、塔压维持稳定后方可关闭冷却循环水。停塔过程中应随时监视塔内压力和温度情况。

3.2.3.2　提纯塔停塔后依据实际情况进行后续处理。如停塔后不需检修且物料没有倒出,则要继续监视塔内各个参数,保证塔内各参数正常,且保持微正压;如需要检修,则应把塔内所有物料倒出,高纯氮气置换合格后进行检修。

3.3　还原尾气干法回收

3.3.1　还原尾气干法回收系统开车

3.3.1.1　应按照还原尾气干法回收系统的工艺操作规程(或作业本指导书)的要求操作。干法回收系统进料前要确保所有相关设备、阀门、管道均已打压检漏吹扫合格,各种仪表监控装置经校验合格并正常投用。

3.3.1.2　所有相关设备管道先使用高纯氮气置换(经检测后氮中氧小于 5000 ppm,露点小于－45℃),合格后再使用高纯氢气置换,氢气置换合格(氢中氮含量小于 5000 ppm,氢中氧小于10 ppm)后才可以进料。

3.3.1.3　干法回收系统进料后,循环降温的过程中要加强现场巡检,防止因为系统温度降低造成的泄漏。降温过程中严格控制降温速度,防止低于设备承受温度而发生的设备损坏。

3.3.2　还原尾气干法回收系统运行控制

3.3.2.1　应按照还原尾气干法回收系统的工艺操作规程(或作业本指导书)的要求操作。在干法回收系统运行期间,操作者要精心调整,确保各个参数都保持在正常范围内。

3.3.2.2　正常运行时突然停水,停电、泵、压缩机、冷冻系统会立刻跳停,鼓泡淋洗系统压力会迅速升高,应立即开启鼓泡淋洗系统尾气阀门泄压,停止向还原系统供料,操作人员严密监控各个参数,一旦出现超压现象应及时泄压。

3.3.2.3　氢气或物料泄漏,应立即将泄漏部位与其它部分断开,利用尾气管道泄压,当系统压力低于氮气系统压力时,向系统内通入高纯氮气,降低泄漏物中可燃物质含量,避免发生着火爆炸等次生事故。

3.3.2.4 运行中要定时对各个部分气体以及物料进行检测(成分、杂质),通过检测结果对控制参数进行适当的调整,以优化系统的运行效果。

3.3.3 还原尾气干法回收系统停车

3.3.3.1 应按照还原尾气干法回收系统的工艺操作规程(或作业本指导书)的要求操作。

3.3.3.2 干法回收系统停车过程中,要注意各参数是否异常,特别是鼓泡淋洗系统和脱吸塔压力是否异常(不能超过系统设定压力),随时做好泄压的准备。

3.4 四氯化硅氢化

3.4.1 硅粉与触媒加料

3.4.1.1 应按照氢化系统和混料机的工艺操作规程(或作业本指导书)的要求操作。

3.4.1.2 硅粉与触媒下料时应打开除尘装置,控制加料速度,防止固体粉尘飞扬。操作者应佩戴相关劳动防护用品。

3.4.1.3 加料完成后关闭活化干燥器加料阀门,并加上盲板(按 AQ 3027—2008 要求),升压检漏合格后方可进行下一道工序。

3.4.2 硅粉与触媒的活化干燥

3.4.2.1 应按照氢化系统和氢气加压净化系统的操作规程(或作业本指导书)的要求操作。

3.4.2.2 进氢气前要确保所有相关设备、阀门、管道均已打压检漏吹扫合格,各种仪表监控装置经校验合格并正常投用。

3.4.2.3 系统运行前要确保高纯氮气置换合格(经检测后氮中氧小于 5000 ppm,露点小于 $-45℃$)。氢气置换合格(氢中氮小于 5000 ppm,氢中氧小于 10 ppm)。

3.4.2.4 活化干燥过程中要严格按照触媒的升温曲线进行升温,升温过程要严格监控系统各参数的变化情况,升温速度不能过快,防止设备管道因为短时间内形变过大而造成的损坏。所有电加热设备运行时必须确保有足量的气体流动,避免因为局部过热造成设备、管道发生泄漏。

3.4.2.5 活化干燥过程中发生氢气泄漏着火时,要立即停止所有运行设备,切断氢气来源,及时通入氮气,利用各个尾气点泄压。同时利用干粉灭火器、二氧化碳灭火器或氮气及时扑救。

3.4.3 氢化反应过程运行控制

3.4.3.1 应按照氢化系统的操作规程(或作业指导书)的要求操作。

3.4.3.2 进氢气前要确保所有相关设备、阀门、管道均已打压检漏吹扫合格,各种仪表监控装置经校验合格并正常投用。

3.4.3.3 运行前应确保氮气置换合格(经检测后氮中氧小于 5000 ppm,露点小于 $-45℃$),氢气置换合格(氢中氮小于 5000 ppm,氢中氧小于 10 ppm)。

3.4.3.4 混合气预热炉附近等氢化系统关键部位,应按照《氢气使用安全技术规程》(GB 4962—2008)安装氢气报警装置,按照《石油化工可燃气体和有毒气体监测报警设计规范》(GB 50493—2009)安装氯化氢报警装置。

3.4.4 停车氧化抽渣

3.4.4.1 应按照氢化系统的操作规程(或作业指导书)的要求操作。停车时要遵循"先热后冷"的原则,先停止所有的加热设备,压缩机继续运转,当系统温度降至规定值之下,再停止降温设备和压缩机。

3.4.4.2 停车后将系统内剩余物料倒出,压力卸为微正压,开始氮气置换。氮气置换合格后(氮中氢小于 5000 ppm),将氢化系统与其他系统加盲板断开。

3.5 三氯氢硅还原。

3.5.1 三氯氢硅还原系统开车

3.5.1.1　开车应按照三氯氢硅还原系统的工艺规程(或作业指导书)要求进行操作。

3.5.1.2　开车前要确保所有相关设备、阀门、管道均已打压检漏吹扫合格；氮气置换合格(检验以氮中氧<5000 ppm 视为合格)；氢气置换合格(检验以氢中氮<1000 ppm，氢中氧<10 ppm视为合格)，氢气置换合格后系统具备开炉条件。

3.5.1.3　还原炉装置区间、混合气体工艺管路室内输送区间的屋顶必须装置可燃性气体实时监测装置，经校验能监测出低浓度氢气(如氢气爆炸下限的 1/10 以下)等可燃性气体。

3.5.1.4　应按照工艺技术操作规程的要求逐步开车，硅芯高压击穿时人员禁止触摸还原炉及与其相连的任何管路设施；启炉成功后注意进料流量，升温升压速度的平稳控制，防止因为升压过快出现泄漏事故。

3.5.1.5　开车过程中，现场巡检监护人员应携带移动式可燃性气体报警仪、防毒面具、防爆对讲机等，一旦检测到有泄漏状况，在采取自我防护措施的前提下，及时与中控室取得联系，并服从指挥，按照应急预案进行处理。

3.5.2　三氯氢硅还原系统运行控制

3.5.2.1　运行应按照三氯氢硅还原系统的工艺规程(或作业指导书)要求进行操作。

3.5.2.2　建立巡检监测制度：及时巡检炉内情况，并监测炉内压力，进出气温度压力变化；适时检查还原炉连接电缆、接头等运行状况，防止过热烧红现象发生。发现异常，按应急预案进行处理。

3.5.2.3　定时进行巡检，记录工艺运行参数，并比照前后运行参数，防止系统出现异常。

3.5.3　三氯氢硅还原系统停车

3.5.3.1　按照三氯氢硅还原系统的工艺规程(或作业指导书)要求进行操作。

3.5.3.2　还原炉停混合气后，应先通氢气进行置换，硅棒断电后，应待还原炉出气温度降低至 100℃以下再通入氮气进行置换，使氮中氢在氢气爆炸下限 1/10 以下。

3.6　危险化学品运输、装卸作业

3.6.1　危险化学品运输

3.6.1.1　危险化学品运输应具有运输危险化学品货物经营资质，应专车专用，应设有车辆消防安全设施，并有明显标志。

3.6.1.2　汽车运输、装卸危险货物作业应符合 JT 617—2004(汽车运输危险货物规则)、JT 618—2004(汽车运输、装卸危险货物作业规程)规定。汽车运输危险货物车辆标志应符合GB 13392—2005(道路运输危险货物车辆标志)要求。

3.6.2　危险化学品装卸

3.6.2.1　应按照危险化学品装卸车的操作规程(或作业指导书)的要求操作。

3.6.2.2　运输氯硅烷的槽车设计压力不得低于 0.6 MPa。

3.6.2.3　车辆进入装卸位置后，应先接好防静电导线，隔离装卸车区域，禁止其他车辆进入装卸车区域。

3.6.2.4　氯硅烷装卸作业应使用承压能力不低于 0.6 MPa 的耐压软管，连接形式必须采用法兰连接；

3.6.2.5　雷雨天不得进行氯硅烷装卸车作业，当物料装卸区有动火作业时应停止装卸作业。

3.6.2.6　氯硅烷装卸车过程发生泄漏时应立即将泄漏部位与其它系统断开，操作人员穿戴防护用品将物料压入事故罐内，然后根据泄漏部位的具体情况确定处置方法。

3.7 公用工程

3.7.1 氢气站的生产应严格遵守 GB 50177—2005《氢气站设计规范》和 GB 4962—2008《氢气使用安全技术规程》的有关规定。

3.7.2 热能转换系统应按照设计要求向工艺系统提供加热或冷却介质，生产操作时按照工艺技术规程、安全操作规程（或作业指导书）执行。

3.7.3 循环冷却水的水质符合 GB 50050—2007 的规定，水质稳定剂须经化验并确认符合要求才能投入生产使用；水质稳定剂的存放地点符合安全要求。

3.7.4 生产装置各 10 kV 配电站应为双回路供电，母联具有备自投功能。当一路电源事故跳闸时，可自动切换至另一电源供电。其设计容量应满足单电源带全部负荷运行。

3.7.5 所有变配电站均为两台及以上配变变压器运行，互为备用，其低压具有手动合环运行功能，变压器容量应满足单台变压器同时带低压全部负荷运行。

4 安全管理体系

企业应以保证多晶硅生产过程安全、卫生为目标，建立全员安全生产责任制和相应的安全标准化管理体系。

附录 A：

多晶硅生产企业火灾危险性分类

A.1 火灾危险性分类

多晶硅生产中危险化学品的火灾危险性按照 GB 50016—2008《建筑设计防火规范》的规定。

A.1.1 可燃危险化学品的火灾危险性分类表

序号	危险化学品名称	危险类别	闪点 ℃	自燃点 ℃	爆炸极限（V/V） 下限	爆炸极限（V/V） 上限	火灾危险类别
1	超细硅粉	第 4.1 类 易燃固体	——	775	160 mg/m³	——	乙类
2	氢气	第 2.1 类 易燃气体	——	400	4.1	74.1	甲类
3	三氯氢硅	第 4.3 类 遇湿易燃物品	−13.9	175	6.9	70.0	甲类
4	二氯二氢硅	第 2.3 类 有毒气体	——	85*	4.1	99.0	甲类

*在潮湿空气中，会发生局部放热反应，实际发生闪爆的环境温度往往大大低于该自燃点，这是造成目前发生最多的多晶硅企业爆炸事故的原因。

A.2 防爆等级划分

A.2.1 爆炸性气体环境危险区域按照 GB 50058—1992 第 2 章第 2 节的规定划分。

A.2.2 粉尘环境危险区域按照 GB 50058—1992 第 3 章第 2 节的规定划分。

A.3　多晶硅生产装置火灾危险性分类

A.3.1　氢氧站生产装置、氯化氢合成装置、三氯氢硅合成装置、氯硅烷分离与提纯装置、多晶硅还原装置、还原尾气回收与分离装置、氢气罐区、氯硅烷罐区的火灾类别为甲类易燃易爆作业场所,属爆炸性气体环境。

A.3.2　硅粉库生产装置火灾类别为乙类,属爆炸性粉尘环境。

附录 B:

多晶硅生产场所空气中主要有毒物质及粉尘容许浓度

B.1 多晶硅生产场所空气中有毒物质及粉尘容许浓度

序号	危险化学品名称	危险类别	健康危害特性	毒性危害级别	工作场接触限值 mg/m³		
					MAC	TWA	STEL
1	硅粉	第4.1类 易燃固体	矽肺	——	——	1.5	3
2	氢氟酸	第8.1类 酸性腐蚀品	中毒、灼伤	Ⅱ	2	——	——
3	硝酸	第8.1类 酸性腐蚀品	中毒、灼伤	Ⅲ		——	——
4	氢氧化钾	第8.2类 碱性腐蚀品	灼伤	Ⅳ	2	——	——
5	氢氧化钠	第8.2类 碱性腐蚀品	灼伤	Ⅳ	0.5	2	2
6	压缩氩气	第2.2类 不燃气体	窒息		——	——	——
7	压缩氮气	第2.2类 不燃气体	窒息		——	——	——
8	氯气	第2.3类 有毒气体	中毒、窒息	Ⅱ	1	——	——
9	氢气	第2.1类 易燃气体	窒息		——	——	——
10	三氯氢硅	第4.3类 遇湿易燃物品	中毒、灼伤	Ⅲ	3	——	——
11	二氯二氢硅	第2.3 有毒气体	中毒、灼伤	Ⅲ		——	——
12	四氯化硅	第8.1类 酸性腐蚀品	中毒、灼伤	Ⅲ		——	——
13	氯化氢	第2.2类 不燃气体	中毒、灼伤	Ⅲ	7.5	——	——
14	盐酸	第8.1类 酸性腐蚀品	中毒、灼伤	Ⅲ	7.5	——	——

附录 C:

多晶硅生产过程中的危险、有害因素(资料性)

C.1　危险因素

C.1.1　火　灾

火灾发生必须具备空气(氧气)、可燃物质、引燃(爆)能量三个条件。当氢气或氢气与氯硅烷混合气或三氯氢硅(二氯二氢硅、一氯三氢硅)泄漏时,遇明火或静电等其他能量引燃容易引起火灾;氢气或氢气与氯硅烷混合气或三氯氢硅(二氯二氢硅、一氯三氢硅)容器管道破裂时遇明火或静电等其他能量引燃容易发生火灾。

C.1.1.1　可燃物质

a)氢气、三氯氢硅、二氯二氢硅、一氯三氢硅、导热油。

b)生产过程中在某些生产装置内形成的未彻底水解的浅黄色干燥团状或块状物质,这些物质具有较强的燃烧性,往往在脚踩的情况下即可发生燃烧。

c)活性炭等、超细硅粉(包括还原过程中产生的超细无定型硅)。

C.1.1.2　引燃能量

a)明火或高温物体表面:氢气电加热器、还原炉运行状态、作业场所内部或外部带入的烟火、照明灯具灼热表面,设备、管道、电器表面的过高温度、气焊割明火、机动车排气管喷火、烟囱飞火花等;

b)摩擦冲击:机械轴承发热,钢铁工具、铁桶和容器与地面相互碰撞或与地坪撞击,带钉鞋与地坪撞击等;

c)电器火花:电路开启与切断、短路、过载,线路电位差引起的熔融金属,保险丝熔断、外露的灼热丝等,击穿产生的拉弧等;

d)静电放电:氯硅烷设备、容器、管道静电积累或容器、管道破裂等;

e)雷电;

f)化学能:自燃(二氯二氢硅、一氯三氢硅),物质混合剧烈放热反应(三氯氢硅、二氯二氢硅),一氯三氢硅水解放热自燃等;

g)日光聚焦。

C.1.1.3　增加燃烧危险的因素

a)密闭空间富氧状态;

b)火灾时继续通风;

c)盛装易燃易爆液体的压力容器、管道破裂与容器倾覆后的流淌和扩散;

d)比空气重的氯硅烷蒸气积聚;

e)室内气温高。

C.1.2　爆　炸

a)密闭空间及通风不良处所,易燃气体及粉尘积聚达到爆炸极限,遇到火源瞬间燃烧爆炸。

b)氢气、氯硅烷或二者混合气大量泄漏,遇到火源瞬间燃烧爆炸。

c)二氯二氢硅泄漏后,遇空气中的水分,即会发生局部放热反应而发生爆炸。

d)还原炉开炉误操作,导致在有氢气或氢气与氯硅烷化合物与空气共存时,通电形成爆炸。

e)氯化氢合成点火误操作,形成氢气与氯气混合后光照反应,导致爆炸等。

f)容器或管道因超压或超温发生的爆炸。

C.1.3　中　毒

生产性物质:氯气、氯化氢、氯硅烷、氢氟酸等生产性有毒物质,通过呼吸道、消化道及皮肤侵入人体或眼睛。有的可刺激黏膜(上呼吸道)或视网膜,有的可引起过敏反应或皮炎,有的造成急、慢性中毒。

C.1.4　灼　伤

三氯氢硅、四氯化硅、二氯二氢硅等介质遇水反应,均放出有毒的腐蚀性气体—氯化氢。盐酸、氢氟酸、硝酸、氢氧化钠、氢氧化钾等更是直接腐蚀介质,人体在生产活动中因物料迸溅、泄漏、意外接触等原因,有被这些腐蚀性介质灼伤的可能。

C.1.5　窒　息

多晶硅生产过程中涉及惰性气体(氮气、氩气)的地方较多。因此,多晶硅生产过程生产过程中,窒息事故也经常发生。在使用、生产上述物质的水电解制氢、多晶硅还原、还原尾气干法回收、四氯化硅氢化、活性炭吸附、四氯化硅综合利用,以及配套建设的动力中心、氯硅烷罐区等场所,均存在中毒窒息的危险。生产过程或装置中引入氮气作为保护气、置换时使用氮气、硅芯拉制过程中用氩气作为保护气等,一旦保护措施不到位均可造成窒息事故。

关于进一步强化我省夏季汛期危险化学品
安全管理工作的通知

豫安监管办〔2011〕123 号

各省辖市、省直管县安全生产监督管理局：

夏季汛期由于高温、多雨、雷电等特定气象条件和大风、暴雨、冰雹等灾害天气以及雷击、洪水、内涝、滑坡、泥石流等自然灾害，极易引发危险化学品事故，是危险化学品事故多发期。为了切实落实企业安全生产主体责任，防止我省夏季汛期危险化学品事故的发生，确保危险化学品从业单位安全度夏度汛，现就我省夏季汛期危险化学品安全管理工作提出如下要求。

一、从业单位要遵照预防为主、预防与应急相结合的要求，针对夏季汛期可能出现的极端气候条件和自然灾害，立足于抗大灾、抢大险，筑牢防线，防止危险化学品事故的发生。

二、从业单位应成立专门的危险化学品夏季汛期安全监管小组，负责本单位危险化学品夏季汛期安全监管工作。主要领导挂帅，明确分工，落实责任，责任到人，并建立工作制度，认真开展工作。

三、从业单位在夏季汛期到来之前，必须对本单位危险化学品岗位从业人员进行一次危险化学品夏季汛期安全知识和安全技能培训。

四、从业单位在夏季汛期到来之前，必须完善防雷、防静电设施，并对本单位的防雷、防静电设施进行一次全面检测，确保其合格率达到 100%。

五、从业单位要在夏季汛期到来之前，对本单位现有的危险化学品以及停用但尚未进行安全、无害化处理的危险化学品管道、设备、设施及包装物等进行一次专项全面排查，对其品种、数量、存放地点、危险性质和程度等进行登记，建立台账，并将结果书面报当地安全生产监督管理局。

六、从业单位在夏季汛期到来之前，必须组织有关人员，对本单位现有危险化学品的状况进行一次全面的、具有季节针对性的安全隐患排查。排查要覆盖危险化学品生产、经营、储存、运输、输送、装卸、使用、废弃等环节，并全面考虑高温、大风、雷电、多雨、潮湿、极端气候、自然灾害可能导致等安全事故、环境污染事故诱因的影响。发现隐患，必须及时组织整改，发现重大安全隐患，必须立即停产整顿并上报当地安全监管部门。

七、涉及易自燃、遇水（潮湿）易发热、遇水（潮湿）会发生化学反应、易挥发、剧毒、强腐蚀、有放射性、液化气体、压缩气体等重点危险化学品（以下统称重点危险化学品）的从业单位及处于停产、半停产状态的危险化学品从业单位，在夏季汛期到来之前，从业单位必须对其所涉及的上述危险化学品组织有关专家进行一次安全、环境风险评估。评估应全面考虑夏季汛期气候条件，特别是极端气候、自然灾害等引起危险化学品事故（含环境污染事故）的各种可能性。根据评估结果，采取完善防护措施、加强管理等相应对策，消除风险或将风险降低到可接受程度。

八、对于可能发生的较大人员伤亡、财产损失、环境污染事故，从业单位应制定相应的应急救援预案，并按规定进行评审、备案和演练。

九、夏季汛期期间，从业单位应定期组织隐患排查整改，并就第五、第七条中途可能的变更进行定期核查。发现变更，及时采取措施。

十、从业单位夏季汛期期间，要认真做好危险化学品温度、压力和泄露的检测、监控，特别是对危险化工工艺和重大危险源。发现问题，及时处置。

十一、雷雨天气禁止危险化学品装卸作业；雨天不许进行剧毒、强腐蚀和遇水易发生化学反应的危险化学品装卸作业；高温天气下不宜进行易自燃、易挥发、闪点低的危险化学品和液化、压缩气体装卸作业。

十二、从业单位要严格落实灾害天气情况下的干部值班值守和现场巡查，确保通讯畅通，确保事故苗头的及时发现、及时处置。

十三、夏季汛期到来之前，各地安全生产监督管理部门要组织一次辖区内危险化学品从业单位夏季汛期安全工作落实情况专项检查；并在夏季汛期期间加强对涉及重大危险源、重点危险化学品、存在重大安全事故隐患、停产半停产的危险化学品从业单位的监督检查，发现问题，及时督促从业单位进行整治。

二〇一一年六月七日

河南省安全生产监督管理局
关于安全生产行政审批许可事项有关问题的通知

豫安监管办〔2008〕492号

各省辖市安全生产监督管理局：

为推进行政审批制度改革，简化行政审批程序，提高工作效率，方便人民群众，防止因权力过于集中导致的腐败，依据《中华人民共和国行政许可法》等规定，将根据我省实际陆续下放一些行政审批权限，现将有关问题通知如下：

一、受委托的各省辖市安全生产监督管理部门要严格按照法律、法规、规章所确定的程序和标准实施行政审批许可，严禁越权审批。不得将委托的行政审批许可事项再行委托；

二、坚持"严格准入、简化程序、规并内容、符合规定"的原则，切实做好安全生产行政审批许可工作，不得降低或者变相放宽许可条件，不得违反许可程序和规定；

三、对发生重大事故和存在重大事故隐患的企业，未进行整改或整改不到位的一律不得颁发安全生产许可证、经营许可证；

四、在安全生产行政审批许可工作中，需要聘请专家审查的，应当从全省统一建立的相关行业专家库中聘请；

五、省安全生产监督管理局将加强对行政审批许可事项的监督检查，对违法违规进行行政审批许可的，将依法追究责任单位及责任人的责任；

六、由省辖市安全生产监督管理部门进行的行政审批许可事项，证书由各省辖市安全生产监督管理部门制作后，直接到行政许可办加盖省安全生产监督管理局行政许可专用章，业务处、室、行政许可办不再进行审查。

本通知自发布之日起实行。

二〇〇八年十月二十日

河南省安全生产监督管理局
关于安全生产许可有关工作的意见

豫安监管办〔2008〕507 号

各省辖市安全生产监督管理局,局机关有关处室、直属单位:

为简化行政审批环节,提高工作效率,方便人民群众,根据《安全生产许可证条例》(国务院令第 397 号)等法律法规的有关规定,结合我省实际,现就我省安全生产许可有关工作,提出以下意见,请认真贯彻执行。

一、有关业务分工

(一)中央驻豫和省管非煤矿矿山企业以及跨省辖市非煤矿矿山企业的安全生产行政审批、安全生产许可工作由省安全生产监督管理局负责。其它非煤矿矿山企业的安全生产行政审批、安全生产许可证的受理审查由省安全生产监督管理局委派各省辖市安全生产监督管理局负责。

(二)省安全生产监督管理局负责本行政区域内烟花爆竹生产企业安全生产许可证的颁发管理;烟花爆竹经营(批发)许可证由省安全生产监督管理局委托设区的省辖市安全生产监督管理部门负责颁发管理;对符合条件的,由设区的省辖市安全生产监督管理局颁发《烟花爆竹经营(批发)许可证》;县级人民政府安全生产监督管理部门负责《烟花爆竹经营(零售)许可证》的颁发管理工作。

(三)中央驻豫和省管危险化学品生产经营单位安全生产(经营)许可、中央驻豫和省管企业建设的危险化学品建设项目的安全许可、跨省辖市危险化学品生产经营单位和建设项目的安全生产许可由省安全生产监督管理局负责。上述以外的危险化学品生产经营单位安全生产(经营)许可的受理与审查,委派省辖市安全生产监督管理局办理;其它的危险化学品建设项目的安全许可,由所在地省辖市安全生产监督管理局负责。

二、省安全生产监督管理局建立全省统一的各专业专家库。在行政许可工作中,需要聘请专家审查的必须从专家库中抽取专家参与审查

三、凡涉及行政许可审批事项的,必须通过局务会的集体审查

四、危险化学品生产、储存企业以及使用剧毒化学品和数量构成重大危险源的其他危险化学品的单位,应当到河南省安全科学技术中心办理危险化学品登记手续

五、有关要求

(一)受委派的各省辖市安全生产监督管理局要严格按照法律、法规、规章所规定的时限、程序和标准以及本意见的委派范围组织实施受理审查工作。

(二)受委派的省辖市安全生产监督管理局,要切实做好安全生产事项受理审查工作。不得降低或者变相放宽安全生产(经营)许可条件,不得违反安全生产许可工作程序。

(三)省安全生产监督管理局将不定期对行政许可事项进行监督检查,并随机抽查。发现违法违规进行受理审查的,将依法撤销行政许可事项。

(四)每月 10 日前,各省辖市安全生产监督管理局将上月本局有关行政许可事项信息报省局相关业务处室和行政许可办公室备案;同时将受理审查合格的企业情况报省局业务处室,由省局许可办发放证件;省局各业务处室将本处室办理行政许可事项汇总后抄送行政许可办存档。

二〇〇八年十一月四日

河南省安全生产监督管理局
关于改进和规范行政许可有关事宜的通知

豫安监管办〔2009〕405 号

机关各处室、局属各单位：

　　为进一步推动安全生产行政许可制度化、规范化管理，现就有关事宜通知如下：

一、规范许可集体审查会议

　　行政许可集体审查会议由牵头业务处室在前期审查的基础上提议召开，由分管副局长主持，分管副局长外出期间可委托总工程师、处长共同主持，办公室（许可办）、政策法规处（规划科技处）、人事培训处、事故调查处、应急指挥中心等单位派员参加，纪检监察室派员监督，并视情况邀请专家与会。无审查业务的处室不再列席。

二、规范许可批准手续

　　许可集体审查会议后，由牵头业务处室负责起草会议纪要，连同参会人员审查签字意见，报分管副局长审定同意后印发会议纪要。凭会议纪要制发许可证件，并以公告形式在本局网站上向社会公告。

　　生产经营单位在安全生产许可证有效期内，变更主要负责人、变更隶属关系、变更企业名称的，由主办处室商相关处室提出审核意见后，报主管局长审定。

三、规范行政许可要件监督

　　对已经取得安全生产许可的生产经营单位，牵头业务处室要组织有关方面加强后续监管，发现生产经营单位不再具备法律法规规定的安全生产行政许可要件时，必须依法暂扣或者吊销安全生产许可证件。对相关部门移送的行政处罚案件，牵头业务处室应当及时予以核查处理。

四、规范许可审查和处罚委托

　　对法律法规规定应当由发证机关实施的许可审查和行政处罚，负有职责的业务机构应当认真调查取证，按程序报批。经局长办公会议研究决定，可以依法将相关行政许可审查权和行政处罚委托省辖市、县（市、区）安全监管局负责。对于法律、法规和规章明确规定不得委托或者被委托单位不同意接受委托的，由业务处室牵头以省局名义依法实施。对省辖市、县（市、区）局和其他单位移送案件，由牵头业务处室组织查处。

五、规范许可档案管理

　　行政许可相关资料由牵头业务处室负责整理，作为颁发许可的原始凭证建立专门档案加以管理。

二〇〇九年十一月二十三日

关于印发《河南省安全生产重大
行政处罚备案办法》的通知

豫安监管政法〔2009〕423 号

各省辖市安全生产监督管理局：

根据《安全生产违法行为处罚办法》要求,省安全生产监管局制定了《河南省安全生产重大行政处罚备案办法》,现印发给你们,请认真执行。

附件：1. 河南省安全生产重大行政处罚备案办法
2. 河南省安全生产行政处罚决定备案报告
3. 安全生产重大行政处罚案件备案表

二〇〇九年十二月四日

附件 1：

河南省安全生产重大行政处罚备案办法

第一条　为加强安全生产重大行政处罚监督检查,促进安全生产监督管理部门依法行政,维护公民、法人和其他组织的合法权益,保证法律、法规和规章的正确实施,依据《行政处罚法》、《安全生产违法行为行政处罚办法》等法律、法规、规章的规定,制定本办法。

第二条　县级安全生产监督管理局处以 2 万元以上罚款,没收违法所得、没收非法生产的煤炭产品或者采掘设备价值 2 万元以上,责令停产停业、停止建设、停止施工、停产停业整顿,撤销有关资格、岗位证书或者吊销有关许可证的行政处罚,以及对上级安全生产监督管理部门交办案件给予的行政处罚,应向所在省辖市安全生产监督管理局备案。

省辖市安全生产监督管理局处以 5 万元以上罚款,没收违法所得、没收非法生产的煤炭产品或者采掘设备价值 5 万元以上,责令停产停业、停止建设、停止施工、停产停业整顿,撤销有关资格、岗位证书或者吊销有关许可证的行政处罚,以及对上级安全生产监督管理局交办案件给予的行政处罚,应向省安全生产监督管理局备案。

第三条　各级安全生产监督管理局法制工作机构为本机关重大行政处罚备案工作机构(简称备案机构),负责本办法规定的重大行政处罚备案工作。

第四条　备案审查期间,重大行政处罚决定不停止执行。

第五条　重大行政处罚决定实行"一案一备"。作出重大行政处罚决定的机关(简称报备机关)应当自做出行政处罚决定之日起 10 日内向上一级安全生产监督管理部门备案。

第六条　重大行政处罚备案时应当报送以下材料：

（一）《重大行政处罚决定备案表》；

（二）《行政处罚决定书》复印件；

（三）违法事实的证据目录及主要证据材料复印件；

（四）备案机构认为应当报送的其他材料。

第七条　备案机构对报送备案的重大行政处罚可以就下列方面进行审查：

（一）做出行政处罚的主体是否具备法定资格；

（二）行政处罚是否符合法定权限；

（三）违法事实是否清楚，证据是否确凿、充分；

（四）适用法律、法规、规章是否正确；

（五）行政处罚程序是否合法；

（六）给予的处罚是否适当；

（七）是否属于应当不予行政处罚或者应当移送司法机关追究刑事责任的情形；

（八）其他需要审查的内容。

第八条　上一级安全生产监督管理局有权根据需要向报备机关调阅有关行政处罚的案卷和材料，调阅案卷或材料时，应填发《调阅行政处罚案卷通知书》。

实施处罚的安全生产监督管理局应当自收到通知书之日起 5 日内将案卷材料报送上一级安全生产监督管理部门，并可就有关问题进行说明。

第九条　备案机构收到行政处罚备案材料后，应对备案案件予以登记，并于 15 日内书面通知报备机关。

第十条　备案机构在审查中发现违法行为已构成犯罪的，应当建议报备机关移送司法机关处理。

第十一条　备案机构在审查中发现行政处罚存在下列情形的，应当建议报备机关撤销、变更原行政处罚决定或者重新作出具体行政行为：

（一）具有应当不予行政处罚情形的；

（二）做出处罚的主体不具备法定资格的；

（三）事实不清的；

（四）主要证据不足的；

（五）适用法律、法规、规章错误的；

（六）违反法定程序的；

（七）超越职权的；

（八）行政处罚明显不当的。

第十二条　本规定第十一条所称的"行政处罚明显不当"是指，行政处罚虽然是在法律、法规、规章规定的给予行政处罚的行为、种类和幅度的范围内做出，但是具有下列情形之一的：

（一）行政违法行为及其情节与当事人受到的行政处罚相比，畸轻或者畸重；

（二）在同一案件中，不同的当事人的行政违法行为及其情节相同或者相近，但是受到的行政处罚明显悬殊；或者在同一时期依据同一法律、法规或者规章的条文办理的不同案件中，当事人的行政违法行为及其情节相同或者相近，但受到的行政处罚明显悬殊。

第十三条　报备机关应在接到变更、撤销或者重新作出具体行政行为通知之日起 15 日内，将办理结果报备案机构。

报备机关逾期不纠正的，上级安全生产监督管理局可以直接予以变更、撤销或者作出处罚决定,并对报备机关予以通报批评。

第十四条　重大行政处罚案件结案的,报备机关应于结案之日起 15 日内将结案情况报原备案机构备案。

第十五条　安全生产监督管理部门法制工作机构应根据行政执法状况,对重大行政处罚备案情况进行监督检查,并定期或不定期通报重大行政处罚决定备案情况。对在规定期限内不备案或者拒绝备案的,可以给予通报批评。

第十六条　本办法中的 5 日、10 日、15 日是指工作日,不包括节假日。

第十七条　本办法由省安全生产监督管理局负责解释。

第十八条　本办法自颁布之日起施行,以前本局有关规定与本规定不一致的自行废止。

附件 2:

河南省安全生产行政处罚决定备案报告

_____安监罚备字〔200　〕　号

安监局:

　　现将我局于　　年　　月　　日作出的《案由》(案号)　　　　行政处罚上报备案,请查收。

　　附件:1. 行政处罚决定备案表
　　　　　2. 行政处罚决定书

(印章)

日　期

签收人:(签名)
　　　(盖章)

注:(1)罚备字指各部门自行登记的备案号,如郑州市安监局作出处罚的备案号就为郑安监罚备字〔200　〕　号。
　　(2)本文书一式两份,一份交省(省辖市)安监局,一份由送达备案报告单位留存。

附件 3：

安全生产重大行政处罚案件备案表

报备案单位（盖章）

序号	案件名称	立案时间	当事人	行政处罚情况	行政处罚决定书文号	备注

单位负责人：　　　　　填表人：　　　　　填表时间：　　　年　　月　　日

关于印发《河南省安全生产行政处罚
裁量标准适用规则》等制度的通知

豫安监管政法〔2009〕424 号

各省辖市安全生产监督管理局：

　　根据《河南省人民政府关于规范行政处罚裁量权的若干意见》（豫政〔2008〕57 号）的有关规定，省安全生产监督管理局制定了《河南省安全生产行政处罚裁量标准适用规则》、《河南省安全生产行政处罚案件主办人制度》、《河南省安全生产行政处罚案例指导制度》和《河南省安全生产行政处罚预先法律审核制度》等四项制度，现印发给你们，请认真执行。

　　附件：1. 河南省安全生产行政处罚裁量标准适用规则
　　　　　2. 河南省安全生产行政处罚案件主办人制度
　　　　　3. 河南省安全生产行政处罚案例指导制度
　　　　　4. 河南省安全生产行政处罚预先法律审核制度

二○○九年十二月四日

附件 1：

河南省安全生产行政处罚裁量标准适用规则

　　第一条　为规范行政处罚裁量权的行使，促进行政处罚行为公平、公正，提高行政执法水平，根据《河南省人民政府关于规范行政处罚裁量权的若干意见》（豫政〔2008〕57 号）的有关规定，制定本规则。

　　第二条　各级安全生产监督管理机构实施行政处罚，应当坚持处罚法定、公正公开、处罚与教育相结合、保障当事人权利等项原则。

　　第三条　安全生产监督管理机构实施省安全生产监督管理局制定的行政处罚裁量标准，应当贯彻执行相关法律、法规、规章的规定，并遵循下列要求：

　　（一）在法律、法规、规章规定的范围内适用行政处罚裁量标准，不得超越。

　　（二）必须符合法律、法规、规章的立法目的和宗旨；排除不相关因素的干扰；所采取的措施和手段应当必要、适当；可以采取两种以上方式实现行政管理目的的，应当避免采取损害当事人权益的方式。

　　（三）当事人有下列情形之一的，依法不予行政处罚：不满 14 周岁的人有违法行为的；精神病人在不能辨认或者不能控制自己行为时有违法行为的；违法行为轻微并及时纠正、没有造成危害后果的;违法行为在两年内未被发现的;其他依法不予行政处罚的。

（四）已满 14 周岁不满 18 周岁的人有违法行为的,主动消除或者减轻违法行为危害后果的,受他人胁迫有违法行为的,配合行政机关查处违法行为有立功表现的,可以依法适用从轻或者减轻的处罚标准。

（五）违法行为情节恶劣、危害后果较重的,不听劝阻、继续实施违法行为的,在共同实施违法行为中起主要作用的,多次实施违法行为、屡教不改的,采取的行为足以妨碍执法人员查处违法案件的,隐匿、销毁违法证据的,可以依法适用从重的处罚标准。

（六）违法行为给公共安全、人身健康和生命财产安全、生态环境保护造成严重危害的,扰乱社会管理秩序、市场经济秩序造成严重危害后果的,胁迫、诱骗他人实施违法行为情节严重的,打击报复报案人、控告人、举报人、证人、鉴定人有危害后果的,在发生自然灾害、突发公共事件情况下实施违法行为的,可以在法定量罚幅度内适用最高限的处罚标准。当事人涉嫌犯罪的,应当移送司法机关。

（七）各级行政执法部门对于违法情节、性质、事实、社会危害程度基本相同的违法行为,应当给予基本相同的行政处罚。

第四条　法律、法规、规章规定可以单处也可以并处的,违法行为事实、性质、情节和社会危害程度较轻的适用单处,违法行为事实、性质、情节和社会危害程度较重的适用并处。

第五条　适用法律、法规、规章,应当遵循下列原则:

（一）上位法优于下位法;

（二）同一机关制定的法律、行政法规、地方性法规、规章,特别规定与一般规定不一致的,适用特别规定;

（三）同一机关制定的法律、行政法规、地方性法规、规章,新的规定与旧的规定不一致的,适用新的规定;

（四）法律、法规、规章规定的其他原则。

第六条　省安全生产监督管理局对本机关、市、县安全生产监督管理机构执行行政处罚裁量标准、适用规则、案件主办人制度、案件法律审核制度、裁量说明告知制度、案例指导制度的情况,每年进行检查,了解存在问题,纠正违法和不当行为。

第七条　本规则由河南省安全生产监督管理局负责解释。

第八条　本规则自发布之日起施行。

附件 2:

河南省安全生产行政处罚案件主办人制度

第一条　为提高行政执法素质,明确行政执法责任,促进行政处罚公平、公正,根据《中华人民共和国行政处罚法》、《河南省人民政府关于规范行政处罚裁量权的若干意见》(豫政〔2008〕57号)的有关规定,制定本制度。

第二条　全省各级安全生产监督管理机构查处行政违法案件,适用本制度。

第三条 行政处罚案件主办人制度,是指按照一般程序和简易程序办理行政处罚案件,由各级安全生产监督管理机构在两名以上行政执法人员中确定一名执法人员担任主办人员,由其对案件质量承担主要责任,但是行政机关和相关人员并不免除相应法律责任的制度。

第四条 行政处罚案件主办人、协办人由各级安全生产监督管理机构按本制度实行个案指定。

第五条 行政处罚案件主办人应当符合下列条件:

(一)具备良好的政治素质和职业道德,爱岗敬业、忠于职守、勇于负责;

(二)依法取得行政执法证件;

(三)熟悉有关法律、法规、规章,具有较丰富的办案经验及相关业务知识;

(四)具有一定的组织、指挥、协调能力;

(五)身体健康。

第六条 有下列情形之一的,不得担任案件主办人:

(一)尚在受记过、记大过、降级、撤职处分期间的;

(二)政治、业务素质不适合担任的;

(三)不符合本制度第五条规定的其他条件的。

第七条 各级安全生产监督管理机构查处案件时,案件主办人可以履行下列职责:

(一)担任案件调查组组长;

(二)组织拟定案件调查方案和方法;

(三)根据调查工作进展临时采取合法、有效的调查取证措施;

(四)依照本机关的法定权限并根据法定程序,带领协办人依法进行检查,收集相关证据;

(五)案件查证终结,负责组织撰写案件调查终结报告,提出具体处罚建议;

(六)符合法律、法规、规章规定的其他职责。

第八条 各级安全生产监督管理机构查处案件时,案件主办人应当履行下列义务:

(一)负责办理立案报批手续;

(二)负责办理依法采取强制措施、证据登记保存报批手续;

(三)草拟行政处罚决定书,连同案件材料按规定送核审机构核审;

(四)对本机关领导、核审机构提出的意见及时组织实施;

(五)负责依法向当事人办理告知事项;

(六)听取并如实记录当事人的陈述、申辩;

(七)符合听证条件的案件,负责依法向当事人送达听证告知书;

(八)当事人要求听证的,参加听证,经本机关或者听证主持人允许,向当事人提出违法的事实、证据、依据、情节以及社会危害程度,并进行质证、辩论;

(九)负责组织向当事人依法送达行政处罚决定书;

(十)督促、教育当事人履行行政处罚决定;

(十一)对当事人拒不履行行政处罚决定的,负责在法定期限内办理申请人民法院强制执行事项;

(十二)负责所办案件执法文书的立卷;

(十三)所在机关交办相关事项。

第九条 行政处罚案件主办人对案件质量负主要责任,有下列行为之一,情节较轻的,取消其案件主办人资格;情节严重的,除依法追究行政责任及赔偿责任外,调离行政执法岗位;涉嫌犯罪的移送司法机关;

（一）违反法定的行政处罚权限或者程序的；

（二）以伪造、逼供等非法手段获取证据或者隐瞒、销毁证据的；

（三）滥用职权、徇私枉法、玩忽职守、野蛮执法、打击报复或者故意放纵违法当事人的；

（四）利用职务上的便利，索取或者非法收受他人财物及服务的；

（五）违反罚缴分离规定，或者将收缴罚款据为己有的；

（六）违法实施检查或执行措施，给当事人造成人身、财产损害的；

（七）违反保密性规定，擅自泄露案情的；

（八）在规定办案期限内，因办案不力未能完成调查任务的；

（九）行政执法业务考试不及格的；

（十）有其他不适宜继续担任主办人情形的。

第十条 下列情形，主办人不承担责任：

（一）所在机关未采纳合法、合理的行政处罚建议，导致案件被依法撤销的；

（二）认为上级的决定或者命令有错误的，向上级提出改正或者撤销该决定或者命令的意见，上级不改变该决定或者命令，或者要求立即执行的；

（三）其他非因主办人过错或者依法不承担责任的。

第十一条 主办人同时具备下列情形的，可由本单位予以表彰或者奖励：

（一）圆满完成领导交办的年度工作任务；

（二）在法定期限内的案件办结率达100%；

（三）案件质量较优，年度内主办案件无事实不清、证据不足或者程序违法的；

（四）及时总结办案经验，创新执法方式，其经验或建议被上级机关推广的；

（五）案件调查组内部团结协作，严格遵守办案纪律的。

第十二条 本制度由河南省安全生产监督管理局负责解释。

第十三条 本制度自发布之日起施行。

附件3：

河南省安全生产行政处罚案例指导制度

第一条 为规范河南省安全生产监督管理机构的行政处罚行为，加强对行政处罚工作的指导，促进行政处罚公平、公正，根据《中华人民共和国行政处罚法》、《河南省人民政府关于规范行政处罚裁量权的若干意见》（豫政〔2008〕57号）的有关规定，制定本制度。

第二条 全省安全生产监督管理机构办理相同或者基本相同的行政处罚案件，参考河南省安全生产监督管理局的指导性案例。

第三条 本制度所称行政处罚案例指导，是指河南省安全生产监督管理局对本系统办结的典型行政处罚案件，进行收集、分类，对违法行为的事实、性质、情节、社会危害程度相同或者基本相同的进行整理、总结，形成指导性案例，作为本系统今后一定时间对同类违法行为进行行政处罚的参考。参考指导性案例作出的行政处罚，在处罚的种类、幅度以及程序等方面与指导性案例一致或基本一致，体现同案同罚。

第四条　各安全生产监督管理部门及其执法机构,应当及时向河南省安全生产监督管理局提交下列典型案例的电子文件:

(一)予以告诫,登记违法行为,不予行政处罚的案例;

(二)减轻、从轻、从重行政处罚的案例;

(三)依法不予行政处罚的案例;

(四)新型的或具有普遍意义的案例;

(五)当事人违法行为涉嫌犯罪,需要移送司法机关的案例;

(六)涉外或者在本地区影响较大的案例;

(七)与当事人争议较大的案例;

(八)案情复杂难以区分的案例;

(九)经过行政复议或行政诉讼的案例;

(十)其他情形的案例。

提交的典型行政处罚案例,应当确保其真实性。

第五条　河南省安全生产监督管理局对提交的案例,应当组织专业人员从实体和程序等方面进行严格的初选、审核,必要时可以对原案例作必要的技术性修正,防止案例出现错误。

第六条　河南省安全生产监督管理局对于经过初选、审核的案例,可以在征询政府法制机构和有关专家的意见后,进行审定。

第七条　指导性案例包括标题、案情介绍、处理结果(必要时可以阐述不同意见)、案例评析等内容。

案例评析应当具有合法性和适当性。

第八条　河南省安全生产监督管理局对于经审定后的指导性案例,应当通过部门网站公布等形式供县级以上安全生产监督管理部门参考。但是,涉及国家秘密、商业秘密、个人隐私或者可能有其他影响的,不得公开。

第九条　河南省安全生产监督管理局建立指导性案例电子库,加强管理,保证案例库所存指导性案例的可用性,提高指导性案例的使用价值。

第十条　河南省安全生产监督管理局对指导性案例进行清理。具有下列情形之一的及时废止:

(一)所依据的法律、法规、规章修改或废止的;

(二)新的法律、法规、规章公布,原指导性案例与之抵触的;

(三)后指导性案例优于前指导性案例的;

(四)监督机关依法撤销、纠正的;

(五)其他法定事由应当废止的。

第十一条　各级安全生产监督管理部门及其执法机构实施行政处罚,应当以法律、法规、规章为依据。对违法事实、性质、情节、社会危害程度相同或者基本相同的案件,可以参考河南省安全生产监督管理局的指导性案例,但是不宜在行政处罚文书中直接引用。

第十二条　市、县安全生产监督管理部门每年应当开展案卷评查,进行讲评,以案说法,纠正违法和不适当的行政处罚行为,但是不宜编纂行政处罚指导性案例。

第十三条　本制度由河南省安全生产监督管理局负责解释。

第十四条　本制度自发布之日起施行。

附件 4：

河南省安全生产行政处罚预先法律审核制度

　　第一条　为规范各级安全生产监督管理部门的行政处罚行为,促进行政处罚合法、公平、公正,根据《中华人民共和国行政处罚法》、《河南省行政机关执法条例实施办法》(省人民政府令第27号)和《河南省人民政府关于规范行政处罚裁量权的若干意见》(豫政〔2008〕57号)的有关规定,制定本制度。

　　第二条　本制度所称行政处罚案件预先法律审核,是指各级安全生产监督管理部门按照一般程序实施的行政处罚案件,在作出决定之前,由该机关的法制机构对其合法性、适当性进行审核,提出书面处理意见,未经法律审核或者审核未通过不得作出决定的内部监督制约制度。

　　第三条　各级安全生产监督管理部门的办案机构按照一般程序办理的行政处罚案件,应当在调查终结之日,将案件材料和相关情况向本机关法制机构提交。

　　依照简易程序实施的行政处罚,可不经本机关法制机构审核,应当由案件主办人负责审核,但在送达处罚决定书后,应抄送本机关法制机构备案或者向法制机构提交存根复印件。

　　第四条　各级安全生产监督管理部门的法制机构在收到行政处罚案件和相关材料后,应当在7个工作日内审查完毕。因特殊情况需要延长期限的,应当经本机关分管领导批准后延长,但延长期限不得超过3日。

　　第五条　各级安全生产监督管理部门的法制机构对行政处罚案件进行审核,主要包括以下内容:

　　(一)当事人的基本情况是否查清;

　　(二)违法行为是否超过追责时效;

　　(三)本机关对该案是否具有管辖权;

　　(四)事实是否清楚,证据是否确凿、充分,材料是否齐全;

　　(五)定性是否准确,适用法律、法规、规章是否正确;

　　(六)行政处罚是否适当;

　　(七)程序是否合法;

　　(八)其他依法应当审核的事项。

　　第六条　各级安全生产监督管理部门的法制机构审核行政处罚案件,以书面审核为主。必要时可以向当事人了解情况、听取陈述申辩,还可以会同办案机构深入调查取证。

　　第七条　各级安全生产监督管理部门的法制机构对案件进行审核后,根据不同情况,提出相应的书面意见或建议:

　　(一)对事实清楚、证据确凿充分、定性准确、处罚适当、程序合法的,提出同意的意见;

　　(二)对违法行为不能成立的,提出不予行政处罚的建议,或者建议办案机构撤销案件;

　　(三)对事实不清、证据不足的,建议补充调查,并将案卷材料退回;

　　(四)对定性不准、适用法律不当的,提出修正意见;

　　(五)对程序违法的,提出纠正意见;

　　(六)对超出本机关管辖范围的,提出移送意见;

　　(七)对违法行为轻微,依法可以不予行政处罚的,提出不予处罚意见;

（八）对重大、复杂案件，责令停产停业、吊销许可证或者执照的案件，较大数额罚款的案件，建议本机关负责人集体研究决定；

（九）对违法行为涉嫌犯罪的，提出移送司法机关的建议。

第八条　各级安全生产监督管理部门的法制机构审核完毕，应当制作《行政处罚案件法律审核意见书》一式二份，一份留存归档，一份连同案卷材料退回办案机构。

第九条　各级安全生产监督管理部门的办案机构收到法制机构的《行政处罚案件法律审核意见书》后，应当及时研究，对合法、合理的意见应当采纳。

第十条　各级安全生产监督管理部门的办案机构对法制机构的审核意见或建议有异议的，可以提请法制机构复核；法制机构对疑难、争议问题，应当向政府法制机构或者有关监督机关咨询。

第十一条　行政处罚案件经法律审核、本机关领导批准后，由办案机构制作、送达《行政处罚事先告知书》。

第十二条　行政处罚案件需要举行听证的，按照《行政处罚法》的有关规定执行。

第十三条　办案人员、审核人员、执法机关负责人的错案责任依照下列规定划分：

（一）行政执法人员当场作出的具体行政行为构成错案的，追究主办人和执法人员的责任；

（二）经审核、批准作出的具体行政行为，由于案件承办人的过错导致审核人、批准人失误发生错案的，追究承办人的责任；由于审核人的过错导致批准人失误发生错案的，追究审核人的责任；由于批准人的过错发生错案的，追究批准人的责任；承办人、审核人、批准人均有过错发生的错案，同时追究承办人、审核人、批准人的责任；

（三）经集体讨论作出具体行政行为发生错案的，作出决定的行政机关负责人负主要责任，主张错误意见的其他人员负次要责任，主张正确意见的人员不负责任；

（四）因非法干预导致错案发生的，追究干预者的责任。

第十四条　各级安全生产监督管理部门的办案机构或者其人员不按本制度报送案件进行审核，审批人未经法律审核程序予以审批，致使案件处理错误的，由办案人和审批人共同承担执法过错责任。

第十五条　本制度由河南省安全生产监督管理局负责解释。

第十六条　本规定自发布之日起施行。

关于印发《河南省安全生产
行政许可委托实施办法》(试行)的通知

豫安监管〔2010〕60 号

各省辖市安全生产监督管理局:

　　为了进一步规范安全生产行政许可委托工作,根据《中华人民共和国行政许可法》和《河南省安全生产条例》(河南省第十一届人民代表大会常务委员会第十六次会议 2010 年 7 月 30 日审议通过)等法律法规,结合我省实际,省安全生产监管局制定了《河南省安全生产行政许可委托实施办法》(试行),现印发给你们,望遵照执行。

河南省安全生产监督管理局
二〇一〇年十一月一日

附件:

河南省安全生产行政许可委托实施办法(试行)

　　第一条　为了规范安全生产行政许可委托工作,提高行政许可办事效率,根据《中华人民共和国行政许可法》和《河南省安全生产条例》等法律法规,制定本办法。

　　第二条　实施行政许可委托,应当遵循合法、公开、便民、高效的原则。

　　第三条　本办法所称委托行政机关为河南省安全生产监督管理局,受委托行政机关为接受河南省安全生产监督管理局委托、实施行政许可事项的省辖市安全生产监督管理局。

　　第四条　委托实施行政许可应当签订《行政许可委托书》。《行政许可委托书》经委托方和受委托方主要负责人或者主要负责人授权的分管领导签字,并加盖双方单位印章后生效。

　　《行政许可委托书》一式两份,双方各执一份。

　　第五条　委托行政机关应当在法定职责范围内实施行政许可委托。行政许可委托书应当明确以下内容:

　　(一)委托行政机关的名称;

　　(二)受委托行政机关的名称;

　　(三)行政许可委托的具体事项;

　　(四)行政许可委托的时限;

　　(五)委托行政机关与受委托行政机关的权利和义务。

　　行政许可委托内容应当通过公告向社会发布。

　　第六条　《行政许可委托书》一经双方签订后即发生法律效力。受委托行政机关应当按照有关法律法规和《行政许可委托书》规定办理委托的行政许可事项,履行行政许可的权利和义务;确需变更《行政许可委托书》规定的,应当经委托行政机关书面同意。

　　第七条　受委托行政机关将拟授予许可的文件和"许可证审查书"("许可证申请书")报委托机关业务处室审核备案。业务处室审核人审核签字,负责人同意后加盖处室印鉴,并报分管局长批准。

　　行政许可证件由委托行政机关统一制证,并加盖委托行政机关印章。

　　第八条　行政许可委托事项在有效期限内需变更、中止或者终止委托的,委托行政机关应当与接受委托机关协商一致,并及时向社会公告。

　　第九条　委托期满,委托行政机关和受委托行政机关的委托关系自动终止。需要继续委托的,双方应签订新的《行政许可委托书》。

　　第十条　受委托行政机关应当按照国家安全生产监督管理总局统一制定的行政许可文书格式办理行政许可事项。

　　第十一条　受委托行政机关应当以委托行政机关名义实施行政许可;不得再委托其他组织或者个人实施行政许可。

　　第十二条　受委托行政机关应当按照有关规定要求,对申请行政许可对象的申报材料进行审查,必要时可征求县(市、区)安全生产监督管理局的意见。

　　第十三条　委托行政机关和受委托行政机关应当加强对行政许可对象申领安全生产许可及取证后安全生产条件保持等情况的监督检查,发现违法违规行为的,应当依法予以调查处理。

　　第十四条　委托行政机关应当加强对受委托行政机关实施委托许可事项情况的指导和监督检查,并将委托实施工作作为省辖市安全生产年度考核内容之一。

　　第十五条　委托行政机关应当采取抽查的方式对行政许可对象安全生产行政许可申领等情况进行检查,发现违法违规行为的,应当直接或者责成受委托方调查处理;其中,应当吊销许可证的处罚应由委托机关直接实施。

　　第十六条　受委托行政机关超越委托的权限实施行政许可,给当事人的合法权益造成损害的,应承担相应的法律责任。

　　第十七条　受委托行政机关应当依据法律法规制订行政许可流程,坚持审批条件,严格审批程序,提高审批效率,确保审批质量。

　　严禁利用行政许可收费或变相收费。

　　第十八条　本办法自发布之日起施行。以往有关文件与本办法不一致的,以本办法为准。

关于加强重大危险源监督管理工作的
指导意见

豫安监管调查〔2010〕114 号

各省辖市安全生产监督管理局：

为加强我省重大危险源管理与监督，预防和减少事故发生，根据《中华人民共和国安全生产法》、《河南省重大危险源监督管理办法》(省政府第 112 号令)等法律法规和标准，提出如下指导意见：

一、重大危险源的辨识、申报、登记和评估

1. 重大危险源，是指长期或者临时生产、搬运、使用或储存危险物品，且危险物品的数量等于或超过临界量的场所和设施。

2. 重大危险源辨识、申报登记的范围为：贮罐区(贮罐)、库区(库)、生产场所、煤矿(井工开采)、金属非金属地下矿山、压力管道、压力容器、锅炉、尾矿库、放射源等。

3. 生产经营单位应依据《危险化学品重大危险源辨识》(GB 18218—2009)等相关标准和国家安全生产监督管理总局《关于开展重大危险源监督管理工作的指导意见》(安监管协调字〔2004〕56 号，以下简称《指导意见》)的规定辨识重大危险源。

4. 重大危险源能量等级由高到低分一至四个等级。具体能量分级参照《危险化学品重大危险源辨识》(GB 18218—2009)等相关标准、《指导意见》中规定的临界量和国家有关标准。

5. 生产经营单位负责对本单位的重大危险源进行辨识、申报登记和建档，并按规定逐级上报。其中危险化学品生产储存企业和使用剧毒化学品以及数量构成重大危险源的其他化学品从业单位，按照国家安全生产信息系统("金安"工程)要求完成登记工作。

6. 各级安全生产监督管理部门和负有安全生产监督管理职责的有关部门对辨识、申报、登记、建档及管理措施落实情况实施监督、指导，并汇总逐级上报。对危险化学品类重大危险源，县(市、区)、省辖市两级安全生产监督管理部门按照国家安全生产信息系统("金安"工程)规定的时间汇总上报。

7. 生产经营单位的重大危险源信息通过网络化的申报管理软件每年上报一次。涉及以下基本信息内容变更的，重大危险源所属单位应及时上报：

(1)单位名称；

(2)法定代表人；

(3)单位地址；

(4)联系方式；

(5)危险源种类及基本特征；

(6)应急救援预案。

对信息变更后涉及重大危险源等级变化的，应由具备安全评价资质的机构对变更后的现状及时进行评估。

8. 对生产经营单位新构成的重大危险源，重大危险源所属单位应及时申报、登记、建档，并及时进行评估、分级。各级安全生产监督管理部门和负有安全生产监督管理职责的有关部门应

及时对新构成的重大危险源实施监督管理,并及时向上一级安全生产监督管理部门和负有安全生产监督管理职责的有关部门上报备案。

9. 生产经营单位对已关停或技术改造后不构成重大危险源的,经过安全评估确认后,应向当地安全生产监督管理部门和负有安全生产监督管理职责的有关部门报告备案登记。当地安全生产监督管理部门应根据安全评估报告及时撤销对其重大危险源的监督管理,并报上级安全生产监督管理部门备案。

10. 生产经营单位应定期对其重大危险源监控管理状况进行评估、分级。根据评估结果制定监控方案,并将评估结果和监控方案报告安全生产监督管理部门和负有安全生产监督管理职责的有关部门。存在剧毒物质的重大危险源,应当每年进行一次安全评估,其他危险源应当每两年进行一次安全评估和分级。

对已进行安全评价,或者在安全许可换证、生产经营现状评价中已经进行评价的重大危险源,原则上由生产经营单位聘请至少 3 名以上专家进行审查或者论证,确定等级,提出管理措施。

11. 重大危险源监控管理状况的评估、分级应委托有安全评价资质的、能为生产经营单位提供技术服务的中介机构进行。

12. 中介机构出具的重大危险源监控管理状况评估报告应数据准确,内容完整,方法科学,措施可行,并对出具的评估报告内容和结论负责。

重大危险源监控管理状况的评估报告应按照等级分级报送当地安全生产监督管理部门备案登记:一、二级重大危险源报省级安全生产监督管理部门,三级重大危险源报市级安全生产监督管理部门,四级重大危险源报县级安全生产监督管理部门。

二、重大危险源的监测、监控和管理

13. 规范重大危险源生产经营单位自动化控制,推进企业自动控制技术改造工作,实现企业本质安全化。生产过程涉及危险工艺以及储存剧毒、易燃易爆化学品重大危险源的危险化学品企业,要在 2010 年底前完成重大危险源数据和视频实时监控、自动化监测报警技术改造,实施对危险化学品重大危险源的实时有效检测监控。

14. 重大危险源生产经营单位对重大危险源的管理和监控应符合下列要求:

(1)建立重大危险源管理制度,设立重大危险源电子信息台账,确保重大危险源信息档案及时更新。制订重大危险源安全管理方案并落实责任人。

(2)设立重大危险源现场的安全警示标志,并通过视频、光、电、声控在线检测等检测监控技术手段,对重大危险源和相关电力设施实施 24 小时实时有效检测监控。对未在规定时间内实施实时有效检测监控的,按构成重大事故隐患依法查处;对新建、改建、扩建建设项目涉及重大危险源的,投入生产和使用之前,必须实施 24 小时实时有效检测监控,对未按规定实施实时有效检测监控的,不得通过竣工验收,不得予以行政许可。

(3)建立对从业人员安全教育和技术培训制度,使其掌握本岗位的安全操作技能和在紧急情况下应当采取的应急措施,并告知从业人员和相关人员在紧急情况下应当采取的应急措施。

(4)落实重大危险源场所、设备、设施的安全检查内容和要求,进行经常性检查、维护、保养,并定期检测,保证其有效联网。检查、维护、保养、检测应当做好电子台账记录。

(5)建立健全重大危险源应急救援组织,配备重大危险源应急救援器材、设备。

(6)根据企业生产经营情况和重大危险源信息变更情况,制定并及时修订重大危险源应急救援预案,并向当地安全生产监督管理部门备案登记。必须每年进行应急救援演练。

(7)重大危险源所属单位应当将上一季度本单位重大危险源管理状况,包括实时检测监控情况于每季度第一个月的 10 日前,报告当地安全生产监督管理部门。

15. 落实专家安全检查论证制度,发挥专家对安全生产的技术支撑作用。企业至少应聘请 2 名符合条件的专家,相对固定地长期对重大危险源进行检查论证,建立起企业安全生产专家检查制度。

(1)安全检查频次。一、二级重大危险源生产经营单位,应聘请专家每季度至少开展一次安全检查;其他的每半年至少检查一次。每次检查结束,专家应在检查报告上签署意见。具体检查时间安排由企业和专家共同商定。

(2)安全检查内容。专家安全检查应侧重于重大危险源状况及其管理措施落实情况,生产、储存装置(设施)及场所事故隐患排查。

(3)问题整改和复查。针对专家查出的问题和隐患,企业应建立隐患整改档案。能整改的应立即组织整改,一时难以整改的,要采取切实保障安全的措施,并制定整改计划抓紧整改。对危及生产安全构成重大事故隐患的,要采取措施立即整改,重大事故隐患应按规定上报当地安全生产监督管理部门。专家每次检查前,应对上一次检查出的事故隐患的整改情况进行复查。

三、重大危险源管理的目标、任务和相关责任

16. 建立重大危险源数据库、定期报告制度和日常管理体系,实现对重大危险源的动态管理,消除事故隐患,确保生产安全,建立长效机制。

17. 存在重大危险源的生产经营单位是本单位重大危险源申报、登记、检测、监控的管理主体,是确保加强重大危险源管理、及时整改和消除重大危险源构成事故隐患的责任主体。单位主要负责人对本单位重大危险源的安全管理与监测、监控全面负责。安全生产监督管理部门和负有安全生产监督管理职责的有关部门按照有关规定,对生产经营单位重大危险源管理情况实施分级监督和指导。

18. 各级安全生产监督管理部门和负有安全生产监督管理职责的有关部门要切实加强对存在重大危险源的生产经营单位的监督检查,督促生产经营单位加强重大危险源管理与监控。重点监督检查的内容:

(1)贯彻执行有关法律、法规、规章和标准的情况;

(2)预防安全生产事故措施的落实情况;

(3)重大危险源普查申报、登记建档情况;

(4)重大危险源的安全评估、检测、监控情况;

(5)重大危险源设备维护、保养和定期检测情况;

(6)重大危险源现场安全警示标志设置的情况;

(7)从业人员安全培训教育情况;

(8)应急救援组织建设和人员配备的情况;

(9)应急救援预案制定和演练情况;

(10)配备应急救援器材、设备及维护、保养的情况;

(11)重大危险源日常管理情况。

19. 发现重大危险源存在事故隐患的,应当责令生产经营单位立即排除,在隐患排除前或者排除过程中无法保证安全的,应当责令生产经营单位从危险区域内撤出人员,暂时停产、停业或者停止使用。

20. 对生产经营单位的决策机构、主要负责人和个人经营的投资人未保证重大危险源安全管理与检测监控必要的设备、设施资金投入,致使不具备安全生产条件的,要依法给予行政处罚。

21. 对生产经营单位未对重大危险源进行登记建档,或者未进行评估、监控,或者未制定应急预案的,责令限期改正;逾期未改正的,依法给予行政处罚。

22. 实行生产经营单位负责人年度报告制度。存在重大危险源的生产经营单位负责人每年向生产、储存场所所在地安全生产监督管理部门和负有安全生产监督管理职责的有关部门报告履行重大危险源管理职责情况。重点报告:重大危险源管理情况、本单位安全检查工作及消除事故隐患情况、重大危险源监控管理情况和法律法规执行情况。

23. 存在重大危险源的生产经营单位必须落实重大危险源管理责任人,具体负责报告、登记、检测、监控工作。

24. 任何单位或个人对存在重大危险源的生产经营单位的事故隐患或安全生产违法行为,均有权向各级安全生产监督管理部门和负有安全生产监督管理职责的有关部门举报。

25. 承担重大危险源评估、检测、检验工作的中介机构,出具虚假报告和证明的,由县级以上安全生产监督管理部门依照有关法律、法规予以处罚;造成损害的,承担连带赔偿责任;构成犯罪的,追究刑事责任。

26. 国家出台新的重大危险源安全管理规定或标准,本指导意见将按国家新规定、新标准进行修订并执行。

27. 本指导意见由河南省安全生产监督管理局负责解释。

28. 本指导意见自公布之日起施行。

二〇一〇年四月二十七日

河南省安全生产监督管理局关于
委托实施行政许可的公告

根据《中华人民共和国行政许可法》第二十四条第一款规定,现将委托实施行政许可的内容和受委托行政机关公告如下,自公告之日起,河南省安全生产监督管理局不再受理下列行政许可项目,相关行政许可事项请到当地省辖市安全生产监督管理局办理。

河南省安全生产监督管理局委托实施行政许可项目

类别	委托实施行政许可的内容	受委托行政机关
非煤矿矿山	中央驻豫、省管及跨省辖市以外的非煤矿矿山企业的安全生产行政许可(含"三同时")	省辖市安全生产监督管理局
危险化学品	中央驻豫,省管及跨省辖市以外的危险化学品生产、经营企业的安全生产(含甲种经营)行政许可	省辖市安全生产监督管理局
烟花爆竹	烟花爆竹企业的安全生产、经营(批发)行政许可(含"三同时")	省辖市安全生产监督管理局

河南省安全生产监督管理局

二〇一〇年十二月一日

关于修订《河南省安全生产
行政执法文书规范》的通知

豫安监管〔2011〕29 号

各省辖市安全生产监督管理局、执法监察总队局、机关各处室：

　　为进一步统一规范全省安全监管系统行政执法文书的制作、使用,经与省政府法制办函商,决定对国家安全监管总局 2010 年 9 月下发的《安全生产行政执法文书(式样)》进行部分修改,增加河南省人民政府关于在行政处罚文书中体现裁量的根据和内容的相关要求。现印发给你们,请遵照执行。

　　2010 年 7 月 5 日,省局印发的《河南省安全生产行政执法文书规范》(豫安监管政法〔2010〕197 号)同时废止。

　　附件：1. 河南省安全生产行政执法文书规范
　　　　　2. 询问笔录、现场检查笔录、案件调查终结报告、行政处罚事先告知书、听证告知书和行政处罚决定书等安全生产行政执法文书(式样)

二〇一一年四月六日

附件 1：

河南省安全生产行政执法文书规范

第一章　总　则

　　第一条　为规范安全生产行政执法行为,加强行政执法文书的正确使用和规范管理,根据国家安全生产监督管理总局下发的《安全生产行政执法文书(式样)》的通知(安监总政法〔2010〕112号)要求,结合我省安全生产行政执法工作实际,制定本规范。

　　第二条　本规范规定的文书适用于安全生产监督检查、行政处罚等行政执法活动。

　　第三条　安全生产行政执法文书应当按照国家安全生产监督管理总局规定的格式制作。

　　第四条　制作的文书应当完整、准确、规范,符合相应的要求。
　　文书中安全生产监督管理部门的名称应填写全称。

第二章　文书制作基本要求

　　第五条　文书应用蓝色或黑色的碳素笔或签字笔填写,保证字迹清楚、文字规范、文面清洁。
　　文书应按照国家安全生产监督管理总局规定的格式打印制作或按省局统一印制的执法文书填写制作。签名应当手写。

第六条　文书设定的栏目,应当逐项填写,不得遗漏和随意修改。无需填写的,应当用斜线划去。文书中除编号和价格、数量等必须使用阿拉伯数字的外,应当使用汉字。罚款数额应当大写。

第七条　文书文号形式为:地区简称＋安监管＋执法类别＋年份＋序号,如(豫)安监管立〔2010〕01 号。序号可以按照本单位统一编写,也可以按照内设机构分部门编写。

第八条　案由是对案件性质的初步定性,可以按照违法行为分类填写。

第九条　案件来源主要记录案件的发现和由来,应当根据实际情况分类填写:执法检查、事故、举报、上级交办、下级报请、××单位移送和其他等。

第十条　案件名称应当简洁描述,但要反映案件的性质,并在案件材料中保持一致,不应在各种文书中发生变化。

案件名称应当根据实际情况分类填写,主要有三大类:一是事故类,由事故单位＋事故发生月日＋事故等级＋事故类别＋案组成;二是违法行为类,由违法主体＋违法行为＋案组成;三是非法行为类,由违法主体＋非法行为＋案组成。

第十一条　当事人是拟进行处罚的责任主体,包括自然人、单位(法人或其他组织)。

当事人是自然人的,在当事人一栏填写自然人的全名,在当事人基本情况一栏填写性别、年龄、职务等基本情况。当事人地址栏填写自然人的家庭住址或者工作单位地址。

当事人是单位的,在当事人一栏填写单位全称,在当事人基本情况一栏填写法定代表人基本情况。当事人地址栏填写单位具体地址。

第十二条　文书中需引用法律作为违法或处罚依据的,应当写明具体适用法律、法规、规章的名称及条、款、项、目,具体条款不能减省。

第十三条　询问笔录、现场检查(勘验)笔录、听证笔录等文书,应当场交当事人阅读或者向当事人宣读,并由当事人逐页签字或盖章确认。当事人拒绝签字盖章或拒不到场的,执法人员应当在笔录中注明,并可以邀请在场的其他人员签字。

记录有遗漏或者有差错的,可以补充和修改,并由当事人在改动处签章或按压指印确认。

第十四条　执法文书首页不够记录时,可以附纸记录,但应当注明页码,由相关人员签名。

第十五条　文书中执法机构、处罚机关的审核或审批意见应表述明确,没有歧义。

第十六条　需要交付当事人的文书中设有签收栏的,由当事人直接签收;也可以由其成年直系亲属代签收。

文书中没有设签收栏的,应当使用送达回执。

第十七条　文书中需加盖安全生产监督管理部门印章的,不得使用单位内设机构的印章。

第三章　具体文书制作注意事项

第一节　立案结案告知类执法文书

第十八条　立案审批表

文书文号:地区简称＋安监管立＋年份＋序号。

时间栏应填写知道案件的第一时间。

承办人意见:承办人应当列出当事人涉嫌违反的法律、法规和规章名称(具体到条、款、项、目)及建议立案的意见,两名以上承办人签名。不必引用处罚条款,也不必提出处罚数额。

审核意见:审核意见主要由安全生产监督管理部门内设执法机构或者指定机构负责人签署。如同意立案的,应填写"拟同意立案",并签署姓名和日期;不同意立案,应当注明理由。

审批意见:审批意见由安全生产监督管理部门分管负责人签署。如同意立案,应填写"同意立案",并签署姓名和日期;不同意立案,应当注明理由。

第十九条　结案审批表

文书文号:地区简称＋安监管结＋年份＋序号。

处理结果:应当写明当事人违反的法律规定、处罚依据和处罚内容,引用法律条文要具体到条、款、项、目,并且于行政处罚决定书的表述相一致。

执行情况:承办人在确认执行完毕后,应当填写"建议结案"的意见,并签署姓名和日期。

审核意见:由安全生产监督管理部门内设执法机构或者指定机构负责人签署。如同意结案的,应填写"拟同意结案",并签署姓名和日期;不同意结案的,应当注明理由和处理意见。

审批意见:由安全生产监督管理部门分管负责人签署。如同意结案的,应填写"同意结案",并签署姓名和日期;不同意结案的,应当注明理由和处理意见。

第二十条　案卷(首页)

案卷(首页)是安全生产监督管理部门处理案件完毕后,将有关案件材料装订成卷时所作的案卷内材料总的提示性封面,应采用牛皮纸制作。

文头应当补充填写安全监管部门的全称,可以手写或者打印制作。

第二十一条　卷内目录

卷内目录序号使用阿拉伯数字排列填写。

文件名称及编号应当填写案件材料全称及相应编号。卷内目录排列按照立案、调查取证、罚告知及听证、处罚决定、处罚执行和结案的顺序依次填写。

案件材料为复印件的,应在卷内目录备注栏填写复印件。

卷内案件材料均要体现在目录上,做到目录与卷内材料符合。

第二十二条　行政处罚告知书

文书文号:地区简称＋安监管罚告＋年份＋序号。

违法行为部分主要填写违法行为的发生时间、地点、行为性质等。案件涉及多个违法行为的,应当依次分项列明。

该文书采用说理式方式填写,适用于安全生产行政处罚的一般程序。

第二十三条　听证告知书

文书文号:地区简称＋安监管听告＋年份＋序号。

该文书适用于安全生产监督管理部门拟作出责令停产停业整顿、责令停产停业、吊销有关许可证、撤销有关执业资格、岗位证书或者较大数额罚款的行政处罚决定之前。

第二十四条　听证会通知书

文书文号:地区简称＋安监管听通＋年份＋序号。

该文书应于举行听证会7日前通知当事人。听证会时间、地点应详细明确。

听证会是否公开举行应明确。如公开举行,应划去"不公开",反之如此。

第二十五条　听证笔录

主持听证机关应填写安全生产监督管理部门全称,不得填写其内设机构名称。

听证会时间应标明听证会起止具体时间。

《听证笔录》应突出重点,对各方存在的争议和围绕争议所展开的质证和辩论应详细记录。经各方确认无误后,在听证笔录后一行,标明"以上笔录已阅,记录属实",由申请听证单位法定代表人或其委托代理人、听证主持人、书记员逐页签名。

第二十六条　听证会报告书

文书文号:地区简称＋安监管听报＋年份＋序号。

听证人员若有不同意见,应当在听证会基本情况摘要中注明。

主持人意见:听证主持人应根据听证情况提出维持、纠正、免予行政处罚、不予行政处罚、继续调查、移送司法机关处理等倾向性意见。

第二十七条 当事人陈述申辩笔录

文书应标明当事人陈述申辩起止具体时间。

陈述申辩结束后,应当将笔录交当事人核对或当场宣读,当事人确认无误后,在笔录终止处下一行注明"以上笔录已阅,记录属实"字样,并在笔录上逐页签名。

第二节 调查取证整改类执法文书

第二十八条 询问通知书

询问通知书发文对象应写明具体的人。

原因栏可填写"办理+案名"。

询问地点按实际询问地点填写。

制作询问通知书,以人次为单位,一次一份。

第二十九条 询问笔录

一份笔录只能询问一人,且只能针对当次询问。笔录中涂改处应当有被询问人作按压指印。笔录其他各项应严格按照文书填写,不得空白。

询问调查结束时,被询问人应在笔录上逐页签名,在笔录终止处下一行写明"以上笔录已阅,记录属实"的字样。若被询问人拒绝签章,应注明情况,由询问人签名。

第三十条 勘验笔录

勘验时间,应具体到勘验的年、月、日、时、分至几时几分。

有专业技术人员参与勘验的,专业技术人员作为被邀请人应在笔录上签字。

当事人代表单位对勘验笔录进行确认时,应有相应的授权手续。

当事人拒绝签名或者不能签名的,应当注明原因。

第三十一条 先行登记保存证据审批表

先行登记保存证据审批表适用于证据可能灭失或者以后难以取得的情形。

当事人为自然人的,应填写全名、性别、年龄、身份证号、工作单位、联系方式等;当事人为单位的,应填写全称、法定代表人,联系方式等。

第三十二条 先行登记保存证据通知书

文书文号:地区简称+安监管先保通+年份+序号。

对证据进行登记保存时,当事人应当在场,并应在文书上签名或者盖章。当事人不在场或拒绝参加的,可以邀请有关人员参加,并在清单中记明。

先行登记保存证据通知书和先行登记保存证据清单一并送达当事人。

第三十三条 现场检查记录

检查时间应具体到检查的年、月、日、时、分。

现场检查记录需经被检查单位现场负责人签收,并写明"以上笔录已阅,记录属实"的意见。拒绝签收的,执法人员要在笔录中记明,并向本部门负责人报告。

第三十四条 现场处理措施决定书

现场处理措施的依据是《安全生产法》第五十六条和《安全生产违法行为行政处罚办法》第十四条规定,为预防、制止或者控制生产安全事故的发生,依法采取的对有关生产经营单位及其人员的财产和行为自由加以暂时性限制,使其保持一定状态的手段。

使用范围:可以针对当场纠正、责令立即停止作业(施工)、责令立即停止使用、责令立即排除事故隐患、责令从危险区域撤出作业人员、责令暂时停产停业、停止建设、停止施工或者停止使用等多种决定使用。

责令暂时停产停业、停止建设、停止施工或者停止使用等现场处理措施的期限不超过 6 个月;法律、行政法规另有规定的,依照其规定。

第三十五条 整改复查意见书

整改复查意见书可以针对责令改正指令书、现场处理措施决定书、强制措施决定书、行政处罚决定书下达后需要进行复查等多种情况使用。

第三十六条 强制措施决定书

对有根据认为不符合国家标准或行业标准的设施、设备、器材予以查封或扣押时,应当下发《强制措施决定书》。

在进行易制毒化学品监督检查时,实施临时查封有关场所时可下发《强制措施决定书》。

第三节 决定送达执行类执法文书

第三十七条 案件处理呈批表

当事人申辩意见指当事人在案件调查过程中的申辩意见。如当事人没有申辩意见,注明"无意见"。

需提交局负责人集体讨论决定的重大复杂案件,审批意见应填写"提交局负责人集体讨论决定"。

第三十八条 行政处罚集体讨论记录

讨论内容应包括:一、拟处罚主体是否合法;二、执法程序是否得当;三、处罚事实是否清楚;四、处罚依据是否准确;五、处罚数额是否得当。

出席集体讨论的人员应在出席人员签名栏中签名,不得代签。

第三十九条 行政(当场)处罚决定书

文书文号:地区简称+安监管罚当+年份+序号。

适用范围:违法事实确凿并有法定依据,对个人处以 50 元以下罚款、对生产经营单位处以 1000 元以下罚款或者警告的行政处罚。

第四十条 行政处罚决定书

文书文号:地区简称+安监管罚+年份+序号。

处罚决定书落款要盖安全生产监督管理部门公章,不得使用其内设机构印章。行政处罚决定书,填写内容不得涂改。

第四十一条 如不服行政处罚决定,当事人申请行政复议的时效为"六十日",不能写成"两个月"。提起行政诉讼的时效为"三个月",不能写成"90 日"。

行政(当场)处罚决定书和行政处罚决定书违法事实及证据部分应载明作出行政处罚决定前,已依法告知了行政相对人拟作出行政处罚决定的事实、理由及依据,并告知了其依法享有的相关权利等内容。相对人被告知后的反应也应写明。

第四十二条 文书送达回执

一个案件各类文书的送达,统一使用一份送达回执。

他人代收的,由代收人在收件人栏内签名或者盖章,并在备注栏内注明与被送达人的关系;留置送达的,在备注栏说明情况,并由证明人签字。

第四十三条 强制执行申请书

文书文号:地区简称+安监管强执+年份+序号。

申请强制执行的人民法院应是申请人所在地基层人民法院。如果行政处罚决定所指向的直接执行对象是房地产等不动产的,向该不动产所在地的基层人民法院提出申请。

申请内容部分应写清楚做出的行政处罚决定的名称及文号,并写明申请强制执行的法律依据。

　　申请人民法院强制执行,应向人民法院提交行政处罚决定书。如果掌握当事人的财产情况或者银行账户情况,可以附上有关情况的材料。

　　第四十四条　案件移送审批表

　　适用于立案后不属于自己管辖的案件,移送有管辖权单位或部门处理时报请单位分管负责人批准而制作的法律文书。

第四章　文书归档及管理

　　第四十五条　各级安全生产监督管理部门应当加强对安全生产行政执法文书的管理,制定相应的管理制度,落实专人负责管理。

　　为提高工作效率,执法文书可采取提前加盖印章、编号管理等方式。

　　第四十六条　一般程序案件应当按照一案一卷进行组卷;材料过多的,可一案多卷。

　　简易程序案件可以多案合并组卷。

　　第四十七条　案卷文书材料按照下列顺序整理归档:

　　(一)案卷(首页);

　　(二)卷内目录;

　　(三)立案审批表;

　　(四)现场检查记录;现场处理措施决定书;

　　(五)询问通知书;询问笔录;

　　(六)勘验笔录;抽样取证凭证;

　　(七)先行登记保存证据审批表;先行登记保存证据通知书;先行登记保存证据处理审批表;先行登记保存证据决定书;

　　(八)责令限期整改指令书;整改复查意见书;

　　(九)强制措施决定书;

　　(十)鉴定委托书;

　　(十一)行政处罚告知书;当事人陈述申辩笔录;

　　(十二)听证告知书;听证会通知书;听证笔录;听证会报告书;

　　(十三)案件处理呈批表;

　　(十四)行政处罚集体讨论记录;

　　(十五)行政处罚决定书;

　　(十六)罚款催缴通知书;延期(分期)缴纳罚款审批表;延期(分期)缴纳罚款批准书;

　　(十七)罚没款收据;强制执行申请书;

　　(十八)文书送达回执;

　　(十九)结案审批表。

　　第四十八条　卷内文件材料应当用阿拉伯数字从"1"开始依次编写页号;页号编写在有字迹页面正面的右上角;大张材料折叠后应当在有字迹页面的右上角编写页号。

　　第四十九条　案卷装订前要做好文书材料的检查。文书材料上的订书钉等金属物应当去掉。小页纸应当用 A4 纸托底粘贴。

　　第五十条　办案人员完成立卷后,应当及时向档案室移交,进行归档。

　　第五十一条　案卷归档后,不得私自增加或者抽取案卷材料,不得修改案卷内容。

　　第五十二条　本规范自下发之日起实施。

附件2：

安全生产行政执法文书

询问笔录

询问时间：＿＿年＿＿月＿＿日＿＿时＿＿分至＿＿日＿＿时＿＿分　第＿＿次询问

询问地点：＿＿＿＿＿＿＿＿＿＿＿＿＿＿＿＿＿＿＿＿＿＿＿＿＿＿＿＿＿＿＿＿＿＿＿＿＿＿

被询问人姓名：＿＿＿＿＿＿性别：＿＿＿＿＿年龄：＿＿＿＿＿身份证号：＿＿＿＿＿＿

工作单位：＿＿＿＿＿＿＿＿＿＿＿＿＿＿＿＿＿＿＿＿＿＿职务：＿＿＿＿＿＿＿＿

住址：＿＿＿＿＿＿＿＿＿＿＿＿＿＿＿＿＿＿＿＿＿＿＿电话：＿＿＿＿＿＿＿＿

询问人：＿＿＿＿＿＿＿＿单位及职务：＿＿＿＿＿＿＿＿＿＿＿＿＿＿＿＿＿

记录人：＿＿＿＿＿＿＿＿单位及职务：＿＿＿＿＿＿＿＿＿＿＿＿＿＿＿＿＿

在场人：＿＿＿＿＿＿＿＿＿＿＿＿＿＿＿＿＿＿＿＿＿＿＿＿＿＿＿＿＿＿＿＿＿

我们是＿＿＿＿＿＿＿＿＿＿安全生产监督管理局的执法人员＿＿＿＿＿＿、＿＿＿＿＿＿，证件号码为＿＿＿＿＿＿＿＿、＿＿＿＿＿＿＿＿，这是我们的证件（出示证件）。我们依法就＿＿＿＿＿＿＿＿＿＿＿＿＿＿＿＿＿＿＿＿＿＿＿＿＿＿＿的有关问题向您了解情况，您有如实回答问题的义务，也有陈述、申辩和申请回避的权利。您听清楚了吗？

询问记录：＿＿＿＿＿＿＿＿＿＿＿＿＿＿＿＿＿＿＿＿＿＿＿＿＿＿＿＿＿

＿＿＿＿＿＿＿＿＿＿＿＿＿＿＿＿＿＿＿＿＿＿＿＿＿＿＿＿＿＿＿＿＿＿＿＿＿＿＿

＿＿＿＿＿＿＿＿＿＿＿＿＿＿＿＿＿＿＿＿＿＿＿＿＿＿＿＿＿＿＿＿＿＿＿＿＿＿＿

＿＿＿＿＿＿＿＿＿＿＿＿＿＿＿＿＿＿＿＿＿＿＿＿＿＿＿＿＿＿＿＿＿＿＿＿＿＿＿

＿＿＿＿＿＿＿＿＿＿＿＿＿＿＿＿＿＿＿＿＿＿＿＿＿＿＿＿＿＿＿＿＿＿＿＿＿＿＿

＿＿＿＿＿＿＿＿＿＿＿＿＿＿＿＿＿＿＿＿＿＿＿＿＿＿＿＿＿＿＿＿＿＿＿＿＿＿＿

＿＿＿＿＿＿＿＿＿＿＿＿＿＿＿＿＿＿＿＿＿＿＿＿＿＿＿＿＿＿＿＿＿＿＿＿＿＿＿

＿＿＿＿＿＿＿＿＿＿＿＿＿＿＿＿＿＿＿＿＿＿＿＿＿＿＿＿＿＿＿＿＿＿＿＿＿＿＿

＿＿＿＿＿＿＿＿＿＿＿＿＿＿＿＿＿＿＿＿＿＿＿＿＿＿＿＿＿＿＿＿＿＿＿＿＿＿＿

＿＿＿＿＿＿＿＿＿＿＿＿＿＿＿＿＿＿＿＿＿＿＿＿＿＿＿＿＿＿＿＿＿＿＿＿＿＿＿

询问人（签名）：　　　　　　　　　　　　记录人（签名）：

被询问人（签名）：　　　　　　　　　　　　　　年　　月　　日

续页

询问人(签名)：　　　　　　　　　　　　　记录人(签名)：

被询问人(签名)：　　　　　　　　　　　　　　年　　月　　日

安全生产行政执法文书

现场检查记录

被检查单位：＿＿＿＿＿＿＿＿＿＿＿＿＿＿＿＿＿＿＿＿＿＿＿＿＿＿＿＿＿＿＿＿＿＿

地　　址：＿＿＿＿＿＿＿＿＿＿＿＿＿＿＿＿＿＿＿＿＿＿＿＿＿＿＿＿＿＿＿＿＿＿＿

法定代表人(负责人)：＿＿＿＿＿＿＿＿＿　职务：＿＿＿＿＿＿＿　联系电话：＿＿＿＿＿＿＿＿

检查场所：＿＿＿＿＿＿＿＿＿＿＿＿＿＿＿＿＿＿＿＿＿＿＿＿＿＿＿＿＿＿＿＿＿＿＿

检查时间：＿＿＿年＿＿＿月＿＿＿日＿＿＿时＿＿＿分至＿＿＿日＿＿＿时＿＿＿分

我们是＿＿＿＿＿＿＿安全生产监督管理局执法人员＿＿＿＿＿＿＿、＿＿＿＿＿＿＿，证件号码为

＿＿＿＿＿＿＿、＿＿＿＿＿＿＿，这是我们的证件(出示证件)。现依法对你单位进行现场检查，请予

以配合。

检查情况：＿＿＿＿＿＿＿＿＿＿＿＿＿＿＿＿＿＿＿＿＿＿＿＿＿＿＿＿＿＿＿＿＿＿＿

＿＿＿

＿＿＿

＿＿＿

＿＿＿

＿＿＿

＿＿＿

＿＿＿

＿＿＿

＿＿＿

＿＿＿

＿＿＿

＿＿＿

检查人员(签名)：＿＿＿＿＿＿＿＿＿、＿＿＿＿＿＿＿＿＿

被检查单位现场负责人(签名)：＿＿＿＿＿＿＿＿＿

　　　　　　　　　　　　　　　　　　年　　月　　日

检查人员(签名)：_____、_____

被检查单位现场负责人(签名)：_____

年　　月　　日

安全生产行政执法文书

案件调查终结报告

当事人的基本情况：_____

_____

调查时间：_____年_____月_____日至_____年_____月_____日

调查人员：_____、_____。

当事人违法的证据：

_____

_____

_____

_____

_____

_____

_____

_____

_____

_____

违法行为等次：_____

_____

应受行政处罚的依据和种类：_____

_____

_____

_____

_____

_____

_____

_____

行政处罚建议：_____

_____

_____

_____

_____

_____

_____

安全生产行政执法文书(询问笔录)制作要求:

询问要采取七何询问法,以便为合理裁量奠定基础:(1)何人,主要查清违法主体是谁(自然人、法人或者组织)及其基本情况。(2)何时,即违法行为发生的时间、持续进行的时间以及查处的时间。(3)何地,指违法行为发生的地点、位置。(4)何事,指构成何种违法行为。(5)何情节,指违法行为涉及的物品、违法所得和销售情况,违法的过程、手段等。(6)何故,指违法的原因、动机、目的。(7)何果,即造成了怎样的危害后果。

安全生产行政执法文书(现场检查记录)制作要求:

现场检查和制作现场检查笔录的要求:现场检查笔录的正文部分,除按照常规的要求制作外,对下列关系量罚的事项应当做到:(1)对当事人的资格、身份(如是否有法定的许可证、营业执照)要进行记录。(2)对正在现场进行作业的人数或者涉及的人员(如使用的未成年人),要进行清点,并询问、记录有关情况。(3)对违法的规模(如制假的设备数量)进行记录并拍照。(4)对违法涉及的证据(违法使用或者制作的光盘、书刊、信件、假烟、假酒等),要清点数量,记明名称、规格、包装、标识、质量、数量、形状、颜色、质地等,并拍照。(5)对执法人员制止后的情况(是否不听、是否仍在转移物品、是否对抗以及其他异常表现等)要加以记录。(6)依法采取的查封、扣押情况,也要记录。(7)涉嫌违法物品或者书刊要询问来源并记录。

安全生产行政执法文书(案件调查终结报告)制作要求:

违法行为等次应根据违法事实、性质、情节和社会危害程度,将违法行为确定为轻微、一般、严重或者特别严重。

安全生产行政执法文书

行政处罚告知书

（副本）

（　　）安监管罚告〔　　〕　　号

_____：

　　经查,你(单位)有_____

_____

_____

_____的行为。

　　从你(单位)违法行为的事实、性质、情节、社会危害程度和证据看,你(单位)的违法行为属

于_____

　　以上行为违反了_____

_____的规定,

依据_____

_____,拟对你(单位)作出_____

_____的行政处罚。

　　如对上述处罚有异议,根据《中华人民共和国行政处罚法》第三十一条和第三十二条的规定,

你(单位)有权向_____安全生产监督管理部门进行陈述和申辩。

　　安全生产监督管理部门地址：_____

　　联系人：_____联系电话：_____邮编：_____

安全生产监督管理部门(公章)

年　　月　　日

安全生产行政执法文书

行政处罚告知书

（　　）安监管罚告〔　　〕　　号

_____：

　　经查,你(单位)有_____

_____

_____

_____的行为。

　　从你(单位)违法行为的事实、性质、情节、社会危害程度和证据看,你(单位)的违法行为属

于_____

　　以上行为违反了_____

_____的规定,

依据_____

_____,拟对你(单位)作出_____

_____的行政处罚。

　　如对上述处罚有异议,根据《中华人民共和国行政处罚法》第三十一条和第三十二条的规定,

你(单位)有权向_____安全生产监督管理部门进行陈述和申辩。

　　安全生产监督管理部门地址：_____

　　联系人：_____联系电话：_____邮编：_____

安全生产监督管理部门(公章)

年　　月　　日

第三联:送达拟处罚当事人

安全生产行政执法文书

听证告知书

(副本)

（　　）安监管听告〔　　〕　　号

_____：

经查,你(单位)有_____

_____

_____

_____

_____行为。

违法行为等次:根据你(单位)违法行为的事实、性质、情节、社会危害程度和相关证据,你(单位)的违法行为为_____。

以上行为违反了_____

_____的规定,

依据_____

_____,拟对你(单位)作出_____

_____的行政处罚。

根据《中华人民共和国行政处罚法》第四十二条的规定,你(单位)有要求举行听证的权利。如你(单位)要求举行听证,请在接到本告知书之日起 3 日内向_____安全生产监督管理部门提出书面听证申请。逾期不提出申请的,视为放弃听证权利。

特此告知。

安全生产监督管理部门地址:_____

联系人:_____联系电话:_____邮编:_____

安全生产监督管理部门(公章)

年　　月　　日

安全生产行政执法文书

听证告知书

（　　）安监管听告〔　　〕　　号

＿＿＿＿＿＿＿＿：

　　经查，你（单位）有＿＿＿＿＿＿＿＿＿＿＿＿＿＿＿＿＿＿＿＿＿＿＿＿＿＿

＿＿＿＿＿＿＿＿＿＿＿＿＿＿＿＿＿＿＿＿＿＿＿＿＿＿＿＿＿＿＿＿＿＿＿＿＿＿

＿＿＿＿＿＿＿＿＿＿＿＿＿＿＿＿＿＿＿＿＿＿＿＿＿＿＿＿＿＿＿＿＿＿＿＿＿＿

＿＿＿＿＿＿＿＿＿＿＿＿＿＿＿＿＿＿＿＿＿＿＿＿＿＿＿＿＿＿＿＿＿＿＿＿＿＿

＿＿＿＿＿＿＿＿＿＿＿＿＿＿＿＿＿＿＿＿＿＿＿＿＿＿＿＿＿＿行为。

　　违法行为等次：根据你（单位）违法行为的事实、性质、情节、社会危害程度和相关证据，你（单位）的违法行为为＿＿＿＿＿＿＿＿＿＿＿＿＿＿＿＿＿＿＿＿＿＿＿＿＿＿＿＿＿＿＿＿。

　　以上行为违反了＿＿＿＿＿＿＿＿＿＿＿＿＿＿＿＿＿＿＿＿＿＿＿＿＿＿＿＿＿＿

＿＿＿＿＿＿＿＿＿＿＿＿＿＿＿＿＿＿＿＿＿＿＿＿＿＿＿＿＿＿的规定，

依据＿＿＿＿＿＿＿＿＿＿＿＿＿＿＿＿＿＿＿＿＿＿＿＿＿＿＿＿＿＿＿＿＿＿＿＿＿

＿＿＿＿＿＿＿＿＿＿＿＿＿＿＿＿＿＿＿＿，拟对你（单位）作出＿＿＿＿＿＿＿＿＿＿＿＿＿＿

＿＿＿＿＿＿＿＿＿＿＿＿＿＿＿＿＿＿＿＿＿＿＿＿＿＿＿的行政处罚。

　　根据《中华人民共和国行政处罚法》第四十二条的规定，你（单位）有要求举行听证的权利。如你（单位）要求举行听证，请在接到本告知书之日起 3 日内向＿＿＿＿＿安全生产监督管理部门提出书面听证申请。逾期不提出申请的，视为放弃听证权利。

　　特此告知。

　　安全生产监督管理部门地址：＿＿＿＿＿＿＿＿＿＿＿＿＿＿＿＿＿＿＿＿＿＿

　　联系人：＿＿＿＿＿＿＿＿＿　　联系电话：＿＿＿＿＿＿＿＿＿＿　　邮编：＿＿＿＿＿＿＿＿

　　　　　　　　　　　　　　　　　　　　　安全生产监督管理部门（公章）

　　　　　　　　　　　　　　　　　　　　　　年　　月　　日

安全生产行政执法文书

行政处罚决定书(单位)

(副本)

( )安监管罚〔 〕 号

被处罚单位:＿＿＿＿＿＿＿＿＿＿＿＿＿＿＿＿＿＿＿＿＿＿＿＿＿＿＿＿

地　　址:＿＿＿＿＿＿＿＿＿＿＿＿＿＿邮编:＿＿＿＿＿＿＿＿＿＿＿＿＿

法定代表人(主要负责人):＿＿＿＿＿＿职务:＿＿＿＿＿＿联系电话:＿＿＿＿＿＿

违法事实及证据:＿＿＿＿＿＿＿＿＿＿＿＿＿＿＿＿＿＿＿＿＿＿＿＿＿＿

＿＿＿＿＿＿＿＿＿＿＿＿＿＿＿＿＿＿＿＿＿＿＿＿＿＿＿＿＿＿＿＿＿＿

＿＿＿＿＿＿＿＿＿＿＿＿＿＿＿＿＿＿＿＿＿＿＿＿＿＿＿＿＿＿＿＿＿＿

＿＿＿＿＿＿＿＿＿＿＿＿＿＿＿＿＿＿＿＿＿＿＿＿＿＿＿＿＿＿＿＿＿＿

＿＿＿＿＿＿＿＿＿＿＿＿＿＿＿＿＿＿＿＿＿＿＿＿＿＿＿＿＿＿＿＿＿＿

＿＿＿＿＿＿＿＿＿＿＿＿＿＿＿＿＿＿＿＿＿＿＿＿＿(此栏不够,可另附页)

违法行为等次:根据你单位的违法事实、性质、情节、社会危害程度和相关证据,你(单位)的违法行为为＿＿＿＿＿＿＿＿＿＿＿＿＿＿＿＿＿＿＿＿＿＿＿＿＿＿＿＿＿＿＿。

以上事实违反了＿＿＿＿＿＿＿＿＿＿＿＿＿＿＿＿＿＿＿＿＿＿＿＿＿＿＿

＿＿＿＿＿＿＿＿＿＿＿＿＿＿＿＿＿＿＿＿＿＿＿＿＿＿＿＿＿的规定,

依据＿＿＿＿＿＿＿＿＿＿＿＿＿＿＿＿＿＿＿＿＿＿＿＿＿＿＿＿＿＿＿＿

＿＿＿＿＿＿＿＿＿＿＿＿＿＿＿的规定,决定给予＿＿＿＿＿＿＿＿＿＿＿＿

＿＿＿＿＿＿＿＿＿＿＿＿＿＿＿＿＿＿＿＿＿＿＿＿＿的行政处罚。

处以罚款的,罚款自收到本决定书之日起 15 日内缴至＿＿＿＿＿＿＿＿＿＿＿,账号

＿＿＿＿＿＿＿＿＿＿＿＿＿＿＿＿＿,到期不缴每日按罚款数额的 3％加处罚款。

如果不服本处罚决定,可以依法在 60 日内向＿＿＿＿＿＿人民政府或者＿＿＿＿＿申请行政复议,或者在三个月内依法向＿＿＿＿＿人民法院提起行政诉讼,但本决定不停止执行,法律另有规定的除外。逾期不申请行政复议、不提起行政诉讼又不履行的,本机关将依法申请人民法院强制执行或者依照有关规定强制执行。

安全生产监督管理部门(公章)

年　 月　 日

安全生产行政执法文书

行政处罚决定书(单位)

（　　）安监管罚〔　　〕　　号

被处罚单位：＿＿＿＿＿＿＿＿＿＿＿＿＿＿＿＿＿＿＿＿＿＿＿＿＿＿＿＿＿

地　　址：＿＿＿＿＿＿＿＿＿＿＿＿＿邮编：＿＿＿＿＿＿＿＿＿＿＿＿＿＿

法定代表人(主要负责人)：＿＿＿＿＿＿职务：＿＿＿＿＿＿联系电话：＿＿＿＿

违法事实及证据：＿＿＿＿＿＿＿＿＿＿＿＿＿＿＿＿＿＿＿＿＿＿＿＿＿＿

＿＿＿＿＿＿＿＿＿＿＿＿＿＿＿＿＿＿＿＿＿＿＿＿＿＿＿＿＿＿＿＿＿＿＿

＿＿＿＿＿＿＿＿＿＿＿＿＿＿＿＿＿＿＿＿＿＿＿＿＿＿＿＿＿＿＿＿＿＿＿

＿＿＿＿＿＿＿＿＿＿＿＿＿＿＿＿＿＿＿＿＿＿＿＿＿＿＿＿＿＿＿＿＿＿＿

＿＿＿＿＿＿＿＿＿＿＿＿＿＿＿＿＿＿＿＿＿＿＿＿＿＿＿＿＿＿＿＿＿＿＿

＿＿＿＿＿＿＿＿＿＿＿＿＿＿＿＿＿＿＿＿＿＿＿＿＿＿(此栏不够,可另附页)

违法行为等次：根据你单位的违法事实、性质、情节、社会危害程度和相关证据,你(单位)的违法行为为＿＿＿＿＿＿＿＿＿＿＿＿＿＿＿＿＿＿＿＿＿＿＿＿＿＿＿。

以上事实违反了＿＿＿＿＿＿＿＿＿＿＿＿＿＿＿＿＿＿＿＿＿＿＿＿＿＿＿＿

＿＿＿＿＿＿＿＿＿＿＿＿＿＿＿＿＿＿＿＿＿＿＿＿＿＿＿＿的规定,

依据＿＿＿＿＿＿＿＿＿＿＿＿＿＿＿＿＿＿＿＿＿＿＿＿＿＿＿＿＿＿＿＿＿

＿＿＿＿＿＿＿＿＿＿＿＿＿＿＿＿的规定,决定给予＿＿＿＿＿＿＿＿＿＿＿

＿＿＿＿＿＿＿＿＿＿＿＿＿＿＿＿＿＿＿＿＿＿＿＿＿＿＿的行政处罚。

处以罚款的,罚款自收到本决定书之日起15日内缴至＿＿＿＿＿＿＿,账号＿＿＿＿＿＿＿＿,到期不缴每日按罚款数额的3‰加处罚款。

如果不服本处罚决定,可以依法在60日内向＿＿＿＿＿人民政府或者＿＿＿＿＿申请行政复议,或者在三个月内依法向＿＿＿＿＿人民法院提起行政诉讼,但本决定不停止执行,法律另有规定的除外。逾期不申请行政复议、不提起行政诉讼又不履行的,本机关将依法申请人民法院强制执行或者依照有关规定强制执行。

安全生产监督管理部门(公章)

年　　月　　日

安全生产行政执法文书

行政处罚决定书(个人)

（副本）

（　　）安监管罚〔　　　〕　　号

被处罚人：＿＿＿＿＿＿＿　性别：＿＿＿＿＿＿　年龄：＿＿＿＿＿　联系电话：＿＿＿＿＿＿

家庭住址：＿＿＿＿＿＿＿＿＿＿＿＿＿＿＿＿　所在单位：＿＿＿＿＿＿＿＿＿＿＿＿

职务：＿＿＿＿＿＿＿＿＿　单位地址：＿＿＿＿＿＿＿＿＿＿　邮编：＿＿＿＿＿＿＿＿

违法事实及证据：＿＿＿＿＿＿＿＿＿＿＿＿＿＿＿＿＿＿＿＿＿＿＿＿＿＿＿＿＿＿

＿＿＿＿＿＿＿＿＿＿＿＿＿＿＿＿＿＿＿＿＿＿＿＿＿＿＿＿＿＿＿＿＿＿＿＿＿＿＿

＿＿＿＿＿＿＿＿＿＿＿＿＿＿＿＿＿＿＿＿＿＿＿＿＿＿＿＿＿＿＿＿＿＿＿＿＿＿＿

＿＿＿＿＿＿＿＿＿＿＿＿＿＿＿＿＿＿＿＿＿＿＿＿＿＿＿＿＿＿＿＿＿＿＿＿＿＿＿

＿＿＿＿＿＿＿＿＿＿＿＿＿＿＿＿＿＿＿＿＿＿＿＿＿＿（此栏不够，可另附页）

违法行为等次：根据你的违法事实、性质、情节、社会危害程度和相关证据，你(单位)的违法行为为＿＿＿＿＿＿＿＿＿＿＿＿＿＿＿＿＿＿＿＿＿＿＿＿＿＿＿＿＿＿＿＿＿＿＿＿＿

以上事实违反了＿＿＿＿＿＿＿＿＿＿＿＿＿＿＿＿＿＿＿＿＿＿＿＿＿＿＿＿＿＿＿

＿＿＿＿＿＿＿＿＿＿＿＿＿＿＿＿＿＿＿＿＿＿＿＿＿＿＿＿＿＿＿＿＿的规定，

依据＿＿＿＿＿＿＿＿＿＿＿＿＿＿＿＿＿＿＿＿＿＿＿＿＿＿＿＿＿＿＿＿＿＿＿＿＿

＿＿＿＿＿＿＿＿＿＿＿＿＿＿＿＿＿＿＿＿＿的规定，决定给予＿＿＿＿＿＿＿＿＿＿＿

＿＿＿＿＿＿＿＿＿＿＿＿＿＿＿＿＿＿＿＿＿＿＿＿＿＿＿＿＿的行政处罚。

处以罚款的，罚款自收到本决定书之日起 15 日内缴至＿＿＿＿＿＿＿＿＿＿＿＿，账号

＿＿＿＿＿＿＿＿＿＿＿＿＿＿＿＿＿＿＿＿＿，到期不缴每日按罚款数额的 3‰ 加处罚款。

如果不服本处罚决定，可以依法在 60 日内向＿＿＿＿＿＿＿人民政府或者＿＿＿＿＿＿＿申请行政复议，或者在三个月内依法向＿＿＿＿＿＿＿人民法院提起行政诉讼，但本决定不停止执行，法律另有规定的除外。逾期不申请行政复议、不提起行政诉讼又不履行的，本机关将依法申请人民法院强制执行或者依照有关规定强制执行。

安全生产监督管理部门(公章)

年　　月　　日

安全生产行政执法文书

行政处罚决定书(个人)

( )安监管罚〔 〕 号

被处罚人:＿＿＿＿＿＿ 性别:＿＿＿＿＿＿ 年龄:＿＿＿＿＿＿ 联系电话:＿＿＿＿＿＿

家庭住址:＿＿＿＿＿＿＿＿＿＿＿＿＿ 所在单位:＿＿＿＿＿＿＿＿＿＿＿

职务:＿＿＿＿＿＿＿＿ 单位地址:＿＿＿＿＿＿＿＿ 邮编:＿＿＿＿＿＿＿＿

违法事实及证据:＿＿＿＿＿＿＿＿＿＿＿＿＿＿＿＿＿＿＿＿＿＿＿＿＿＿

＿＿＿＿＿＿＿＿＿＿＿＿＿＿＿＿＿＿＿＿＿＿＿＿＿＿＿＿＿＿＿＿＿＿

＿＿＿＿＿＿＿＿＿＿＿＿＿＿＿＿＿＿＿＿＿＿＿＿＿＿＿＿＿＿＿＿＿＿

＿＿＿＿＿＿＿＿＿＿＿＿＿＿＿＿＿＿＿＿＿＿＿＿＿＿＿＿＿＿＿＿＿＿

＿＿＿＿＿＿＿＿＿＿＿＿＿＿＿＿＿＿＿＿＿＿＿(此栏不够,可另附页)

违法行为等次:根据你的违法事实、性质、情节、社会危害程度和相关证据,你(单位)的违法行为为＿＿＿＿＿＿＿＿＿＿＿＿＿＿＿＿＿＿＿＿＿＿＿＿＿＿＿＿＿＿＿＿。

以上事实违反了＿＿＿＿＿＿＿＿＿＿＿＿＿＿＿＿＿＿＿＿＿＿＿＿＿＿＿

＿＿＿＿＿＿＿＿＿＿＿＿＿＿＿＿＿＿＿＿＿＿＿＿＿＿＿的规定,

依据＿＿＿＿＿＿＿＿＿＿＿＿＿＿＿＿＿＿＿＿＿＿＿＿＿＿＿＿＿＿＿＿

＿＿＿＿＿＿＿＿＿＿＿＿＿＿＿的规定,决定给予＿＿＿＿＿＿＿＿＿＿＿

＿＿＿＿＿＿＿＿＿＿＿＿＿＿＿＿＿＿＿＿＿＿＿＿＿的行政处罚。

处以罚款的,罚款自收到本决定书之日起 15 日内缴至＿＿＿＿＿＿＿＿＿＿,账号

＿＿＿＿＿＿＿＿＿＿＿＿＿＿＿＿＿＿＿,到期不缴每日按罚款数额的 3％加处罚款。

如果不服本处罚决定,可以依法在 60 日内向＿＿＿＿＿＿人民政府或者＿＿＿＿＿＿申请行政复议,或者在三个月内依法向＿＿＿＿＿＿人民法院提起行政诉讼,但本决定不停止执行,法律另有规定的除外。逾期不申请行政复议、不提起行政诉讼又不履行的,本机关将依法申请人民法院强制执行或者依照有关规定强制执行。

安全生产监督管理部门(公章)

年 月 日

关于进一步严格安全准入条件强化安全许可监管工作的通知

豫安监管〔2011〕58 号

各省辖市安全生产监督管理局:

为了进一步加大安全监管力度,强化企业安全生产主体责任,夯实安全生产基础,促进企业保持和改善安全生产条件,不断提高企业安全生产水平,控制和减少生产安全事故,根据《国务院关于进一步加强企业安全生产工作的通知》(国发〔2010〕23 号)和《河南省安全生产条例》等规定,结合我省实际,现就严格非煤矿矿山、危险化学品、烟花爆竹行业(以下称高危行业)企业准入条件和安全许可管理工作通知如下:

一、依法依规,严格安全生产准入条件

高危行业企业申请安全许可证,应当符合国家法律、法规规定,并具备以下条件:

(一)符合安全生产标准。

(二)符合技术进步和产业升级要求。产能和规模符合国家和我省最低准入标准,不得使用国家产业政策淘汰的落后工艺和产能。

(三)新建、改建、扩建工程项目的安全设施(含安全监控设施和防有毒有害气体、防尘、排水、防火、防爆等设施),应与主体工程同时设计、同时施工、同时投入生产和使用。

(四)危险性较大的设备、设施应当按照规定经安全检测检验合格。

(五)有毒有害、易燃易爆场所及储存装置和输送管道应当按规定安装介质泄漏报警仪表,其中构成危险化学品重大危险源的应当安装安全监控预警系统。

(六)危险化学品企业应当进行危险化学品登记。

(七)从业人员的专业学历、从业经历、安全培训情况应当达到有关规定要求。

(八)应当建立健全企业领导带班、安全生产风险分析和应急处置措施、隐患整改效果评价,及法律、法规要求的其他安全生产规章制度等。

(九)井工开采的非煤矿矿山应当按规定安装安全避险"六大系统"(监测监控系统、井下人员定位系统、紧急避险系统、压风自救系统、供水施救系统和通信联络系统);危险化学品企业所在园区(集聚区)应当按规定进行并通过整体定量风险评价;烟花爆竹企业应当达到工程设计安全规范要求。

(十)建设项目应当通过安全设施设计审查和竣工验收。

高危行业企业安全许可证期满申请延期的,也应当符合以上条件。

二、严格审查,全面落实安全许可制度

(一)严格许可程序

省安全监管局直接审查发证的,有关业务处室要依法进行审查,形成初步意见,报局行政许可审查会议,决定是否同意许可。

省辖市安全监管局受省安全监管局委托办理的许可事项,要依法进行审查,并征求企业所在辖区县(市、区)安全监管部门的意见。受委托行政机关的拟授予许可文件和《安全生产许可证审查书》《危险化学品经营许可证申请表》《烟花爆竹经营(批发)许可证审查书》中应明确"同意许可"的意见。在法律、法规规定的许可办结截止日前 15 个工作日,报省安全监管局备案,申请编

号、用印。经省安全监管局业务分管副局长签字同意后，颁发许可证。

省安全监管局许可办根据省辖市安全监管局拟授予许可的文件、省安全监管局《许可证用印审批表》和业务处提供的制证电子信息制作证书，并每月通报许可信息，在省安全监管局网站上予以公告。

(二)严格许可审查

严格执行《安全生产法》《安全生产许可证条例》和《河南省安全生产条例》等法律、法规，认真贯彻落实《国务院关于进一步加强企业安全生产工作的通知》精神，强化高危行业安全生产行政许可制度的贯彻落实，切实加强对高危行业企业安全生产许可以及经营、销售许可等证书的颁发管理。对涉及安全生产事项的审查、批准或者验收，必须严格依照有关法律、法规和国家标准或行业标准规定的程序和安全生产条件进行审查，不符合的不得批准或者验收通过。认真执行建设工程项目安全设施"三同时"规定。建设工程项目必须依法进行安全生产条件论证和安全评价，安全监管部门按照有关规定依法组织审查和验收。未通过安全设施设计审查和竣工验收的建设项目，不予办理行政许可，企业不准开工投产。

(三)严格监督检查

省辖市安全监管局在省安全监管局委托的范围内依法实施行政许可，应当严格条件，严格程序。省安全监管局依法对委托省辖市安全监管局实施的行政许可事项进行监督检查，并将其纳入年度执法监察计划。

监督检查应当坚持公开、公平、公正的原则，不得妨碍被许可人正常的生产经营活动，不得索取或者收受被许可人的财物，不得谋取其他利益。监督检查方法应当符合法律、法规规定，并如实记录检查情况。检查情况和处理结果由监督检查人员签字后存档。

监督检查的内容、方式和比例由省安全监管局确定。可以对下列内容进行检查：

1. 申报资料是否齐全、有效；
2. 审核程序是否符合法律、法规、规章规定；
3. 检测检验报告、安全评价报告结论性意见是否明确并符合规定；
4. 生产经营现场状况；
5. 其他需要检查的事项。

三、加强监管，建立安全许可退出机制

在执法检查中发现生产经营企业不具备安全许可条件，或取得许可证后未持续保持安全生产许可证颁证条件的，依法严肃处理；发现企业和评价机构在许可申请过程中弄虚作假的，依法暂扣、吊销其相关资质，对责任人进行责任追究；发现受委托单位未按规定条件、程序进行行政许可的，根据情节轻重给予批评、警告、通报，直至收回对该受委托单位的行政许可委托。

符合依法撤销、暂扣、吊销和予以注销安全许可证的，应当按照规定程序办理。

(一)撤销安全许可证的情形

1. 超越职权颁发的；
2. 违反法律、法规规定程序颁发的；
3. 不具备法律、法规规定的安全生产条件颁发的；
4. 以欺骗、贿赂等不正当手段取得的。

(二)暂扣安全许可证的情形

1. 不再具备相关法律、法规规定的安全生产条件之一的；
2. 发生重大以上生产安全责任事故的；
3. 在规定时限内未实现安全达标，整改后仍不达标的；
4. 存在重大隐患的。

（三）吊销安全许可证的情形

1. 倒卖、出租、出借或者以其他形式非法转让安全许可证的；

2. 不再具备相关法律、法规规定的安全生产要件之一，并且情况严重的；

3. 暂扣安全许可证后未按期整改，或者整改后仍不具备安全生产条件的；

4. 非煤矿矿山未按期完成"六大系统"安装的；危险化学品生产企业自动化系统改造未按期完成的；

5. 存在重大隐患，拒不停产撤人、整改治理，或整改后仍不符合要求的。

安全许可证被吊销后，企业不得进行与原许可事项相应的生产经营活动。

（四）注销安全许可证的情形

1. 终止生产经营活动的；

2. 安全许可证被依法撤销、吊销的；

3. 安全许可证有效期满后，3 个月内未提出延期申请的。

依法注销的安全许可证，在省安全监管局网站上予以标注。

本《通知》自发布之日起执行，2011 年 3 月 8 日省安全监管局印发的《关于进一步严格安全准入条件加强安全许可管理工作的通知》（豫安监管〔2011〕11 号）同时废止。

附件：1. 许可证用印审批表
　　　2. 安全生产行政许可委托实施事项检查表

河南省安全生产监督管理局

二○一一年六月七日

附件 1：

许可证用印审批表

市安全监管局意见	经审查，_____ 等 _____ 家单位（名单见下）符合有关法规、规定的要求，同意为其颁发安全生产许可证/经营许可证，请准予用印。 　　　　　　　　　　　　　　　　　　　　　　　　　　市安全监管局（章） 负责人：　　　　　　　　　　　　　　　　　　　　　　　年　月　日				
序号	单位名称	单位负责人	证书编号	许可范围	发证日期
省安全监管局承办处意见： 经办人：　　　　　负责人： 　　　　　　　　　　　年　月　日			省安全监管局领导签字： 　　　　　　　　　　　年　月　日		

附件2：

安全生产行政许可委托实施事项检查表

类别：□非煤矿矿山　　　□危险化学品　　　□烟花爆竹　　　□其他　　　编号：

对象		属地	
时间	年　月　日	方式	
检查情况			
检查意见			
	检查人员签名：　　　　　　　　　　　　　　　　　年　月　日		
备注			

关于印发《危险化学品特种作业人员安全生产培训大纲及考核标准》(暂行)的通知

豫安监管办〔2011〕78 号

各省辖市安全生产监督管理局,各有关安全培训机构:

为更好地贯彻落实《特种作业人员安全技术培训考核管理规定》(国家安全监督管理总局令第 30 号),加强我省危险化学品特种作业人员安全培训、考核工作,省安全监管局组织有关专家编写了《危险化学品特种作业人员安全生产培训大纲及考核标准》(暂行),现予以印发。

请按省安全监管局制定的培训大纲和考核标准(暂行)及安全培训机构管理要求,做好相关安全作业培训的资质申请和安全培训考核工作。实施过程中发现的问题请及时向省安全监管局人事培训处反馈。联系电话:0371-65866805。

有关培训大纲及考核标准,请在省局网站查询下载。

二○一一年四月十二日

危险化学品特种作业人员安全生产培训大纲及考核标准*

一、光气及光气化工艺作业人员安全技术培训大纲和考核标准

1 范围

本标准规定了光气及光气化工艺特种作业人员培训的要求,培训和复审培训的内容及学时安排,以及考核的方法、内容,复审培训考核的方法、要求与内容。

本标准适用于光气及光气化工艺特种作业人员的培训与考核。

2 规范性引用文件

下列文件中的条款通过本标准的引用而成为本标准的条款。凡是注日期的引用文件,其随后所有的修改单(不包括勘误的内容)或修订版均不适用于本标准,然而,鼓励根据本标准达成协议的各方研究是否可使用这些文件的最新版本。凡是不注日期的引用文件,其最新版本适用于本标准。

《特种作业人员安全技术培训考核管理规定》(国家安全生产监督管理总局令第 30 号)

《危险化学品安全管理条例》(中华人民共和国国务院令第 591 号)

《气体防护急救管理规定》

GB/T 16483　化学品安全技术说明书　内容和项目顺序

---

*　因已有《特种作业人员安全生产培训大纲及考核标准》的正式版,特将原附件替换为危险化学品相关特种作业人员安全生产培训大纲和考核标准。

GB/T 13861—92 生产过程危险和有害因素分类与代码

GB 18218—2009 危险化学品重大危险源辨识

GB 11651 劳动防护用品选用规则

GB 19041—2003 光气及光气化产品生产安全规程

AQ 3014—2008 液氯使用安全技术要求

AQ 3015—2008 氯气捕消器技术要求

AQ 3009—2007 危险场所电气安全防爆规范

3 术语和定义

3.1 下列术语和定义适用于本标准。

光气化产品 Phosgenation produc

光气与一种或一种以上的化学物质进行化学反应的生成物。

光气及光气化工艺特种作业人员 Special operator of phosgene and phosgenation processes

光气及光气化工艺生产装置中从事现场工艺操作的人员。

4 基本条件

4.1 满足国家安全生产监督管理总局令第 30 号规定。

4.2 色弱、色盲为禁忌症。

4.3 培训前需在相应岗位实习 3 个月以上。

4.4 光气及光气化工艺作业规定的其他条件。

5 培训大纲

5.1 培训要求

5.1.1 光气及光气化工艺特种作业人员应接受安全和技能培训,具备与所从事的作业活动相适应的安全生产知识和安全操作技能。

5.1.2 培训应按照国家有关安全生产培训的规定组织进行

5.1.3 培训工作应坚持理论与实践相结合,采用多种有效的培训方式,加强案例教学。应注重提高光气及光气化工艺操作人员的职业道德、安全意识、法律知识,加强安全生产基础知识和安全操作技能等内容的综合培训。

5.2 培训内容

5.2.1 光气及光气化工艺安全生产相关法律法规及规章标准

主要包括《中华人民共和国安全生产法》、《光气及光气化产品生产安全规程》、《中华人民共和国职业病防治法》、《使用有毒物品作业场所劳动保护条例》、《安全生产许可证条例》、《危险化学品安全管理条例》、《特种设备安全监察条例》、《危险化学品生产企业安全生产许可证实施办法》、《危险化学品登记管理办法》、《危险化学品建设项目安全许可实施办法》等。危险化学品主要安全标准 GB 12463、GB 13690、GB 15603、GB 18218、GB/T 16483 等。依照有关法律法规进行从业人员的责任和义务培训。

5.2.2 光气及光气化工艺安全基础知识

1)光气及光气化工艺简介,主要包括光气合成工艺的原理及流程、光气化工艺及产品的分类、光气化工艺的典型过程等;

2)光气及光气化工艺的危险特点,主要包括光气合成原料(一氧化碳、氯气、液碱等)和产品(光气等)的危险性、典型光气化工艺原料及产品的危险性等;

3)危险因素,主要包括燃爆危险、高温高压危险、失控反应危险、一氧化碳中毒及爆炸危险、氯气等剧毒化学品泄漏危险;

4)安全技术说明书(MSDS),主要包括 MSDS 基本格式、光气及光气化工艺原料和产品的危害特性;

5)重大危险源(防护措施),主要包括重大危险源的辨识、光气及光气化工艺重大危险源的分布、特点以及防护措施。

5.2.3 光气及光气化工艺安全生产技术

5.2.3.1 工艺安全技术

主要包括:

1)光气合成的生产原理、一般光气化产品(酰氯类、异氰酸酯类、聚碳酸酯类等)的生产原理;

2)主要化工单元操作(包括蒸馏、吸收、过滤、结晶、萃取等)的基本要点;

3)生产特点和规模、生产工艺条件和运行操作要点;

4)主要控制单元及工艺参数;

5)联锁保护系统工作条件。

5.2.3.2 设备安全技术

主要包括:

1)特种设备、一般设备的概念及分类;

2)光气合成器、压缩机等设备的种类、工作原理、工作特性;

3)设备操作条件;

4)设备主要结构及重点监控参数。

5.2.3.3 自动化安全控制技术

主要包括:

1)自动检测系统(敏感元件、传感器、显示仪表)工作原理及特点;

2)自动信号和联锁保护系统工作原理及特点;

3)自动操纵及自动开停车系统工作原理及特点;

4)自动控制系统工作原理及特点。

5.2.3.4 电气安全技术

主要包括:

1)电气事故种类;

2)电气防火防爆,保护接地接零技术;

3)防雷装置的类型、作用及人身防雷措施;

4)防止直接和间接接触点击措施。

5.2.3.5 防火防爆技术

主要包括:

1)基本概念;

2)燃烧,包括燃烧的条件,燃烧过程及形成;

3)爆炸,包括爆炸的分类,爆炸极限及影响因素,可燃气体爆炸,粉尘爆炸,蒸气爆炸等;

4)火灾爆炸的预防,包括防止可燃可爆系统的形成,消除点火源,限制火灾爆炸蔓延扩散的措施。

5.2.3.6 直接作业环节控制

主要包括:

1)化工检修作业的一般要求与监护职责;

2)其它直接作业环节的要求与监护职责。

5.2.4 安全设备设施

5.2.4.1 安全附件

主要包括：

1)安全附件的定义、种类及功能,安全阀、爆破片装置、紧急切断装置、压力表、液位计、测温仪表、易熔塞等的用途及运行管理;

2)安全附件的工作条件及主要参数。

5.2.4.2 安全泄放系统

主要包括：

1)安全泄放系统的构成及工作原理;

2)安全泄放装置基本构件主要包括:安全阀、爆破片、易熔塞等;

3)工作参数。

5.2.4.3 安全联锁系统

主要包括：

1)安全联锁系统工作原理;

2)安全联锁系统的构成,主要包括:联锁开关、联动阀等;

3)联锁保护条件和参数。

5.2.4.4 安全报警系统

主要包括：

1)压力报警器;

2)温度报警器;

3)火灾声光报警装置;

4)可燃、有毒气体报警装置。

5.2.5 职业健康

主要包括：

1)光气及光气化工艺涉及的工业毒物的分类及毒性,工业毒物侵入人体途径及危害,熟悉毒物最高容许浓度与接触限值,职业接触毒物危害程度分级;

2)现场作业毒物、腐蚀、高温、灼伤等防护措施。

5.2.6 事故预防与应急处置

主要包括：

1)事故应急预案基本要素、事故应急防护用品的配备使用及维护;

2)事故应急演练方法、基本任务与目标;

3)突发事故(停电、停汽、停水、气体泄漏等)的应急处置。

5.2.7 事故案例分析

主要包括光气及光气化工艺及化学品生产典型事故案例分析与共享。

5.2.8 个体防护知识(特种防护用品)

主要包括：

1)特种防护用品的种类及使用方法;

2)安全使用期限;

3)适用的作业环境或作业活动。

5.2.9 消气防知识

5.2.9.1 消防知识

主要包括：

1)自动灭火系统、泡沫灭火系统、水喷淋灭火系统、蒸汽灭火系统、N_2灭火系统等;

2)灭火器材的种类、适用于扑灭何种火灾及使用方法;

3)氯气捕消器使用方法;

4)消防器材使用期限。

5.2.9.2　气防知识

主要包括:

1)正压式空气呼吸器、氧气呼吸器、防化服、各种防毒面具等气防器材主要参数;

2)佩戴及使用方法。

5.2.9.3　自救、互救与创伤急救

主要包括:

1)自救、互救方法、人身安全保护措施;

2)创伤急救方法;

3)一氧化碳、氯气、光气中毒的急救措施。

5.2.10　环境保护

主要包括:

1)光气及光气化工艺中排放物种类、排放点、排放量的监控管理;

2)光气及光气化工艺中废弃物种类、数量与处置方式的监控管理。

5.3　复审培训要求与内容

5.3.1　复审培训要求

5.3.1.1　凡已取得光气及光气化工艺特种作业人员资格的人员,若继续从事原岗位的工作,在资格证书有效期内,每年应进行一次复审培训。复审培训的内容按本标准5.3.2的要求进行。

5.3.1.2　再培训按照有关规定,由具有相应资质的安全培训机构组织进行。

5.3.2　复审培训内容

复审培训包括以下内容:

1)有关光气及光气化工艺安全生产方面新的法律、法规、国家标准、行业标准、规程和规范;

2)有关光气及光气化工艺方面的新技术、新工艺、新设备、新材料及其安全技术要求等;

3)国内外危险化学品生产单位安全管理经验;

4)有关光气及光气化工艺方面的典型案例分析;

5)职业健康、消气防、个体防护等方面的新规范及标准等。

5.4　学时安排

5.4.1　光气及光气化工艺特种作业人员资格培训不少于48学时,具体培训内容课时安排见表1。

5.4.2　光气及光气化工艺特种作业人员再培训时间不少于8学时,具体内容见表2。

6　考核标准

6.1　考核办法

6.1.1　考核分为安全生产知识和安全操作技能考核两部分。

6.1.2　安全生产知识考试为闭卷笔试。考试内容应符合本标准5.2规定的范围,其中安全基础知识占总分数的30%,安全技术知识占总分数的70%。考试时间为90分钟。考试采用百分制,60分及以上为合格。

6.1.3　安全操作技能考核可由考核部门进行实地考核、答辩等方式。考核内容应符合本标准5.2规定的范围,成绩评定分为合格、不合格。

6.1.4　考试不合格允许补考一次,补考仍不合格者需要重新培训。

6.1.5　考试(核)要点的深度分为了解、熟悉和掌握三个层次,三个层次由低到高,高层次的要求包含低层次的要求。

了解:能正确理解本标准所列知识的含义、内容并能够应用。

熟悉:对本标准所列知识有较深的认识,能够分析、解释并应用相关知识解决问题。

掌握:对本标准所列知识有全面、深刻的认识,能够综合分析、解决较为复杂的相关问题。

6.2　考核要点

6.2.1　光气及光气化工艺安全生产相关法律法规

1)了解国家有关危险化学品安全生产的法律、法规、规章、规程、标准和政策;

2)了解危险化学品生产经营单位和人员的法律责任;

3)熟悉光气及光气化工艺相关的技术规范及标准;

4)熟悉从业人员安全生产的权利和义务。

6.2.2　光气及工艺安全基础知识

1)了解重大危险源的辨识;

2)熟悉光气及光气化工艺的简介;

3)熟悉安全技术说明书(MSDS)的基本格式、光气及光气化工艺原料和产品的危害特性;

4)掌握光气及光气化工艺的危险特点及危险因素;

5)掌握光气及光气化工艺重大危险源的分布、特点以及防护措施。

6.2.3　光气及光气化工艺安全生产技术

6.2.3.1　工艺安全技术

1)了解光气合成的生产原理、一般光气化产品(酰氯类、异氰酸酯类、聚碳酸酯类等)的生产原理;

2)了解主要化工单元操作(包括蒸馏、吸收、过滤、结晶、萃取等)的基本要点;

3)熟悉生产特点和规模、生产工艺条件和运行操作要点;

4)掌握主要控制单元及工艺参数;

5)掌握联锁保护系统工作条件。

6.2.3.2　设备安全技术

1)了解特种设备、一般设备的概念及分类;

2)了解光气合成器等设备的种类、工作原理、工作特性;

3)掌握设备操作条件;

4)掌握设备主要结构及重点监控参数。

6.2.3.3　自动化安全控制技术

1)了解自动检测系统(敏感元件、传感器、显示仪表)工作原理及特点;

2)了解自动信号和联锁保护系统工作原理及特点;

3)了解自动操纵及自动开停车系统工作原理及特点;

4)了解自动控制系统工作原理及特点。

6.2.3.4　电气安全技术

1)了解静电的产生;

2)熟悉保护接地、接零;

3)掌握电气防火防爆技术措施;

4)掌握防静电措施;

5)掌握防雷措施。

6.2.3.5　防火防爆技术

1)了解基本概念;

2)了解燃烧的条件、燃烧过程及形成;

3)熟悉爆炸的分类、爆炸极限及影响因素、可燃气体爆炸、蒸气爆炸、粉尘爆炸;

4)掌握火灾爆炸的基本预防措施。

6.2.3.6　直接作业环节控制

1)掌握化工检修作业的一般要求与监护职责;

2)掌握其它直接作业环节的要求与监护职责。

6.2.4　安全设备设施

6.2.4.1　安全附件

1)了解安全附件的定义及种类,安全附件主要包括:安全阀、爆破片装置、紧急切断装置、压力表、液位计、测温仪表、易熔塞等;

2)熟悉安全附件的性能和用途;

3)掌握安全附件的工作条件及主要参数。

6.2.4.2　安全泄放系统

1)了解安全泄放系统的构成及工作原理;

2)熟悉安全泄放装置基本构件主要包括:安全阀、爆破片、易熔塞等;

3)掌握工作条件及参数。

6.2.4.3　安全联锁系统

1)了解安全联锁系统工作原理;

2)熟悉安全联锁系统的构成,主要包括:联锁开关、联动阀等;

3)掌握联锁保护条件和参数。

6.2.4.4　安全报警系统

1)熟悉压力报警器分布及报警值;

2)熟悉温度报警器分布及报警值。

3)熟悉火灾声光报警装置分布;

4)熟悉可燃、有毒气体报警装置分布。

6.2.5　职业健康

1)了解光气及光气化工艺涉及的工业毒物的分类及毒性,工业毒物侵入人体途径及危害,熟悉毒物最高容许浓度与接触限值,职业接触毒物危害程度分级;

2)熟悉现场作业毒物、腐蚀、高温、灼伤等防护措施。

6.2.6　事故预防与应急处置

1)了解事故应急预案基本要素、事故应急防护用品的配备使用及维护;

2)熟悉事故应急演练方法、基本任务与目标;

3)熟悉突发事故的应急处置方案。

6.2.7　事故案例分析

1)主要包括光气及光气化工艺及危险化学品典型事故案例分析与共享。

6.2.8　个体防护知识(特种防护用品)

1)掌握特种防护用品的种类及使用方法;

2)熟悉安全使用期限;

3)熟悉适用的作业环境或作业活动。

6.2.9　消气防知识

6.2.9.1　消防知识

1)了解消防法中有关要求；

2)熟悉泡沫灭火系统、水喷淋灭火系统、蒸汽灭火系统、N₂灭火系统等自动灭火系统的工作原理和操作；

3)熟悉消防器材使用期限；

4)掌握灭火器材的种类、适用于扑灭何种火灾及使用方法；

5)掌握氯气捕消器使用方法。

6.2.9.2　气防知识

1)了解气防管理规定有关内容；

2)掌握正压式空气呼吸器、氧气呼吸器、防毒面具等气防器材主要参数；

3)掌握正确的佩戴使用方法；

4)掌握安全使用注意事项。

6.2.9.3　自救、互救与创伤急救

1)熟悉其他安全注意事项；

2)掌握自救、互救方法、人身安全保护措施；

3)掌握创伤急救方法；

4)掌握一氧化碳、氯气、光气中毒的急救措施及注意事项。

6.2.10　环境保护

1)了解废弃物种类、数量与处置方式的监控管理；

2)熟悉排放物种类、排放点、排放量的监控管理。

6.3　安全操作技能考核要点

1)掌握光气及光气化工艺安全操作技能；

2)掌握事故或异常状态下应急处理技能；

3)掌握消气防器材设施的使用及维护技能；

4)掌握创伤急救操作技能。

6.4　复审培训考核要求与内容

6.4.1　复审培训考核要求

6.4.1.1　对已取得光气及光气化工艺特种作业资格证的人员，在证书有效期内，每年复审培训完毕都应进行考核，考核内容按本标准6.3.2的要求进行，并将考核结果在光气及光气化工艺特种作业资格证书上做好记录。

6.4.1.2　复审培训考核可只进行笔试，考核办法可参照6.1.2。

6.4.2　复审培训考核要点

复审培训考核包括以下内容：

1)了解有关光气及光气化工艺安全生产方面新的法律、法规、国家标准、行业标准、规程和规范；

2)了解国内外危险化学品生产单位安全管理经验；

3)了解有关光气及光气化工艺方面的典型案例分析；

4)熟悉有关光气及光气化工艺方面的新技术、新工艺、新设备、新材料及其安全技术要求等；

5)掌握职业健康、消气防、个体防护等方面的新规范及标准等。

表 1　光气及光气化工艺作业人员安全技术培训课时安排

项目		培训内容	学时
安全知识	安全基础知识	安全生产法律法规及规章标准	4
		光气及光气化工艺安全基础知识	4
	安全技术知识	光气及光气化工艺安全生产技术	8
		安全设备设施	2
		职业健康	2
		事故预防与应急处置	2
		事故案例分析	2
		个体防护知识（特殊防护设施）	2
		消气防知识	2
		环境保护	2
	复习		2
	考试		2
安全操作技能		光气及光气化工艺安全操作	4
		安全设备设施操作与维护	2
		事故应急演练	2
		个体防护、消气防器材使用与维护	2
	复习		2
	考试		2
合计			48

表 2　光气及光气化工艺作业人员复审培训课时安排

项目	培训内容	学时
再培训	有关危险化学品安全生产的法律、法规、规章、规程、标准 有关光气及光气化工艺的新技术、新材料、新工艺、新设备及其安全技术要求 国内外危险化学品生产单位安全管理经验 有关光气及光气化工艺方面的典型案例分析 职业健康、消气防、个体防护等方面的新规范及标准等	不少于 8 学时
	复习	
	考试	
	合计	

二、氯碱电解工艺作业人员安全技术培训大纲和考核标准

1　范围

本标准规定了氯碱电解工艺特种作业人员安全技术培训的要求,培训和复审培训的内容和学时安排,以及安全技术考核的方法、内容,复审培训考核的方法、要求与内容。

本标准适用于氯碱电解工艺特种作业人员的安全生产培训与考核。

2　规范性引用文件

下列文件中的条款通过本标准的引用而成为本标准的条款。凡是注日期的引用文件,其随后所有的修改单(不包括勘误的内容)或修订版均不适用于本标准,然而,鼓励根据本标准达成协议的各方研究是否可使用这些文件的最新版本。凡是不注日期的引用文件,其最新版本适用于本标准。

《危险化学品安全管理条例》(中华人民共和国国务院令第 591 号)

《特种设备安全监察条例》(国务院令第 549 号)

《气体防护急救管理规定》

《特种作业人员安全技术培训考核管理规定》(国家安全生产监督管理总局令第 30 号)

GB 11984—2008 　《氯气安全规程》

GB 4962—2008 　《氢气使用安全技术规程》

GB 16483 　化学品安全技术说明书 　内容和项目顺序

AQ 3014—2008 　《液氯使用安全技术要求》

AQ 3015—2008 　《氯气捕消器技术要求》

AQ 3009—2007 　《危险场所电气安全防爆规范》

AQ/T 3016—2008 　《氯碱企业安全标准化指南》

GB 11984—2008 　《氯气安全规程》

GB 4962—2008 　《氢气使用安全技术规程》

3　术语和定义

3.1　下列术语和定义适用于本标准。

氯碱电解工艺特种作业人员 Special operator of Chlor-Alkali processes

采用氯碱电解工艺的生产单位中从事安全风险较大的工艺操作从业人员,主要指氯化钠和氯化钾电解、液氯储存和充装岗位的操作人员。

4　培训大纲

4.1　培训要求

4.1.1　氯碱电解工艺特种作业人员必须接受安全生产培训,具备与所从事的生产活动相适应的安全生产知识和安全操作技能。

4.1.2　培训应按照国家有关安全生产培训的规定组织进行。

4.1.3　培训工作应坚持理论与实践相结合,采用多种有效的培训方式,加强案例教学;应注重提高氯碱电解工艺特种作业人员的职业道德、安全意识、法律责任意识,加强安全生产基础知识和安全生产操作技能等内容的综合培训。

4.2　培训内容

4.2.1　安全生产法律法规及规章标准

主要包括《中华人民共和国安全生产法》、《中华人民共和国职业病防治法》、《使用有毒物品作业场所劳动保护条例》、《安全生产许可证条例》、《危险化学品安全管理条例》、《特种设备安全

监察条例》、《危险化学品生产企业安全生产许可证实施办法》、《危险化学品登记管理办法》、《危险化学品建设项目安全许可实施办法》等。危险化学品主要安全标准 GB 12463、GB 13690、GB 15258、GB 15603、GB 18218、GB/T 16483 等。依照有关法律法规进行从业人员的责任和义务培训。

4.2.2　氯碱电解工艺安全基础知识

1)氯碱电解工艺简介,主要包括氯碱电解工艺的概念、氯碱电解工艺的分类及典型过程;

2)氯碱电解工艺的危险特点,主要包括盐水电解工艺过程、氯气处理工艺过程、氢气处理工艺过程、氯气液化工艺过程、液氯充装工艺过程、烧碱蒸发工艺过程、氯化氢合成工艺过程和产品的燃爆危险性及毒害性;

3)危险因素,主要包括燃爆危险、毒害危险、灼伤危险、触电危险、三氯化氮失控危险、液氯充装危险;

4)安全技术说明书(MSDS),主要包括 MSDS 基本格式、氯碱电解工艺原、辅材料和产品的危害特性;

5)重大危险源(监控与防护措施),主要包括重大危险源的辨识、氯碱电解工艺重大危险源的分布、特点以及监控与防护措施。

4.2.3　氯碱电解工艺安全生产技术

1)工艺安全技术,主要包括点火源控制、火灾爆炸危险物质控制、工艺参数的安全控制、限制火灾爆炸蔓延扩散的措施;包括开车、停车岗位操作安全要点,岗位安全操作和生产过程紧急情况处置;

2)设备安全技术,主要包括特种设备、一般设备的概念及分类、电槽等设备的种类、工作原理、工作特性;设备操作条件;掌握设备主要结构及重点监控参数;

3)自动化安全控制技术,主要包括安全生产自动化联锁回路的设置及调节,DCS 系统的调试与应用;

4)电气安全技术,主要包括电流对人体的危害及影响因素,触电方式,触电预防措施及触电急救知识;包括动力、照明及电气系统的防火防爆,电气火灾爆炸及危险区域的划分;包括静电产生的原因,静电的危害及其消除措施;包括雷电的分类和危害,建(构)筑物的防雷措施;

5)直接作业环节控制,主要包括化工检修作业的一般要求与监护,其它直接现场作业的要求与监护。

4.2.4　安全设备设施

1)安全附件,主要包括安全阀、爆破片、呼吸阀、阻火器、易熔塞、水封等附件的用途及运行管理;

2)安全泄放系统,主要包括安全泄放设施的使用与监控,泄放物的回收与处置;

3)安全联锁系统,主要包括安全仪表系统、紧急停车系统的设置与使用。

4.2.5　职业健康

1)职业健康危害因素,主要包括氯碱电解工艺涉及的工业毒物的分类及毒性,工业毒物侵入人体途径及危害,毒物最高容许浓度与阈限值,职业接触毒物危害程度分级;包括高温作业的危害等;

2)职业危害防护知道,主要包括现场作业毒物、高温、灼伤防护措施。

4.2.6　事故预防与应急处置

1)了解岗位应急处置方案、事故应急防护用品的配备使用及维护;

2)熟悉应急情况下的岗位职责和预案演练方法、基本任务与目标。

4.2.7　事故案例分析

主要包括危险化学品生产企业典型事故案例分析。

4.2.8　个体防护知识(特殊防护设施)

1)一般防护用品,主要包括个体防护用品的使用与维护知识;

2)特种防护用品,主要包括特殊防护用品的使用与维护知识。

4.2.9　消气防知识

1)消防,主要包括消防关键部位、消防器材使用与维护知识;

2)气防,主要包括气防器材使用与维护知识;

3)自救、互救与创伤急救,主要包括现场作业毒物、高温、灼伤急救知识。

4.2.10　环境保护

1)排放物管理,主要包括排放物种类、排放点、排放量的监控管理;

2)废弃物处置,主要包括废弃物种类、数量与处置方式的监控管理。

4.3　复审培训要求与内容

4.3.1　复审培训要求

4.3.1.1　凡已取得氯碱电解工艺特种作业安全技术资格证的操作人员,若继续从事原岗位工作,在资格证书有效期内,每三年应进行一次复审培训。复审培训的内容按本标准4.3.2的要求进行。

4.3.1.2　复审培训按照有关规定,由具有相应资质的安全培训机构组织进行。

4.3.2　复审培训内容

1)有关危险化学品安全生产新的法律、法规、规章、规程和政策;

2)有关氯碱电解工艺生产的新技术、新材料、新工艺、新设备及其安全技术要求;

3)国内外危险化学品生产单位安全管理经验;

4)危险化学品安全生产形势、氯碱电解工艺及危险化学品生产典型事故案例。

4.4　学时安排

4.4.1　氯碱电解工艺特种作业人员的安全技术资格培训时间不少于48学时。具体章节课时安排参见附表1。

4.4.2　氯碱电解工艺特种作业人员的每次复审培训时间不少于8学时。具体内容参见附表2。

5　考核标准

5.1　考核办法

5.1.1　考核分为安全生产知识考试和安全操作技能考核两部分。

5.1.2　安全生产知识考试为闭卷笔试。考试内容应符合本标准5.2规定的范围,其中安全基础知识占总分数的30%,安全技术知识占总分数的70%。考试时间为90分钟。考试采用百分制,60分及以上为合格。

5.1.3　安全操作技能考核可由考核部门进行实地考核、答辩等方式。考核内容应符合本标准5.2规定的范围,成绩评定分为合格、不合格。

5.1.4　安全生产知识考试及安全操作技能考核均合格者,方判为合格。考试(核)不合格允许补考一次,补考仍不合格者需要重新培训。

5.1.5　考核要点的深度分为了解、熟悉和掌握三个层次,三个层次由低到高,高层次的要求包含低层次的要求。

了解:能正确理解本标准所列知识的含义、内容并能够应用。

熟悉：对本标准所列知识有较深的认识，能够分析、解释并应用相关知识解决问题。

掌握：对本标准所列知识有全面、深刻的认识，能够综合分析、解决较为复杂的相关问题。

5.2　安全生产知识考试要点

5.2.1　安全生产法律法规

1）熟悉我国安全生产方针、政策和有关危险化学品安全生产的主要法律、法规、规章、标准和规范确定的从业人员的责任和义务；

2）了解国家安全生产监督管理体制。

5.2.2　氯碱电解工艺安全基础知识

1）了解重大危险源的辨识，掌握氯碱电解工艺重大危险源的分布、特点以及防护措施；

2）熟悉氯碱电解工艺的概念、氯碱电解工艺的分类及典型过程；

3）熟悉安全技术说明书（MSDS）的基本格式、氯碱电解工艺原料和产品的危害特性；

4）掌握氯碱电解工艺的危险特点及危险因素。

5.2.3　氯碱电解工艺安全生产技术

1）了解特种设备、一般设备的概念及分类；熟悉电槽等设备的种类、工作原理、工作特性；掌握设备操作条件；掌握设备主要结构及重点监控参数；

2）了解电流对人体的危害及影响因素，触电方式，熟悉触电预防措施及触电急救知识；熟悉动力、照明及电气系统的防火防爆，电气火灾爆炸及危险区域的划分；了解静电产生的原因，静电的危害及其消除措施；了解雷电的分类和危害，建（构）筑物的防雷措施。（e）熟悉化工检修作业的一般要求与监护，其它直接现场作业的要求与监护；

3）熟悉点火源控制、火灾爆炸危险物质控制、工艺参数的安全控制、限制火灾爆炸蔓延扩散的措施；掌握开车、停车岗位操作安全要点，岗位安全操作和生产过程紧急情况处置；

4）熟悉安全生产自动化联锁回路的设置及调节，DCS系统的调试与应用。

5.2.4　安全设备设施

1）熟悉安全阀、爆破片、呼吸阀、阻火器、易熔塞、水封等附件的用途及运行管理；

2）熟悉安全泄放设施的使用与监控，泄放物的回收与处置；

3）熟悉安全仪表系统、紧急停车系统的设置与使用。

5.2.5　职业健康

1）职业键康危害因素，主要包括氯碱电解工艺涉及的工业毒物的分类及毒性，工业毒物侵入人体途径及危害，毒物最高容许浓度与阈限值，职业接触毒物危害程度分级；包括高温作业的危害等；

2）职业危害防护知识，主要包括现场作业毒物、高温、灼伤防护措施。

5.2.6　事故预防与应急处置

1）了解氯碱电解工艺涉及的工业毒物的分类及毒性，工业毒物侵入人体途径及危害，熟悉毒物最高容许浓度与阈限值，职业接触毒物危害程度分级；了解高温作业的危害；

2）了解岗位应急处置方案、事故应急防护用品的配备使用及维护；

3）熟悉现场作业毒物、高温、灼伤防护措施；

4）熟悉应急情况下的岗位职责和预测演练方法、基本任务与目标。

5.2.7　事故案例分析

1）了解氯碱电解工艺典型事故案例。

5.2.8　个体防护知识（特种防护用品）

1）掌握个体防护用品的使用与维护知识；

2)掌握特殊防护用品的使用与维护知识。

5.2.9 消气防知识

1)熟悉现场作业毒物、高温、灼伤急救知识;

2)掌握消防关键部位、消防器材使用与维护知识;

3)掌握气防器材使用与维护知识。

5.2.10 环境保护

1)了解排放物种类、排放点、排放量的监控管理;

2)了解废弃物种类、数量与处置方式的监控管理。

5.3 安全操作技能考核要点

5.3.1 能独立进行氯碱电解工艺安全操作。

5.3.2 能完成安全设备设施操作与维护。

5.3.3 能完成事故应急演练要求各项内容。

5.3.4 能独立完成个体防护、消气防器材使用与维护。

5.4 复审培训考核要求与内容

5.4.1 复审培训考核要求

1)对已取得氯碱电解工艺特种作业生产资格证的操作人员,在证书有效期内,每年复审培训完毕都应进行考核,考核内容按本标准5.2的要求进行,并将考核结果在安全生产资格证书上做好记录;

2)复审培训考核可只进行笔试。

5.4.2 复审培训考核要点

1)了解有关危险化学品安全生产的法律、法规、规章、规程和规范;

2)了解国内外危险化学品生产单位安全管理经验;

3)了解氯碱行业及危险化学品安全生产形势及危险化学品生产典型事故案例;

4)熟悉有关氯碱电解工艺的新技术、新材料、新工艺、新设备及其安全技术要求。

表 1 氯碱电解工艺作业人员安全技术培训课时安排

项目		培训内容	学时
安全知识	安全基础知识	安全生产法律法规及规章标准	4
		氯碱电解工艺安全基础知识	4
	安全技术知识	氯碱电解工艺安全生产技术	8
		安全设备设施	2
		职业健康	2
		事故预防与应急处置	2
		事故案例分析	2
		个体防护知识(特殊防护设施)	2
		消气防知识	2
		环境保护	2
	复习		2
	考试		2

项目	培训内容	学时
安全操作技能	氯碱电解工艺安全操作	4
	安全设备设施操作与维护	2
	事故应急演练	2
	个体防护、消气防器材使用与维护	2
	复习	2
	考试	2
合计		48

表 2　氯碱电解工艺作业人员复审培训课时安排

项目	培训内容	学时
再培训	有关危险化学品安全生产的法律、法规、规章、规程、标准 有关氯碱电解工艺的新技术、新材料、新工艺、新设备及其安全技术要求 国内外危险化学品生产单位安全管理经验 危险化学品安全生产形势及危险化学品典型事故案例	不少于 8 学时
	复习	
	考试	
	合计	

三、氯化工艺作业人员安全技术培训大纲和考核标准

1　范围

本标准规定了氯化工艺特种作业人员培训的要求,培训和复审培训的内容及学时安排,以及考核的方法、内容,复审培训考核的方法、要求与内容。

本标准适用于氯化工艺特种作业人员的培训与考核。

2　规范性引用文件

下列文件中的条款通过本标准的引用而成为本标准的条款。凡是注日期的引用文件,其随后所有的修改单(不包括勘误的内容)或修订版均不适用于本标准,然而,鼓励根据本标准达成协议的各方研究是否可使用这些文件的最新版本。凡是不注日期的引用文件,其最新版本适用于本标准。

《特种作业人员安全技术培训考核管理规定》(国家安全生产监督管理总局令第 30 号)

《危险化学品安全管理条例》(中华人民共和国国务院令第 591 号)

《气体防护急救管理规定》

GB/T 16483　化学品安全技术说明书　内容和项目顺序

GB/T 13861—92　生产过程危险和有害因素分类与代码

GB 18218—2009　危险化学品重大危险源辨识

GB 11651　劳动防护用品选用规则

GB 11984—2008　氯气安全规程

AQ 3014—2008　液氯使用安全技术要求

AQ 3015—2008　氯气捕消器技术要求

AQ 3009—2007 危险场所电气安全防爆规范

3 术语定义

3.1 下列术语和定义适用于本标准

氯化工艺特种作业人员 Special operator of chorination processes

采用氯化工艺的生产单位中从事安全风险较大的工艺操作从业人员,主要指氯储存、气化和氯化反应岗位的操作人员。

4 培训大纲

4.1 培训要求

4.1.1 氯化工艺特种作业人员应接受安全和技能培训,具备与所从事的作业活动相适应的安全生产知识和安全操作技能。

4.1.2 培训应按照国家有关安全生产培训的规定组织进行。

4.1.3 培训工作应坚持理论与实践相结合,采用多种有效的培训方式,加强案例教学。应注重提高氯化工艺操作人员的职业道德、安全意识、法律知识,加强安全生产基础知识和安全操作技能等内容的综合培训中。

4.2 培训内容

4.2.1 氯化工艺安全生产相关法律及规章标准

主要包括《中华人民共和国安全生产法》、《中华人民共和国职业病防治法》、《使用有毒物品作业场所劳动保护条例》、《安全生产许可证条例》、《危险化学品安全管理条例》、《特种设备安全监察条例》、《危险化学品生产企业安全生产许可证实施办法》、《危险化学品登记管理办法》、《危险化学品建设项目安全许可实施办法》等。危险化学品主要安全标准 GB 12463、GB 13690、GB 15258、GB 15603、GB 18218、GB/T 16483 等。依照有关法律法规进行从业人员的责任和义务培训。

4.2.2 氯化工艺安全基础知识

1)氯化工艺简介,主要包括氯化工艺的概念、氯化工艺的分类及典型过程;

2)氯化工艺的危险特点,主要包括氯化反应原料和产品的燃爆危险性、氯气等剧毒化学品泄漏危险性、氯化反应的失控危险性、氯化尾气的爆炸危险性及腐蚀性;

3)危险因素,主要包括燃爆危险、高温高压危险、失控反应危险、三氯化氮爆炸危险、氯气等剧毒化学品泄漏危险;

4)安全技术说明书(MSDS),主要包括 MSDS 基本格式、氯化工艺原料和产品的危害特性;

5)重大危险源(防护措施),主要包括重大危险源的辨识、氯化工艺重大危险源的分布、特点以及防护措施。

4.2.3 氯化工艺安全生产技术

4.2.3.1 工艺安全技术

主要包括:

1)点火源控制,火灾爆炸危险物质控制,限制火灾爆炸蔓延扩散的措施;

2)工艺参数的安全控制;

3)开车、停车岗位操作安全要点;

4)岗位安全操作和生产过程紧急情况处置。

4.2.3.2 设备安全技术

主要包括:

1)特种设备、一般设备的概念及分类;

2)氯化反应器等设备的种类、工作原理、工作特性;

3)设备操作条件;

4)设备主要结构及重点监控参数;

5)设备腐蚀监控。

4.2.3.3 自动化安全控制技术

主要包括:

1)自动检测系统(敏感元件、传感器、显示仪表)工作原理及特点;

2)自动信号和联锁保护系统工作原理及特点;

3)自动操纵及自动开停车系统工作原理及特点;

4)自动控制系统工作原理及特点。

4.2.3.4 电气安全技术主要包括:

1)电气伤害类型及预防措施;

2)电气防火防爆,保护接地接零技术;

3)静电产生的原因,静电的危害及其消除措施;

4)防雷装置的类型、作用及人身防雷措施。

4.2.3.5 直接作业环节控制

主要包括:

1)化工检修作业的一般要求与监护职责;

2)其它直接作业环节的要求与监护职责。

4.2.4 安全设备设施

4.2.4.1 安全附件

主要包括:

1)安全附件的定义、种类及功能,安全阀、爆破片装置、紧急切断装置、压力表、液位计、测温仪表、易熔塞等的用途及运行管理;

2)安全附件的工作条件及主要参数。

4.2.4.2 安全泄放系统

主要包括:

1)安全泄放系统的构成及工作原理;

2)安全泄放装置基本构件主要包括:安全阀、爆破片、易熔塞等;

3)工作参数。

4.2.4.3 安全联锁系统

主要包括:

1)安全联锁系统工作原理;

2)安全联锁系统的构成,主要包括:联锁开关、联动阀等;

3)联锁保护条件和参数。

4.2.4.4 安全报警系统

主要包括:

1)压力报警器;

2)温度检测仪;

3)火灾声光报警装置;

4)可燃、有毒气体报警装置。

4.2.5 职业健康

主要包括：

1)氯化工艺涉及的工业毒物的分类及毒性,工业毒物侵入人体途径及危害,熟悉毒物最高容许浓度与接触限值,职业接触毒物危害程度分级;

2)现场作业毒物、腐蚀、高温、灼伤等防护措施。

4.2.6 事故预防与应急处置

主要包括：

1)事故应急预案基本要素、事故应急防护用品的配备使用及维护;

2)事故应急演练方法、基本任务与目标。

4.2.7 事故案例分析

主要包括氯化工艺及化学品生产典型事故案例分析与共享。

4.2.8 个体防护知识(特种防护用品)

主要包括：

1)特种防护用品的种类及使用方法;

2)安全使用期限;

3)适用的作业环境或作业活动。

4.2.9 消气防知识

4.2.9.1 消防知识

主要包括：

1)自动灭火系统,泡沫灭火系统、水喷淋灭火系统、蒸汽灭火系统、N_2灭火系统等;

2)灭火器材的种类、适用于扑灭何种火灾及使用方法;

3)氯气捕消器使用方法;

4)消防器材使用期限。

4.2.9.2 气防知识

主要包括：

1)正压式空气呼吸器、氧气呼吸器、防化服、防毒面具等气防器材主要参数;

2)佩戴及使用方法。

4.2.9.3 自救、互教与创伤急救

主要包括：

1)自救、互救方法、人身安全保护措施;

2)创伤急救方法。

4.2.10 环境保护

主要包括：

1)排放物种类、排放点、排放量的监控管理;

2)废弃物种类、数量与处置方式的监控管理。

4.3 复审培训要求与内容

4.3.1 复审培训要求

4.3.1.1 凡已取得氯化工艺特种作业人员资格的人员,若继续从事原岗位的工作,在资格证书有效期内,每三年应进行一次复审培训。复审培训的内容按本标准4.3.2的要求进行。

4.3.1.2 复审培训按照有关规定,由具有相应资质的安全培训机构组织进行。

4.3.2 复审培训内容

复审培训包括以下内容：

1)有关氯化工艺安全技术方面新的法律、法规、国家标准、行业标准、规程和规范;

2)有关氯化工艺方面的新技术、新工艺、新设备、新材料及其安全技术要求等;

3)国内外危险化学品生产单位安全管理经验;

4)有关氯化工艺方面的典型案例分析;

5)职业健康、消气防、个体防护等方面的新规范及标准等。

4.4　学时安排

4.4.1　氯化工艺特种作业人员资格培训不少于 48 学时,具体培训内容课时安排见表 1。

4.4.2　氯化工艺特种作业人员每次复审培训时间不少于 8 学时,具体内容见表 1。

5　考核标准

5.1　考核办法

5.1.1　考核分为安全生产知识和安全操作技能考核两部分。

5.1.2　安全生产知识考试为闭卷笔试。考试内容应符合本标准 4.2 规定的范围,其中安全基础知识占总分数的 30%,安全技术知识占总分数的 70%。考试时问为 90 分钟。考试采用百分制,60 分及以上为合格。

5.1.3　安全操作技能考核可由考核部门进行实地考核、答辩等方式。考核内容应符合本标准 4.2 规定的范围,成绩评定分为合格、不合格。

5.1.4　考试不合格允许补考一次,补考仍不合格者需要重新培训。

5.1.5　考试(核)要点的深度分为了解、熟悉和掌握三个层次,三个层次由低到高,高层次的要求包含低层次的要求。

了解:能正确理解本标准所列知识的含义、内容并能够应用。

熟悉:对本标准所列知识有较深的认识,能够分析、解释并应用相关知识解决问题。

掌握:对本标准所列知识有全面、深刻的认识,能够综合分析、解决较为复杂的相关问题。

5.2　考核要点

5.2.1　氯化工艺安全生产相关法律法规

1)了解国家有关危险化学品安全生产的法律、法规、规章、规程、标准和政策;

2)了解危险化学品生产经营单位和人员的法律责任;

3)熟悉氯化工艺相关的技术规范及标准;

4)熟悉从业人员安全生产的权利和义务。

5.2.2　氯化工艺安全基础知识

1)了解氯化工艺的概念、氯化工艺的分类及典型过程;

2)了解重大危险源的辨识;

3)熟悉安全技术说明书(MSDS)的基本格式、氯化工艺原料和产品的危害特性;

4)掌握氯化工艺的危险特点及危险因素;

5)掌握氯化工艺重大危险源的分布、特点以及防护措施。

5.2.3　氯化工艺安全生产技术

5.2.3.1　工艺安全技术

1)熟悉点火源控制,火灾爆炸危险物质控制,限制火灾爆炸蔓延扩散的措施;

2)掌握工艺参数的安全控制;

3)掌握开车、停车岗位操作安全要点;

4)掌握岗位安全操作和生产过程紧急情况处置。

5.2.3.2　设备安全技术

1)了解特种设备、一般设备的概念及分类；

2)了解氯化反应器等设备的种类、工作原理、工作特性；

3)掌握设备操作条件；

4)掌握设备主要结构及重点监控参数。

5.2.3.3　自动化安全控制技术

1)了解自动检测系统(敏感元件、传感器、显示仪表)工作原理及特点；

2)了解自动信号和联锁保护系统工作原理及特点；

3)了解自动操纵及自动开停车系统工作原理及特点；

4)了解自动控制系统工作原理及特点。

5.2.3.4　电气安全技术

1)了解静电的产生，掌握防静电措施；

2)熟悉电气伤害类型及预防措施；

3)熟悉电气防火防爆技术措施；

4)熟悉保护接地、接零；

5)掌握防雷措施。

5.2.3.5　直接作业环节控制

1)掌握化工检修作业的一般要求与监护职责；

2)掌握其它直接作业环节的要求与监护职责。

5.2.4　安全设备设施

5.2.4.1　安全附件

1)了解安全附件的定义及种类，安全附件主要包括：安全阀、爆破片装置、紧急切断装置、压力表、液位计、测温仪表、易熔塞等；

2)熟悉安全附件的性能和用途；

3)掌握安全附件的工作条件及主要参数。

5.2.4.2　安全泄放系统

1)了解安全泄放系统的构成及工作原理；

2)熟悉安全泄放装置基本构件主要包括：安全阀、爆破片、易熔塞等；

3)掌握工作条件及参数。

5.2.4.3　安全联锁系统

1)了解安全联锁系统工作原理；

2)熟悉安全联锁系统的构成，主要包括：联锁开关、联动阀等；

3)掌握联锁保护条件和参数。

5.2.4.4　安全报警系统

1)熟悉压力报警器分布及报警值；

2)熟悉温度检测仪分布及报警值；

3)熟悉火灾声光报警装置分布；

4)熟悉可燃、有毒气体报警装置分布。

5.2.5　职业健康

1)了解氯化工艺涉及的工业毒物的分类及毒性，工业毒物侵入人体途径及危害，熟悉毒物最高容许浓度与接触限值，职业接触毒物危害程度分级；

2)熟悉现场作业毒物、腐蚀、高温、灼伤等防护措施。

5.2.6 事故预防与应急处置

1)了解事故应急预案基本要素、事故应急防护用品的配备使用及维护;

2)熟悉事故应急演练方法、基本任务与目标。

5.2.7 事故案例分析

主要包括氯化工艺及危险化学品典型事故案例分析与共享。

5.2.8 个体防护知识(特种防护用品)

1)熟悉特种防护用品的种类及使用方法;

2)熟悉安全使用期限;

3)熟悉适用的作业环境或作业活动。

5.2.9 消气防知识

5.2.9.1 消防知识

1)了解消防法中有关要求;

2)熟悉泡沫灭火系统、水喷淋灭火系统、蒸汽灭火系统、N_2灭火系统等自动灭火系统的工作原理和操作;

3)熟悉消防器材使用期限;

4)掌握灭火器材的种类、适用于扑灭何种火灾及使用方法;

5)掌握氯气捕消器使用方法。

5.2.9.2 气防知识

1)了解气防管理规定有关内容;

2)掌握正压式空气呼吸器、氧气呼吸器等气防器材主要参数;

3)掌握正确的佩戴使用方法;

4)掌握安全使用注意事项。

5.2.9.3 自救、互救与创伤急救

1)熟悉其他安全注意事项;

2)掌握自救、互救方法、人身安全保护措施;

3)掌握创伤急救方法。

5.2.10 环境保护

1)了解排放物种类、排放点、排放量的监控管理;

2)了解废弃物种类、数量与处置方式的监控管理。

5.3 安全操作技能考核要点

1)掌握氯化工艺安全操作技能;

2)掌握事故或异常状态下应急处理技能;

3)掌握消气防器材设施的使用及维护技能;

4)掌握创伤急救操作技能。

5.4 复审培训考核要求与内容

5.4.1 复审培训考核要求

5.4.1.1 对已取得氯化工艺特种作业资格证的人员,在证书有效期内,每次复审培训完毕都应进行考核,考核内容按本标准4.3.2的要求进行,并将考核结果在氯化工艺特种作业资格证书上做好记录。

5.4.1.2 复审培训考核可只进行笔试。

5.4.2 复审培训考核要点

复审培训考核包括以下内容：

1）了解有关氯化工艺安全生产方面新的法律、法规、国家标准、行业标准、规程和规范；

2）了解国内外危险化学品生产单位安全管理经验；

3）了解有关氯化工艺方面的典型案例分析；

4）熟悉有关氯化工艺方面的新技术、新工艺、新设备、新材料及其安全技术要求等；

5）掌握职业健康、消气防、个体防护等方面的新规范及标准等。

表1　光气及光气化工艺作业人员安全技术培训课时安排

项目		培训内容	学时
安全知识	安全基础知识	安全生产法律法规及规章标准	4
		氯化工艺安全基础知识	4
	安全技术知识	氯化工艺安全生产技术	8
		安全设备设施	2
		职业健康	2
		事故预防与应急处置	2
		事故案例分析	2
		个体防护知识（特殊防护设施）	2
		消气防知识	2
		环境保护	2
	复习		2
	考试		2
安全操作技能	氯化工艺安全操作		4
	安全设备设施操作与维护		2
	事故应急演练		2
	个体防护、消气防器材使用与维护		2
	复习		2
	考试		2
合计			48

表2　氯化工艺作业人员复审培训课时安排

项目	培训内容	学时
复审培训	有关危险化学品安全生产的法律、法规、规章、规程、标准 有关氯化工艺的新技术、新材料、新工艺、新设备及其安全技术要求 国内外危险化学品生产单位安全管理经验 有关氯化工艺方面的典型案例分析 职业健康、消气防、个体防护等方面的新规范及标准等	不少于8学时

项目	培训内容	学时
复审培训	复习	不少于8学时
	考试	
	合计	

四、硝化工艺作业人员安全技术培训大纲和考核标准

1　范围

本标准规定了硝化工艺特种作业人员安全技术培训的要求,培训和复审培训的内容和学时安排,以及安全生产考核的方法、内容,复审培训考核的方法、要求与内容。

本标准适用于硝化工艺特种作业人员的安全技术培训与考核。

2　规范性引用文件

下列文件中的条款通过本标准的引用而成为本标准的条款。凡是注日期的引用文件,其随后所有的修改单(不包括勘误的内容)或修订版均不适用于本标准,然而,鼓励根据本标准达成协议的各方研究是否可使用这些文件的最新版本。凡是不注日期的引用文件,其最新版本适用于本标准。

《特种作业人员安全技术培训考核管理规定》(国家安全生产监督管理总局30号令)

《危险化学品安全管理条例》(中华人民共和国国务院令第591号)

GB 12463　危险货物运输包装通用技术条件

GB 13690　常用危险化学品的分类及标志

GB 15258　化学品安全标签编写规定

GB 15603　常用危险化学品储存通则

GB 18218—2009　危险化学品重大危险源辨识

GB 11651　劳动防护用品选用规则

GB/T 16483　化学品安全技术说明书　内容和项目顺序

AQ 3009—2007　危险场所电气安全防爆规范

3　术语和定义

3.1　下列术语和定义适用于本标准

硝化工艺特种作业人员 Special operator of nitrification processes

采用硝化工艺的生产单位中从事安全风险较大的工艺操作从业人员,主要指硝化反应、精馏分离岗位的操作人员。

4　培训大纲

4.1　培训要求

4.1.1　硝化工艺特种作业人员必须接受安全技术培训,具备与所从事的生产活动相适应的安全生产知识和安全操作技能。

4.1.2　培训应按照国家有关安全生产培训的规定组织进行。

4.1.3　培训工作应坚持理论与实践相结合,采用多种有效的培训方式,加强案例教学;应注重提高硝化工艺特种作业人员的职业道德、安全意识、法律责任意识,加强安全生产基础知识和安全生产操作技能等内容的综合培训。

4.2　培训内容

4.2.1　安全生产法律法规及规章标准

主要包括《中华人民共和国安全生产法》、《中华人民共和国职业病防治法》、《使用有毒物品作业场所劳动保护条例》、《安全生产许可证条例》、《危险化学品安全管理条例》、《特种设备安全监察条例》、《危险化学品生产企业安全生产许可证实施办法》、《危险化学品登记管理办法》、《危险化学品建设项目安全许可实施办法》等。危险化学品主要安全标准 GB 12463、GB 13690、GB 15258、GB 15603、GB 18218、GB/T 16483 等。依照有关法律法规进行从业人员的责任和义务培训。

4.2.2　硝化工艺安全基础知识

1)硝化工艺简介:主要包括硝化反应原理,硝化工艺的分类及典型工艺过程;

2)硝化工艺的危险特点:主要包括硝化反应的失控危险性,硝化反应物料的强腐蚀性、强氧化性以及燃爆危险性,硝化产物和副产物的毒害性、燃爆危险性;

3)危险因素,主要包括燃爆危险,腐蚀泄漏危险,失控反应危险,硝化副产物分解爆炸危险,人员中毒窒息危险;

4)安全技术说明书(MSDS),主要包括 MSDS 基本概念、规范格式,硝化工艺原料和产品的危害特性;

5)重大危险源(防护措施),主要包括重大危险源的定义与辨识,硝化工艺重大危险源的分布情况及特点,硝化工艺重大危险源的安全监控技术措施与安全检查管理制度。

4.2.3　硝化工艺安全生产技术

1)工艺安全技术,主要包括点火源控制、火灾爆炸危险物质控制、工艺参数的安全控制、限制火灾爆炸蔓延扩散的措施;包括开车、停车岗位操作安全要点,岗位安全操作和生产过程紧急情况处置;包括特殊操作安全技术(采焦油以及预热器、初精馏塔清理等作业);包括工艺条件变更管理与工艺基础管理(操作五抓管理、操作票管理等);

2)设备安全技术,主要包括硝化工艺主要动、静设备的结构、原理以及安全操作要点;包括压力容器安全运行及影响因素、压力容器的定期检验、压力容器的安全附件;包括工业压力管道的检查和检测;包括动设备密封、静密封安全管理,精馏分离系统的泄漏危害及检测;包括腐蚀机理及分类,腐蚀影响因素,防护机理及手段;包括设备在线监测方法、监测设备;包括动设备盘车及润滑等日常维护保养要求;包括硝化工艺关键设备三级安全检查及监控管理;

3)自动化安全控制技术,主要包括安全生产自动化联锁回路的设置及调节,DCS 系统的工作原理、调试与应用;

4)电气安全技术,主要包括电流对人体的危害及影响因素,触电方式,触电预防措施及触电急救知识;包括动力、照明及电气系统的防火防爆,电气火灾爆炸及危险区域的划分;包括静电产生的原因,静电的危害及其消除措施;包括雷电的分类和危害,预防雷电危害的基本措施;

5)直接作业环节控制,主要包括作业前危害辨识管理;作业现场监护人的安全职责;设备安全卸压、吐料、清理、取样分析、交出管理;工艺盲板管理;设备检修安全管理;用火、进入受限空间、高处、起重、临时用电、射线(探伤)、破土等直接作业环节安全管理。

4.2.4　安全设备设施

1)安全附件,主要包括安全阀、爆破片、阻火器、压力表、液位计、温度计等安全附件的检查、校验、维护与管理;

2)安全泄放系统,主要包括安全泄放设施的使用与监控;

3)安全联锁系统,主要包括安全联锁的逻辑关系、投用与摘除管理、参数变更管理、定期校验管理;ESD 紧急切断系统的逻辑关系、投用与摘除管理、系统参数变更管理、定期校验管理;

4)氮气保护系统,主要包括氮气保护系统的使用与日常安全监控管理;

5)安全报警系统,主要包括固定式可燃、有毒气体检测报警仪,温度、压力、液位、电流异常报警装置的检查、校验、维护与管理。

4.2.5　职业健康

1)职业健康危害因素,主要包括职业健康影响因素的类别;职业病的概念、分类与诊断标准;硝化工艺涉及的职业健康影响因素;

2)职业危害防护知识,主要包括硝化工艺职业危害因素分布情况;硝化工艺涉及的工业毒物侵入人体的途径,毒物最高容许浓度与阈限值,职业接触毒物危害程度分级,现场作业防护措施;噪声危害的预防与控制;酸(氮氧化物)、碱腐蚀危害的预防与控制;职业健康体检要求,个体防护用品的规范使用管理。

4.2.6　事故预防与应急处置

1)应急处置,主要包括事故应急预案基本要素、事故应急防护用品的配备使用及维护;包括泄漏污染事故、火灾爆炸事故、突然停电(停水、停工厂风、停汽)事故、DCS 系统死机(故障)、人员中毒(伤害)事故、自然灾害(地震、洪水、大风)等突发事故的应急处置方法;

2)应急演练,主要包括事故应急演练方法、基本任务与目标;应急救援的原则、方法与程序;对班组应急演练的管理规定等。

4.2.7　事故案例分析

1)危险化学品生产企业典型事故案例分析。

4.2.8　个体防护知识(特殊防护设施)

1)一般防护用品,主要包括个体防护用品的使用与维护知识;

2)特殊防护用品,主要包括特殊防护用品的使用与维护知识。

4.2.9　消气防知识

1)消防,主要包括硝化工艺重点防火部位、消防设施、器材的配置情况;包括火灾报警的方法和程序,消防通道、紧急疏散通道以及防火门的管理;包括消防器材使用与维护知识,火灾报警以及自动灭火系统的使用与维护知识;

2)气防,主要包括气防器具的种类、使用原则、使用方法以及维护保养知识;

3)自救、互救与创伤急救,主要包括火灾逃生(疏散)的方法;酸碱灼伤、中毒、窒息、蒸汽(热料)烫伤、电伤(电击)及其他伤害的救护原则与方法。

4.2.10　环境保护

1)硝化工艺过程中废水、废气、废渣的来源、数量、组成与环保处理方法;

2)设备检修、工艺处理以及事故情况下泄漏物料的回收与无害化处理方法;

3)事故情况下,抢险(灭火)用水的回收与无害化处理方法;

4)清污分流与水体防控。

4.3　复审培训要求与内容

4.3.1　复审培训要求

4.3.1.1　凡已取得硝化工艺特种作业安全技术资格证的操作人员,若继续从事原岗位工作的,在资格证书有效期内,每三年应进行一次复审培训。复审培训的内容按本标准 4.3.2 的要求进行。

4.3.1.2　复审培训按照有关规定,由具有相应资质的安全培训机构组织进行。

4.3.2　复审培训内容

1)有关危险化学品安全生产新的法律、法规、规章、规程、标准和政策;

2)有关硝化工艺生产的新技术、新材料、新工艺、新设备及其安全技术要求;

3)危险化学品安全生产形势及危险化学品生产单位典型事故案例;

4)对硝化工艺生产过程中出现的新问题、取得的新经验进行交流讨论。

4.4　学时安排

4.4.1　硝化工艺特种作业人员安全技术资格培训时间不少于48学时。具体章节课时安排参见附表1。

4.4.2　硝化工艺特种作业人员的每次复审培训时间不少于8学时。具体内容参见附表2。

5　考核标准

5.1　考核办法

5.1.1　考核分为安全生产知识考试和安全操作技能考核两部分。

5.1.2　安全生产知识考试为闭卷笔试。考试内容应符合本标准5.2规定的范围,其中安全基础知识占总分数的30%,安全技术知识占总分数的70%。考试时间为90分钟。考试采用百分制,60分及以上为合格。

5.1.3　安全操作技能考核可由考核部门进行实地考核、答辩等方式。考核内容应符合本标准5.2规定的范围,成绩评定分为合格、不合格。

5.1.4　安全生产知识考试及安全操作技能考核均合格者,方判为合格。考试(核)不合格允许补考一次,补考仍不合格者需要重新培训。

5.1.5　考核要点的深度分为了解、熟悉和掌握三个层次,三个层次由低到高,高层次的要求包含低层次的要求。

了解:能正确理解本标准所列知识的含义、内容并能够应用。

熟悉:对本标准所列知识有较深的认识,能够分析、解释并应用相关知识解决问题。

掌握:对本标准所列知识有全面、深刻的认识,能够综合分析、解决较为复杂的相关问题。

5.2　安全生产知识考试要点

5.2.1　安全生产法律法规

1)了解国家安全生产监督管理体制;

2)熟悉我国安全生产方针、政策和有关危险化学品安全生产的主要法律、法规、规章、标准和规范确定的从业人员的责任和义务。

5.2.2　硝化工艺安全基础知识

1)了解重大危险源的定义与辨识,掌握硝化工艺重大危险源的分布情况、特点以及安全监控技术措施与安全检查管理制度;

2)熟悉硝化反应原理,硝化工艺的分类及典型工艺过程;

3)熟悉安全技术说明书(MSDS)的基本概念、规范格式,硝化工艺原料和产品的危害特性;

4)掌握硝化工艺的危险特点及危险因素。

5.2.3　硝化工艺安全生产技术

1)了解电流对人体的危害及影响因素,触电方式,熟悉触电预防措施及触电急救知识;熟悉动力、照明及电气系统的防火防爆,电气火灾爆炸及危险区域的划分;了解静电产生的原因,静电的危害及其消除措施;了解雷电的分类和危害,预防雷电危害的基本措施;熟悉化工生产紧急情况安全处理措施;

2)熟悉点火源控制、火灾爆炸危险物质控制、工艺参数的安全控制、限制火灾爆炸蔓延扩散的措施;掌握开车、停车岗位操作安全要点,岗位安全操作和生产过程紧急情况处置;掌握特殊操作安全技术(采焦油以及预热器、初精馏塔清理等作业);了解工艺条件变更管理与工艺基础管理(操作五抓管理、操作票管理等);

3)熟悉硝化工艺主要动、静设备的结构、原理以及安全操作要点;了解压力容器安全运行及影响因素,熟悉压力容器的定期检验、压力容器的安全附件、工业压力管道的检查和检测;了解动密封、静密封安全管理,精馏分离系统的泄漏危害及检测;了解腐蚀机理及分类,腐蚀影响因素,防护机理及手段;熟悉设备在线监测方法、监测设备;了解动设备盘车及润滑等日常维护保养要求;熟悉硝化工艺关键设备三级安全检查及监控管理要点;

4)熟悉安全生产自动化联锁回路的设置及调节,DCS系统的工作原理、调试与应用;

5)掌握作业前危害辨识方法,熟悉作业现场监护人的职责,熟悉设备检修安全卸压、吐料、清理方法与要求,了解设备安全交出管理规定和盲板管理制度,了解设备检修安全管理规定,了解用火作业、登高作业、进入受限空间作业、临时用电、射线作业、破土作业安全管理规定。

5.2.4　安全设备设施

1)熟悉安全阀、爆破片、阻火器、压力表、液位计、温度计等安全附件的检查、校验、维护与管理要求;

2)熟悉安全泄放设施的使用与监控;

3)熟悉安全联锁的逻辑关系、投用与摘除管理、参数变更管理、定期校验管理;ESD紧急切断系统的逻辑关系、投用与摘除管理、系统参数变更管理、定期校验管理;

4)熟悉氮气保护系统的使用与日常安全监控管理;

5)熟悉固定式可燃、有毒气体检测报警仪,温度、压力、液位、电流异常报警装置的检查、校验、维护与管理。

5.2.5　职业健康

1)了解职业健康影响因素的类别;职业病的概念、分类与诊断标准;硝化工艺涉及的职业健康影响因素;

2)熟悉硝化工艺职业危害因素分布情况;硝化工艺涉及的工业毒物侵入人体的途径,毒物最高容许浓度与阈限值,职业接触毒物危害程度分级,现场作业防护措施;噪声危害的预防与控制;酸(氮氧化物)、碱腐蚀危害的预防与控制;职业健康体检要求,个体防护用品的规范使用管理。

5.2.6　事故预防与应急处置

1)了解岗位应急处置方案、事故应急防护用品的配备使用及维护,掌握泄漏污染事故、火灾爆炸事故、突然停电(停水、停工厂风、停汽)事故、DCS系统死机(故障)、人员中毒(伤害)事故、自然灾害(地震、洪水、大风)等突发事故的应急处置方法;

2)熟悉岗位职责和预案演练方法、基本任务与目标。

5.2.7　事故案例分析

1)主要包括硝化工艺及危险化学品生产典型事故案例分析与共享。

5.2.8　个体防护知识(特殊防护设施)

1)掌握个体防护用品的使用与维护知识;

2)掌握特殊防护用品的使用与维护知识。

5.2.9　消气防知识

1)掌握硝化工艺重点防火部位、消防设施、器材的配置情况;包括火灾报警的方法和程序,消防通道、紧急疏散通道以及防火门的管理;包括消防器材使用与维护知识,火灾报警以及自动灭

火系统的使用与维护知识;

2)掌握气防器具的种类、使用原则、使用方法以及维护保养知识;

3)掌握火灾逃生(疏散)的方法;酸碱灼伤、中毒、窒息、蒸汽(热料)烫伤、电伤(电击)及其他伤害的救护原则与方法。

5.2.10 环境保护

1)了解硝化工艺过程中废水、废气、废渣的来源、数量、组成与环保处理方法;

2)了解设备检修、工艺处理以及事故情况下泄漏物料的回收与无害化处理方法;

3)了解事故情况下,抢险(灭火)用水的回收与无害化处理方法;

4)了解清污分流与水体防控。

5.3 安全操作技能考核要点

1)能独立进行硝化工艺安全操作;

2)能完成安全设备设施操作与维护;

3)能完成事故应急演练要求各项内容;

4)能独立完成个体防护、消气防器材使用与维护。

5.4 复审培训考核要求与内容

5.4.1 复审培训考核要求

5.4.1.1 对已取得硝化工艺特种作业安全技术资格证的操作人员,在证书有效期内,每次复审培训完毕都应进行考核,考核内容按本标准5.4.2的要求进行,并将考核结果在安全生产资格证书上做好记录。

5.4.1.2 复审培训考核可只进行笔试。

5.4.2 复审培训考核要点

1)了解有关危险化学品安全生产的法律、法规、规章、规程、标准和政策;

2)了解国内外危险化学品生产单位安全生产管理经验;

3)熟悉有关硝化工艺的新技术、新材料、新工艺、新设备及其安全技术要求;

4)了解危险化学品安全生产形势及危险化学品生产典型事故案例。

表1 硝化工艺作业人员安全技术培训课时安排

项目		培训内容	学时
安全知识	安全基础知识	安全生产法律法规及规章标准	4
		硝化工艺安全基础知识	4
	安全技术知识	硝化工艺安全生产技术	8
		安全设备设施	2
		职业健康	2
		事故预防与应急处置	2
		事故案例分析	2
		个体防护知识(特殊防护设施)	2
		消气防知识	2
		环境保护	2

项目	培训内容	学时
安全知识	复习	2
	考试	2
安全操作技能	硝化工艺安全操作	4
	安全设备设施操作与维护	2
	事故应急演练	2
	个体防护、消气防器材使用与维护	2
	复习	2
	考试	2
合计		48

表2 硝化工艺作业人员复审培训课时安排

项目	培训内容	学时
再培训	有关危险化学品安全生产的法律、法规、规章、规程、标准 有关硝化工艺的新技术、新材料、新工艺、新设备及其安全技术要求 国内外危险化学品生产单位安全管理经验 危险化学品安全生产形势及危险化学品典型案例分析 对硝化工艺生产过程中出现的新问题、取得的新经验进行交流讨论。	不少于8学时
	复习	
	考试	
	合计	

五、合成氨工艺作业人员安全技术培训大纲和考核标准

1 范围

本标准规定了合成氨工艺特种作业人员安全技术培训的要求,培训和复审培训的内容和学时安排,以及安全技术考核的方法、内容,复审培训考核的方法、要求与内容。

本标准适用于合成氨工艺特种作业人员的安全生产培训与考核。

本标准适用于节能氨五工艺法(AMV),德士古水煤浆加压气化法、凯洛格法,甲醇与合成氨联合生产的联醇法,纯碱与合成氨联合生产的联碱法,采用变换催化剂、氧化锌脱硫剂和甲烷催化剂的"三催化"气体净化法工艺过程的操作人员的培训和考核。

2 规范性引用文件

下列文件中的条款通过本标准的引用而成为本标准的条款。凡是注日期的引用文件,其随后所有的修改单(不包括勘误的内容)或修订版均不适用于本标准,然而,鼓励根据本标准达成协议的各方研究是否可使用这些文件的最新版本。凡是不注日期的引用文件,其最新版本适用于本标准。

《危险化学品安全管理条例》(中华人民共和国国务院令第591号)

《特种作业人员安全技术培训考核管理规定》(国家安全生产监督管理总局令第 30 号)

AQ/T 3017—2008　《合成氨生产企业安全标准化实施指南》

AQ 3009—2007　《危险场所电气安全防爆规范》

3　术语和定义

3.1　下列术语和定义适用于本标准

合成氨工艺特种作业人员 Ammonia synthesis process operator

采用合成氨工艺的生产单位中从事安全风险较大的工艺操作从业人员,主要指压缩、氨合成反应、液氨储存岗位作业的人员。

4　基本条件

4.1　年满 18 周岁,且不超过国家法定退休年龄。

4.2　经社区或者县级以上医疗机构体检健康合格,并无妨碍从事相应特种作业的器质性心脏病、癫痫病、美尼尔氏症、眩晕症、癔病、震颤麻痹症、精神病、痴呆症以及其他疾病和生理缺陷。

4.3　具备高中或者相当于高中及以上文化程度。

4.4　具备必要的安全技术知识与技能。

4.5　合成氨工艺作业规定的其他条件。

5　培训大纲

5.1　培训要求

5.1.1　合成氨工艺特种作业人员必须接受安全生产培训,具备与所从事的生产活动相适应的安全生产知识和安全操作技能。

5.1.2　培训应按照国家有关安全生产培训的规定组织进行。

5.1.3　培训工作应坚持理论与实践相结合,采用多种有效的培训方式,加强案例教学;应注重提高合成氨工艺特种作业人员的职业道德、安全意识、法律责任意识,加强安全生产基础知识和安全生产操作技能等内容的综合培训。

5.2　培训内容

5.2.1　安全基本知识

5.2.1.1　合成氨工艺特种作业安全生产法律法规与安全管理主要包括以下内容:

1)我国安全生产方针;

2)有关合成氨工艺特种作业生产法律法规和标准规范;

3)合成氨工艺特种作业从业人员安全生产的权利和义务;

4)合成氨工艺特种作业生产安全管理制度;

5)劳动保护相关知识。

5.2.1.2　合成氨工艺作业生产技术与主要灾害事故预防主要包括以下内容:

1)合成氨工艺作业生产技术知识(包括原料制备、原料净化精制、氨合成催化剂使用与维护);

2)合成氨工艺作业生产主要灾害事故的识别及防治知识;

3)安全标志及其识别。

5.2.1.3　职业病防治

主要包括以下内容:

1)职业病危害、职业病、职业禁忌症及其防范措施;

2)合成氨工艺特种作业人员职业病预防的权利和义务。

5.2.1.4　自救、互救与创伤急救

主要包括以下内容:

1)自救、互救与创伤急救基本知识;

2)合成氨工艺特种作业中发生各种灾害事故的避灾方法。

5.2.1.5　事故预案与应急处理

1)事故应急预案基本要求、应急防护用品的配备、使用及维护;

2)事故应急预案演练方法、基本要求与目标。

5.2.1.6　消气防知识

1)各种消防器材的使用与维护方法;

2)各种气防器材的使用与维护方法。

5.2.2　实际操作技能

5.2.2.1　气体的压缩与驱动方式

主要包括以下内容:

1)压缩机的分类和特点;

2)压缩机操作技能;

3)压缩机维护与常见故障处理。

5.2.2.2　氨的合成

5.2.2.2.1　合成工艺

主要包括以下内容:

1)工艺条件与流程;

2)主要设备操作技能;

3)主要设备维护与常见故障处理。

5.2.2.2.2　合成塔

主要包括以下内容:

1)内件的型式;

2)内件的操作与维护。

5.2.2.3　氨的储存和运输

5.2.2.3.1　液氨的储存和运输

主要包括以下内容:

1)液氨的储存和运输方法;

2)液氨的储存和运输安全注意事项。

5.2.2.3.2　氨水的储存和运输

主要包括以下内容:

1)氨水的储存和运输方法;

2)氨水的储存和运输注意事项。

5.3　复审培训内容

5.3.1　有关安全生产方面的法律、法规、国家标准、行业标准、规程、标准和规范。

5.3.2　有关合成氨工艺作业的新技术、新工艺、新设备和新材料及其安全技术要求。

5.3.3　典型事故案例分析。

5.4　培训学时安排

5.4.1　培训时间不少于 116 学时,具体培训学时宜符合表 1 的规定。

5.4.2　复审培训时间应不少于 8 学时,具体培训学时宜符合表 2 的规定。

6　考核标准

6.1　考核办法

6.1.1　考核的分类和范围

6.1.1.1　合成氨工艺特种作业人员考核分安全技术知识(包括安全基本知识、安全技术基础知识)和实际操作技能考核两部分。

6.1.1.2　合成氨工艺特种作业人员的考核范围应符合本标准 6.2 的规定。

6.1.2　考核方法

6.1.2.1　安全技术知识的考核方法可分为笔试、计算机考试。满分为 100 分。笔试时间为 90 分钟。

6.1.2.2　实际操作技能考核应以实际操作为主,也可采用仿真模拟与实际操作的方法。满分为 100 分。

6.1.2.3　安全技术知识、实际操作技能考核成绩均以 60 分及以上为合格。两部分考核均合格者为考核合格。考试不及格的,允许补考 1 次。经补考仍不及格的,重新参加相应的安全技术培训。

6.1.3　考核内容的层次和比重

6.1.3.1　安全技术知识考核内容分为了解、掌握和熟练掌握三个层次,按 20％、30％和 50％的比重进行考核。

6.1.3.2　实际操作技能考核内容分为掌握和熟练掌握两个层次,按 30％、70％的比重进行考核。

6.2　考核要点

6.2.1　安全基本知识

6.2.1.1　合成氨生产法律法规与安全管理

主要包括以下内容:

1)了解我国安全生产方针;

2)了解有关合成氨生产法律法规;

3)熟悉合成氨生产安全管理制度;

4)掌握合成氨从业人员安全生产的权利和义务;

5)掌握劳动保护相关知识。

6.2.1.2　合成氨生产技术与主要灾害事故预防

主要包括以下内容:

1)了解合成氨生产技术知识(包括原料制备、原料净化精制、氨合成催化剂使用与维护);

2)熟悉安全标志及其识别方法;

3)掌握合成氨生产主要灾害事故的识别及防治知识。

6.2.1.3　职业病防治

主要包括以下内容:

1)掌握职业病危害、职业病、职业禁忌症及其防范措施;

2)掌握合成氨从业人员职业病预防的权利和义务。

6.2.1.4　自救、互救与创伤急救

主要包括以下内容:

1）掌握自救、互救与创伤急救基本知识；

2）掌握合成氨生产发生各种灾害事故的避灾方法。

6.2.1.5 事故预案与应急处理

1）熟悉事故应急预案基本要求、应急防护用品的配备、使用及维护；

2）掌握事故应急预案演练方法、基本要求与目标。

6.2.1.6 消气防知识

1）掌握各种消防器材的使用与维护方法；

2）掌握各种气防器材的使用与维护方法。

6.2.2 实际操作技能

6.2.2.1 气体的压缩与驱动方式

主要包括以下内容：

1）熟悉压缩机的分类和特点；

2）掌握压缩机操作技能；

3）掌握压缩机维护与常见故障处理技能。

6.2.2.2 氨的合成

6.2.2.2.1 合成工艺

主要包括以下内容：

1）熟悉工艺条件与流程；

2）掌握主要设备操作技能；

3）掌握主要设备维护与常见故障处理技能。

6.2.2.2.2 合成塔

主要包括以下内容：

1）了解内件的型式；

2）掌握内件的操作与维护技能。

6.2.2.3 氨的储存和运输

6.2.2.3.1 液氨的储存和运输

主要包括以下内容：

1）熟悉液氨的储存和运输方法；

2）熟悉液氨的储存和运输安全注意事项。

6.2.2.3.2 氨水的储存和运输

主要包括以下内容：

1）熟悉氨水的储存和运输方法；

2）熟悉氨水的储存和运输注意事项。

6.3 复审培训内容

6.3.1 了解有关安全生产方面的法律、法规、国家标准、行业标准、规程和规范。

6.3.2 了解有关合成氨生产的新技术、新工艺、新设备和新材料及其安全技术要求。

6.3.3 掌握合成氨生产过程中各类典型事故的致因及同类事故的防范措施。

表 1 合成氨工艺作业人员安全技术培训学时安排

项目		培训内容	学时
安全技术知识(34学时)		合成氨生产法律法规、标准规范与安全管理	4
		合成氨生产技术与主要灾害事故预防	8
		职业病防治	2
		自救、互救与创伤急救	4
		典型事故案例分析	4
		事故预案与应急处理	4
		消气防知识	4
		复习	2
		考试	2
实际操作技能(86学时)	气体的压缩与驱动方式(16学时)	压缩机	10
		压缩机的驱动方式	6
	氨的合成(34学时)	合成工艺	22
		合成塔	12
	氨的储存、运输及使用(10学时)	液氨的储存和运输	6
		氨水的储存和运输	4
	自学与辅导		8
	仿真模拟与实际操作		10
	复习		2
	考试		2
合计			116

表 2 合成氨工艺作业人员复审培训学时安排

项目	培训内容	学时
复审内容	有关安全生产方面的法律、法规、国家标准、行业标准、规程和规范	不少于8学时
	有关合成氨生产的新技术、新工艺、新设备和新材料及其安全技术要求	
	典型事故案例分析	
	复习	
	考试	
合计		

六、裂解(裂化)工艺作业人员安全技术培训大纲和考核标准

1 范围

本标准规定了裂解(裂化)工艺特种作业人员安全技术培训的要求,培训和复审培训的内容和学时安排,以及安全技术考核的方法、内容,复审培训考核的方法、要求与内容。

本标准适用于裂解(裂化)工艺特种作业人员的安全技术培训与考核。

2 规范性引用文件

下列文件中的条款通过本标准的引用而成为本标准的条款。凡是注日期的引用文件,其随后所有的修改单(不包括勘误的内容)或修订版均不适用于本标准,然而,鼓励根据本标准达成协议的各方研究是否可使用这些文件的最新版本。凡是不注日期的引用文件,其最新版本适用于本标准。

《特种作业人员安全技术培训考核管理规定》(国家安全生产监督管理总局令第 30 号)

《危险化学品安全管理条例》(中华人民共和国国务院令第 591 号)

GB 12463 危险货物运输包装通用技术条件

GB 13690 常用危险化学品的分类及标志

GB 15258 化学品安全标签编写规定

GB 15603 常用危险化学品储存通则

GB 18218—2009 危险化学品重大危险源辨识

GB 11651 劳动防护用品选用规则

GB 12158 防止静电事故通用导则

GB/T 16483 化学品安全技术说明书 内容和项目顺序

AQ 3009—2007 危险场所电气安全防爆规范

3 术语和定义

下列术语和定义适用于本标准。

裂解(裂化)工艺特种作业人员 Special operator of cracking processes

采用裂解(裂化)工艺的生产单位中从事安全风险较大的工艺操作从业人员,主要指石油系的烃类原料裂解(裂化)岗位的操作人员。

4 安全生产培训大纲

4.1 培训要求

4.1.1 裂解(裂化)工艺特种作业人员必须接受安全技术培训,具备与所从事的生产活动相适应的安全生产知识和安全操作技能。

4.1.2 培训应按照国家有关安全生产培训的规定组织进行。

4.1.3 培训工作应坚持理论与实践相结合,采用多种有效的培训方式,加强案例教学;应注重提高裂解(裂化)工艺特种作业人员的职业道德、安全意识、法律责任意识,加强安全生产基础知识和安全生产操作技能等内容的综合培训。

4.2 培训内容

4.2.1 安全生产法律法规及规章标准

主要包括《中华人民共和国安全生产法》、《中华人民共和国职业病防治法》、《使用有毒物品作业场所劳动保护条例》、《安全生产许可证条例》、《危险化学品安全管理条例》、《特种设备安全监察条例》、《危险化学品生产企业安全生产许可证实施办法》、《危险化学品登记管理办法》、《危险化学品建设项目安全许可实施办法》等。危险化学品主要安全标准 GB 12463、GB 13690、

GB 15258、GB 15603、GB 18218、GB/T 16483 等。依照有关法律法规进行从业人员的责任和义务培训。

4.2.2　裂解(裂化)工艺安全基础知识

1)裂解(裂化)工艺简介,主要包括裂解(裂化)工艺的概念、裂解(裂化)工艺的分类及典型过程;

2)裂解(裂化)工艺的危险特点,主要包括裂解(裂化)反应原料和产品的燃爆危险性、单体聚合危险性、裂解(裂化)反应的失控危险性、副产物的燃爆危险性;

3)危险因素,主要包括燃爆危险、高温高压危险、低温危险、失控反应危险、单体聚合爆炸危险、毒物危险、腐蚀性危险;

4)安全技术说明书(MSDS),主要包括 MSDS 基本格式、裂解(裂化)工艺原料和产品的危害特性;

5)重大危险源(防护措施),主要包括重大危险源的辨识、裂解(裂化)工艺重大危险源的分布、特点以及防护措施。

4.2.3　裂解(裂化)工艺安全生产技术

1)工艺安全技术,主要包括点火源控制、火灾爆炸危险物质控制、工艺参数的安全控制、限制火灾爆炸蔓延扩散的措施;包括开车、停车岗位操作安全要点,岗位安全操作和生产过程紧急情况处置;

2)设备安全技术,主要包括压力容器安全运行及影响因素、压力容器的定期检验、压力容器的安全附件;包括工业压力管道的检查和检测;包括动密封、静密封、密封安全管理,泄漏的危害及检测;包括腐蚀机理及分类,腐蚀影响因素,防护机理及手段;包括设备在线监测方法、监测设备;

3)自动化安全控制技术,主要包括安全生产自动化联锁回路的设置及调节,DCS 系统的调试与应用;

4)电气安全技术,主要包括电流对人体的危害及影响因素,触电方式,触电预防措施及触电急救知识;包括动力、照明及电气系统的防火防爆,电气火灾爆炸及危险区域的划分;包括静电产生的原因,静电的危害及其消除措施;包括雷电的分类和危害,建(构)筑物的防雷措施;

5)直接作业环节控制,主要包括化工检修作业的一般要求与监护,其它直接作业现场的要求与监护。

4.2.4　安全设备设施

1)安全附件,主要包括安全阀、爆破片、易熔塞、水封等附件的用途及运行管理;

2)安全泄放系统,主要包括安全泄放设施的使用与监控,泄放物的回收与处置;

3)安全联锁系统,主要包括安全仪表系统、紧急停车系统的设置与使用。

4.2.5　职业健康

1)职业健康危害因素,主要包括裂解(裂化)工艺涉及的工业毒物的分类及毒性,工业毒物侵入人体途径及危害,毒物最高容许浓度与阈限值,职业接触毒物危害程度分级;包括高温、低温作业的危害等;

2)职业危害防护知识,主要包括现场作业毒物、高温、冻伤、灼伤防护措施。

4.2.6　事故预防与应急处置

1)应急处置,主要包括岗位应急处置方案、事故应急防护用品的配备使用及维护;

2)应急演练,主要包括岗位职责和预案演练。

4.2.7　事故案例分析

主要包括裂解(裂化)工艺及危险化学品典型事故案例分析。

4.2.8 个体防护知识(特殊防护设施)

1)一般防护用品,主要包括个体防护用品的使用与维护知识;

2)特殊防护用品,主要包括特殊防护用品的使用与维护知识。

4.2.9 消气防知识

1)消防,主要包括消防关键部位、消防器材使用与维护知识;

2)气防,主要包括气防器材使用与维护知识;

3)自救、互救与创伤急救,主要包括现场作业毒物、高温、低温、灼伤处理及急救知识。

4.2.10 环境保护

1)排放物管理,主要包括排放物种类、排放点、排放量的监控管理;

2)废弃物处置,主要包括废弃物种类、数量与处置方式的监控管理。

4.3 复审培训要求与内容

4.3.1 复审培训要求

4.3.1.1 凡已取得裂解(裂化)工艺特种作业安全技术资格证的操作人员,若继续从事原岗位工作的,在资格证书有效期内,每三年应进行一次复审培训。复审培训的内容按本标准4.3.2的要求进行。

4.3.1.2 复审培训按照有关规定,由具有相应资质的安全培训机构组织进行。

4.3.2 复审培训内容

1)有关危险化学品安全生产新的法律、法规、规章、规程、标准和政策;

2)有关裂解(裂化)工艺生产的新技术、新材料、新工艺、新设备及其安全技术要求;

3)国内外危险化学品生产单位安全管理经验;

4)危险化学品安全生产形势及危险化学品生产单位典型事故案例。

4.4 学时安排

4.4.1 裂解(裂化)工艺特种作业人员的安全生产资格培训时间不少于48学时。具体章节课时安排参见附表1。

4.4.2 裂解(裂化)工艺特种作业人员的每次复审培训时间不少于8学时。具体内容参见附表2。

5 考核标准

5.1 考核办法

5.1.1 考核分为安全生产知识考试和安全操作技能考核两部分。

5.1.2 安全生产知识考试为闭卷笔试。考试内容应符合本标准5.2规定的范围,其中安全基础知识占总分数的30%,安全技术知识占总分数的70%。考试时间为90分钟。考试采用百分制,60分及以上为合格。

5.1.3 安全操作技能考核可由考核部门进行实地考核、答辩等方式。考核内容应符合本标准4.2规定的范围,成绩评定分为合格、不合格。

5.1.4 安全生产知识考试及安全操作技能考核均合格者,方判为合格。考试(核)不合格允许补考一次,补考仍不合格者需要重新培训。

5.1.5 考核要点的深度分为了解、熟悉和掌握三个层次,三个层次由低到高,高层次的要求包含低层次的要求。

了解:能正确理解本标准所列知识的含义、内容并能够应用。

熟悉:对本标准所列知识有较深的认识,能够分析、解释并应用相关知识解决问题。

掌握：对本标准所列知识有全面、深刻的认识，能够综合分析、解决较为复杂的相关问题。

5.2　安全生产知识考试要点

5.2.1　安全生产法律法规

1）了解国家安全生产监督管理体制；

2）熟悉我国安全生产方针、政策和有关危险化学品安全生产的主要法律、法规、规章、标准和规范确定的从业人员的责任和义务。

5.2.2　裂解（裂化）工艺安全基础知识

1）了解重大危险源的辨识，掌握裂解（裂化）工艺重大危险源的分布、特点以及防护措施；

2）熟悉裂解（裂化）工艺的概念、裂解（裂化）工艺的分类及典型过程；

3）熟悉安全技术说明书（MSDS）的基本格式、裂解（裂化）工艺原料和产品的危害特性；

4）掌握裂解（裂化）工艺的危险特点及危险因素。

5.2.3　裂解（裂化）工艺安全生产技术

1）了解压力容器安全运行及影响因素，熟悉压力容器的定期检验、压力容器的安全附件、工业压力管道的检查和检测；了解动密封、静密封、密封安全管理，熟悉泄漏的危害及检测；了解腐蚀机理及分类，腐蚀影响因素，防护机理及手段；熟悉设备在线监测方法、监测设备；

2）了解电流对人体的危害及影响因素，触电方式，熟悉触电预防措施及触电急救知识；熟悉动力、照明及电气系统的防火防爆，电气火灾爆炸及危险区域的划分；了解静电产生的原因，静电的危害及其消除措施；了解雷电的分类和危害，建（构）筑物的防雷措施；熟悉化工生产紧急情况安全处理措施。

3）熟悉化工检修作业的一般要求与监护，其它直接现场作业的要求与监护；

4）熟悉点火源控制、火灾爆炸危险物质控制、工艺参数的安全控制、限制火灾爆炸蔓延扩散的措施；掌握开车、停车岗位操作安全要点，岗位安全操作和生产过程紧急情况处置；

5）熟悉安全生产自动化联锁回路的设置及调节，DCS 系统的调试与应用。

5.2.4　安全设备设施

1）熟悉安全阀、爆破片等附件的用途及运行管理；

2）熟悉安全泄放设施的使用与监控，泄放物的回收与处置；

3）熟悉安全仪表系统、紧急停车系统的设置与使用。

5.2.5　职业健康

1）了解裂解（裂化）工艺涉及的工业毒物的分类及毒性，工业毒物侵入人体途径及危害，熟悉毒物最高容许浓度与阈限值，职业接触毒物危害程度分级；了解高温作业的危害；

2）熟悉现场作业毒物、高温、灼伤防护措施。

5.2.6　事故预防与应急处置

1）了解岗位应急处置方案、事故应急防护用品的配备使用及维护；

2）熟悉事故岗位职责、应急演练方法。

5.2.7　事故案例分析

1）主要包括裂解（裂化）工艺及危险化学品生产典型事故案例分析与共享。

5.2.8　个体防护知识（特殊防护设施）

1）掌握个体防护用品的使用与维护知识；

2）掌握特殊防护用品的使用与维护知识。

5.2.9　消气防知识

1）熟悉现场作业毒物、高温、灼伤急救知识；

2)掌握消防关键部位、消防器材使用与维护知识;

3)掌握气防器材使用与维护知识。

5.2.10 环境保护

1)了解排放物种类、排放点、排放量;

2)了解废弃物种类、数量与处置方式。

5.3 安全操作技能考核要点

5.3.1 能独立进行裂解(裂化)工艺安全操作;

5.3.2 能完成安全设备设施操作与维护;

5.3.3 能完成事故应急演练要求各项内容;

5.3.4 能独立完成个体防护、消气防器材使用与维护。

5.4 复审培训考核要求与内容

5.4.1 复审培训考核要求

5.4.1.1 对已取得裂解(裂化)工艺特种作业安全生产资格证的操作人员,在证书有效期内,每次复审培训完毕都应进行考核,考核内容按本标准4.3.2的要求进行,并将考核结果在安全生产资格证书上做好记录。

5.4.1.2 复审培训考核可只进行笔试,考试办法可参照5.1.2。

5.4.2 复审培训考核要点

1)了解有关危险化学品安全生产的法律、法规、规章、规程、标准和政策;

2)了解国内外危险化学品生产单位安全生产管理经验;

3)了解危险化学品安全生产形势、裂解(裂化)工艺和危险化学品生产典型事故案例;

4)熟悉有关裂解(裂化)工艺的新技术、新材料、新工艺、新设备及其安全技术要求。

表1 裂解(裂化)工艺作业人员安全技术培训课时安排

项目		培训内容	学时
安全知识	安全基础知识	安全生产法律法规及规章标准	4
		裂解(裂化)工艺安全基础知识	4
	安全技术知识	裂解(裂化)工艺安全生产技术	8
		安全设备设施	2
		职业健康	2
		事故预防与应急处置	2
		事故案例分析	2
		个体防护知识(特殊防护设施)	2
		消气防知识	2
		环境保护	2
	复习		2
	考试		2

续表

项目	培训内容	学时
安全操作技能	裂解(裂化)工艺安全操作	4
	安全设备设施操作与维护	2
	事故应急演练	2
	个体防护、消气防器材使用与维护	2
	复习	2
	考试	2
合计		48

表 2　裂解(裂化)工艺作业人员复审培训课时安排

项目	培训内容	学时
复审培训	有关危险化学品安全生产的法律、法规、规章、规程、标准 有关裂解(裂化)工艺的新技术、新材料、新工艺、新设备及其安全技术要求 国内外危险化学品生产单位安全管理经验 危险化学品安全生产形势及危险化学品典型事故案例	不少于8学时
	复习	
	考试	
	合计	

七、氟化工艺作业人员安全技术培训大纲和考核标准

1　范围

本标准规定了氟化工艺特种作业人员安全技术培训的要求,培训、复审培训的内容和学时安排,以及安全生产培训考核的方法、内容,复审培训考核的方法、要求与内容。

本标准适用于氟化工艺特种作业人员的安全技术培训与考核。

2　规范性引用文件

下列文件中的条款通过本标准的引用而成为本标准的条款。凡是注日期的引用文件,其随后所有的修改单(不包括勘误的内容)或修订版均不适用于本标准,然而,鼓励根据本标准达成协议的各方研究是否可使用这些文件的最新版本。凡是不注日期的引用文件,其最新版本适用于本标准。

《特种作业人员安全技术培训考核管理规定》(国家安全生产监督管理总局令第 30 号)

《危险化学品安全管理条例》(中华人民共和国国务院令第 591 号)

GB 12463　危险货物运输包装通用技术条件

GB 13690　常用危险化学品的分类及标志

GB 15258　化学品安全标签编写规定

GB 15603　常用危险化学品储存通则

GB 18218—2009　危险化学品重大危险源辨识

GB/T 16483　化学品安全技术说明书　内容和项目顺序

AQ 3009—2007　危险场所电气安全防爆规范

3　术语和定义

3.1　下列术语和定义适用于本标准

氟化工艺特种作业人员 Special operatorS of fluorination processes

采用氟化工艺的生产单位中从事安全风险较大的工艺操作从业人员,主要指氟化反应岗位的操作人员。

4　培训大纲

4.1　培训要求

4.1.1　氟化工艺特种作业人员必须接受安全技术培训,具备与其所从事的生产活动相适应的安全生产知识和安全操作技能。

4.1.2　培训应按照国家有关安全生产培训的规定组织进行。

4.1.3　培训工作应坚持理论与实践相结合,采用多种有效的培训形式,加强案例教学;应注重提高氟化工艺特种作业人员的职业道德、安全意识、法律责任意识,加强安全生产基础知识和安全生产操作技能等内容的综合培训。

4.2　培训内容

4.2.1　安全生产法律法规及规章标准

主要包括《中华人民共和国安全生产法》、《中华人民共和国职业病防治法》、《使用有毒物品作业场所劳动保护条例》、《安全生产许可证条例》、《危险化学品安全管理条例》、《特种设备安全监察条例》、《危险化学品生产企业安全生产许可证实施办法》、《危险化学品登记管理办法》、《危险化学品建设项目安全许可实施办法》等。危险化学品主要安全标准 GB 12463、GB 13690、GB 15258、GB 15603、GB 18218、GB/T 16483 等。依照有关法律法规进行从业人员的责任和义务培训。

4.2.2　氟化工艺安全基础知识

1)氟化工艺简介,主要包括氟化工艺的概念、氟化工艺的分类及典型过程;

2)氟化工艺的危险特点,主要包括氟化反应原料和产品的燃爆危险性、氟化反应的强放热性、氟化物的强腐蚀性及剧毒性等;

3)危险因素,主要包括燃爆危险、高温高压危险、失控反应危险、接触剧毒危险;

4)安全技术说明书(MSDS),主要包括 MSDS 基本格式、氟化工艺原料和产品的危害特性;

5)重大危险源(防护措施),主要包括重大危险源的辨识、氟化工艺重大危险源的分布、特点以及防护措施。

4.2.3　氟化工艺安全生产技术

1)工艺安全技术,氟化工艺中的不安全因素的安全防范措施、工艺安全管理制度、工艺巡检要求、工艺考核重点、工艺变更管理要求、火灾爆炸危险物质控制、工艺参数的安全控制、限制火灾爆炸蔓延扩散的措施;包括开车、停车岗位操作安全要点,岗位安全操作和生产过程紧急情况处置;

2)设备安全技术,主要包括工艺中所涉及的设备类型、设备操作要点、安全注意事项、设备的巡检要素、设备的保养要求、设备保养安全注意事项、设备保养防护措施;包括设备在异常或事故等状态下的操作要求;包括压力容器的安全附件;包括工业压力管道的检查和检测;包括动密封、静密封、密封安全管理,泄漏的危害及检测;包括腐蚀机理及分类,腐蚀影响因素,防护机理及手段;包括设备在线监测方法、监测设备;

3）自动化安全控制技术，主要包括安全生产自动化联锁回路的设置及调节，DCS 系统的调试与应用，控制系统的日常维护，控制系统异常情况下的处理要点；

4）电气安全技术，主要包括重要电气设备的日常维护、异常情况下的处理对策；包括电流对人体的危害及影响因素，触电方式，触电预防措施及触电急救知识；包括动力、照明及电气系统的防火防爆，电气火灾爆炸及危险区域的划分；包括静电产生的原因，静电的危害及其消除措施；包括雷电的分类和危害，建（构）筑物的防雷措施；.

5）直接作业环节控制，主要包括化工检修作业的一般要求与监护、其它直接作业现场的要求与监护。

4.2.4　安全设备设施

1）安全附件，主要包括安全阀、爆破片、易熔塞、水封等附件的用途及运行管理；

2）安全泄放系统，主要包括安全泄放设施的使用与监控，泄放物的回收与处置；

3）安全联锁系统，主要包括安全仪表系统、紧急停车系统的设置与使用。

4.2.5　职业健康

1）职业健康危害因素，主要包括氟化工艺涉及的工业毒物的分类及毒性，工业毒物侵入人体途径及危害，毒物最高容许浓度与阈限值，职业接触毒物危害程度分级；包括高温作业的危害等；

2）职业危害防护知识，主要包括现场作业毒物、高温、灼伤防护措施。

4.2.6　事故预防与应急处置

1）应急处置，主要包括岗位应急处置方案、事故应急防护用品的配备使用及维护；

2）应急演练，主要包括岗位职责和预案演练。

4.2.7　事故案例分析

主要包括氟化工艺及危险化学品典型事故案例分析。

4.2.8　个体防护知识（特殊防护设施）

1）一般防护用品，主要包括个体防护用品的使用与维护知识；

2）特殊防护用品，主要包括特殊防护用品的使用与维护知识。

4.2.9　消气防知识

1）消防，主要包括消防关键部位、消防器材使用与维护知识；

2）气防，主要包括气防器材使用与维护知识；

3）自救、互救与创伤急救，主要包括现场作业毒物、高温、灼伤处理及急救知识。

4.2.10　环境保护

1）排放物管理，主要包括排放物种类、排放点、排放量的监控管理；

2）废弃物处置，主要包括废弃物种类、数量与处置方式的监控管理。

4.3　复审培训要求与内容

4.3.1　复审培训要求

4.3.1.1　凡已取得氟化工艺特种作业安全技术资格证的操作人员，若继续从事原岗位工作的，在资格证书有效期内，每三年应进行一次复审培训。复审培训的内容按本标准 4.3.2 的要求进行。

4.3.1.2　复审培训按照有关规定，由具有相应资质的安全培训机构组织进行。

4.3.2　复审培训内容

1）有关危险化学品安全生产新的法律、法规、规章、规程、标准和政策；

2）有关氟化工艺生产的新技术、新材料、新工艺、新设备及其安全技术要求；

3）国内外危险化学品生产单位安全管理经验；

4)危险化学品安全生产形势、氟化工艺及危险化学品生产典型事故案例分析与共享。

4.4 学时安排

4.4.1 氟化工艺特种作业人员的安全技术资格培训时间不少于 48 学时。具体章节课时安排参见附表1。

4.4.2 氟化工艺特种作业人员的每次复审培训时间不少于 8 学时,具体内容参见附表2。

5 考核标准

5.1 考核办法

5.1.1 考核分为安全生产知识考试和安全操作技能考核两部分。

5.1.2 安全生产知识考试为闭卷笔试。考试内容应符合本标准5.2规定的范围,其中安全基础知识占总分数的 30%,安全技术知识占总分数的 70%。考试时间为 90 分钟。考试采用百分制,60 分及以上为合格。

5.1.3 安全操作技能考核可由考核部门进行实地考核、答辩等方式。考核内容应符合本标准5.2规定的范围,成绩评定分为合格、不合格。

5.1.4 安全生产知识考试及安全操作技能考核均合格者,方判为合格。考试(核)不合格允许补考一次,补考仍不合格者需要重新培训。

5.1.5 考核要点的深度分为了解、熟悉和掌握三个层次,三个层次由低到高,高层次的要求包含低层次的要求。

了解:能正确理解本标准所列知识的含义、内容并能够应用。

熟悉:对本标准所列知识有较深的认识,能够分析、解释并应用相关知识解决问题。

掌握:对本标准所列知识有全面、深刻的认识,能够综合分析、解决较为复杂的相关问题。

5.2 安全生产知识考试要点

5.2.1 安全生产法律法规及规章标准

1)了解国家安全生产监督管理体制;

2)熟悉我国安全生产方针、政策和有关危险化学品安全生产的主要法律、法规、规章、标准和规范确定的从业人员的责任和义务。

5.2.2 氟化工艺安全基础知识

1)了解重大危险源的辨识,掌握氟化工艺重大危险源的分布、特点以及防护措施;

2)熟悉氟化工艺的概念、氟化工艺的分类及典型过程;

3)熟悉安全技术说明书(MSDS)的基本格式、氟化工艺原料和产品的危害特性;

4)掌握氟化工艺的危险特点及危险因素。

5.2.3 氟化工艺安全生产技术

1)了解压力容器安全运行及影响因素,熟悉压力容器的定期检验、压力容器的安全附件、工业压力管道的检查和检测;了解动密封、静密封、密封安全管理,熟悉泄漏的危害及检测;了解腐蚀机理及分类,腐蚀影响因素,防护机理及手段;熟悉设备在线监测方法、监测设备;

2)了解电流对人体的危害及影响因素,触电方式,熟悉触电预防措施及触电急救知识;熟悉动力、照明及电气系统的防火防爆,电气火灾爆炸及危险区域的划分;了解静电产生的原因,静电的危害及其消除措施;了解雷电的分类和危害,建(构)筑物的防雷措施;熟悉化工检修作业的一般要求与监护、其它直接作业现场的要求与监护;

3)熟悉点火源控制、火灾爆炸危险物质控制、工艺参数的安全控制、限制火灾爆炸蔓延扩散的措施;掌握开车、停车岗位操作安全要点,岗位安全操作和生产过程紧急情况处置;

4)熟悉安全生产自动化联锁回路的设置及调节,DCS 系统的调试与应用。

5.2.4　安全设备设施

1)熟悉安全阀、爆破片等附件的用途及运行管理；

2)熟悉安全泄放设施的使用与监控，泄放物的回收与处置；

3)熟悉安全仪表系统、紧急停车系统的设置与使用。

5.2.5　职业健康

1)了解氟化工艺涉及的工业毒物的分类及毒性，工业毒物侵入人体途径及危害，熟悉毒物最高容许浓度与阈限值，职业接触毒物危害程度分级；了解高温作业的危害；

2)熟悉现场作业毒物、高温、腐蚀、灼伤防护措施。

5.2.6　事故预防与应急处置

1)了解岗位应急处置方案、事故应急防护用品的配备使用及维护；

2)熟悉应急情况下的岗位职责和预案演练方法、基本任务与目标。

5.2.7　事故案例分析

主要包括典型事故案例分析与共享。

5.2.8　个体防护知识(特殊防护设施)

1)掌握个体防护用品的使用与维护知识；

2)掌握特殊防护用品的使用与维护知识。

5.2.9　消气防知识

1)熟悉现场作业毒物、高温、灼伤急救知识；

2)掌握消防关键部位、消防器材使用与维护知识；

3)掌握气防器材使用与维护知识。

5.2.10　环境保护

1)了解排放物种类、排放点、排放量的监控管理；

2)了解废弃物种类、数量与处置方式的监控管理。

5.3　安全操作技能考核要点

5.3.1　能独立进行氟化工艺安全操作。

5.3.2　能完成安全设备设施操作与维护。

5.3.3　能完成事故应急演练要求各项内容。

5.3.4　能独立完成个体防护、消气防器材使用与维护。

5.4　复审培训考核要求与内容

5.4.1　复审培训考核要求

5.4.1.1　对已取得氟化工艺特种作业安全技术资格证的操作人员，在证书有效期内，每次复审培训完毕都应进行考核，考核内容按本标准5.4.2的要求进行，并将考核结果在安全技术资格证书上做好记录。

5.4.1.2　复审培训考核可只进行笔试。

5.4.2　复审培训考核要点

1)了解有关危险化学品安全生产的法律、法规、规章、规程、标准和政策；

2)了解国内外危险化学品生产单位安全生产管理经验；

3)了解危险化学品安全生产形势及危险化学品生产典型事故案例；

4)熟悉有关氟化工艺的新技术、新材料、新工艺、新设备及其安全技术要求。

表 1　氟化工艺作业人员安全技术培训课时安排

项目		培训内容	学时
安全知识	安全基础知识	安全生产法律法规及规章标准	4
		氟化工艺安全基础知识	4
	安全技术知识	氟化工艺安全生产技术	8
		安全设备设施	2
		职业健康	2
		事故预防与应急处置	2
		事故案例分析	2
		个体防护知识（特殊防护设施）	2
		消气防知识	2
		环境保护	2
		复习	2
		考试	2
安全操作技能		氟化工艺安全操作	4
		安全设备设施操作与维护	2
		事故应急演练	2
		个体防护、消气防器材使用与维护	2
		复习	2
		考试	2
合计			48

表 2　氟化工艺作业人员复审培训学时安排

项目	培训内容	学时
复审培训	有关危险化学品安全生产的法律、法规、规章、规程、标准 有关氟化工艺的新技术、新材料、新工艺、新设备及其安全技术要求 国内外危险化学品生产单位安全管理经验 危险化学品安全生产形势及危险化学品典型事故案例	不少于 8 学时
	复习	
	考试	
	合计	

八、加氢工艺作业人员安全技术培训大纲和考核标准

1　范围

本标准规定了加氢工艺特种作业人员培训的要求,培训和复审培训的内容及学时安排,以及考核的方法、内容,复审培训考核的方法、要求与内容。

本标准适用于加氢工艺特种作业人员的培训与考核。

2　规范性引用文件

下列文件中的条款通过本标准的引用而成为本标准的条款。凡是注日期的引用文件,其随后所有的修改单(不包括勘误的内容)或修订版均不适用于本标准,然而,鼓励根据本标准达成协议的各方研究是否可使用这些文件的最新版本。凡是不注日期的引用文件,其最新版本适用于本标准。

《危险化学品安全管理条例》(国务院令第 591 号)

《特种作业人员安全技术培训考核管理规定》(国家安全生产监督管理总局令第 30 号)

GB 4962—2008　《氢气使用安全技术规程》

AQ 3009—2007　《危险场所电气安全防爆规范》

3　术语和定义

下列术语和定义适用于本标准。

加氢工艺特种作业人员 Special operator of hydrogenation processes

指从事本大纲 1 范围中所指的加氢反应岗位操作的作业人员。

4　培训大纲

4.1　培训要求

4.1.1　加氢工艺特种作业人员必须接受安全生产和技能培训,具备与所从事的作业活动相适应的安全生产知识和安全操作技能。

4.1.2　培训应按照国家有关安全生产培训和规定组织进行。

4.1.3　培训工作应坚持理论与实践相结合,采用多种有效的培训方式,加强案例教学;应注重提高加氢工艺特种作业人员的职业道德、安全意识、法律知识,加强安全生产基础知识和安全操作技能等内容的综合培训。

4.2　培训内容

4.2.1　加氢工艺特种作业安全生产法律法规与安全管理

主要包括以下内容:

1)我国安全生产方针;

2)有关加氢工艺特种作业生产法律法规和标准规范;

3)《氢气使用安全技术规程》;

4)加氢工艺特种作业从业人员安全生产的权利和义务;

5)加氢工艺特种作业生产安全管理制度;

6)劳动保护相关知识;

7)安全标志及其识别。

4.2.2　加氢工艺安全基础知识

1)加氢工艺简介,主要包括加氢工艺的概念、加氢工艺的分类及典型过程;

2)加氢工艺的危险特点,主要包括加氢反应原料和产品的燃爆危险性、氢气等化学品泄漏危险性、加氢反应的失控危险性、高温临氢的腐蚀性;

3)危险因素,主要包括燃爆危险、高温高压危险、失控反应危险;

4)重大危险源(防护措施),加氢工艺重大危险源的分布、特点以及防护措施。

4.2.3　加氢工艺安全生产技术

4.2.3.1　工艺安全技术

主要包括:

1)加氢裂化、催化加氢、加氢精制反应原理;

2)生产特点和规模;

3)生产工艺条件和运行操作要点;

4)主要控制单元及工艺参数;

5)加氢催化剂储存及使用条件;

6)联锁保护系统工作条件。

4.2.3.2　设备安全技术

主要包括:

1)特种设备概念及分类;

2)加氢反应器、循环氢压缩机等设备的种类、工作原理、工作特性;

3)设备操作条件;

4)设备主要结构及重点监控参数;

5)氢气储存安全。

4.2.3.3　自动化安全控制技术

主要包括:

1)自动检测系统(敏感元件、传感器、显示仪表)工作原理及特点;

2)自动信号和联锁保护系统工作原理及特点;

3)自动操纵及自动开停车系统工作原理及特点;

4)自动控制系统工作原理及特点。

4.2.3.4　电气安全技术

主要包括:

1)电气事故种类;

2)电气防火防爆、保护接地接零技术;

3)防雷装置的类型、作用及人身防雷措施;

4)防止直接和间接触点击措施;

5)爆炸性气体环境分区。

4.2.3.5　防火防爆技术

主要包括:

1)基本概念;

2)燃烧,包括燃烧的条件,燃烧过程及形成;

3)爆炸,包括爆炸的分类,爆炸极限及影响因素,可燃气体爆炸、粉尘爆炸、蒸气爆炸等;

4)火灾爆炸的预防,包括防止可燃可爆系统的形成,消除点火源,限制火灾爆炸蔓延扩散的措施。

4.2.3.6　直接作业环节控制

主要包括:

1)化工检修作业的一般要求与监护职责;

2)其它直接作业环节的要求与监护职责。

4.2.4　安全设备设施

4.2.4.1　安全附件

主要包括：

1)安全附件的定义、种类及功能,阻火器、安全阀、爆破片装置、紧急切断装置、压力表、液位计、测温仪表、易熔塞等的用途及运行管理;

2)安全附件的工作及主要参数。

4.2.4.2　安全泄放系统

主要包括：

1)安全泄放系统的构成及工作原理;

2)安全泄放装置基本构件主要包括：安全阀、爆破片、易熔塞等;

3)工作参数。

4.2.4.3　安全联锁系统

主要包括：

1)安全联锁系统工作原理;

2)安全联锁系统的构成,主要包括：联锁开关、联动阀等;

3)联锁保护条件和参数。

4.2.4.4　安全报警系统

主要包括：

1)压力报警器;

2)温度检测仪;

3)火灾声光报警装置;

4)可燃、有毒气体报警装置。

4.2.5　职业健康

主要包括：

1)加氢工艺涉及的工业毒物的分类及毒性,毒物最高容许浓度及接触限值,工业毒物侵入人体途径及危害,职业接触毒物危害程度分级;

2)现场作业毒物、腐蚀、高温、灼伤等防护措施。

4.2.6　事故预防与应急处置

主要包括：

1)事故应急预案基本要素、事故应急防护用品的配备使用及维护;

2)事故应急演练方法、基本任务与目标。

4.2.7　事故案例分析

主要包括加氢工艺及化学品生产典型事故案例分析与共享。

4.2.8　个体防护知识(特种防护用品)

主要包括：

1)特种防护用品的种类及使用方法;

2)安全使用期限;

3)适用的作业环境或作业活动。

4.2.9　消气防知识

4.2.9.1　消防知识

主要包括：

1）自动灭火系统，泡沫灭火系统、水喷淋灭火系统、蒸汽灭火系统、N_2灭火系统等；

2）灭火器材的种类、适用于扑灭何种火灾及使用方法；

3）消防器材使用期限。

4.2.9.2 气防知识

主要包括：

1）正压式空气呼吸器、氧气呼吸器、防化服、防毒面具等气防器材主要参数；

2）佩戴及使用方法。

4.2.9.3 自救、互救与创伤急救

主要包括：

1）自救、互救方法、人身安全保护措施；

2）创伤急救方法。

4.2.10 环境保护

1）熟悉排放物种类、排放点、排放量的监控管理；

2）了解废弃物种类、数量与处置方法的监控管理。

4.3 复审培训要求与内容

4.3.1 复审培训要求

4.3.1.1 凡已取得加氢工艺特种作业人员资格的人员，若继续从事原岗位的工作，在资格证书有效期内，每年应进行一次复审培训。复审培训的内容按本标准4.3.2的要求进行。

4.3.1.2 复审培训按照有关规定，由具有相应资质的安全培训机构组织进行。

4.3.2 复审培训内容

复审培训包括以下内容：

1）有关加氢工艺安全生产方面新的法律、法规、国家标准、行业标准、规程和规范；

2）有关加氢工艺方面的新技术、新工艺、新设备、新材料及其安全技术要求等；

3）国内外危险化学品生产单位安全管理经验；

4）有关加氢工艺方面的典型案例分析；

5）职业健康、消气防、个体防护等方面的新规范及标准等。

4.4 学时安排

4.4.1 培训时间不少于86学时，具体培训学时宜符合表1的规定。

4.4.2 复审培训时间应不少于8学时，具体培训学时宜符合表2的规定

5 考核标准

5.1 考核办法

5.1.1 考核的分类和范围

5.1.1.1 加氢工艺特种作业人员考核分安全技术知识（包括安全基本知识、安全技术基础知识）和实际操作技能考核两部分。

5.1.1.2 加氢工艺特种作业人员的考核范围应符合本标准5.2的规定。

5.1.2 考核方法

5.1.2.1 安全技术知识的考核方法可分为笔试、计算机考试。满分为100分。笔试时间为90分钟。

5.1.2.2 实际操作技能考核应以实际操作为主，也可采用仿真模拟与实际操作的方法。满分为100分。

5.1.2.3 安全技术知识、实际操作技能考核成绩均以 60 分及以上为合格。两部分考核均合格者为考核合格。考试不及格的,允许补考 1 次。经补考仍不及格的,重新参加相应的安全技术培训。

5.1.3 考核内容的层次和比重

5.1.3.1 安全技术知识考核内容分为了解、掌握和熟练掌握三个层次,按 20%、30% 和 50% 的比重进行考核。

5.1.3.2 实际操作技能考核内容分为掌握和熟练掌握两个层次,按 30%、70% 的比重进行考核。

5.2 考核要点

5.2.1 加氢工艺安全生产相关法律法规

1)了解国家有关危险化学品安全生产的法规、法规、规章、规程、标准和政策;

2)了解危险化学品生产经营单位和人员的法律责任;

3)熟悉加氢工艺相关的技术规范及标准;

4)熟悉从业人员安全生产的权利和义务。

5.2.2 加氢工艺安全基础知识

1)了解重大危险源的辨识;

2)熟悉加氢工艺的概念、加氢工艺的分类及典型过程;

3)熟悉安全技术说明书(MSDS)的基本格式、加氢工艺原料和产品的危害特性;

4)掌握加氢工艺的危险特点及危险因素;

5)掌握加氢工艺重大危险源的分布、特点以及防护措施。

5.2.3 加氢工艺安全生产技术

5.2.3.1 工艺安全技术

1)了解加氢裂化、催化加氢、加氢精制反应原理;

2)熟悉解加氢催化剂储存及使用条件;

3)熟悉生产特点和规模;

4)熟悉生产工艺条件和运行操作要点;

5)掌握主要控制单元及工艺参数;

6)掌握联锁保护系统工作条件。

5.2.3.2 设备安全技术

1)了解特种设备的概念及分类;

2)了解加氢反应器、循环氢压缩机等设备的种类、工作原理、工作特性;

3)掌握设备操作条件;

4)掌握设备主要结构及重点监控参数;

5)掌握氢气安全储存条件。

5.2.3.3 自动化安全控制技术

1)了解自动检测系统(敏感元件、传感器、显示仪表)工作原理及特点;

2)了解自动信号和联锁保护系统工作原理及特点;

3)了解自动操纵及自动开停车系统工作原理及特点;

4)了解自动控制系统工作原理及特点。

5.2.3.4 电气安全技术

1)了解静电的产生;

2)熟悉保护接地、接零;

3)熟悉爆炸性气体环境分区;

4)掌握电气防火防爆技术措施;

5)掌握防静电措施;

6)掌握防雷措施。

5.2.3.5　防火防爆技术

1)了解基本概念;

2)了解燃烧的条件、燃烧过程及形成;

3)熟悉爆炸的分类、爆炸极限及影响因素、可燃气体操作、蒸气爆炸、粉尘爆炸。

5.2.3.6　直接作业环节控制

1)掌握化工检修作业的一般要求与监护职责;

2)掌握其它直接作业环节的要求与监护职责。

5.2.4　安全设备设施

5.2.4.1　安全附件

1)了解安全附件的定义及种类,安全附件主要包括:阻火器、安全阀、爆破片装置、紧急切断装置、压力表、液位计、测温仪表、易熔塞等;

2)熟悉安全附件的性能和用途;

3)掌握安全附件的工作条件及主要参数。

5.2.4.2　安全泄放系统

1)了解安全泄放系统的构成及工作原理;

2)熟悉安全泄放装置基本构件主要包括:安全阀、爆破片、易熔塞等;

3)掌握工作条件及参数。

5.2.4.3　安全联锁系统

1)了解安全联锁系统工作原理;

2)熟悉安全联锁系统的构成,主要包括:联锁开关、联动阀等;

3)掌握联锁保护条件和参数。

5.2.4.4　安全报警系统

1)熟悉压力报警器分布及报警值;

2)熟悉温度检测仪分布及报警值;

3)熟悉火灾声光报警装置分布;

4)熟悉可燃、有毒气体报警装置分布。

5.2.5　职业健康

1)了解加氢工艺涉及的工业毒物的分类及毒性,工业毒物侵入人体途径及危害,熟悉毒物最高容许浓度与接触限值,职业接触毒物危害程度分级;

2)熟悉现场作业毒物、腐蚀、高温、灼伤等防护措施。

5.2.6　事故预防与应急处置

1)了解事故应急预案基本要素、事故应急防护用品的配备使用及维护;

2)熟悉事故应急演练方法、基本任务与目标。

5.2.7　事故案例分析

主要包括加氢工艺及危险化学品典型事故案例分析与共享。

5.2.8　个体防护知识(特种防护用品)

1)熟悉安全使用期限；

2)熟悉适用的作业环境或作业活动；

3)掌握特种防护用品的种类有使用方法。

5.2.9 消气防知识

5.2.9.1 消防知识

1)了解消防法中有关要求；

2)熟悉泡沫灭火系统、水喷淋灭火系统、蒸气灭火系统、N_2灭火系统等自动灭火系统的工作原理和操作；

3)熟悉消防器材使用期限；

4)掌握灭火器材的种类、适用于看来何种火灾使用方法。

5.2.9.2 气防知识

1)了解气防管理规定有关内容；

2)掌握正压式空气呼吸器、氧气呼吸器等气防器材主要参数；

3)掌握正确的佩戴使用方法；

4)掌握安全使用注意事项。

5.2.9.3 自救、互救与创伤急救

1)熟悉其他安全注意事项；

2)掌握自救、互救方法、人身安全保护措施；

3)掌握创伤急救方法。

5.2.10 环境保护

1)了解废弃物种类、数量与处置方式的监控按理；

2)熟悉排放物种类、排放点、排放量的监控管理。

5.3 安全操作技能考核要点

1)掌握加氢工艺安全操作技能；

2)掌握事故或异常状态下应急处理技能；

3)掌握消气防器材设施的使用及维护技能；

4)掌握创伤急救操作技能。

5.4 复审培训考核要求与内容

5.4.1 复审培训考核要求

5.4.1.1 对已取得加氢工艺特种作业资格证的人员,在证书有效期内,每年复审培训完毕都应进行考核,考核内容按本标准5.3.2的要求进行,并将考核结果在加氢工艺特种作业资格证书上做好记录。

5.4.1.2 复审培训考核可只进行笔试,考核办法可参照5.1.2。

5.4.2 复审培训考核要点

复审培训考核包括以下内容：

1)了解有关加氢工艺安全生产方面新的法律、法规、国家标准、行业标准、规程和规范；

2)了解国内外危险化学品生产单位安全管理经验；

3)了解有关加氢工艺方面的典型案例分析；

4)熟悉有关加氢工艺方面的新技术、新工艺、新设备、新材料及其安全技术要求等；

5)掌握职业健康、消气防、个体防护等方面的新规范及标准等。

表1 加氢工艺作业人员安全技术培训学时安排

项目	培训内容		学时
安全技术知识(34学时)	安全生产法律法规、标准规范与安全管理		4
	加氢生产技术与主要灾害事故预防		8
	职业病防治		2
	自救、互救与创伤急救		4
	典型事故案例分析		4
	事故预案与应急处理		4
	消气防知识		4
		复习	2
		考试	2
实际操作技能(52学时)	氢气的压缩与循环	循环氢压缩机	10
	加氢作业	加氢作业	10
		催化剂装卸及活化	6
	氢气的储存、输送	氢气的储存和输送	6
	自学与辅导		8
	仿真模拟与实际操作		8
		复习	2
		考试	2
合计			86

表2 加氢工艺作业人员复审培训学时安排

项目	培训内容	学时
复审内容	有关安全生产方面的法律、法规、国家标准、行业标准、规程和规范	不少于8学时
	有关加氢工艺作业的新技术、新工艺、新设备和新材料及其安全技术要求	
	典型事故案例分析	
	复习	
	考试	
合计		

九、重氮化工艺作业人员安全技术培训大纲和考核标准

1 范围

本标准规定了重氮化工艺技术作业人员安全技术理论培训和实际操作培训的目的、要求和方法。培训和复审培训的内容及学时安排,以及培训、在培训的考核的方法、要求与内容,本标准

适用于顺法、反加法、亚硝酰硫酸法、硫酸铜触媒法以及盐析法等工艺过程的操作作业岗位。

2　引用文件

下列文件中的条款通过本标准的引用而成为本标准的条款。凡是注日期的引用文件,其随后所有的修改单(不包括勘误的内容)或修订版均不适用于本标准,然而,鼓励根据本标准达成协议的各方研究是否可使用这些文件的最新版本。凡是不注日期的引用文件,其最新版本适用于本标准。

《特种作业人员安全技术培训考核管理规定》(国家安全生产监督管理总局令第 30 号)

《关于开展重大危险源监督管理工作的指导意见》(安监管协调字(2004)56 号)

《危险化学品安全管理条例》(中华人民共和国国务院令第 591 号)

《气体防护急救管理规定》

GB/T 16483　化学品安全技术说明书　内容和项目顺序

GB/T 13861—92　生产过程危险和有害因素分类与代码

GB 18218—2009　危险化学品重大危险源辨识

GB 11651　劳动防护用品选用规则

AQ 3009—2007　危险场所电气安全防爆规范

3　术语和定义

重氮化反应 Diazotization reaction

芳伯胺在无机酸存在下低温与亚硝酸作用,生成重氮盐的反应成为重氮化反应。

重氮化工艺 Diazotization processes

涉及重氮化反应的工艺过程为重氮化工艺。

重氮化工艺特种作业人员 Special operator of diazotization processes

过氧化工艺生产装置中从事现场工艺操作的人员。

4　基本条件

4.1　满足国家安全生产监督管理总局令第 30 号规定。

4.2　色弱、色盲为禁忌症。

4.3　培训前需在相应岗位实习 3 个月以上。

4.4　重氮化作业规定的其他条件。

5　培训大纲

5.1　培训要求

5.1.1　重氮化工艺特种作业人员应接受安全和技能培训,具备与所从事的作业活动相适应的安全生产知识和安全操作技能。

5.1.2　培训应按照国家有关安全生产培训的规定组织进行。

5.1.3　培训工作应坚持理论与实践相结合,采用多种有效的培训方式,加强案例教学。应注重提高重氮化工艺操作人员的职业道德、安全意识、法律知识,加强安全生产基础知识和安全操作技能等内容的综合培训。

5.2　培训内容

5.2.1　重氮化工艺安全生产相关法律法规及规章标准

主要包括《中华人民共和国安全生产法》、《中华人民共和国职业病防治法》、《使用有毒物品作业场所劳动保护条例》、《安全生产许可证条例》、《危险化学品安全管理条例》、《特种设备安全监察条例》、《危险化学品生产企业安全生产许可证实施办法》、《危险化学品登记管理办法》、《危险化学品建设项目安全许可实施办法》等。危险化学品主要安全标准 GB 12463、GB 13690、

GB 15258、GB 15603、GB 18218、GB/T 16483 等。依照有关法律法规进行从业人员的责任和义务培训。

5.2.2 重氮化工艺安全基础知识

1)重氮化工艺简介,主要包括重氮化工艺的概念、重氮化工艺的分类及典型重氮化工艺过程;

2)重氮化工艺的危险特点,主要包括重氮化反应原料和产品的爆炸性、火灾危险性、烧碱、硫酸等危险化学品腐蚀危险性、泄露危险、重氮化反应的失控危险性、重氮化尾气的腐蚀性;

3)危险因素,主要包括物料分解爆炸危险、粉尘爆炸危险、腐蚀危险、失控反应危险、硫酸等危险化学品泄漏危险;

4)安全技术说明书(MSDS),主要包括 MSDS 基本格式、重氮化工艺原料和产品的危害特性;

5)重大危险源(防护措施),主要包括重大危险源的辨识、重氮化工艺重大危险源的分布、特点以及防护措施。

5.2.3 重氮化工艺安全生产技术

5.2.3.1 工艺安全技术

主要包括:

1)取代、分解、重氮化反应原理;

2)本岗位重氮化工艺生产特点和规模;

3)相关重氮化工艺生产条件和运行操作要点;

4)相关重氮化工艺主要控制单元及工艺参数;

5)相关重氮化工艺装置联锁保护系统工作条件。

5.2.3.2 设备安全技术

主要包括:

1)特种设备、一般设备的概念及分类;

2)本岗位重氮化反应器等设备的种类、工作原理、工作特性;

3)相关重氮化反应设备设备主要结构、操作条件、重点监控参数。

5.2.3.3 自动化安全控制技术

主要包括:

1)自动检测系统(敏感元件、传感器、显示仪表)工作原理及特点;

2)自动信号和联锁保护系统工作原理及特点;

3)自动操纵及自动开停车系统工作原理及特点;

4)自动控制系统工作原理及特点。

5.2.3.4 电气安全技术

主要包括:

1)电气事故种类;

2)电气防火防爆,保护接地接零技术;

3)防雷装置的类型、作用及人身防雷措施;

4)防止直接和间接接触电击措施。

5.2.3.5 防火防爆技术

主要包括:

1)基本概念;

2)燃烧,包括燃烧的条件,燃烧过程及形成;

3)爆炸,包括爆炸的分类,爆炸极限及影响因素,可燃气体爆炸,粉尘爆炸,蒸气爆炸等;

4)火灾爆炸的预防,包括防止可燃可爆系统的形成,消除点火源,限制火灾爆炸蔓延扩散的措施。

5.2.3.6　直接作业环节控制

主要包括:

1)化工检修作业的一般要求与监护职责;

2)其它直接作业环节的要求与监护职责。

5.2.4　安全设备设施

5.2.4.1　安全附件

主要包括:

1)安全附件的定义、种类及功能,安全阀、爆破片装置、紧急切断装置、压力表、液位计、测温仪表、易熔塞等的用途及运行管理;

2)安全附件的工作条件及主要参数。

5.2.4.2　安全泄放系统

主要包括:

1)安全泄放系统的构成及工作原理;

2)安全泄放装置基本构件主要包括:安全阀、爆破片、易熔塞等;

3)工作参数。

5.2.4.3　安全联锁系统

主要包括:

1)安全联锁系统工作原理;

2)安全联锁系统的构成,主要包括:联锁开关、联动阀等;

3)联锁保护条件和参数。

5.2.4.4　安全报警系统

主要包括:

1)压力、温度、液位报警器;

2)火灾声光报警装置;

3)可燃、有毒气体报警装置。

5.2.5　职业健康

主要包括:

1)本岗位相关重氮化工艺涉及的工业毒物的分类及毒性,工业毒物侵入人体途径及危害,熟悉毒物最高容许浓度与接触限值,职业接触毒物危害程度分级;

2)现场作业毒物、腐蚀、高低温、噪音、灼伤等防护措施。

5.2.6　事故预防与应急处置

主要包括:

1)事故应急预案基本要素、事故应急防护用品的配备使用及维护;

2)事故应急演练方法、基本任务与目标。

5.2.7　事故案例分析

主要包括重氮化工艺及化学品生产典型事故案例分析与共享

5.2.8　个体防护知识(特种防护用品)

主要包括:

1)特种防护用品的种类及使用方法;

2)安全使用期限;

3)适用的作业环境或作业活动。

5.2.9 消气防知识

5.2.9.1 消防知识

主要包括:

1)自动灭火系统,泡沫灭火系统、水喷淋灭火系统、蒸汽灭火系统、N_2灭火系统等;

2)灭火器材的种类,适用于扑灭何种火灾及使用方法;

3)消防器材使用期限。

5.2.9.2 气防知识

主要包括:

1)正压式空气呼吸器、氧气呼吸器、防化服、防毒面具等气防器材主要参数;

2)佩戴及使用方法。

5.2.9.3 自救、互救与创伤急救

主要包括:

1)自救、互救方法、人身安全保护措施;

2)创伤急救方法。

5.2.10 环境保护

主要包括:

1)本岗位重氮化工艺排放物种类、排放点、排放量的监控管理;

2)本岗位重氮化工艺废弃物种类、数量与处置方式的监控管理。

5.3 复审培训要求与内容

5.3.1 复审培训要求

5.3.1.1 凡已取得重氮化工艺特种作业人员资格的人员,若继续从事原岗位的工作,在资格证书有效期内,每年应进行一次复审培训。复审培训的内容按本标准5.3.2的要求进行。

5.3.1.2 复审培训按照有关规定,由具有相应资质的安全培训机构组织进行。

5.3.2 复审培训内容

复审培训包括以下内容:

1)危险化学品安全生产方面新的法律、法规、国家标准、行业标准、规程和规范;

2)有关本岗位重氮化工艺方面的新技术、新工艺、新设备、新材料及其安全技术要求等;

3)国内外危险化学品生产单位安全管理经验;

4)有关重氮化工艺方面的典型案例分析;

5)职业健康、消气防、个体防护等方面的新规范及标准等。

5.4 学时安排

5.4.1 重氮化工艺特种作业人员资格培训不少于72学时,具体培训内容课时安排见表1。

5.4.2 重氮化工艺特种作业人员每年复审培训时间不少于8学时,具体内容见表2。

6 考核标准

6.1 考核办法

6.1.1 考核分为安全生产知识和安全操作技能考核两部分。

6.1.2 安全生产知识考试为闭卷笔试。考试内容应符合本标准5.2规定的范围,其中安全

基础知识占总分数的 30％,安全技术知识占总分数的 70％。考试时问为 90 分钟。考试采用百分制,60 分及以上为合格。

6.1.3　安全操作技能考核可由考核部门进行实地考核、答辩、模拟操作、推演等方式。考核内容应符合本标准 5.2 规定的范围,成绩评定分为合格、不合格。

6.1.4　考试不合格允许补考一次,补考仍不合格者需要重新培训。

6.1.5　考试(核)要点的深度分为了解、熟悉和掌握三个层次,三个层次由低到高,高层次的要求包含低层次的要求。

了解:能正确理解本标准所列知识的含义、内容并能够应用。

熟悉:对本标准所列知识有较深的认识,能够分析、解释并应用相关知识解决问题。

掌握:对本标准所列知识有全面、深刻的认识,能够综合分析、解决较为复杂的相关问题。

6.2　考核要点

6.2.1　重氮化工艺安全生产相关法律法规

1)了解国家有关危险化学品安全生产的法律、法规、规章、规程、标准和政策;

2)了解危险化学品生产经营单位和人员的法律责任;

3)熟悉本岗位相关重氮化工艺相关的技术规范及标准;

4)熟悉从业人员安全生产的权利和义务。

6.2.2　重氮化工艺安全基础知识

1)了解重大危险源的辨识;

2)熟悉重氮化工艺的概念、重氮化工艺的分类及典型过程;

3)熟悉安全技术说明书(MSDS)的基本格式、本岗位相关重氮化工艺原料和产品的危害特性;

4)掌握本岗位相关重氮化工艺的危险特点及危险因素;

5)掌握本岗位相关重氮化工艺重大危险源的分布、特点以及防护措施。

6.2.3　重氮化工艺安全生产技术

6.2.3.1　工艺安全技术

1)了解典型重氮化反应基本原理;

2)熟悉本岗位相关重氮化反应生产特点;

3)熟悉本岗位相关重氮化生产工艺条件和运行操作要点;

4)掌握本岗位相关重氮化反应主要控制单元及工艺参数;

5)掌握本岗位相关重氮化反应联锁保护系统工作条件。

6.2.3.2　设备安全技术

1)了解特种设备、一般设备的概念及分类;

2)了解本岗位相关重氮化反应器等设备的种类、工作原理、工作特性;

3)掌握本岗位相关重氮化反应设备主要结构、操作条件及重点监控参数。

6.2.3.3　自动化安全控制技术

1)了解自动检测系统(敏感元件、传感器、显示仪表)工作原理及特点;

2)了解自动信号和联锁保护系统工作原理及特点;

3)了解自动操纵及自动开停车系统工作原理及特点;

4)了解自动控制系统工作原理及特点。

6.2.3.4　电气安全技术

1)了解静电的产生;

2）熟悉保护接地、接零；

3）掌握电气防火防爆技术措施；

4）掌握防静电措施；

5）掌握防雷措施。

6.2.3.5　防火防爆技术

1）了解基本概念；

2）了解燃烧的条件、燃烧过程及形成；

3）熟悉爆炸的分类、爆炸极限及影响因素、可燃气体爆炸、蒸气爆炸、粉尘爆炸；

4）掌握火灾爆炸的基本预防措施。

6.2.3.6　直接作业环节控制

1）掌握化工检修作业的一般要求与监护职责；

2）掌握其它直接作业环节的要求与监护职责。

6.2.4　安全设备设施

6.2.4.1　安全附件

1）了解安全附件的定义及种类，安全附件主要包括：安全阀、爆破片装置、紧急切断装置、压力表、液位计、测温仪表、易熔塞等；

2）熟悉安全附件的性能和用途；

3）掌握安全附件的工作条件及主要参数。

6.2.4.2　安全泄放系统

1）了解安全泄放系统的构成及工作原理；

2）熟悉安全泄放装置基本构件主要包括：安全阀、爆破片、易熔塞等；

3）掌握工作条件及参数。

6.2.4.3　安全联锁系统

1）了解安全联锁系统工作原理；

2）熟悉安全联锁系统的构成，主要包括：联锁开关、联动阀等；

3）掌握联锁保护条件和参数。

6.2.4.4　安全报警系统

1）熟悉压力、温度、液位报警器分布及报警值；

2）熟悉火灾声光报警装置分布；

3）熟悉可燃、有毒气体报警装置分布。

6.2.5　职业健康

1）了解本岗位相关重氮化工艺涉及的工业毒物的分类及毒性，工业毒物侵入人体途径及危害，熟悉毒物最高容许浓度与接触限值，职业接触毒物危害程度分级；

2）熟悉现场作业毒物、腐蚀、高低温、噪音、灼伤等防护措施。

6.2.6　事故预防与应急处置

1）了解事故应急预案基本要素、事故应急防护用品的配备使用及维护；

2）熟悉事故应急演练方法、基本任务与目标。

6.2.7　事故案例分析

主要包括重氮化工艺及危险化学品典型事故案例分析与共享。

6.2.8　个体防护知识（特种防护用品）

1）熟悉安全使用期限；

2）熟悉适用的作业环境或作业活动；

3）掌握特种防护用品的种类及使用方法。

6.2.9　消气防知识

6.2.9.1　消防知识

1）了解消防法中有关要求；

2）熟悉泡沫灭火系统、水喷淋灭火系统、蒸汽灭火系统、N_2 灭火系统等自动灭火系统的工作原理和操作；

3）熟悉消防器材使用期限；

4）掌握灭火器材的种类、适用于扑灭何种火灾及使用方法。

6.2.9.2　气防知识

1）了解气防管理规定有关内容；

2）掌握正压式空气呼吸器、氧气呼吸器等气防器材主要参数；

3）掌握正确的佩戴使用方法；

4）掌握安全使用注意事项。

6.2.9.3　自救、互救与创伤急救

1）熟悉其他安全注意事项；

2）掌握自救、互救方法、人身安全保护措施；

3）掌握创伤急救方法。

6.2.10　环境保护

1）了解废弃物种类、数量与处置方式的监控管理；

2）熟悉排放物种类、排放点、排放量的监控管理。

6.3　安全操作技能考核要点

1）掌握本岗位相关重氮化工艺安全操作技能；

2）掌握本岗位事故或异常状态下应急处理技能；

3）掌握消气防器材设施的使用及维护技能；

4）掌握创伤急救操作技能。

6.4　复审培训考核要求与内容

6.4.1　复审培训考核要求

6.4.1.1　对已取得重氮化工艺特种作业资格证的人员，在证书有效期内，每年复审培训完毕都应进行考核，考核内容按本标准 5.3.2 的要求进行，并将考核结果在重氮化工艺特种作业资格证书上做好记录。

6.4.1.2　复审培训考核可只进行笔试，考核办法可参照 6.1.2。

6.4.2　复审培训考核要点

复审培训考核包括以下内容：

1）了解有关危险化学品安全生产方面新的法律、法规、国家标准、行业标准、规程和规范；

2）了解国内外危险化学品生产单位安全管理经验；

3）了解有关重氮化工艺方面的典型案例分析；

4）熟悉有关本岗位重氮化工艺方面的新技术、新工艺、新设备、新材料及其安全技术要求等；

5）掌握职业健康、消气防、个体防护等方面的新规范及标准等。

表1 重氮化工艺作业人员安全技术培训课时安排

项目		培训内容	学时
安全知识	安全基础知识	安全生产法律法规及规章标准	4
		重氮化工艺安全基础知识	4
	安全技术知识	重氮化工艺安全生产技术	8
		安全设备设施	4
		职业健康	4
		事故预防与应急处置	4
		事故案例分析	4
		个体防护知识(特殊防护设施)	4
		消气防知识	4
		环境保护	4
	复习		4
	考试		2
安全操作技能	重氮化工艺安全操作		4
	安全设备设施操作与维护		4
	事故应急演练		4
	个体防护、消气防器材使用与维护		4
	复习		4
	考试		2
合计			72

表2 重氮化工艺作业人员复审培训课时安排

项目	培训内容	学时
复审培训	有关危险化学品安全生产的法律、法规、规章、规程、标准 有关重氮化工艺的新技术、新材料、新工艺、新设备及其安全技术要求 国内外危险化学品生产单位安全管理经验 有关重氮化工艺方面的典型案例分析 职业健康、消气防、个体防护等方面的新规范及标准等	不少于8学时
	复习	
	考试	
	合计	

十、氧化工艺作业人员安全技术培训大纲和考核标准

1　范围

本标准规定了氧化工艺特种作业人员安全技术培训的要求,培训和复审培训的内容和学时安排,以及安全技术考核的方法、内容,复审培训考核的方法、要求与内容。

本标准适用于氧化工艺特种作业人员的安全技术培训与考核。

2　规范性引用文件

下列文件中的条款通过本标准的引用而成为本标准的条款。凡是注日期的引用文件,其随后所有的修改单(不包括勘误的内容)或修订版均不适用于本标准,然而,鼓励根据本标准达成协议的各方研究是否可使用这些文件的最新版本。凡是不注日期的引用文件,其最新版本适用于本标准。

《特种作业人员安全技术培训考核管理规定》(国家安全生产监督管理总局令第 30 号)

《危险化学品安全管理条例》(中华人民共和国国务院令第 591 号)

GB 12463　危险货物运输包装通用技术条件

GB 13690　常用危险化学品的分类及标志

GB 15258　化学品安全标签编写规定

GB 15603　常用危险化学品储存通则

GB 18218—2009　危险化学品重大危险源辨识

GB 11651　劳动防护用品选用规则

GB 12158　防止静电事故通用导则

GB/T 16483　化学品安全技术说明书　内容和项目顺序

AQ 3009—2007　危险场所电气安全防爆规范

3　术语和定义

3.1　下列术语和定义适用于本标准

氧化工艺特种作人员 Special operator of oxidation processes

采用氧化工艺的生产单位中从事安全风险较大的工艺操作从业人员,主要指氧化反应岗位的操作人员。

4　安全生产培训大纲

4.1　培训要求

4.1.1　氧化工艺特种作业人员必须接受安全技术培训,具备与所从事的生产活动相适应的安全生产知识和安全操作技能。

4.1.2　培训应按照国家有关安全生产培训的规定组织进行。

4.1.3　培训工作应坚持理论与实践相结合,采用多种有效的培训方式,加强案例教学;应注重提高氧化工艺特种作业人员的职业道德、安全意识、法律责任意识,加强安全生产基础知识和安全生产操作技能等内容的综合培训。

4.2　培训内容

4.2.1　安全生产法律法规及规章标准

主要包括《中华人民共和国安全生产法》、《中华人民共和国职业病防治法》、《使用有毒物品作业场所劳动保护条例》、《安全生产许可证条例》、《危险化学品安全管理条例》、《特种设备安全监察条例》、《危险化学品生产企业安全生产许可证实施办法》、《危险化学品登记管理办法》、《危险化学品建设项目安全许可实施办法》等。危险化学品主要安全标准 GB 12463、GB 13690、

GB 15258、GB 15603、GB 18218、GB/T 16483 等。依照有关法律法规进行从业人员的责任和义务培训。

4.2.2 氧化工艺安全基础知识

1)氧化工艺简介,主要包括氧化工艺的概念、氧化工艺的分类及典型过程;

2)氧化工艺的危险特点,主要包括氧化反应原料和产品的燃爆危险性、过氧化物分解危险性、氧化反应的失控危险性、氧化尾气的燃爆危险性;

3)危险因素,主要包括燃爆危险、高温高压危险、失控反应危险、过氧化物分解爆炸危险;

4)安全技术说明书(MSDS),主要包括 MSDS 基本格式、氧化工艺原料和产品的危害特性;

5)重大危险源(防护措施),主要包括重大危险源的辨识、氧化工艺重大危险源的分布、特点以及防护措施。

4.2.3 氧化工艺安全生产技术

1)工艺安全技术,主要包括点火源控制、火灾爆炸危险物质控制、工艺参数的安全控制、限制火灾爆炸蔓延扩散的措施;包括开车、停车岗位操作安全要点,岗位安全操作和生产过程紧急情况处置;

2)设备安全技术,主要包括压力容器安全运行及影响因素、压力容器的定期检验、压力容器的安全附件;包括工业压力管道的检查和检测;包括动密封、静密封、密封安全管理,泄漏的危害及检测;包括腐蚀机理及分类,腐蚀影响因素,防护机理及手段;包括设备在线监测方法、监测设备;

3)自动化安全控制技术,主要包括安全生产自动化联锁回路的设置及调节,DCS 系统的调试与应用;

4)电气安全技术,主要包括电流对人体的危害及影响因素,触电方式,触电预防措施及触电急救知识;包括动力、照明及电气系统的防火防爆,电气火灾爆炸及危险区域的划分;包括静电产生的原因,静电的危害及其消除措施;包括雷电的分类和危害,建(构)筑物的防雷措施;

5)直接作业环节控制,主要包括化工检修作业的一般要求与监护、其它直接现场作业的要求与监护。

4.2.4 安全设备设施

1)安全附件,主要包括安全阀、爆破片、易熔塞、水封等附件的用途及运行管理;

2)安全泄放系统,主要包括安全泄放设施的使用与监控,泄放物的回收与处置;

3)安全联锁系统,主要包括安全仪表系统、紧急停车系统的设置与使用。

4.2.5 职业健康

1)职业健康危害因素,主要包括氧化工艺涉及的工业毒物的分类及毒性,工业毒物侵入人体途径及危害,毒物最高容许浓度与阈限值,职业接触毒物危害程度分级;包括高温作业的危害等;

2)职业危害防护知识,主要包括现场作业毒物、高温、灼伤防护措施。

4.2.6 事故预防与应急处置

1)应急处置,主要包括岗位应急处置方案、事故应急防护用品的配备使用及维护;

2)应急演练,主要包括岗位职责和预案演练。

4.2.7 事故案例分析

1)氧化工艺及危险化学品典型事故案例分析与共享。

4.2.8 个体防护知识(特殊防护设施)

1)一般防护用品,主要包括个体防护用品的使用与维护知识;

2)特殊防护用品,主要包括特殊防护用品的使用与维护知识。

4.2.9 消气防知识

1)消防,主要包括消防关键部位、消防器材使用与维护知识;

2)气防,主要包括气防器材使用与维护知识;

3)自救、互救与创伤急救,主要包括现场作业毒物、高温、灼伤急救知识。

4.2.10 环境保护

1)排放物管理,主要包括排放物种类、排放点、排放量的监控管理;

2)废弃物处置,主要包括废弃物种类、数量与处置方式的监控管理。

4.3 复审培训要求与内容

4.3.1 复审培训要求

4.3.1.1 凡已取得氧化工艺特种作业安全生产资格证的操作人员,若继续从事原岗位工作的,在资格证书有效期内,每三年应进行一次复审培训。复审培训的内容按本标准4.3.2的要求进行。

4.3.1.2 复审培训按照有关规定,由具有相应资质的安全培训机构组织进行。

1)有关危险化学品安全生产新的法律、法规、规章、规程、标准和政策;

2)有关氧化工艺生产的新技术、新材料、新工艺、新设备及其安全技术要求;

3)危险化学品安全生产形势及危险化学品生产单位典型事故案例。

4.4 学时安排

4.4.1 氧化工艺特种作业人员的安全生产资格培训时间不少于48学时。具体章节课时安排参见附表1。

4.4.2 氧化工艺特种作业人员的每次复审培训时间不少于8学时,具体内容参见附表2。

5 考核标准

5.1 考核办法

5.1.1 考核分为安全生产知识考试和安全操作技能考核两部分。

5.1.2 安全生产知识考试为闭卷考试。考试内容应符合本标准4.2规定的范围,其中安全基础知识点总分数的30%,安全技术知识占总分数的70%。考试时间为90分钟。考试采用百分制,60分及以上为合格。

5.1.3 安全操作技能考核可由考核部门进行实地考核、答辩等方式。考核内容应符合本标准5.2规定的范围,成绩评定分为合格、不合格。

5.1.4 安全生产知识考试及安全操作技能考核均合格者,方判为合格。考试(核)不合格允许补考一次,补考仍不合格者需要重新培训。

5.1.5 考核要点的深度分为了解、熟悉和掌握三个层次,三个层次由低到高,高层次的要求包含低层次的要求。

了解:能正确理解本标准所列知识的含义、内容并能够应用。

熟悉:对本标准所列知识有较深的认识,能够分析、解释并应用相关知识解决问题。

掌握:对本标准所列知识有全面、深刻的认识,能够综合分析、解决较为复杂的相关问题。

5.2 安全生产知识考试要点

5.2.1 安全生产法律法规

1)了解国家安全生产监督管理体制;

2)熟悉我国安全生产方针、政策和有关危险化学品安全生产的主要法律、法规、规章、标准和规范确定的从业人员的责任和义务。

5.2.2 氧化工艺安全基础知识

1)了解重大危险源的辨识,掌握氧化工艺重大危险源的分布、特点以及防护措施;

2)熟悉氧化工艺的概念、氧化工艺的分类及典型过程;

3)熟悉安全技术说明书(MSDS)的基本格式、氧化工艺原料和产品的危害特性;

4)掌握氧化工艺的危险特点及危险因素。

5.2.3 氧化工艺安全生产技术

1)了解压力容器安全运行及影响因素,熟悉压力容器的定期检验、压力容器的安全附件、工业压力管道的检查和检测;了解动密封、静密封、密封安全管理,熟悉泄漏的危害及检测;了解腐蚀机理及分类,腐蚀影响因素,防护机理及手段;熟悉设备在线监测方法、监测设备;

2)了解电流对人体的危害及影响因素,触电方式,熟悉触电预防措施及触电急救知识;熟悉动力、照明及电气系统的防火防爆,电气火灾爆炸及危险区域的划分;了解静电产生的原因,静电的危害及其消除措施;了解雷电的分类和危害,建(构)筑物的防雷措施;熟悉化工生产紧急情况安全处理措施。

3)熟悉化工检修作业的一般要求与监护、其它直接现场作业的要求与监护;

4)熟悉点火源控制、火灾爆炸危险物质控制、工艺参数的安全控制、限制火灾爆炸蔓延扩散的措施;掌握开车、停车岗位操作安全要点,岗位安全操作和生产过程紧急情况处置;

5)熟悉安全生产自动化联锁回路的设置及调节,DCS系统的调试与应用。

5.2.4 安全设备设施

1)熟悉安全阀、爆破片等附件的使用与监控;

2)熟悉安全泄放设施的使用与监控,泄放物的回收与处置;

3)熟悉安全仪表系统、紧急停车系统的设置与使用。

5.2.5 职业健康

1)了解氧化工艺涉及的工业毒物的分类及毒性,工业毒物侵入人体途径及危害,熟悉毒物最高容许浓度与阈限值,职业接触毒物危害程度分级;了解高温作业的危害;

2)熟悉现场作业毒物、高温、灼伤防护措施。

5.2.6 事故预防与应急处置

1)了解岗位应急处置方案、事故应急防护用品的配备使用及维护;

2)熟悉应急情况下的岗位职责和预案演练方法、基本任务与目标。

5.2.7 事故案例分析

1)危险化学品生产企业典型事故案例分析。

5.2.8 个体防护知识(特殊防护设施)

1)掌握个体防护用品的使用与维护知识;

2)掌握特殊防护用品的使用与维护知识。

5.2.9 消气防知识

1)熟悉现场作业毒物、高温、灼伤急救知识;

2)掌握消防关键部位、消防器材使用与维护知识;

3)掌握气防器材使用与维护知识。

5.2.10 环境保护

1)了解排放物种类、排放点、排放量;

2)了解废弃物种类、数量与处置方式。

5.3 安全操作技能考核要点

5.3.1 能独立进行氧化工艺安全操作。

5.3.2　能完成安全设备设施操作与维护。

5.3.3　能完成事故应急演练要求各项内容。

5.3.4　能独立完成个体防护、消气防器材使用与维护。

5.4　复审培训考核要求与内容

5.4.1　复审培训考核要求

5.4.1.1　对已取得氧化工艺特种作业安全生产资格证的操作人员,在证书有效期内,每次复审培训完毕都应进行考核,考核内容按本标准4.3.2的要求进行,并将考核结果在安全生产资格证书上做好记录。

5.4.1.2　复审培训考核可只进行笔试。

5.4.2　复审培训考核要点

1)了解有关危险化学品安全生产的法律、法规、规章、规程、标准和政策;

2)了解国内外危险化学品生产单位安全生产管理经验;

3)了解危险化学品安全生产形势及危险化学品生产典型事故案例;

4)熟悉有关氧化工艺的新技术、新材料、新工艺、新设备及其安全技术要求。

表1　氧化工艺作业人员安全技术培训课时安排

项目		培训内容	学时
安全知识	安全基础知识	安全生产法律法规及规章标准	4
		氧化工艺安全基础知识	4
	安全技术知识	氧化工艺安全生产技术	8
		安全设备设施	2
		职业健康	2
		事故预防与应急处置	2
		事故案例分析	2
		个体防护知识(特殊防护设施)	2
		消气防知识	2
		环境保护	2
	复习		2
	考试		2
安全操作技能	氧化工艺安全操作		4
	安全设备设施操作与维护		2
	事故应急演练		2
	个体防护、消气防器材使用与维护		2
	复习		2
	考试		2
合计			48

表 2　氧化工艺作业人员复审培训课时安排

项目	培训内容	学时
复审培训	有关危险化学品安全生产的法律、法规、规章、规程、标准 有关氧化工艺的新技术、新材料、新工艺、新设备及其安全技术要求 国内外危险化学品生产单位安全管理经验 危险化学品安全生产形势及危险化学品典型事故案例	不少于 8 学时
	复习	
	考试	
	合计	

十一、过氧化工艺作业人员安全技术培训大纲和考核标准

1　范围

本标准规定了过氧化工艺特种作业人员培训的要求,培训和复审培训的内容及学时安排,以及考核的方法、内容,复审培训考核的方法、要求与内容。

适用于过氧化氢、过氧乙酸、过氧化苯甲酰、过氧化氢异丙苯以及其他相近工艺特种作业人员的培训与考核。

2　规范性引用文件

下列文件中的条款通过本标准的引用而成为本标准的条款。凡是注目期的引用文件,其随后所有的修改单(不包括勘误的内容)或修订版均不适用于本标准,然而,鼓励根据本标准达成协议的各方研究是否可使用这些文件的最新版本。凡是不注日期的引用文件,其最新版本适用于本标准。

《特种作业人员安全技术培训考核管理规定》(国家安全生产监督管理总局令第 30 号)

《危险化学品安全管理条例》(中华人民共和国国务院令第 591 号)

《气体防护急救管理规定》

GB/T 16483　化学品安全技术说明书　内容和项目顺序

GB/T 13861—92　生产过程危险和有害因素分类与代码

GB 18218—2009　危险化学品重大危险源辨识

GB 11651　劳动防护用品选用规则

GB 4962—2008　氢气使用安全技术规程

GB 1616—2003　工业过氧化氢

GB 19104—2008　过氧乙酸溶液

GB 19105—2003　过氧乙酸包装要求

GB 19825—2005　食品添加剂稀释过氧化苯甲酰

AQ 3009—2007　危险场所电气安全防爆规范

3　术语和定义

3.1　下列术语和定义适用于本标准。

过氧化反应 Peroxidation reaction:向化合物分子中引入过氧基(—O—O—)的反应称为过氧化反应。

过氧化工艺 Peroxidation processes:得到的产物为过氧化物的工艺过程为过氧化工艺。

过氧化工艺特种作业人员 Special operator of peroxidation processes：过氧化工艺生产装置中从事现场工艺操作的人员。

4　基本条件

4.1　满足国家安全生产监督管理总局令第 30 号规定。

4.2　色弱、色盲为禁忌症。

4.3　培训前需在相应岗位实习 3 个月以上。

5　培训大纲

5.1　培训要求

5.1.1　过氧化工艺特种作业人员应接受安全和技能培训，具备与所从事的作业活动相适应的安全生产知识和安全操作技能。

5.1.2　培训应按照国家有关安全生产培训的规定组织进行。

5.1.3　培训工作应坚持理论与实践相结合，采用多种有效的培训方式，加强案例教学。应注重提高过氧化工艺操作人员的职业道德、安全意识、法律知识，加强安全生产基础知识和安全操作技能等内容的综合培训。

5.2　培训内容

5.2.1　危险化学品安全生产相关法律法规及规章标准

主要包括《中华人民共和国安全生产法》、《中华人民共和国职业病防治法》、《使用有毒物品作业场所劳动保护条例》、《安全生产许可证条例》、《危险化学品安全管理条例》、《特种设备安全监察条例》、《危险化学品生产企业安全生产许可证实施办法》、《危险化学品登记管理办法》、《危险化学品建设项目安全许可实施办法》等。危险化学品主要安全标准 GB 12463、GB 13690、GB 15258、GB 15603、GB 18218、GB/T 16483 等。依照有关法律法规进行从业人员的责任和义务培训。

5.2.2　过氧化工艺安全基础知识

1）过氧化工艺简介，主要包括过氧化工艺的概念、过氧化工艺的分类及典型过氧化反应工艺；

2）过氧化工艺的危险特点，主要包括本岗位相关过氧化反应原料和产品的燃爆危险性、有毒化学品泄漏危险性、过氧化反应的失控危险性、反应原料和产品的腐蚀性；

3）危险因素，主要包括本岗位相关过氧化反应过程燃爆危险、高温高压危险、失控反应危险、有毒化学品泄漏危险；

4）安全技术说明书（MSDS），主要包括 MSDS 基本格式、本岗位相关过氧化工艺原料和产品的危害特性；

5）重大危险源（监控措施），主要包括重大危险源的辨识、本岗位相关过氧化工艺重大危险源的分布、特点以及防护措施。

5.2.3　过氧化工艺安全生产技术

5.2.3.1　工艺安全技术

主要包括：

1）典型过氧化反应基本原理；

2）本岗位相关过氧化反应工艺特点；

3）相关过氧化生产工艺条件和运行操作要点；

4）相关过氧化工艺主要控制单元及工艺参数；

5）相关过氧化工艺联锁保护系统工作条件。

5.2.3.2　设备安全技术

主要包括：

1)特种设备、一般设备的概念及分类；

2)本岗位相关过氧化反应器等设备的种类、工作原理、工作特性；

3)相关过氧化反应设备的主要结构、操作条件、重点监控参数。

5.2.3.3　自动化安全控制技术

主要包括：

1)自动检测系统(敏感元件、传感器、显示仪表)工作原理及特点；

2)自动信号和联锁保护系统工作原理及特点；

3)自动操纵及自动开停车系统工作原理及特点；

4)自动控制系统工作原理及特点。

5.2.3.4　电气安全技术

主要包括：

1)电气事故种类；

2)电气防火防爆,保护接地接零技术；

3)防雷装置的类型、作用及人身防雷措施；

4)防止直接和间接接触电击措施。

5.2.3.5　防火防爆技术

主要包括：

1)基本概念；

2)燃烧,包括燃烧的条件,燃烧过程及形成；

3)爆炸,包括爆炸的分类,爆炸极限及影响因素,可燃气体爆炸,粉尘爆炸,蒸气爆炸等；

4)火灾爆炸的预防,包括防止可燃可爆系统的形成,消除点火源,限制火灾爆炸蔓延扩散的措施。

5.2.3.6　直接作业环节控制

主要包括：

1)化工检修作业的一般要求与监护职责；

2)其它直接作业环节的要求与监护职责。

5.2.4　安全设备设施

5.2.4.1　安全附件

主要包括：

1)安全附件的定义、种类及功能,安全阀、爆破片装置、紧急切断装置、压力表、液位计、测温仪表等的用途及运行管理；

2)安全附件的工作条件及主要参数。

5.2.4.2　安全泄放系统

主要包括：

1)安全泄放系统的构成及工作原理；

2)安全泄放装置基本构件主要包括:安全阀、爆破片等；

3)工作参数。

5.2.4.3　安全联锁系统

主要包括：

1)安全联锁系统工作原理;

2)安全联锁系统的构成,主要包括:联锁开关、联动阀等;

3)联锁保护条件和参数。

5.2.4.4　安全报警系统

主要包括:

1)压力报警器;

2)温度报警器;

3)火灾声光报警装置;

4)可燃、有毒气体报警装置。

5.2.5　职业健康

主要包括:

1)本岗位相关过氧化工艺涉及的工业毒物的分类及毒性,工业毒物侵入人体途径及危害,熟悉毒物最高容许浓度与接触限值,职业接触毒物危害程度分级;

2)现场作业毒物、腐蚀、高温、灼伤等防护措施。

5.2.6　事故预防与应急处置

主要包括:

1)事故应急预案基本要素、事故应急防护用品的配备使用及维护;

2)事故应急演练方法、基本任务与目标。

5.2.7　事故案例分析

主要包括过氧化工艺及化学品生产典型事故案例分析与共享

5.2.8　个体防护知识(特种防护用品)

主要包括:

1)特种防护用品的种类及使用方法;

2)安全使用期限;

3)适用的作业环境或作业活动。

5.2.9　消气防知识

5.2.9.1　消防知识

主要包括:

1)自动灭火系统,泡沫灭火系统、水喷淋灭火系统、蒸汽灭火系统、N_2灭火系统等;

2)灭火器材的种类、适用于扑灭何种火灾及使用方法;

3)消防器材使用期限。

5.2.9.2　气防知识

主要包括:

1)正压式空气呼吸器、氧气呼吸器、防化服、防毒面具等气防器材主要参数;

2)佩戴及使用方法。

5.2.9.3　自救、互救与创伤急救

主要包括:

1)自救、互救方法、人身安全保护措施;

2)创伤急救方法。

5.2.10　环境保护

主要包扣:

1)熟悉本岗位相关过氧化工艺排放物种类、排放点、排放量的监控管理;

2)了解本岗位相关过氧化工艺废弃物种类、数量与处置方式的监控管理。

5.3　复审培训要求与内容

5.3.1　复审培训要求

5.3.1.1　凡已取得过氧化工艺特种作业人员资格的人员,若继续从事原岗位的工作,在资格证书有效期内,每年应进行一次复审培训。复审培训的内容按本标准5.3.2的要求进行。

5.3.1.2　复审培训按照有关规定,由具有相应资质的安全培训机构组织进行。

5.3.2　复审培训内容

复审培训包括以下内容:

1)危险化学品安全生产方面新的法律、法规、国家标准、行业标准、规程和规范;

2)有关本岗位过氧化工艺方面的新技术、新工艺、新设备、新材料及其安全技术要求等;

3)国内外危险化学品生产单位安全管理经验;

4)有关过氧化工艺方面的典型案例分析;

5)职业健康、消气防、个体防护等方面的新规范及标准等。

5.4　学时安排

5.4.1　过氧化工艺特种作业人员资格培训不少于72学时,具体培训内容课时安排见表1。

5.4.2　过氧化工艺特种作业人员每年复审培训时间不少于8学时,具体内容见表2。

6　安全生产考核标准

6.1　考核办法

6.1.1　考核分为安全生产知识和安全操作技能考核两部分。

6.1.2　安全生产知识考试为闭卷笔试。考试内容应符合本标准5.2规定的范围,其中安全基础知识占总分数的30%,安全技术知识占总分数的70%。考试时间为90分钟。考试采用百分制,60分及以上为合格。

6.1.3　安全操作技能考核可由考核部门进行实地考核、答辩、模拟操作、推演等方式。考核内容应符合本标准5.2规定的范围,成绩评定分为合格、不合格。

6.1.4　考试不合格允许补考一次,补考仍不合格者需要重新培训。

6.1.5　考试(核)要点的深度分为了解、熟悉和掌握三个层次,三个层次由低到高,高层次的要求包含低层次的要求。

了解:能正确理解本标准所列知识的含义、内容并能够应用。

熟悉:对本标准所列知识有较深的认识,能够分析、解释并应用相关知识解决问题。

掌握:对本标准所列知识有全面、深刻的认识,能够综合分析、解决较为复杂的相关问题。

6.2　考核要点

6.2.1　过氧化工艺安全生产相关法律法规

1)了解国家有关危险化学品安全生产的法律、法规、规章、规程、标准和政策;

2)了解危险化学品生产经营单位和人员的法律责任;

3)熟悉本岗位相关过氧化工艺相关的技术规范及标准;

4)熟悉从业人员安全生产的权利和义务。

6.2.2　过氧化工艺安全基础知识

1)了解重大危险源的辨识;

2)熟悉过氧化工艺的概念、过氧化工艺的分类及典型过程;

3)熟悉安全技术说明书(MSDS)的基本格式、本岗位相关过氧化工艺原料和产品的危害特性；

4）掌握本岗位相关过氧化工艺的危险特点及危险因素；

5）掌握本岗位相关过氧化工艺重大危险源的分布、特点以及防护措施。

6.2.3　过氧化工艺安全生产技术

6.2.3.1　工艺安全技术

1）了解典型过氧化反应基本原理；

2）熟悉本岗位相关过氧化反应生产特点；

3）熟悉本岗位相关过氧化生产工艺条件和运行操作要点；

4）掌握本岗位相关过氧化反应主要控制单元及工艺参数；

5）掌握本岗位相关过氧化反应联锁保护系统工作条件。

6.2.3.2　设备安全技术

1）了解特种设备、一般设备的概念及分类；

2）了解本岗位相关过氧化反应器等设备的种类、工作原理、工作特性；

3）掌握本岗位相关过氧化反应设备主要结构、操作条件及重点监控参数。

6.2.3.3　自动化安全控制技术

1）了解自动检测系统（敏感元件、传感器、显示仪表）工作原理及特点；

2）了解自动信号和联锁保护系统工作原理及特点；

3）了解自动操纵及自动开停车系统工作原理及特点；

4）了解自动控制系统工作原理及特点。

6.2.3.4　电气安全技术

1）了解静电的产生；

2）熟悉保护接地、接零；

3）掌握电气防火防爆技术措施；

4）掌握防静电措施；

5）掌握防雷措施。

6.2.3.5　防火防爆技术

1）了解基本概念；

2）了解燃烧的条件、燃烧过程及形成；

3）熟悉爆炸的分类、爆炸极限及影响因素、可燃气体爆炸、蒸气爆炸、粉尘爆炸；

4）掌握火灾爆炸的基本预防措施。

6.2.3.6　直接作业环节控制

1）掌握化工检修作业的一般要求与监护职责；

2）掌握其它直接作业环节的要求与监护职责。

6.2.4　安全设备设施

6.2.4.1　安全附件

1）了解安全附件的定义及种类，安全附件主要包括：安全阀、爆破片装置、紧急切断装置、压力表、液位计、测温仪表等；

2）熟悉安全附件的性能和用途；

3）掌握安全附件的工作条件及主要参数。

6.2.4.2　安全泄放系统

1）了解安全泄放系统的构成及工作原理；

2)熟悉安全泄放装置基本构件主要包括:安全阀、爆破片等;

3)掌握工作条件及参数。

6.2.4.3 安全联锁系统

1)了解安全联锁系统工作原理;

2)熟悉安全联锁系统的构成,主要包括:联锁开关、联动阀等;

3)掌握联锁保护条件和参数。

6.2.4.4 安全报警系统

1)熟悉压力报警器分布及报警值;

2)熟悉温度报警器分布及报警值;

3)熟悉火灾声光报警装置分布;

4)熟悉可燃、有毒气体报警装置分布。

6.2.5 职业健康

1)了解本岗位相关过氧化工艺涉及的工业毒物的分类及毒性,工业毒物侵入人体途径及危害,熟悉毒物最高容许浓度与接触限值,职业接触毒物危害程度分级;

2)熟悉现场作业毒物、腐蚀、高温、灼伤等防护措施。

6.2.6 事故预防与应急处置

1)了解事故应急预案基本要素、事故应急防护用品的配备使用及维护;

2)熟悉事故应急演练方法、基本任务与目标。

6.2.7 事故案例分析

主要包括过氧化工艺及危险化学品典型事故案例分析与共享。

6.2.8 个体防护知识(特种防护用品)

1)熟悉安全使用期限;

2)熟悉适用的作业环境或作业活动;

3)掌握特种防护用品的种类及使用方法。

6.2.9 消气防知识

6.2.9.1 消防知识

1)了解消防法中有关要求;

2)熟悉泡沫灭火系统、水喷淋灭火系统、蒸汽灭火系统、N_2灭火系统等自动灭火系统的工作原理和操作;

3)熟悉消防器材使用期限;

4)掌握灭火器材的种类、适用于扑灭何种火灾及使用方法。

6.2.9.2 气防知识

1)了解气防管理规定有关内容;

2)掌握正压式空气呼吸器、氧气呼吸器等气防器材主要参数;

3)掌握正确的佩戴使用方法;

4)掌握安全使用注意事项。

6.2.9.3 自救、互救与创伤急救

1)熟悉其他安全注意事项;

2)掌握自救、互救方法、人身安全保护措施;

3)掌握创伤急救方法。

6.2.10　环境保护

1)了解废弃物种类、数量与处置方式的监控管理；

2)熟悉排放物种类、排放点、排放量的监控管理。

6.3　安全操作技能考核要点

1)掌握本岗位相关过氧化工艺安全操作技能；

2)掌握本岗位事故或异常状态下应急处理技能；

3)掌握消气防器材设施的使用及维护技能；

4)掌握创伤急救操作技能。

6.4　复审培训考核要求与内容

6.4.1　复审培训考核要求

6.4.1.1　对已取得过氧化工艺特种作业资格证的人员，在证书有效期内，每年复审培训完毕都应进行考核，考核内容按本标准5.3.2的要求进行，并将考核结果在过氧化工艺特种作业资格证书上做好记录。

6.4.1.2　复审培训考核可只进行笔试，考核办法可参照6.1.2。

6.4.2　复审培训考核要点

复审培训考核包括以下内容：

1)了解有关危险化学品安全生产方面新的法律、法规、国家标准、行业标准、规程和规范；

2)了解国内外危险化学品生产单位安全管理经验；

3)了解有关过氧化工艺方面的典型案例分析；

4)熟悉有关本岗位过氧化工艺方面的新技术、新工艺、新设备、新材料及其安全技术要求等；

5)掌握职业健康、消气防、个体防护等方面的新规范及标准等。

表1　过氧化工艺作业人员安全技术培训课时安排

项目		培训内容	学时
安全知识	安全基础知识	安全生产法律法规及规章标准	4
		过氧化工艺安全基础知识	4
	安全技术知识	过氧化工艺安全生产技术	8
		安全设备设施	4
		职业健康	4
		事故预防与应急处置	4
		事故案例分析	4
		个体防护知识(特殊防护设施)	4
		消气防知识	4
		环境保护	4
	复习		4
	考试		2

续表

项目	培训内容	学时
安全操作技能	过氧化工艺安全操作	4
	安全设备设施操作与维护	4
	事故应急演练	4
	个体防护、消气防器材使用与维护	4
	复习	4
	考试	2
合计		72

表 2　过氧化工艺作业人员复审培训课时安排

项目	培训内容	学时
复审培训	有关危险化学品安全生产的法律、法规、规章、规程、标准 有关过氧化工艺的新技术、新材料、新工艺、新设备及其安全技术要求 国内外危险化学品生产单位安全管理经验 有关过氧化工艺方面的典型案例分析 职业健康、消气防、个体防护等方面的新规范及标准等	不少于 8 学时
	复习	
	考试	
	合计	

十二、胺基化工艺作业人员安全技术培训大纲和考核标准

1　范围

本标准规定了胺基化工艺特种作业人员培训的要求，培训和复审培训的内容及学时安排，以及考核的方法、内容，复审培训考核的方法、要求与内容。

本标准适用于胺基化工艺特种作业人员的培训与考核。

2　规范性引用文件

下列文件中的条款通过本标准的引用而成为本标准的条款。凡是注日期的引用文件，其随后所有的修改单（不包括勘误的内容）或修订版均不适用于本标准，然而，鼓励根据本标准达成协议的各方研究是否可使用这些文件的最新版本。凡是不注日期的引用文件，其最新版本适用于本标准。

《特种作业人员安全技术培训考核管理规定》（国家安全生产监督管理总局令第 30 号）

《危险化学品安全管理条例》（中华人民共和国国务院令第 591 号）

《气体防护急救管理规定》

GB/T 16483　化学品安全技术说明书　内容和项目顺序

GB/T 13861—92　生产过程危险和有害因素分类与代码

GB 18218—2009　危险化学品重大危险源辨识

GB 11651　劳动防护用品选用规则

GB 19041—2003　胺基化产品生产安全规程

AQ 3009-2007　危险场所电气安全防爆规范

3　术语和定义

3.1　下列术语和定义适用于本标准。

胺基化 Aminated

指氨分子中的氢原子被烃基取代后的衍生物,称为胺。也就是说胺基化反应后肯定有一个 NH2 基团。

胺基化工艺特种作业人员 Process special operations personnel amino

指胺基化工艺生产装置中从事现场工艺操作的人员。

4　基本条件

4.1　取得胺基化工艺操作作业上岗资格证。

4.2　培训前需在相应岗位实习 3 个月以上。

4.3　满足国家安全生产监督管理总局令第 30 号规定。

5　培训大纲

5.1　培训要求

5.1.1　胺基化工艺特种作业人员应接受安全和技能培训,具备与所从事的作业活动相适应的安全生产知识和安全操作技能。

5.1.2　培训应按照国家有关安全生产培训的规定组织讲行。

5.1.3　培训工作应坚持理论与实践相结合,采用多种有效的培训方式,加强案例教学。应注重提高胺基化工艺操作人员的职业道德、安全意识、法律知识,加强安全生产基础知识和安全操作技能等内容的综合培训。

5.2　培训内容

5.2.1　胺基化工艺安全生产相关法律法规及规章标准

主要包括《中华人民共和国安全生产法》《胺基化工艺生产安全规程》《中华人民共和国职业病防治法》《使用有毒物品作业场所劳动保护条例》《安全生产许可证条例》《危险化学品安全管理条例》《特种设备安全监察条例》《危险化学品生产企业安全生产许可证实施办法》《危险化学品登记管理办法》《危险化学品建设项目安全许可实施办法》等。危险化学品主要安全标准 GB 12463、GB 13690、GB 15258、GB 15603、GB 18218、GB/T 16483 等。

依照有关法律法规进行从业人员的责任和义务培训。

5.2.2　胺基化工艺安全基础知识

1)胺基化工艺简介,主要包括胺基化合成工艺的原理及流程、胺基化产品的分类等;

2)胺基化工艺的危险特点,主要包括胺基化合成原料(液氨、甲醇、CO 等)和产品(一甲胺、二甲胺、三甲胺、二甲基甲酰胺等)的危险性、典型胺基化工艺原料及产品的危险陛等;

3)危险因素,主要包括易燃易爆危险、高温高压危险、一氧化碳中毒及爆炸危险、甲胺等剧毒化学品泄漏危险;

4)安全技术说明书(MSDS),主要包括 MSDS 基本格式、胺基化原料和产品的危害特性;

5)重大危险源(防护措施),主要包括重大危险源的辨识、胺基化工艺重大危险源的分布、特点以及防护措施。

5.2.3　胺基化工艺安全生产技术

5.2.3.1　工艺安全技术,主要包括:

1)胺基化的生产原理、一般胺基化产品(甲胺、DMF 等)的生产原理;

2)主要化工单元操作(包括配料、合成、精馏等)的基本要点;

3)生产特点和规模、生产工艺条件和运行操作要点;

4)主要控制单元及工艺参数;

5)联锁保护系统工作条件。

5.2.3.2　设备安全技术,主要包括:

1)特种设备、一般设备的概念及分类;

2)胺基化合成塔、精馏塔、转机等设备的种类、工作原理、工作特性;

3)设备操作条件;

4)设备主要结构及重点监控参数;

5.2.3.3　自动化安全控制技术,主要包括:

1)自动检测系统(显示仪表)工作原理及特点;

2)自动信号和联锁保护系统工作原理及特点;

3)自动操纵系统工作原理及特点;

4)自动控制系统工作原理及特点。

5.2.3.4　电气安全技术,主要包括:

1)电气事故种类;

2)电气防火防爆,保护接地接零技术;

3)防雷装置的类型、作用及人身防雷措施。

5.2.3.5　防火防爆技术,主要包括:

1)基本概念;

2)燃烧,包括燃烧的条件,燃烧过程及形成;

3)爆炸,包括爆炸的分类,爆炸极限及影响因素,可燃气体爆炸,蒸气爆炸等;

4)火灾爆炸的预防,包括防止可燃可爆系统的形成,消除点火源,限制火灾爆炸蔓延扩散的措施。

5.2.3.6　直接作业环节控制,主要包括:

1)化工检修作业的一般要求与监护职责;

2)其它直接作业环节的要求与监护职责。

5.2.4　安全设备设施

5.2.4.1　安全附件,主要包括:

1)安全附件的定义、种类及其功能,安全阀、压力表、液位计、测温仪表等的用途及运行管理;

2)安全附件的工作条件及主要参数。

5.2.4.2　安全泄放系统,主要包括:

1)安全泄放系统的构成及工作原理;

2)安全泄放装置基本构件主要包括:安全阀等;

3)工作参数。

5.2.4.3　安全联锁系统,主要包括:

1)安全联锁系统工作原理;

2)安全联锁系统的构成,主要包括:联锁开关、联动阀等;

3)联锁保护条件和参数。

5.2.4.4　安全报警系统,主要包括:

1)压力报警器;

2)温度检测仪;

3)火灾报警装置;

4)可燃、有毒气体报警装置。

5.2.5 职业健康,主要包括:

1)胺基化工艺涉及的工业毒物的分类及毒性,工业毒物侵入人体途径及危害,熟悉毒物最高容许浓度与接触限值,职业接触毒物危害程度分级;

2)现场作业毒物、腐蚀、高温、灼伤等防护措施。

5.2.6 事故预防与应急处置,主要包括:

1)事故应急预案基本要素、事故应急防护用品的配备使用及维护;

2)事故应急演练方法、基本任务与目标;

3)突发事故(停电、停汽、停水、气体泄漏等)的应急处置。

5.2.7 事故案例分析

主要包括胺基化工艺及化学品生产典型事故案例分析与共享。

5.2.8 个体防护知识(特种防护用品),主要包括:

1)特种防护用品的种类及使用方法;

2)安全使用期限;

3)适用的作业环境或作业活动。

5.2.9 消气防知识

5.2.9.1 消防知识,主要包括:

1)自动灭火系统、泡沫灭火系统、二氧化碳灭火系统等;

2)灭火器材的种类、适用于扑灭何种火灾及使用方法;

3)消防器材使用期限。

5.2.9.2 气防知识,主要包括:

1)正压式空气呼吸器、氧气呼吸器、各种防毒面具等气防器材主要参数;

2)佩戴及使用方法。

5.2.9.3 自救、互救与创伤急救,主要包括:

1)自救、互救方法、人身安全保护措施;

2)创伤急救方法;

3)一氧化碳、液氨、甲醇、氮气等中毒或窒息的急救措施。

5.2.10 环境保护,主要包括:

1)排放物种类、排放点、排放量的监控管理;

2)废弃物种类、数量与处置方式的监控管理。

5.3 复审培训要求与内容

5.3.1 复审培训要求

5.3.1.1 凡已取得胺基化工艺特种作业人员资格的人员,若继续从事原岗位的工作,在资格证书有效期内,每年应进行一次复审培训。复审培训的内容按本标准5.3.2的要求进行。

5.3.1.2 复审培训按照有关规定,由具有相应资质的安全培训机构组织进行。

5.3.2 复审培训内容

复审培训包括以下内容:

1)有关胺基化工艺安全生产方面新的法律、法规、国家标准、行业标准、规程和规范;

2)有关胺基化工艺方面的新技术、新工艺、新设备、新材料及其安全技术要求等;

3)国内外危险化学品生产单位安全管理经验;

4)有关胺基化工艺方面的典型案例分析;

5)职业健康、消气防、个体防护等方面的新规范及标准等。

5.4　学时安排

5.4.1　胺基化工艺特种作业人员资格培训不少于 70 学时。具体培训内容课时安排见表 1。

5.4.2　胺基化工艺特种作业人员每年复审培训时间不少于 8 学时,具体培训内容课时安排见表。

6　考核标准

6.1　考核办法

6.1.1　考核分为安全生产知识和安全操作技能考核两部分。

6.1.2　安全生产知识考试为闭卷笔试。考试内容应符合本标准 5.2 规定的范围,其中安全基础知识占总分数的 30%,安全技术知识占总分数的 70%。考试时间为 90 分钟。考试采用百分制,60 分及以上为合格。

6.1.3　安全操作技能考核可由考核部门进行实地考核、答辩等方式。考核内容应符合本标准 5.2 规定的范围,成绩评定分为合格、不合格。

6.1.4　考试不合格允许补考一次,补考仍不合格者需要重新培训。

6.1.5　考试(核)要点的深度分为了解、熟悉和掌握三个层次,三个层次由低到高,高层次的要求包含低层次的要求。

了解:能正确理解本标准所列知识的含义、内容并能够应用。

熟悉:对本标准所列知识有较深的认识,能够分析、解释并应用相关知识解决问题。

掌握:对本标准所列知识有全面、深刻的认识,能够综合分析、解决较为复杂的相关问题。

6.2　考核要点

6.2.1　胺基化工艺安全生产相关法律法规

1)了解国家有关危险化学品安全生产的法律、法规、规章、规程、标准和政策;

2)了解危险化学品生产经营单位和人员的法律责任;

3)熟悉胺基化工艺相关的技术规范及标准;

4)熟悉从业人员安全生产的权利和义务。

6.2.2　胺基化工艺安全基础知识

1)了解重大危险源的辨识;

2)熟悉胺基化工艺的简介;

3)熟悉安全技术说明书(MSDS)的基本格式、胺基化工艺原料和产品的危害特性;

4)掌握胺基化工艺的危险特点及危险因素;

5)掌握胺基化工艺重大危险源的分布、特点以及防护措施。

6.2.3　胺基化工艺作业人员安全生产技术

6.2.3.1　工艺安全技术

1)了解胺基化合成原理;

2)了解主要化工单元操作的基本要点;

3)熟悉生产特点和规模、生产工艺条件和运行操作要点;

4)掌握主要控制单元及工艺参数;

5)掌握联锁保护系统工作条件。

6.2.3.2 设备安全技术

1)了解特种设备、一般设备的概念及分类；

2)了解合成塔、精馏塔等设备的种类、工作原理、工作特性；

3)掌握设备操作条件；

4)掌握设备主要结构及重点监控参数。

6.2.3.3 自动化安全控制技术

1)了解自动检测系统（显示仪表）工作原理及特点；

2)了解自动信号和联锁保护系统工作原理及特点；

3)了解自动操纵系统工作原理及特点；

4)了解自动控制系统工作原理及特点。

6.2.3.4 电气安全技术

1)了解静电的产生；

2)熟悉保护接地、接零；

3)掌握电气防火防爆技术措施；

4)掌握防雷措施。

6.2.3.5 防火防爆技术

1)了解基本概念；

2)了解燃烧的条件、燃烧过程及形成；

3)熟悉爆炸的分类、爆炸极限及影响因素、可燃气体爆炸；

4)掌握火灾爆炸的基本预防措施。

6.2.3.6 直接作业环节控制

1)掌握化工检修作业的一般要求与监护职责；

2)掌握其它直接作业环节的要求与监护职责。

6.2.4 安全设备设施

6.2.4.1 安全附件

1)了解安全附件的定义及种类，安全附件主要包括：安全阀、紧急切断装置、压力表、液位计、测温仪表等；

2)熟悉安全附件的性能和用途；

3)掌握安全附件的工作条件及主要参数。

6.2.4.2 安全泄放系统

1)了解安全泄放系统的构成及工作原理；

2)熟悉安全泄放装置基本构件主要包括：安全阀等；

3)掌握工作条件及参数。

6.2.4.3 安全联锁系统

1)了解安全联锁系统工作原理；

2)熟悉安全联锁系统的构成；

3)掌握联锁保护条件和参数。

6.2.4.4 安全报警系统

1)熟悉压力报警器分布及报警值；

2)熟悉温度检测仪分布及报警值；

3)熟悉火灾声光报警装置分布；

4)熟悉可燃、有毒气体报警装置分布。

6.2.5　职业健康

1)了解胺基化工艺涉及的工业毒物的分类及毒性,工业毒物侵入人体途径及危害,熟悉毒物最高容许浓度与接触限值;

2)熟悉现场作业毒物、腐蚀、高温、灼伤等防护措施。

6.2.6　事故预防与应急处置

1)了解事故应急预案基本要素、事故应急防护用品的配备使用及维护;

2)熟悉事故应急演练方法、基本任务与目标;

3)熟悉突发事故的应急处置方案。

6.2.7　事故案例分析

主要包括胺基化工艺及危险化学品典型事故案例分析。

6.2.8　个体防护知识(特种防护用品)

1)熟悉防护用品安全使用期限;

2)熟悉适用的作业环境或作业活动;

3)掌握特种防护用品的种类及使用方法。

6.2.9　消气防知识

6.2.9.1　消防知识

1)了解消防法中有关要求;

2)熟悉泡沫灭火系统、水喷淋灭火系统、等自动灭火系统的工作原理和操作;

3)熟悉消防器材使用期限;

4)掌握灭火器材的种类、适用于扑灭何种火灾及使用方法。

6.2.9.2　气防知识

1)了解气防管理规定有关内容;

2)掌握正压式空气呼吸器、氧气呼吸器、防毒面具等气防器材主要参数;

3)掌握正确的佩戴使用方法;

4)掌握安全使用注意事项。

6.2.9.3　自救、互救与创伤急救

1)熟悉其他安全注意事项;

2)掌握自救、互救方法、人身安全保护措施;

3)掌握创伤急救方法;

4)掌握一氧化碳、甲醇、液氨、氮气等中毒或窒息的急救措施及注意事项。

6.2.10　环境保护

1)了解废弃物种类、数量与处置方式的监控管理;

2)熟悉排放物种类、排放点、排放量的监控管理。

6.3　安全操作技能考核要点

1)掌握胺基化工艺安全操作技能;

2)掌握事故或异常状态下应急处理技能;

3)掌握消气防器材设施的使用及维护技能;

4)掌握创伤急救操作技能。

6.4　复审培训考核要求

6.4.1　对已取得胺基化工艺特种作业资格证的人员,在证书有效期内,每年复审培训完毕都应进行考核,并将考核结果在胺基化工艺特种作业资格证书上做好记录。考核合格者方可继续从事原岗位工作。

6.4.2 复审培训内容见本标准5.3.2,考核要求如下:

1)了解有关胺基化工艺安全生产方面新的法律、法规、国家标准、行业标准、规程和规范;

2)了解国内外危险化学品生产单位安全管理经验;

3)了解有关胺基化工艺方面的典型案例分析;

4)熟悉有关胺基化工艺方面的新技术、新工艺、新设备、新材料及其安全技术要求等;

5)掌握职业健康、消气防、个体防护等方面的新规范及标准等。

6.4.3 参加复审培训人员应在进行5.3.2内容培训之前复习本标准5.2的内容,并达到6.2的考核要求。

6.4.4 复审培训考核可只进行笔试,考核办法可参照6.1.2。考试不合格允许补考一次,补考仍不合格者需要重新培训。

表1 胺基化工艺作业人员安全技术培训课时安排

项目		培训内容	学时
安全知识	安全基础知识	安全生产法律法规及规章标准	4
		胺基化工艺安全基础知识	6
	安全技术知识	胺基化工艺安全生产技术基本知识	8
		安全设备设施	2
		职业健康	2
		事故预防与应急处置	4
		事故案例分析	4
		个体防护知识(特殊防护设施)	3
		消气防知识	3
		环境保护	3
		复习	2
		考试	2
安全操作技能		胺基化工艺安全操作	10
		安全设备设施操作与维护	2
		事故应急演练	4
		个体防护、消气防器材使用与维护	3
		复习	4
		考试	2
合计			70

表 2　胺基化工艺作业人员复审培训课时安排

项目	培训内容	学时
复审培训	有关危险化学品安全生产的法律、法规、规章、规程、标准 有关胺基化工艺的新技术、新材料、新工艺、新设备及其安全技术要求 国内外危险化学品生产单位安全管理经验 有关胺基化工艺方面的典型案例分析 职业健康、消气防、个体防护等方面的新规范及标准等	不少于 8 学时
	复习	
	考试	
	合计	

十三、磺化工艺作业人员安全技术培训大纲和考核标准

1　范围

本大纲规定了磺化工艺技术作业人员安全技术理论培训和实际操作培训的目的、要求和方法。

适用于三氧化硫磺化法,共沸去水磺化法,氯磺酸磺化法,烘焙磺化法,以及亚硫酸盐磺化法等工艺过程的操作作业。

2　引用文件

下列文件中的条款通过本标准的引用而成为本标准的条款。凡是注日期的引用文件,其随后所有的修改单(不包括勘误的内容)或修订版均不适用于本标准,然而,鼓励根据本标准达成协议的各方研究是否可使用这些文件的最新版本。凡是不注日期的引用文件,其最新版本适用于本标准。

《特种作业人员安全技术培训考核管理规定》(国家安全生产监督管理总局令第 30 号)

《关于开展重大危险源监督管理工作的指导意见》(安监管协调字〔2004〕56 号)

《危险化学品安全管理条例》(中华人民共和国国务院令第 591 号)

《气体防护急救管理规定》

GB/T 16483　化学品安全技术说明书　内容和项目顺序

GB/T 13861—92　生产过程危险和有害因素分类与代码

GB 18218—2009　危险化学品重大危险源辨识

GB 11651　劳动防护用品选用规则

AQ 3009—2007　危险场所电气安全防爆规范

3　术语和定义

3.1　下列术语和定义适用于本标准。

磺化反应 Sulfonation reaction:苯分子等芳香烃化合物里的氢原子被硫酸分子里的磺酸基(—SO_3H)所取代的反应;

磺化工艺 Sulfonation processes:涉及磺化反应的工艺过程为磺化工艺;

磺化工艺特种作业人员 Special operator of sulfonation processes:磺化工艺生产装置中从事现场工艺操作的人员。

4　基本条件

4.1　满足国家安全生产监督管理总局令第 30 号规定。

4.2 色弱、色盲为禁忌症。

4.3 培训前需在相应岗位实习 3 个月以上。

5 培训大纲

5.1 培训要求

5.1.1 磺化工艺特种作业人员应接受安全和技能培训,具备与所从事的作业活动相适应的安全生产知识和安全操作技能。

5.1.2 培训应按照国家有关安全生产培训的规定组织进行。

5.1.3 培训工作应坚持理论与实践相结合,采用多种有效的培训方式,加强案例教学。应注重提高磺化工艺操作人员的职业道德、安全意识、法律知识,加强安全生产基础知识和安全操作技能等内容的综合培训。

5.2 培训内容

5.2.1 磺化工艺安全生产相关法律法规及规章标准

主要包括《中华人民共和国安全生产法》、《中华人民共和国职业病防治法》、《使用有毒物品作业场所劳动保护条例》、《安全生产许可证条例》、《危险化学品安全管理条例》、《特种设备安全监察条例》、《危险化学品生产企业安全生产许可证实施办法》、《危险化学品登记管理办法》、《危险化学品建设项目安全许可实施办法》等。危险化学品主要安全标准 GB 12463、GB 13690、GB 15258、GB 15603、GB 18218、GB/T 16483 等。依照有关法律法规进行从业人员的责任和义务培训。

5.2.2 磺化工艺安全基础知识

1)磺化工艺简介,主要包括磺化工艺的概念、磺化工艺的分类及典型磺化工艺过程;

2)磺化工艺的危险特点,主要包括磺化反应原料和产品的毒性、腐蚀危险性、硫酸等危险化学品泄漏危险性、磺化反应的失控危险性、磺化尾气的腐蚀性;

3)危险因素,主要包括腐蚀危险、高温高压危险、失控反应危险、硫酸等危险化学品泄漏危险;

4)安全技术说明书(MSDS),主要包括 MSDS 基本格式、磺化工艺原料和产品的危害特性;

5)重大危险源(防护措施),主要包括重大危险源的辨识、磺化工艺重大危险源的分布、特点以及防护措施。

5.2.3 磺化工艺安全生产技术

5.2.3.1 工艺安全技术

主要包括:

1)取代、磺化反应原理;

2)本岗位磺化工艺生产特点和规模;

3)相关磺化工艺生产条件和运行操作要点;

4)相关磺化工艺主要控制单元及工艺参数;

5)相关磺化工艺装置联锁保护系统工作条件。

5.2.3.2 设备安全技术

主要包括:

1)特种设备、一般设备的概念及分类;

2)本岗位磺化反应器等设备的种类、工作原理、工作特性;

3)相关磺化反应设备设备主要结构、操作条件、重点监控参数。

5.2.3.3 自动化安全控制技术

主要包括：

1)自动检测系统(敏感元件、传感器、显示仪表)工作原理及特点；

2)自动信号和联锁保护系统工作原理及特点；

3)自动操纵及自动开停车系统工作原理及特点；

4)自动控制系统工作原理及特点。

5.2.3.4　电气安全技术

主要包括：

1)电气事故种类；

2)电气防火防爆,保护接地接零技术；

3)防雷装置的类型、作用及人身防雷措施；

4)防止直接和间接接触电击措施。

5.2.3.5　防火防爆技术

主要包括：

1)基本概念；

2)燃烧,包括燃烧的条件,燃烧过程及形成；

3)爆炸,包括爆炸的分类,爆炸极限及影响因素,可燃气体爆炸,粉尘爆炸,蒸气爆炸等；

4)火灾爆炸的预防,包括防止可燃可爆系统的形成,消除点火源,限制火灾爆炸蔓延扩散的措施。

5.2.3.6　直接作业环节控制

主要包括：

1)化工检修作业的一般要求与监护职责；

2)其它直接作业环节的要求与监护职责。

5.2.4　安全设备设施

5.2.4.1　安全附件

主要包括：

1)安全附件的定义、种类及功能,安全阀、爆破片装置、紧急切断装置、压力表、液位计、测温仪表、易熔塞等的用途及运行管理；

2)安全附件的工作条件及主要参数。

5.2.4.2　安全泄放系统

主要包括：

1)安全泄放系统的构成及工作原理；

2)安全泄放装置基本构件主要包括:安全阀、爆破片、易熔塞等；

3)工作参数。

5.2.4.3　安全联锁系统

主要包括：

1)安全联锁系统工作原理；

2)安全联锁系统的构成,主要包括:联锁开关、联动阀等；

3)联锁保护条件和参数。

5.2.4.4　安全报警系统

主要包括：

1)压力、温度、液位报警器；

2)火灾声光报警装置；

3)可燃、有毒气体报警装置。

5.2.5　职业健康

主要包括：

1)本岗位相关磺化工艺涉及的工业毒物的分类及毒性，工业毒物侵入人体途径及危害，熟悉毒物最高容许浓度与接触限值，职业接触毒物危害程度分级；

2)现场作业毒物、腐蚀、高低温、噪音、灼伤等防护措施。

5.2.6　事故预防与应急处置

主要包括：

1)事故应急预案基本要素、事故应急防护用品的配备使用及维护；

2)事故应急演练方法、基本任务与目标。

5.2.7　事故案例分析

主要包括磺化工艺及化学品生产典型事故案例分析与共享

5.2.8　个体防护知识(特种防护用品)

主要包括：

1)特种防护用品的种类及使用方法；

2)安全使用期限；

3)适用的作业环境或作业活动。

5.2.9　消气防知识

5.2.9.1　消防知识

主要包括：

1)自动灭火系统，泡沫灭火系统、水喷淋灭火系统、蒸汽灭火系统、N_2灭火系统等；

2)灭火器材的种类、适用于扑灭何种火灾及使用方法；

3)消防器材使用期限。

5.2.9.2　气防知识

主要包括：

1)正压式空气呼吸器、氧气呼吸器、防化服、防毒面具等气防器材主要参数；

2)佩戴及使用方法。

5.2.9.3　自救、互救与创伤急救

主要包括：

1)自救、互救方法、人身安全保护措施；

2)创伤急救方法。

5.2.10　环境保护

主要包括：

1)本岗位磺化工艺排放物种类、排放点、排放量的监控管理；

2)本岗位磺化工艺废弃物种类、数量与处置方式的监控管理。

5.3　复审培训要求与内容

5.3.1　复审培训要求

5.3.1.1　凡已取得磺化工艺特种作业人员资格的人员，若继续从事原岗位的工作，在资格证书有效期内，每年应进行一次复审培训。复审培训的内容按本标准5.3.2的要求进行。

5.3.1.2　复审培训按照有关规定，由具有相应资质的安全培训机构组织进行。

5.3.2 复审培训内容

复审培训包括以下内容:

1)危险化学品安全生产方面新的法律、法规、国家标准、行业标准、规程和规范;

2)有关本岗位磺化工艺方面的新技术、新工艺、新设备、新材料及其安全技术要求等;

3)国内外危险化学品生产单位安全管理经验;

4)有关磺化工艺方面的典型案例分析;

5)职业健康、消气防、个体防护等方面的新规范及标准等。

5.4 学时安排

5.4.1 磺化工艺特种作业人员资格培训不少于74学时,具体培训内容课时安排见表1。

5.4.2 磺化工艺特种作业人员每年复审培训时间不少于8学时,具体内容见表2。

6 考核标准

6.1 考核办法

6.1.1 考核分为安全生产知识和安全操作技能考核两部分。

6.1.2 安全生产知识考试为闭卷笔试。考试内容应符合本标准5.2规定的范围,其中安全基础知识占总分数的30%,安全技术知识占总分数的70%。考试时间为90分钟。考试采用百分制,60分及以上为合格。

6.1.3 安全操作技能考核可由考核部门进行实地考核、答辩、模拟操作、推演等方式。考核内容应符合本标准5.2规定的范围,成绩评定分为合格、不合格。

6.1.4 考试不合格允许补考一次,补考仍不合格者需要重新培训。

6.1.5 考试(核)要点的深度分为了解、熟悉和掌握三个层次,三个层次由低到高,高层次的要求包含低层次的要求。

了解:能正确理解本标准所列知识的含义、内容并能够应用。

熟悉:对本标准所列知识有较深的认识,能够分析、解释并应用相关知识解决问题。

掌握:对本标准所列知识有全面、深刻的认识,能够综合分析、解决较为复杂的相关问题。

6.2 考核要点

6.2.1 磺化工艺安全生产相关法律法规

1)了解国家有关危险化学品安全生产的法律、法规、规章、规程、标准和政策;

2)了解危险化学品生产经营单位和人员的法律责任;

3)熟悉本岗位相关磺化工艺相关的技术规范及标准;

4)熟悉从业人员安全生产的权利和义务。

6.2.2 磺化工艺安全基础知识

1)了解重大危险源的辨识;

2)熟悉磺化工艺的概念、磺化工艺的分类及典型过程;

3)熟悉安全技术说明书(MSDS)的基本格式、本岗位相关磺化工艺原料和产品的危害特性;

4)掌握本岗位相关磺化工艺的危险特点及危险因素;

5)掌握本岗位相关磺化工艺重大危险源的分布、特点以及防护措施。

6.2.3 磺化工艺安全生产技术

6.2.3.1 工艺安全技术

1)了解典型磺化反应基本原理;

2)熟悉本岗位相关磺化反应生产特点;

3)熟悉本岗位相关磺化生产工艺条件和运行操作要点；

4)掌握本岗位相关磺化反应主要控制单元及工艺参数；

5)掌握本岗位相关磺化反应联锁保护系统工作条件。

6.2.3.2　设备安全技术

1)了解特种设备、一般设备的概念及分类；

2)了解本岗位相关磺化反应器等设备的种类、工作原理、工作特性；

3)掌握本岗位相关磺化反应设备主要结构、操作条件及重点监控参数。

6.2.3.3　自动化安全控制技术

1)了解自动检测系统(敏感元件、传感器、显示仪表)工作原理及特点；

2)了解自动信号和联锁保护系统工作原理及特点；

3)了解自动操纵及自动开停车系统工作原理及特点；

4)了解自动控制系统工作原理及特点。

6.2.3.4　电气安全技术

1)了解静电的产生；

2)熟悉保护接地、接零；

3)掌握电气防火防爆技术措施；

4)掌握防静电措施；

5)掌握防雷措施。

6.2.3.5　防火防爆技术

1)了解基本概念；

2)了解燃烧的条件、燃烧过程及形成；

3)熟悉爆炸的分类、爆炸极限及影响因素、可燃气体爆炸、蒸气爆炸、粉尘爆炸；

4)掌握火灾爆炸的基本预防措施。

6.2.3.6　直接作业环节控制

1)掌握化工检修作业的一般要求与监护职责；

2)掌握其它直接作业环节的要求与监护职责。

6.2.4　安全设备设施

6.2.4.1　安全附件

1)了解安全附件的定义及种类,安全附件主要包括:安全阀、爆破片装置、紧急切断装置、压力表、液位计、测温仪表、易熔塞等；

2)熟悉安全附件的性能和用途；

3)掌握安全附件的工作条件及主要参数。

6.2.4.2　安全泄放系统

1)了解安全泄放系统的构成及工作原理；

2)熟悉安全泄放装置基本构件主要包括:安全阀、爆破片、易熔塞等；

3)掌握工作条件及参数。

6.2.4.3　安全联锁系统

1)了解安全联锁系统工作原理；

2)熟悉安全联锁系统的构成,主要包括:联锁开关、联动阀等；

3)掌握联锁保护条件和参数。

6.2.4.4　安全报警系统

1)熟悉压力、温度、液位报警器分布及报警值;

2)熟悉火灾声光报警装置分布;

3)熟悉可燃、有毒气体报警装置分布。

6.2.5 职业健康

1)了解本岗位相关磺化工艺涉及的工业毒物的分类及毒性,工业毒物侵入人体途径及危害,熟悉毒物最高容许浓度与接触限值,职业接触毒物危害程度分级;

2)熟悉现场作业毒物、腐蚀、高低温、噪音、灼伤等防护措施。

6.2.6 事故预防与应急处置

1)了解事故应急预案基本要素、事故应急防护用品的配备使用及维护;

2)熟悉事故应急演练方法、基本任务与目标。

6.2.7 事故案例分析

主要包括磺化工艺及危险化学品典型事故案例分析与共享。

6.2.8 个体防护知识(特种防护用品)

1)熟悉安全使用期限;

2)熟悉适用的作业环境或作业活动;

3)掌握特种防护用品的种类及使用方法。

6.2.9 消气防知识

6.2.9.1 消防知识

1)了解消防法中有关要求;

2)熟悉泡沫灭火系统、水喷淋灭火系统、蒸汽灭火系统、N_2灭火系统等自动灭火系统的工作原理和操作;

3)熟悉消防器材使用期限;

4)掌握灭火器材的种类、适用于扑灭何种火灾及使用方法。

6.2.9.2 气防知识

1)了解气防管理规定有关内容;

2)掌握正压式空气呼吸器、氧气呼吸器等气防器材主要参数;

3)掌握正确的佩戴使用方法;

4)掌握安全使用注意事项。

6.2.9.3 自救、互救与创伤急救

1)熟悉其他安全注意事项;

2)掌握自救、互救方法、人身安全保护措施;

3)掌握创伤急救方法。

6.2.10 环境保护

1)了解废弃物种类、数量与处置方式的监控管理;

2)熟悉排放物种类、排放点、排放量的监控管理。

6.3 安全操作技能考核要点

1)掌握本岗位相关磺化工艺安全操作技能。

2)掌握本岗位事故或异常状态下应急处理技能。

3)掌握消气防器材设施的使用及维护技能。

4)掌握创伤急救操作技能。

6.4 复审培训考核要求与内容

6.4.1　复审培训考核要求

6.4。1.1　对已取得磺化工艺特种作业资格证的人员,在证书有效期内,每年复审培训完毕都应进行考核,考核内容按本标准 5.3.2 的要求进行,并将考核结果在磺化工艺特种作业资格证书上做好记录。

6.4.1.2　复审培训考核可只进行笔试,考核办法可参照 6.1.2。

6.4.2　复审培训考核要点

复审培训考核包括以下内容:

1)了解有关危险化学品安全生产方面新的法律、法规、国家标准、行业标准、规程和规范;

2)了解国内外危险化学品生产单位安全管理经验;

3)了解有关磺化工艺方面的典型案例分析;

4)熟悉有关本岗位磺化工艺方面的新技术、新工艺、新设备、新材料及其安全技术要求等;

5)掌握职业健康、消气防、个体防护等方面的新规范及标准等。

表 1　磺化工艺作业人员安全技术培训课时安排

项目		培训内容	学时
安全知识	安全基础知识	安全生产法律法规及规章标准	4
		磺化工艺安全基础知识	4
	安全技术知识	磺化工艺安全生产技术	8
		安全设备设施	4
		职业健康	4
		事故预防与应急处置	4
		事故案例分析	4
		个体防护知识(特殊防护设施)	4
		消气防知识	4
		环境保护	4
		复习	2
		考试	2
安全操作技能		磺化工艺安全操作	4
		安全设备设施操作与维护	4
		事故应急演练	4
		个体防护、消气防器材使用与维护	4
		复习	4
		考试	2
合计			74

表 2　磺化工艺作业人员复审培训课时安排

项目	培训内容	学时
复审培训	有关危险化学品安全生产的法律、法规、规章、规程、标准 有关磺化工艺的新技术、新材料、新工艺、新设备及其安全技术要求 国内外危险化学品生产单位安全管理经验 有关磺化工艺方面的典型案例分析 职业健康、消气防、个体防护等方面的新规范及标准等	不少于 8 学时
	复习	
	考试	
	合计	

十四、聚合工艺作业人员安全技术培训大纲和考核标准

1　范围

本标准规定了聚合工艺特种作业人员安全技术培训的要求,培训和复审培训的内容和学时安排,以及对作业人员安全技术考核的方法、内容,复审培训考核的方法、要求与内容。

本标准适用于聚合工艺特种作业人员的安全技术培训与考核。

2　规范性引用文件

下列文件中的条款通过本标准的引用而成为本标准的条款。凡是注日期的引用文件,其随后所有的修改单(不包括勘误的内容)或修订版均不适用于本标准,然而,鼓励根据本标准达成协议的各方研究是否可使用这些文件的最新版本。凡是不注日期的引用文件,其最新版本适用于本标准。

GBZ 1—2010　工业企业设计卫生标准

GBZ 2.1—2007　工作场所职业接触限值第 1 部分:化学有害因素

GBZ 2.2—2007　工作场所职业接触限值第 2 部分:物理因素

GBZ 158　工作场所职业病危害警示标识

GB/T 13861　生产过程危险和有害因素分类与代码

GB 11651　劳动防护用品选用规则

GB 13690　常用危险化学品的分类及标志

GB 15258　化学品安全标签编写规定

GB 18218—2009　危险化学品重大危险源辨识

GB 12158　防止静电事故通用导则

GB 3096　声环境质量标准

AQ 3009-2007　危险场所电气安全防爆规范

3　术语和定义

3.1　下列术语和定义适用于本标准

聚合工艺 Polymerization process

聚合是一种或几种小分子化合物变成大分子化合物(也称高分子化合物或聚合物,通常分子量为 $1 \times 10^4 - 1 \times 10^7$)的反应,涉及聚合反应的工艺过程为聚合工艺。聚合工艺的种类很多,按聚合方法可分为本体聚合、悬浮聚合、乳液聚合、溶液聚合等。

聚合工艺特种作业人员 Special operator of polymerization process

采用聚合工艺的生产单位中从事安全风险度较大的工艺操作从业人员,主要指聚合反应岗位的操作人员。

4　培训大纲

4.1　培训要求

4.1.1　聚合工艺操作人员必须接受安全技术培训,具备与所从事的生产活动相适应的安全生产知识和安全生产操作能力。

4.1.2　培训应按照国家有关安全生产培训的规定进行。

4.1.3　培训工作应坚持理论与实践相结合,采用多种有效的培训方式,加强案例教学;应注重提高聚合工艺特种作业人员的职业道德、安全责任意识、法律责任意识,加强安全生产基础知识和安全生产操作技能等内容的综合培训。

4.2　培训内容

4.2.1　聚合工艺安全生产法律法规及规章标准

国家化工安全生产相关法律。主要包括《中华人民共和国安全生产法》、《中华人民共和国消防法》、《中华人民共和国职业病防治法》、《中华人民共和国劳动法》《使用有毒物品作业场所劳动保护条例》、《安全生产许可证条例》、《危险化学品安全管理条例》、《特种设备安全监察条例》、《工伤保险条例》、《建设工程安全生产管理条例》等。相关安全生产标准,主要包括危险化学品安全生产标准体系、个体防护装备安全生产标准体系等。

4.2.2　聚合工艺安全基础知识

1)聚合工艺的基本知识,主要包括:聚合工艺的概念、分类、反应原理及典型反应过程;

2)聚合工艺的危险特性:反应物自聚、燃爆、爆聚,原辅材料、三剂、产品的危险性,设备运行危险性,工艺操作的风险分析;

3)危险因素,主要包括燃爆危险、高温高压危险、超高压燃爆危险、反应失控危险、助剂自燃爆炸危险、催化剂自燃危险、料仓静电爆炸危险;

4)安全技术说明书(MSDS),主要包括 MSDS 基本格式、聚合工艺原料和产品的危害特性;

5)重大危险源(防护措施),主要包括聚合工艺重大危险源的辨识、分布、特点以及防护措施。

4.2.3　聚合工艺安全生产技术

4.2.3.1　工艺安全技术

1)一般安全管理规定;

2)单元操作安全技术,主要包括开车、停车操作安全要点,单元安全操作和生产过程紧急情况处置;

3)特殊操作安全技术,要害部位的安全技术;

4)防火防爆技术,主要包括点火源控制、火灾爆炸危险物质控制、工艺参数的安全控制、限制火灾爆炸蔓延扩散的措施。

4.2.3.2　设备安全技术

1)关键设备的安全技术,特种设备的安全技术,专利设备的安全技术;

2)压力容器安全运行及影响因素、压力容器的检验与维护、压力容器的安全附件;

3)工业压力管道的检查和检测;

4)密封安全技术,主要包括动密封、静密封、密封安全检查,泄漏的危害及检测;

5)化工腐蚀与防护技术,主要包括腐蚀机理及分类,腐蚀影响因素,防护机理及手段;

6)设备状态监测与故障诊断技术;

7)化工设备检维修,主要包括化工设备检维修的分类与特点,检维修作业的一般程序,检维修作业的一般要求。

4.2.3.3　自动化安全控制技术

1)DCS 系统的调试与应用;

2)安全生产自动化联锁控制,PLC、ESD 控制原理;

3)自动化仪表防火防爆技术。

4.2.3.4　电气安全技术

1)电气安全基础知识,主要包括电流对人体的危害及影响因素,触电方式,触电预防措施及触电急救知识;

2)三相交流电动机的控制原理及常见故障和维护;

3)控制电器和保护电器,电气事故预防;

4)雷电、静电事故预防,主要包括静电产生的原因,静电的危害及其消除措施,雷电的分类和危害,建(构)筑物的防雷措施;

5)电气防火防爆技术,主要包括变、配电所、动力、照明及电气系统的防火防爆,电气火灾爆炸及危险区域的划分,火灾爆炸危险环境电气设备的选用;

6)电气控制系统安全技术。

4.2.3.5　直接作业环节控制

1)主要包括化工检修作业的一般要求与监护;

2)特殊作业的要求与监护;

3)化工检修作业的防护与救护。

4.2.4　安全设备设施

1)安全附件。安全附件的用途和使用要点:包括安全阀、爆破片装置、紧急切断装置、压力表、液面计、测温仪表、易熔塞等;

2)安全泄放系统。安全泄放设施的操作与监控,泄放物的回收与处置;

3)安全联锁系统。主要包括安全仪表系统、紧急停车系统的设置与使用。

4.2.5　职业健康

4.2.5.1　职业健康危害因素

1)聚合工艺涉及的职业危害因素分类和职业病;

2)聚合工艺涉及的工业毒物及其危害,主要包括工业毒物的分类及毒性,工业毒物侵入人体途径及危害,常见工业毒物最高容许浓度与阈限值,职业接触毒物危害程度分级,职业中毒与现场急救;

3)聚合工艺涉及的生产性粉尘及其对人体的危害,主要包括生产性粉尘分类,生产性粉尘对人体危害,生产性粉尘的卫生标准。

4.2.5.2　防护知识

1)防尘防毒对策措施:主要包括空气中尘、毒物质的测定方法,主要防尘防毒技术措施;

2)噪声危害:主要包括噪声的类型,噪声的危害,噪声的测量仪器与测量方法,噪声的预防与控制;

3)辐射危害:主要包括电离辐射,非电离辐射;

4)高低温危害:主要包括高低温作业的危害,高低温作业的防护措施;

5)灼烫伤:主要包括灼烫伤分类及其预防与现场急救知识。

4.2.6　事故预防与应急处置

1)应急处置,主要包括事故应急预案基本要素、事故应急防护用品的配备使用及维护;

2)应急演练,主要包括事故应急演练方法、基本任务与目标。

4.2.7　事故案例分析

聚合工艺典型事故案例:火灾爆炸事故、生产事故、人身伤害事故等的原因分析,事故处理,事故防范知识。

4.2.8　个体防护知识(特殊防护设施)

1)一般防护用品,主要包括个体防护用品的使用与维护知识;

2)特殊防护用品,主要包括特殊防护用品的使用与维护知识。

4.2.9　消气防知识

1)消防,主要包括消防关键部位、消防器材使用与维护知识;

2)气防,主要包括气防器材使用与维护知识;

3)自救、互救与创伤急救,主要包括现场作业毒物、高温、灼伤急救知识。

4.2.10　环境保护

1)排放物管理,主要包括排放物种类、排放点、排放量的监控管理;

2)废弃物处置,主要包括废弃物种类、数量与处置方式的监控管理。

4.3　复审培训要求与内容

4.3.1　复审培训要求

4.3.1.1　凡已取得聚合工艺安全技术操作资格证的人员,若继续从事原岗位工作的,在资格证书有效期内,每三年应进行一次复审培训。

4.3.1.2　复审培训按照有关规定,由具有相应资质的安全培训机构组织进行。

4.3.2　复审培训内容

1)有关聚合工艺安全生产新法律、法规、规章、规程、标准和政策;

2)有关化工生产的新技术、新材料、新工艺、新设备及其安全技术;

3)国内外危险化学品生产单位安全管理经验;

4)聚合工艺安全生产典型事故案例。

4.4　学时安排

4.4.1　聚合工艺安全生产操作人员的资格培训时间不少于48学时,其中第一单元不少于8学时,第二单元不少于10学时,第三单元不少于14学时,第四单元不少于12学时,其中案例分析合计不少于8学时。具体章节课时安排参见附表1。

4.4.2　聚合工艺安全生产操作人员的每次复审培训时间不少于8学时。具体内容参见附表2。

5　考核标准

5.1　考核办法

5.1.1　考核分为安全生产知识考试和安全操作技能考核两部分。

5.1.2　安全生产知识考试为闭卷笔试。考试内容应符合本标准4.2规定的范围,其中第一单元占总分数的15%,第二单元占总分数的20%,第三单元占总分数的35%,第四单元占总分数的30%。

考试时间为90分钟。考试采用百分制,60分及以上为合格。

5.1.3　安全操作技能考核可由考核部门进行现场考核、模拟操作、答辩等方式。考核内容应符合本标准4.2规定的范围,成绩评定分为合格、不合格。

5.1.4　安全生产知识考试及安全操作技能考核均合格者,方判为合格。考试(核)不合格允许补考一次,补考仍不合格者需要重新培训。

5.1.5　考核要点的深度分为掌握、熟悉和了解三个层次,三个层次由高到低,高层次的要求包含低层次的要求。

掌握:对本标准所列知识有全面、深刻的认识,能够综合分析、解决较为复杂的相关问题。

熟悉:对本标准所列知识有较深的认识,能够分析、解释并应用相关知识解决问题。

了解:能正确理解本标准所列知识的含义、内容并能够应用。

5.2　安全生产知识考试要点

5.2.1　聚合工艺安全生产法律法规

1)了解国家安全生产监督管理体制;

2)熟悉有关聚合工艺安全生产的相关法律、法规、规章和主要标准、规范;

3)掌握我国安全生产主要方针、政策和有关聚合工艺安全生产的主要法律法规、规章制度。

5.2.2　聚合工艺安全基础知识

1)了解聚合工艺的基本知识,了解危险源辨识:装置重大危险源识别,重大危险源风险评价,重大危险源的控制;

2)熟悉安全技术说明书、危害防护;

3)掌握聚合工艺的危险特性、危险因素、重大危险源。

5.2.3　聚合工艺安全生产技术

5.2.3.1　工艺安全技术

1)熟悉一般安全管理规定及装置特殊操作安全技术;

2)掌握单元操作安全技术,特殊操作安全技术,要害部位的安全技术,防火防爆技术。

5.2.3.2　设备安全技术

1)了解装置设备的分类,化工腐蚀与防护技术,化工设备检维修作业的一般要求;

2)熟悉密封安全技术,设备状态监测与故障诊断技术,化工设备检维修;

3)掌握关键设备的安全技术,特种设备的安全技术,专利设备的安全技术,压力容器安全技术,工业压力管道的检查和检测。

5.2.3.3　自动化安全控制技术

1)熟悉 DCS 系统的调试与应用,自动化仪表防火防爆技术;

2)掌握安全生产自动化联锁控制 PLC、ESD 控制原理。

5.2.3.4　电气安全技术

1)熟悉电气防火防爆技术,电气控制系统安全技术,三相交流电动机的控制原理及常见故障和维护;

2)掌握电气安全基础知识,雷电、静电事故预防,电气事故预防。

5.2.3.5　直接作业环节控制

1)熟悉化工检修作业的一般要求与监护,其它直接现场作业的要求与监护;

2)掌握化工检修特殊作业的要求与监护,化工检修作业的防护与救护。

5.2.4　安全设备设施

1)熟悉系统安全附件的用途和使用要点;

2)掌握安全泄放设施的操作与监控,泄放物的回收与处置,安全联锁系统的设置与使用。

5.2.5　职业健康

5.2.5.1　职业健康危害因素

1)了解聚合工艺涉及的职业危害因素分类和职业病;

2)熟悉聚合工艺涉及的生产性粉尘及其对人体的危害;

3)掌握聚合工艺涉及的工业毒物及其危害,职业中毒与现场急救。

5.2.5.2　防护知识

1)熟悉装置空气中尘、毒物质的测定方法。熟悉噪声的类型,噪声的危害,噪声的测量仪器与测量方法。熟悉高低温危害及防护;

2)掌握主要防尘防毒技术措施,噪声的预防与控制,辐射危害和灼烫伤危害及防护。

5.2.6　事故预防与应急处置

1)掌握聚合工艺应急处置:重点掌握危险化学品泄漏及人员窒息应急处理;危险化学品火灾应急处理;环境污染应急处理;大面积停电应急处理;管线泄漏应急处理;放射性事件应急处理;公用工程系统异常应急处理等;

2)掌握应急状态下的救护防护。

5.2.7　事故案例分析

1)掌握火灾爆炸事故、生产事故、人身伤害等事故的原因分析、事故处理、事故防范知识。

5.2.8　个体防护知识(特殊防护设施)

1)熟悉个体防护和特殊防护用品的分类、选用与维护知识;

2)掌握个体防护用品和特殊防护用品的使用。

5.2.9　消气防知识

1)熟悉现场作业毒物、高温、灼伤自救、互救与创伤急救知识;

2)掌握消防关键部位、消防器材使用与维护知识;

3)掌握气防器材使用与维护知识。

5.2.10　环境保护

1)了解排放物种类、排放点、排放量;

2)了解废弃物种类、数量与处置方式。

5.3　安全操作技能考核要点

5.3.1　能认真贯彻执行国家安全生产方针、政策、法律、法规、标准。

5.3.2　能独立进行聚合工艺的安全生产操作。

5.3.3　能迅速有效地进行事故的防范和处理。

5.3.4　能做好个人和团队的有效防护和救护。

5.4　复审培训考核要求与内容

5.4.1　复审培训考核要求

1)对已取得聚合工艺安全技术操作资格证的人员,在证书有效期内,每次复审培训完毕都应进行考核,考核内容按本标准4.3.2的要求进行,并将考核结果在安全生产操作资格证书上做好记录;

2)复审培训考核可只进行笔试。

5.4.2　复审培训考核要点

1)了解有关聚合工艺安全生产新法律、法规、规章、规程、标准和政策;

2)了解有关化工生产的新技术、新材料、新工艺、新设备及其安全技术;

3)了解聚合工艺及危险化学品安全生产典型事故案例。

表 1　聚合工艺作业人员安全技术培训课时安排

项目		培训内容	学时
安全知识	安全基础知识	安全生产法律法规及规章标准	4
		聚合工艺安全基础知识	4
	安全技术知识	聚合工艺安全生产技术	8
		安全设备设施	2
		职业健康	2
		事故预防与应急处置	2
		事故案例分析	2
		个体防护知识（特殊防护设施）	2
		消气防知识	2
		环境保护	2
		复习	2
		考试	2
安全操作技能		聚合工艺安全操作	4
		安全设备设施操作与维护	2
		事故应急演练	2
		个体防护、消气防器材使用与维护	2
		复习	2
		考试	2
合计			48

表 2　聚合工艺作业人员复审培训课时安排

项目	培训内容	学时
复审培训	有关聚合工艺安全生产新法律、法规、规章、规程、标准和政策。 有关化工生产的新技术、新材料、新工艺、新设备及其安全技术。 国内外危险化学品生产单位安全管理经验。 聚合工艺安全生产典型事故案例。	不少于 8 学时
	复习	
	考试	
	合计	

十五、烷基化工艺作业人员安全技术培训大纲和考核标准

1　范围

本标准适应于烷基工艺的烷基化岗位。

2　规范性引用文件

下列文件中的条款通过本标准的引用而成为本标准的条款。凡是注日期的引用文件,其随后所有的修改单(不包括勘误的内容)或修订版均不适用于本标准,然而,鼓励根据本标准达成协议的各方研究是否可使用这些文件的最新版本。凡是不注日期的引用文件,其最新版本适用于本标准。

《特种作业人员安全技术培训考核管理规定》(国家安全生产监督管理总局令第 30 号)

《危险化学品安全管理条例》(中华人民共和国国务院令第 591 号)

《气体防护急救管理规定》

GB/T 16483　化学品安全技术说明书　内容和项目顺序

GB/T 13861—92　生产过程危险和有害因素分类与代码

GB 18218—2009　危险化学品重大危险源辨识

GB/T11651　个体防护装备选用规范

GB 50493　石油化工可燃气体和有毒气体检测报警设计规范

GBZ 1—2010　工业企业设计卫生标准

AQ 3009—2007　危险场所电气安全防爆规范

3　术语和定义

3.1　下列术语和定义适用于本标准。

烷基化反应 Alkylation

向有机化合物分子中的碳、氮、氧等原子上引入烃基增长碳链(包括烷基、烯基、炔基、芳基等)的反应。

烷基化工艺特种作业人员 Special operator of alkylation processes

烷基化工艺生产装置中从事现场工艺操作的人员。

4　基本条件

4.1　满足国家安全生产监督管理总局 30 号令《特种作业人员安全技术培训考核管理规定》中规定的条件。

4.2　色弱、色盲为禁忌症。

4.3　培训前需在相应岗位实习 3 个月以上。

5　培训大纲

5.1　培训要求

5.1.1　烷基化化工艺特种作业人员应接受安全和技能培训,具备与所从事的作业活动相适应的安全生产知识和安全操作技能。

5.1.2　培训应按照国家有关安全生产培训的规定组织进行。

5.1.3　培训工作应坚持理论与实践相结合,采用多种有效的培训方式,加强案例教学。应注重提高烷基化工艺操作人员的职业道德、安全意识、法律知识,加强安全生产基础知识和安全操作技能等内容的综合培训。

5.2　培训内容

5.2.1　烷基化工艺安全生产相关法律法规及规章标准

主要包括《中华人民共和国安全生产法》、《中华人民共和国职业病防治法》、《使用有毒物品作业场所劳动保护条例》、《安全生产许可证条例》、《危险化学品安全管理条例》、《特种设备安全监察条例》、《危险化学品生产企业安全生产许可证实施办法》、《危险化学品登记管理办法》、《危险化学品建设项目安全许可实施办法》等。危险化学品主要安全标准 GB 12463、GB 13690、GB 15258、GB 15603、GB 18218、GB/T 16483 等。依照有关法律法规进行从业人员的责任和义务培训。

5.2.2　烷基化工艺安全基础知识

1）烷基化工艺简介，主要包括烷基化反应的概念、基本类型、反应的基本原理、烷基化反应的类型及典型过程；

2）烷基化工艺的危险特点，主要包括烷基化反应原料、中间产品和产品的燃爆危险性、烷基化反应的失控危险性、氢氟酸、硫酸和硫化氢等有毒腐蚀化学品危险性及腐蚀性；

3）危险因素，主要包括燃爆危险、高温高压危险、失控反应危险、氢氟酸、硫酸和硫化氢等有毒、腐蚀化学品泄漏危险；

4）安全技术说明书（MSDS），主要包括 MSDS 基本格式、烷基化工艺原料和产品的危害特性；

5）重大危险源（防护措施），主要包括重大危险源的辨识、烷基化工艺重大危险源的分布、特点以及防护措施。

5.2.3　烷基化工艺安全生产技术

5.2.3.1　工艺安全技术

主要包括：

1）烷基化反应原理、三种反应类型（C—烷基化反应、N—烷基化反应、O—烷基化反应）；

2）硫酸烷基化和氢氟酸烷基化的生产特点和规模；

3）硫酸烷基化和氢氟酸烷基化生产工艺条件和运行操作要点；

4）硫酸烷基化和氢氟酸烷基化主要控制单元及工艺参数；

5）硫酸烷基化和氢氟酸烷基化联锁保护系统工作条件。

5.2.3.2　设备安全技术

主要包括：

1）特种设备、一般设备的概念及分类；

2）烷基化反应器等设备的种类、工作原理、工作特性；

3）设备操作条件；

4）设备主要结构及重点监控参数。

5.2.3.3　自动化安全控制技术

主要包括：

1）自动检测系统（敏感元件、传感器、显示仪表）工作原理及特点；

2）自动信号和联锁保护系统工作原理及特点；

3）自动操纵及自动开停车系统工作原理及特点；

4）自动控制系统工作原理及特点。

5.2.3.4　电气安全技术

主要包括：

1）电气事故种类；

2）电气防火防爆，保护接地接零技术；

3)防雷装置的类型、作用及人身防雷措施；

4)防止直接和间接接触点击措施。

5.2.3.5　防火防爆技术

主要包括：

1)基本概念；

2)燃烧，包括燃烧的条件，燃烧过程及形成；

3)爆炸，包括爆炸的分类，爆炸极限及影响因素，可燃气体爆炸，粉尘爆炸，蒸气爆炸等；

4)火灾爆炸的预防，包括防止可燃可爆系统的形成，消除点火源，限制火灾爆炸蔓延扩散的措施。

5.2.3.6　直接作业环节控制

主要包括：

1)化工检修作业的一般要求与监护职责；

2)其它直接作业环节的要求与监护职责。

5.2.4　安全设备设施

5.2.4.1　安全附件

主要包括：

1)安全附件的定义、种类及功能，安全阀、爆破片装置、紧急切断装置、压力表、液位计、测温仪表、易熔塞等的用途及运行管理；

2)安全附件的工作条件及主要参数。

5.2.4.2　安全泄放系统

主要包括：

1)安全泄放系统的构成及工作原理；

2)安全泄放装置基本构件主要包括：安全阀、爆破片、易熔塞等；

3)工作参数。

5.2.4.3　安全联锁系统

主要包括：

1)安全联锁系统工作原理；

2)安全联锁系统的构成，主要包括：联锁开关、联动阀等；

3)联锁保护条件和参数。

5.2.4.4　安全报警系统

主要包括：

1)压力报警器；

2)温度检测仪；

3)火灾声光报警装置；

4)可燃、有毒气体报警装置。

5.2.5　职业健康

主要包括：

1)烷基化工艺涉及的工业毒物的分类及毒性，工业毒物侵入人体途径及危害，熟悉毒物最高容许浓度与接触限值，职业接触毒物危害程度分级；

2)现场作业毒物、腐蚀、高温、灼伤等防护措施。

5.2.6　事故预防与应急处置

主要包括：

1)事故应急预案基本要素、事故应急防护用品的配备使用及维护；

2)事故应急演练方法、基本任务与目标。

5.2.7　事故案例分析

主要包括烷基化工艺及化学品生产典型事故案例分析与共享

5.2.8　个体防护知识(特种防护用品)

主要包括：

1)特种防护用品的种类及使用方法；

2)安全使用期限；

3)适用的作业环境或作业活动。

5.2.9　消气防知识

5.2.9.1　消防知识

主要包括：

1)自动灭火系统,泡沫灭火系统、水喷淋灭火系统、蒸汽灭火系统、N_2灭火系统等；

2)灭火器材的种类、适用于扑灭何种火灾及使用方法；

3)消防器材使用期限。

5.2.9.2　气防知识

主要包括：

1)正压式空气呼吸器、(密封)防化服、防毒面具等气防器材主要参数；

2)佩戴及使用方法。

5.2.9.3　自救、互救与创伤急救

主要包括：

1)自救、互救方法、人身安全保护措施；

2)创伤急救方法；

3)硫酸、氢氟酸烧伤急救处理措施；

4)硫化氢中毒的急救。

5.2.10　环境保护

主要包括：

1)了解废弃物种类、数量与处置方式的监控管理；

2)熟悉排放物种类、排放点、排放量的监控管理。

5.3　安全操作技能

1)烷基化工艺安全操作技能；

2)事故或异常状态下应急处理技能；

3)消气防器材设施的使用及维护技能；

4)创伤急救、硫酸、氢氟酸烧伤、硫化氢中毒急救的操作技能。

5.4　复审培训要求与内容

5.4.1　复审培训要求

5.4.1.1　凡已取得烷基化工艺特种作业人员资格的人员,若继续从事原岗位的工作,在资格证书有效期内,每年应进行一次复审培训。复审培训的内容按本标准5.4.2的要求进行。

5.4.1.2　复审培训按照有关规定,由具有相应资质的安全培训机构组织进行。

5.4.2　复审培训内容

复审培训包括以下内容：

1）有关烷基化工艺安全生产方面新的法律、法规、国家标准、行业标准、规程和规范；

2）有关烷基化工艺方面的新技术、新工艺、新设备、新材料及其安全技术要求等；

3）国内外危险化学品生产单位安全管理经验；

4）有关烷基化工艺方面的典型案例分析；

5）职业健康、消气防、个体防护等方面的新规范及标准等。

5.5 学时安排

5.5.1 烷基化工艺特种作业人员资格培训不少于100学时，具体培训内容课时安排见表1。

5.5.2 烷基化工艺特种作业人员每年复审培训时间不少于8学时，具体内容见表2。

6 考核标准

6.1 考核办法

6.1.1 考核分为安全生产知识和安全操作技能考核两部分。

6.1.2 安全生产知识考试为闭卷笔试。考试内容应符合本标准5.2规定的范围，其中安全基础知识占总分数的30％，安全技术知识占总分数的70％。考试时间为90分钟。考试采用百分制，60分及以上为合格。

6.1.3 安全操作技能考核可由考核部门进行实地考核、答辩等方式。考核内容应符合本标准5.2 规定的范围，成绩评定分为合格、不合格。

6.1.4 考试不合格允许补考一次，补考仍不合格者需要重新培训。

6.1.5 考试（核）要点的深度分为了解、熟悉和掌握三个层次，三个层次由低到高，高层次的要求包含低层次的要求。

了解：能正确理解本标准所列知识的含义、内容并能够应用。

熟悉：对本标准所列知识有较深的认识，能够分析、解释并应用相关知识解决问题。

掌握：对本标准所列知识有全面、深刻的认识，能够综合分析、解决较为复杂的相关问题。

6.2 考核要点

6.2.1 烷基化工艺安全生产相关法律法规

1）了解国家有关危险化学品安全生产的法律、法规、规章、规程、标准和政策；

2）了解危险化学品生产经营单位和人员的法律责任；

3）熟悉烷基化工艺相关的技术规范及标准；

4）熟悉从业人员安全生产的权利和义务。

6.2.2 烷基化工艺安全基础知识

1）了解重大危险源的辨识；

2）熟悉安全技术说明书（MSDS）的基本格式、烷基化工艺原料和产品的危害特性；

3）熟悉烷基化工艺的概念、烷基化反应的分类及典型过程；

4）掌握硫酸烷基化和氢氟酸烷基化两种工艺的危险特点及危险因素；

5）掌握烷基化工艺重大危险源的分布、特点以及防护措施。

6.2.3 烷基化工艺安全生产技术

6.2.3.1 工艺安全技术

1）熟悉硫酸烷基化和氢氟酸烷基化的生产特点和规模；

2）熟悉硫酸烷基化和氢氟酸烷基化生产工艺条件和运行操作要点；

3）掌握烷基化反应原理、三种反应类型（C—烷基化反应、N—烷基化反应、O—烷基化反应）；

4）掌握硫酸烷基化和氢氟酸烷基化主要控制单元及工艺参数；

5)掌握硫酸烷基化和氢氟酸烷基化联锁保护系统工作条件。

6.2.3.2　设备安全技术

1)了解特种设备、一般设备的概念及分类;

2)了解烷基化反应器等设备的种类、工作原理、工作特性;

3)掌握设备操作条件;

4)掌握设备主要结构及重点监控参数。

6.2.3.3　自动化安全控制技术

1)了解自动检测系统(敏感元件、传感器、显示仪表)工作原理及特点;

2)了解自动信号和联锁保护系统工作原理及特点;

3)了解自动操纵及自动开停车系统工作原理及特点;

4)了解自动控制系统工作原理及特点。

6.2.3.4　电气安全技术

1)了解静电的产生;

2)熟悉保护接地、接零;

3)掌握电气防火防爆技术措施;

4)掌握防静电措施;

5)掌握防雷措施。

6.2.3.5　防火防爆技术

1)了解基本概念;

2)了解燃烧的条件、燃烧过程及形成;

3)熟悉爆炸的分类、爆炸极限及影响因素、可燃气体爆炸、蒸气爆炸、粉尘爆炸;

4)掌握火灾爆炸的基本预防措施。

6.2.3.6　直接作业环节控制

1)掌握化工检修作业的一般要求与监护职责;

2)掌握其它直接作业环节的要求与监护职责。

6.2.4　安全设备设施

6.2.4.1　安全附件

1)了解安全附件的定义及种类,安全附件主要包括:安全阀、爆破片装置、紧急切断装置、压力表、液位计、测温仪表、易熔塞等;

2)熟悉安全附件的性能和用途;

3)掌握安全附件的工作条件及主要参数。

6.2.4.2　安全泄放系统

1)了解安全泄放系统的构成及工作原理;

2)熟悉安全泄放装置基本构件主要包括:安全阀、爆破片、易熔塞等;

3)掌握工作条件及参数;

6.2.4.3　安全联锁系统

1)了解安全联锁系统工作原理;

2)熟悉安全联锁系统的构成,主要包括:联锁开关、联动阀等;

3)掌握联锁保护条件和参数;

6.2.4.4　安全报警系统

1)熟悉压力报警器分布及报警值;

2)熟悉温度检测仪分布及报警值；

3)熟悉火灾声光报警装置分布；

4)熟悉可燃、有毒气体报警装置分布。

6.2.5 职业健康

1)了解烷基化工艺涉及的工业毒物的分类及毒性,工业毒物侵入人体途径及危害,熟悉毒物最高容许浓度与接触限值,职业接触毒物危害程度分级；

2)熟悉现场作业毒物、腐蚀、高温、灼伤等防护措施。

6.2.6 事故预防与应急处置

1)了解事故应急预案基本要素、事故应急防护用品的配备使用及维护；

2)熟悉事故应急演练方法、基本任务与目标。

6.2.7 事故案例分析

主要包括烷基化工艺及危险化学品典型事故案例分析与共享。

6.2.8 个体防护知识(特种防护用品)

1)熟悉安全使用期限；

2)熟悉适用的作业环境或作业活动；

3)掌握特种防护用品的种类及使用方法。

6.2.9 消气防知识

6.2.9.1 消防知识

1)了解消防法中有关要求；

2)熟悉泡沫灭火系统、水喷淋灭火系统、蒸汽灭火系统、N_2灭火系统等自动灭火系统的工作原理和操作；

3)熟悉消防器材使用期限；

4)掌握灭火器材的种类、适用于扑灭何种火灾及使用方法。

6.2.9.2 气防知识

1)了解气防管理规定有关内容；

2)掌握正压式空气呼吸器、氧气呼吸器等气防器材主要参数；

3)掌握正确的佩戴使用方法；

4)掌握安全使用注意事项。

6.2.9.3 自救、互救与创伤急救

1)掌握自救、互救方法、人身安全保护措施；

2)掌握创伤急救方法；

3)掌握硫酸、氢氟酸烧伤急救处理措施；

4)掌握硫化氢中毒的急救方法。

6.2.10 环境保护

1)了解废弃物种类、数量与处置方式的监控管理；

2)熟悉排放物种类、排放点、排放量的监控管理。

6.3 安全操作技能考核要点

1)掌握烷基化工艺安全操作技能；

2)掌握事故或异常状态下应急处理技能；

3)掌握消气防器材设施的使用及维护技能；

4)掌握创伤急救、硫酸、氢氟酸烧伤、硫化氢中毒急救的操作技能。

6.4　复审培训考核要求与内容

6.4.1　复审培训考核要求

6.4.1.1　对已取得烷基化工艺特种作业资格证的人员,在证书有效期内,每年复审培训完毕都应进行考核,考核内容按本标准6.3.2的要求进行,并将考核结果在烷基化工艺特种作业资格证书上做好记录。

6.4.1.2　复审培训考核可只进行笔试,考核办法可参照6.1.2。

6.4.2　复审培训考核要点

复审培训考核包括以下内容:

1)了解有关烷基化工艺安全生产方面新的法律、法规、国家标准、行业标准、规程和规范;

2)了解国内外危险化学品生产单位安全管理经验;

3)了解有关烷基化工艺方面的典型案例分析;

4)熟悉有关烷基化工艺方面的新技术、新工艺、新设备、新材料及其安全技术要求等;

5)掌握职业健康、消气防、个体防护等方面的新规范及标准等。

表1　烷基化工艺作业人员安全技术培训课时安排

项目		培训内容	学时
安全知识	安全基础知识	安全生产法律法规及规章标准	8
		烷基化工艺安全基础知识	8
	安全技术知识	烷基化工艺安全生产技术	12
		安全设备设施	8
		职业健康	4
		事故预防与应急处置	8
		事故案例分析	4
		个体防护知识(特殊防护设施)	4
		消气防知识	4
		环境保护	4
	复习		4
	考试		2
安全操作技能		烷基化工艺安全操作	8
		安全设备设施操作与维护	8
		事故应急演练	4
		个体防护、消气防器材使用与维护	4
	复习		4
	考试		2
合计			100

表2　烷基化工艺作业人员复审培训课时安排

项目	培训内容	学时
复审培训	有关危险化学品安全生产的法律、法规、规章、规程、标准 有关烷基化工艺的新技术、新材料、新工艺、新设备及其安全技术要求 国内外危险化学品生产单位安全管理经验 有关烷基化工艺方面的典型案例分析 职业健康、消气防、个体防护等方面的新规范及标准等	不少于8学时
	复习	
	考试	
	合计	

十六、化工自动化控制仪表作业人员安全技术培训大纲和考核标准

1　范围

本标准规定了危险化学品生产单位自动化控制仪表维护人员培训的要求、培训的内容、学时安排，以及考核的方法、内容，复审培训考核的方法、要求与内容等。

本标准适用于危险化学品生产单位自动化控制仪表维护人员培训与考核。

2　规范性引用文件

下列文件中的条款通过本标准的引用而成为本标准的条款。凡是注日期的引用文件，其随后所有的修改单（不包括勘误的内容）或修订版均不适用于本标准，然而，鼓励根据本标准达成协议的各方研究是否可使用这些文件的最新版本。凡是不注日期的引用文件，其最新版本适用于本标准。

GBZ 158　工作场所职业病危害警示标识

GBZ 2.1—2007　工作场所职业接触限值第1部分：化学有害因素

GBZ 2.2—2007　工作场所职业接触限值第2部分：物理因素

AQ 3009—2007　危险场所电气安全防爆规范

GB 11651　劳动防护用品选用规则

GB 13690　常用危险化学品的分类及标志

GB 18218—2009　危险化学品重大危险源辨识

GB 12158　防止静电事故通用导则

HG/T 20636—20639　化工装置自控工程设计规定

HG 20506　自控专业施工图设计内容深度规定

SH 3005—1999　石油化工自动化仪表选型设计规范

SH/T 3081—2003　石油化工仪表接地设计规范

SH/T 3082—2003　石油化工仪表供电设计规范

SH/T 3104—2000　石油化工仪表安装设计规范

SH 3006—1999　石油化工控制室和自动分析室设计规范

SH/T 3092—1990　石油化工分散控制系统设计规范

SH/T 3012—2003　石油化工安全仪表系统设计规范

GB 50493—2009　石油化工可燃气体和有毒气体检测报警设计规范

HG 20514　仪表及管线伴热和绝热保温设计规定

GB 50093—2002　自动化仪表工程施工及验收规范

3　术语和定义

下列术语和定义适用于本标准。

3.1　化工自动化控制仪表 Chemical automation and instrument

危险化学品生产过程中使用的检测仪表(元件)、自动化控制装置及附属设备。

3.2　化工自动化控制仪表维护人员 Chemical automation and instrument mentenancer

按照化工仪表检修维护规程,使用相应标准计量器具、测试仪器及专用工具,对化工生产过程中使用化工自动化控制仪表进行维护、检修等工作的人员。

4　培训大纲

4.1　培训要求

4.1.1　危险化学品生产单位自动化控制仪表维护人员应接受化工生产自动控制原理、化工测量及仪表、专业技能操作,安全知识等培训,具备与所从事的生产活动相适应的仪表专业知识、专业技能及安全生产知识。

4.1.2　培训应按照国家有关仪表专业知识、安全生产培训的规定组织进行。

4.1.3　培训工作应坚持理论与实践相结合,采用多种有效的培训方式,加强案例教学;应注重提高化工自动化控制仪表维护人员专业基础知识、专业技能和安全意识等内容的综合培训。

4.2　培训内容

4.2.1　过程安全管理基本知识

4.2.1.1　相关安全标准规范

4.2.1.2　相关安全规章制度

4.2.1.3　危险化学品分类与特性

4.2.1.4　爆炸危险场所划分

4.2.1.5　防爆与防护技术

4.2.1.6　本质安全、隔爆

4.2.1.7　电气安全技术

4.2.1.8　危害辨识与风险评估

4.2.2　化工过程及设备基本知识

4.2.2.1　P&ID 图

4.2.2.2　典型化工单元基本原理

4.2.2.3　过程设备

4.2.3　电工技术基础知识

4.2.3.1　电路基础

4.2.3.2　直流电路

4.2.3.3　三相交流电路

4.2.3.4　电机、电气控制技术

4.2.4　化工过程控制原理

4.2.4.1　简单控制系统的结构、特点及应用

4.2.4.2　复杂控制系统的结构、特点及应用

1)串级控制系统;

2)分程控制系统;

3)均匀控制系统;

4）比值控制系统；

5）选择控制系统。

4.2.4.3　案例分析

4.2.5　化工测量与仪表

4.2.5.1　压力测量原理及仪表

4.2.5.2　流量测量原理及仪表

1）节流式流量计；

2）转子式流量计；

3）涡街流量计；

4）电磁流量计；

5）超声波流量计；

6）质量流量计。

4.2.5.3　温度测量原理及仪表

1）热电偶；

2）热电阻。

4.2.5.4　液位（界面）测量原理及仪表

1）差压式液位计；

2）浮筒式液位计；

3）电容式液位计；

4）超声波液位计；

5）放射性物位计。

4.2.5.5　成分测量原理及仪表

1）氧分析仪；

2）红外式分析仪；

3）热导式分析仪；

4）工业色谱仪；

5）工业 pH 计；

6）可燃和有毒气体枪测报警仪。

4.2.5.6　辅助仪表及特殊仪表的原理、结构及特点

1）安全栅；

2）信号转换器；

3）称重仪表；

4）轴系仪表。

4.2.6　控制系统的原理、结构、特点及应用

1）集散控制系统（DCS）；

2）安全仪表系统（SIS）；

3）可变程序控制器（PLC）；

4）数据采集与监督控制系统（SCADA）。

4.2.7　控制阀及附件

4.2.7.1　执行机构的结构、应用

1）气动执行机构；

2)电动执行机构;

3)液动执行机构。

4.2.7.2　调节阀的结构、特点及应用

1)单座阀/笼式阀;

2)偏心旋转阀;

3)球阀;

4)蝶阀。

4.2.7.3　控制阀附件的结构、特点及应用

1)阀门定位器;

2)电磁阀;

3)行程开关。

4.2.8　自控专业标准规范

4.2.8.1　白控专业设计标准规范

4.2.8.2　仪表检修维护规范

4.2.9　技能操作

4.2.9.1　仪表图纸资料解读

4.2.9.2　仪表的安装

4.2.9.3　仪表的校验与检修

4.2.9.4　仪表故障的检查判断与处理

4.3　复审培训要求与内容

4.3.1　复审培训要求

4.3.1.1　凡已取得危险化学品生产单位自动化控制仪表维护资格证书的人员,若继续从事原岗位工作的,在资格证书有效期内,每三年应进行一次复审培训。复审培训的内容按本标准4.3.2的要求进行。

4.3.1.2　复审培训按照有关规定,由具有相应资质的专业培训机构组织进行。

4.3.2　复审培训内容

复审培训包括以下内容:

1)有关化工自动化控制仪表的新的规章、规程、标准;

2)有关化工自动化控制仪表的新技术、新材料、新工艺、新设备及其技术要求等;

3)化工自动化控制仪表典型事故案例。

4.4　学时安排

4.4.1　化工自动化控制仪表维护人员培训时间不少于106学时,其中第一单元不少于8学时,第二单元不少于10学时,第三单元不少于18学时,第四单元不少于18学时,第五单元不少于16学时,第六单元不少于20学时,第七单元不少于2学时,第八单元不少于10学时。培训内容中案例分析不少于12学时。具体课时安排见表1。

4.4.2　危险化学品生产单位自动化控制仪表维护人员每三年一次复审培训,时间不少于8学时。具体内容见表2。

5　考核标准

5.1　考核办法

5.1.1　考核分为仪表专业基础知识考试和技能操作考核两部分。

5.1.2　仪表专业基础知识考试为闭卷笔试。考试内容应符合本标准5.2规定的范围,其中

第一单元占总分数的 4%,第二单元占总分数的 3%,第三单元占总分数的 25%,第四单元占总分数的 40%,第五单元占总分数的 5%,第六单元占总分数的 20%,第七单元占总分数的 3%。考试时间为 90 分钟。考试采用百分制,60 分及以上为合格。

5.1.3　技能操作考核采用上机实际操作,完成指定操作内容等方式。考核内容应符合本标准 5.2.8 规定的范围,成绩评定分为合格、不合格。

5.1.4　仪表专业基础知识考试和技能操作考核均合格者,方为合格。考试(核)不合格允许补考一次,补考仍不合格者需重新培训。

5.1.5　考核要点的深度分为了解、熟悉和掌握三个层次,三个层次由低到高,高层次的要求包含低层次的要求。

了解:能正确理解本标准所列知识的含义、内容并能够应用。

熟悉:对本标准所列知识有较深的认识,能够分析、解释并应用相关知识解决问题。

掌握:对本标准所列知识有全面、深刻的认识,能够综合分析、解决较为复杂的相关问题。

5.2　考试要点

5.2.1　过程安全管理基本知识

1)了解相关安全标准规规范;

2)了解相关安全规章制度;

3)熟悉防爆与防护技术;

4)熟悉相关化学物品的基本知识。

5.2.2　化工过程及设备基本知识

1)了解流体输送基础知识、压缩机、离心泵;

2)了解传热及换热知识,换热器、加热炉;

3)了解化工反应基础知识、反应器;

4)了解精馏及蒸馏知识;

5)了解电机、电气控制技术;

6)熟悉掌握 P&ID 图;

7)熟悉电工技术基础知识;

8)熟悉电路基础、直流电路、三相交流电路。

5.2.3　化工过程控制原理专业知识

5.2.3.1　掌握简单控制回路的构成、作用及投用方法

5.2.3.2　复杂控制系统

1)了解选择控制系统的结构、特点;

2)熟悉均匀控制系统、比值控制系统特点及应用;

3)掌握串级控制系统、分程控制系统的结构、特点及应用。

5.2.3.3　案例分析

5.2.4　化工测量与仪表

5.2.4.1　掌握压力测量原理及测量仪表

5.2.4.2　流量测量原理及仪表

1)了解电磁流量计、超声波流量计、质量流量计的测量原理、结构及应用;

2)熟悉标准节流装置的结构及节流原理的基本知识;

3)熟悉电磁、漩涡、超声波、质量等流量计的结构和使用方法;

4)掌握节流式流量计、转子式流量计的测量原理、结构及应用。

5.2.4.3　温度测量原理及仪表

1)了解红外等其他测温仪表的原理;

2)掌握热电偶、热电阻测温原理、结构及应用;

3)掌握补偿导线、热电偶冷端补偿的原理及应用。

5.2.4.4　液位测量原理及仪表

1)了解电容式液位计、超声波液位计、放射性物位计的测量原理及应用;

2)掌握差压式液位计、浮筒液位计的测量原理、结构、安装及应用。

5.2.4.5　成分测量原理及仪表

1)了解热导式分析仪、工业色谱仪、氧分析仪的测量原理;

2)熟悉样品预处理系统的原理及结构;

3)掌握红外式分析仪、工业 pH 计、可燃和有毒气体检测报警仪的测量原理及应用。

5.2.4.6　辅助仪表及特殊仪表

1)了解称重仪表、旋转机械状态监测仪表等特殊仪表的原理结构;

2)掌握安全栅、信号转换器(分配器)等辅助仪表的原理、结构及应用。

5.2.5　控制系统

1)了解 DCS、SIS、PLC、SCADA 系统的结构;

2)了解信号报警联锁系统的功能块图与梯形图的基本知识;

3)熟悉 DCS、SIS、PLC 的作用及用途;

4)掌握 DCS、SIS、PLC 日常维护的主要内容。

5.2.6　控制阀及附件

5.2.6.1　执行机构

1)了解液动执行机构的结构、特点;

2)熟悉电动执行机构的结构、特点及应用;

3)掌握气动执行机构(含气缸式和薄膜式)的结构、特点及应用。

5.2.6.2　调节阀

1)了解凸轮挠曲阀、三通阀的结构、特点及应用;

2)熟悉球阀、蝶阀、高压角阀、偏心旋转阀的结构、特点及应用;

3)掌握单座阀、笼式阀的结构、特点及应用。

5.2.6.3　控制阀附件

1)了解保位阀、继动器等附件的原理及应用;

2)掌握阀门定位器、电磁阀、形成开关的原理、结构、安装等。

5.2.7　自控专业标准规范

5.2.7.1　自控专业设计规定

1)了解自动化仪表选型规定;

2)了解仪表电源、仪表气源、供电等设计规范;

3)了解仪表防护防爆设计规范。

5.2.7.2　仪表检修维护规范

了解各类仪表的检修维护规范。

5.2.8　技能操作

5.2.8.1　基本技能

1)能识读自动控制系统回路图;

2)能识读带控制点的工艺流程图(P&ID 图);

3)能识读信号报警联锁系统的逻辑图;

4)能进行智能变送器的校验与调整;

5)能识读仪表零部件的加工图;

6)会选用及维护保养检维修用工具和标准仪器;

7)能熟练地调整控制器的比例、积分、微分参数。

5.2.8.2 解决问题能力

1)能根据仪表的检维修规程进行仪表的定期检维修;

2)能根据图纸完成单回路控制系统的配线、联校及投入运行;

3)能正确完成信号报警联锁电路的配线、调试;

4)能正确执行控制系统、联锁功能的摘除与投入运行;

5)能进行计算机控制系统的基本操作;

6)能处理仪表及仪表回路的常见故障;

7)能排除仪表气源、电源的故障。

5.3 复审培训考核要求与内容

5.3.1 复审培训考核要求

5.3.1.1 对已取得危险化学品生产单位自动化控制仪表维护资格证书人员,在证书有效期内,每年复审培训完毕都应进行考核,考核内容按本标准 5.3.2 的要求进行,并将考核结果在资格证书上做好记录。

5.3.1.2 复审培训考核可只进行笔试,考试办法可参照 5.3.2。

5.3.2 复审培训考核要点

复审培训考核要点包括以下内容:

1)有关化工自动化控制仪表的新规章、规程、标准;

2)有关化工自动化控制仪表的新技术、新材料、新工艺、新设备及其技术要求;

3)化工自动化控制仪表典型事故案例。

表1 化工自动化控制仪表作业人员安全技术培训课时安排

项目		培训内容	学时
培训	第一单元 (共 8 学时)	过程安全管理基本知识	6
		案例分析	2
	第二单元 (共 10 学时)	化工过程及设备基本知识	4
		电工技术基础知识	4
		案例分析	2
	第三单元 (共 18 学时)	化工过程控制原理	12
		防爆基本知识	2
		案例分析	4
	第四单元 (共 18 学时)	化工测量与仪表	14
		案例分析	4

续表

项目		培训内容	学时
培训	第五单元 (共16学时)	控制系统的原理、结构、特点及应用	12
		案例分析	4
	第六单元 (共20学时)	控制阀	12
		控制阀附件	4
		案例分析	4
	第七单元 (共2学时)	自控专业标准规范	2
	第八单元 (实训) (共10学时)	仪表图纸资料解读	2
		仪表的校验与检修	4
		仪表故障的检查判断与处理	4
		复习	2
		考试	2
		合计	106

表2 化工自动化控制仪表作业人员复审培训学时安排

项目	培训内容	学时
复审培训	有关化工自动化控制仪表的新的法律、法规、规章、规程、标准和政策; 有关化工自动化控制仪表的新技术、新材料、新工艺、新设备及其技术要求; 化工自动化控制仪表典型事故案例。	不少于8学时
	复习	
	考试	
	合计	

河南省安全生产监督管理局关于委托实施行政许可的公告

　　根据《中华人民共和国行政许可法》、《河南省人民政府办公厅关于印发赋予试点县(市)经济社会管理权限目录的通知》豫政办〔2011〕66 号和省安全生产监督管理局的有关规定,河南省安全生产监督管理局委托巩义、兰考、长垣、永城、滑县、邓州、汝州、固始、鹿邑、新蔡等 10 个县(市)安全生产监督管理局实施有关行政许可事项。自公告之日起,以上县(市)有关企业的相关行政许可事项请到所在地的县(市)安全生产监督管理局办理。现将委托实施行政许可内容和受委托行政机关公告如下:

河南省安全生产监督管理局委托实施行政许可项目

类别	委托实施行政许可内容	受委托行政机关
非煤矿矿山	辖区内中央驻豫、省管及跨县(市)以外的非煤矿矿山企业的安全生产行政许可(含"三同时")	县(市)安全生产监督管理局
危险化学品	辖区内中央驻豫、省管及跨县(市)以外的危险化学品生产、经营企业的安全生产(含甲种经营)行政许可	县(市)安全生产监督管理局
烟花爆竹	辖区内烟花爆竹企业的安全生产、经营(批发)行政许可(含"三同时")	县(市)安全生产监督管理局

河南省安全生产监督管理局
二〇一一年六月一日

关于开展危险化学品企业
危险性较大的设备设施和作业场所安全检测
检验工作的通知

豫安监管办〔2011〕153 号

各省辖市、省直管县安全生产监督管理局、有关检测检验机构:

为进一步加强危险化学品安全生产工作,根据《河南省人民政府关于进一步加强化工行业安全生产工作的若干意见》(豫政〔2010〕29 号)的有关要求,决定对全省危险化学品企业内危险性较大的设备设施和作业场所开展检测检验(以下简称检测检验)工作。现将有关事项通知如下:

一、所有危险化学品生产、经营、使用单位(以下简称危险化学品企业)内危险性较大设备设施和作业场所必须经检测检验合格后方可投入使用。第一批检测检验目录及检验周期见附件。

二、检测检验机构必须具有国家或省级安全生产监督管理部门颁发的乙级以上安全生产检测检验资质,且在其允许的业务范围内开展工作。

三、检测检验机构在完成检测检验后应出具检测检验报告,并对检测检验结果负责。同时,对检测检验中发现的重大问题应当及时将检验结果以书面形式反馈企业,企业应该根据反馈意见进行整改。整改完成由原检测检验机构进行复检。

四、检测检验机构应当建立完善的检测检验管理档案,并及时公布检测检验结果,接受社会监督。同时为企业和监管部门提供信息查询服务。

五、安全评价机构在对危险化学品企业进行安全生产条件符合性论证时,应将检测检验结果作为安全评价的重要依据之一。相关评价报告备案时,应将检测检验报告作为评价报告的附件一并提交。

六、危险化学品企业应加强对危险性较大的设备设施和作业场所的安全管理,建立档案管理制度,自觉接受检测检验。

七、严格危险化学品设备设施报废制度。对列入国家、省明令禁止和淘汰的化工工艺设备应立即停止使用;对已到使用期限、带病运行的,或安全技术检测检验不合格的设备设施实行强制性报废。有关情况应及时报告安全监管部门。

八、对于重大危险源安全监控预警系统、万向充装管道系统等先进适用新装备的检测检验,可以视同委托技术支撑机构对于该系统装备安装改造工作的验收。

九、各级安全生产监管部门,应将检测检验结果作为日常安全监管的重要内容,对于检测检验反映出的安全隐患和其它问题限期整改,逾期不整改的,将依据有关法律法规严肃查处。同时,应督促危险化学品企业自觉接受检测检验,保证该项工作的正常进行。

附件:第一批危险化学品企业危险性较大的设备设施和作业场所检测检验目录

二〇一一年八月十二日

附件：

第一批危险化学品企业
危险性较大的设备设施和作业场所检测检验目录

序号	检测项目	依据标准	检测周期
1	易燃易爆、有毒有害场所可燃气体/有毒、有害气体浓度	GBZ 1—2010《工业企业设计卫生标准》 GB 50493—2009《石油化工企业可燃气体和有毒气体检测报警设计规范》 SY 6503—2008《石油天然气工程可燃气体检测报警系统安全技术规范》 GB 50156—2006《汽车加油加气站设计和施工规范》 GJJ 84—2000《汽车用燃气站技术规范》	一年
2	防雷防静电设施	GB 50057—94《建筑物防雷设计规范》 GB 50028—2006《城镇燃气设计规范》 GB 50031—2006《乙炔站设计规范》 GB 50156—2006《汽车加油加气站设计和施工规范》 GB 13348—2009《液体石油产品静电安全规程》 SY 5225—2005《石油天然气钻井、开发、储运防火防爆安全生产技术规程》 GB 15599—2009《石油与石油设施雷电安全规范》 GB 50169—2006《电气装置安装工程施工及验收规范》	一年
3	电气设备选型、表面温度、线路的布置环境	GB 50058—1992《爆炸和火灾危险环境电力装置设计规范》 GB/T 24343—2009《工业机械电气设备绝缘电阻实验规范》 GB 3836.1—2000《爆炸气体环境用电器通用要求》 GB 5226.1—2002《机械安全机械电气设备》第一部分：通用技术条件 GB 50254—96《电气装置安装工程低压电器施工及验收规范》	一年
4	易燃易爆介质管道、储罐焊缝、法兰连接处、阀门、采样口、液位计的泄漏检测	GBZ 1—2010《工业企业设计卫生标准》 GB 50493—2009《石油化工企业可燃气体和有毒气体检测报警设计规范》 SY 6503—2008《石油天然气工程可燃气体检测报警系统安全技术规范》 GB 50156—2006《汽车加油加气站设计和施工规范》 GJJ 84—2000《汽车用燃气站技术规范》	一年
5	安全设施的标志铭牌	GB 2894—1996《安全标志》 GB 50058—1992《爆炸和火灾危险环境电力装置设计规范》	一年
6	介质泄漏检测报警系统完好性	GB 50493—2009《石油化工企业可燃气体和有毒气体检测报警设计规范》 GB 17681—1999《易燃易爆罐区安全监控预警系统验收技术要求》（技术要求部分）	一年
7	重大危险源安全监控预警系统	AQ 3035—2010《危险化学品重大危险源安全监控通用技术规范》 AQ 3036—2010《危险化学品重大危险源罐区现场安全监控装备设置规范》	一年
8	万向充装管道系统	HG/T 2040—2007《手动液体装卸臂通用技术条件》 HG/T 21608—96《液体装卸臂》	一年

关于加强危险化学品企业
停产停业期间安全监管工作的通知

豫安监管〔2012〕10 号

各省辖市、省直管县安全监管局,有关中央驻豫和省管企业:

为加强我省危险化学品企业(以下简称企业)的安全生产,现就因生产、经营、安全、检修、技改以及其它方面原因出现下列情况的停产停业(不包括临时停车、紧急停车、间歇工艺的正常操作间歇以及短时间的待料、带电停车等)企业的安全监管工作通知如下,请遵照执行。

一、短期或部分停产停业要求

短期或部分停产停业指企业2个月以内的全部或部分停产停业及超过2个月的部分停产停业行为。

(一)企业应当制定停产停业安全管理方案(以下简称停产停业方案)并填写《危险化学品企业停产停业报告表》(附件1),报负责日常监管的当地安全生产监管部门。其停产停业方案应严格执行,确保期间的安全生产。

(二)企业制定的停产停业方案,应包括停产停业前后及其整个过程的安全管理措施。对由于检修、技术改造而停产停业,停产停业方案还应当包括工艺处理、检修、技术改造的有关内容和安全管理规定。

(三)企业在停产停业后复工的,应当制定详细的复工方案,填写《危险化学品企业停产停业复工申请表》(附件2),向当地安全监管部门提出复工申请,经批准后方可复工。企业必须严格执行复工方案,确保复工过程的安全生产。

二、歇业

指企业安全生产许可证或危险化学品经营许可证(以下简称许可证)在有效期内全部停产停业超过2个月的行为。

(一)企业在及时、妥善处置生产装置、储存设施以及库存的危险化学品后,应当按照本通知第一条第(二)款要求制订歇业期间安全管理方案并填写《危险化学品企业歇业申请表》(附件3),一并向负责许可实施的相关安全生产监管部门(以下简称相关许可部门)提出歇业申请。申请表应由负责日常监管的当地安全生产监管部门签署意见。企业应严格执行停产停业方案,确保期间的安全生产。

(二)首次歇业手续必须在许可证有效期内办理完成,超期不得办理。企业办理歇业手续时,应当交回许可证。

(三)生产单位歇业不得超过一年,经营单位不得超过半年。超过上述期限可申请延期,但延期歇业不能超过2次。歇业日期自批准之日算起。歇业期间,不得从事相关生产经营活动。

(四)企业申请歇业,其许可证有效期不变。

(五)许可证在歇业期间到期的,可暂不提交延期申请。提出许可证延期申请后办理歇业的企业,歇业期间许可手续暂停办理,待复工验收通过后再延续办理。

(六)歇业以后申请复工,必须制定详细的歇业复工方案,填写《危险化学品企业歇业复工验收表》(附件4),一并报送相关许可部门。歇业时间超过1年的,复工验收前需重新进行安全评价。复工过程必须严格执行歇业复工方案,并由有关设计、施工、安全评价等单位组织验收组进行复工验收。验收通过的,到相关许可部门领取许可证。

(七)对于歇业期间许可证已过期的,复工验收安全评价可与延期换证安全评价合并进行,复工申请和许可证延期手续同时办理。

本通知自印发之日起执行,《关于认真做好危险化学品生产经营单位歇业安全监管工作的通知》(豫安监管危化〔2009〕63号)和《关于认真做好危险化学品生产经营单位停产或部分停产期间安全监管工作的通知》(豫安监管三〔2009〕314号)同时废止。

附件:1. 危险化学品企业停产停业报告表
　　　2. 危险化学品企业停产停业复工申请表
　　　3. 危险化学品企业歇业申请表
　　　4. 危险化学品企业歇业复工验收表

二○一二年一月三十日

附件1:

危险化学品企业停产停业报告表

企业名称		企业类型	□生产企业 □经营企业
许可证编号		发证日期	
许可证有效期		经济类型	
联系人		联系电话	
报告事项	计划于____年___月___日至____年___月___日停产停业。		
停产停业原因	负责人(签字): 　　　　　　　　　　　　　　　(盖章)____年___月___日		
当地安全监管部门签收	经办人: 　负责人(签字): 　　　　　　　　(盖章)____年___月___日		
备注			

本表一式两份,当地安全监管部门和企业各执一份。

附件2：

危险化学品企业停产停业复工申请表

企业名称		企业类型		□生产企业 □经营企业
许可证 编号		发证日期		
许可证 有效期		经济类型		
联系人		联系电话		
申请事项	我单位于_____年___月___日申请停产停业,现申请复工。 负责人(签字)：		(盖章)_____年___月___日	
当地安监 部门意见	 经办人：　　负责人(签字)：		(盖章)_____年___月___日	
备注				

本表一式两份,当地安全监管部门和企业各执一份。

附件 3：

危险化学品企业歇业申请表

企业名称		企业类型	□生产企业 □经营企业
许可证 编号		发证日期	
许可证 有效期		经济类型	
联系人		联系电话	
申请事项	一、自申请日起歇业_____个月。 二、暂停危险化学品生产(经营)活动。		
申请原因	负责人(签字)： (盖章)_____年___月___日		
当地安全监管 部门意见	经办人： 审核人： 负责人(签字)： (盖章)_____年___月___日		
相关许可 部门意见	经办人： 审核人： 负责人(签字)： (盖章)_____年___月___日		
备注			

本表一式三份,相关实施许可部门留存并抄送当地安全监管部门

附件 4：

危险化学品企业歇业复工验收表

企业名称		企业类型	□生产企业 □经营企业
许可证编号		发证日期	
许可证有效期		经济类型	
联系人		联系电话	
申请事项	经批准,我单位于_____年___月___日至_____年___月___日为歇业期,现申请复工验收。 负责人(签字)：　　　　　　　　　　　　　　　　　(盖章)_____年___月___日		
验收专家组意见	 组长(签字)：　　　　　　　　　　　　　　　　　　　　　年___月___日		
当地安全监管部门意见	 经办人：　　审核人： 负责人(签字)：　　　　　　　　　　　　　　(盖章)_____年___月___日		
相关许可部门意见	 经办人：　　审核人： 负责人(签字)：　　　　　　　　　　　　　　(盖章)_____年___月___日		
备注			

本表一式三份,相关实施许可部门留存并抄送当地安全监管部门

河南省安全生产监督管理局
关于建立危险化学品企业重大事项
报告制度的通知

豫安监管办〔2012〕35 号

各省辖市安全监管局、省直管试点县(市)安全监管局、有关企业：

为更好地履行安全生产监管职责,促进全省危险化学品企业落实安全生产主体责任,根据《国务院关于坚持科学发展安全发展促进安全生产形势持续稳定好转的意见》(国发〔2011〕40号)和《河南省人民政府关于进一步加强化工行业安全生产工作的若干意见》(豫政〔2010〕29号)的有关规定,决定建立危险化学品企业重大事项报告制度。具体要求如下：

一、实行重大事项报告制度的范围

1. 危险化学品生产经营单位；
2. 构成危险化学品重大危险源的使用单位。

二、需要报告的重大事项

1. 危险化学品建设项目安全条件审查、安全设施设计审查、危险化学品建设项目试生产、危险化学品建设项目竣工验收审查前后,项目进展有关情况；
2. 企业取证情况；
3. 涉及安全的关键设备更换；
4. 小试、中试的试车实施方案；
5. 发生生产安全事故停产整顿恢复生产前；
6. 按照《关于加强危险化学品企业停产停业期间安全监管工作的通知》(豫安监管〔2012〕10号)要求,需要办理的有关手续；
7. 国庆、春节等重要节假日、重大活动期间,领导带班情况；
8. 投资额低于 50 万元的技术改造；
9. 主要负责人或分管安全工作的负责人更换或离岗一个月以上不能履行安全生产工作的；
10. 安全设施安装改造、维护；
11. 设备设施超过设计年限或检修年限的；
12. 危险性较大的设备设施和作业场所的检验情况；
13. 改变生产工艺的,改变生产原料,提高反应温度、压力,提高设计生产能力的；
14. 新改扩建设项目报告设计单位的资质情况(提供设计单位的资质证书、公章及图签章印模)；
15. 发生造成停产或局部停产、人员撤离等泄漏或燃烧、爆炸事故事件的；
16. 发现重大事故隐患的；
17. 隐患检查和整改情况；
18. 涉及有关安全生产的重要活动或重大事件。

三、重大事项报告方式

1. 按照监察分级管理要求,属县(市、区)监管的企业,企业向县(市、区)安全监管局报告,同时抄报市安全监管局。属市(直管县)安全监管局监管的企业,企业向市(直管县)安全监管局报告。本通知第二条第 14 项中设计单位属于甲级及以上设计资质的,同时抄报省安全监管局,第15、16 项报当地安全监管局的同时报省安全监管局。

2. 企业填写《危险化学品企业重大事项报告表》(附件),由法定代表人或主要负责人(指法定代表人不从事具体管理工作的)签字,单位盖章。在报告事项内容栏,须认真填写事项发生时间、地点、简要情况、涉及的主要人员、可能发生和已经发生的危害等情况。

3. 采取定期报告和及时报告相结合的方式。正常情况下每季度报告一次;对于本通知第二条第 3—9、13、15、16 项,应及时报告。

四、有关事项

1. 危险化学品企业安全生产管理人员,特别是主要负责人,要带头执行本制度,及时、真实的上报本单位安全生产重大事项。企业应报告而不报告或不如实报告安全生产重大事项,造成严重后果或发生较大安全生产事故的,除按有关规定处罚直接责任人外,还要对安全生产分管领导和单位主要负责人予以从重处罚。

2. 当地安全监管局负责危险化学品企业重大事项报告制度的具体落实工作,省安全监管局负责对本制度执行情况的监督检查。

3. 各地要将企业重大事项报告制度落实情况,作为企业年度考核及延期换证的一项重要内容。

附件:危险化学品企业重大事项报告表

二〇一二年三月二十六日

附件

危险化学品企业重大事项报告表

企业名称	
重大事项 报告内容	 负责人：　　　　　　　　（盖章）　　　　　　　年　月　日
当地安监 部门意见	 经办人：　　　　　　　　审核人： 负责人：　　　　　　　　（盖章）　　　　　　　年　月　日
备注	

河南省安全生产监督管理局关于
做好危险化学品从业单位安全生产
标准化工作有关问题的通知

豫安监管办〔2012〕43 号

各省辖市、省直管（试点）县（市）安全监管局，有关中央驻豫和省管企业：

为贯彻《危险化学品从业单位安全生产标准化评审工作管理办法》（安监总管三〔2011〕145号）和《河南省安全生产监督管理局关于印发河南省企业安全生产标准化评审管理办法（试行）的通知》（豫安监管〔2012〕47 号，以下简称《评审办法》）要求，深入开展我省危险化学品从业单位安全生产标准化工作，现将有关问题通知如下：

一、关于评审标准和计分

危险化学品从业单位安全生产标准化评审标准按照《危险化学品从业单位安全生产标准化评审标准》（安监总管三〔2011〕93 号）和《河南省危险化学品从业单位安全生产标准化评审标准》（豫安监管〔2011〕93 号）等相关标准执行。

危险化学品从业单位安全生产标准化等级由高到低分为一级、二级、三级，采用评审计分方式确定。依照相关标准评审，计分方法如下：

1. 每个 A 级要素满分为 100 分，各个 A 级要素的评审得分乘以相应的权重系数（见附件1），然后相加得到评审得分。评审满分为 100 分，计算方法如下：

$$M = \sum_1^n K_i \cdot M_i$$

式中：M——总分值；

K_i——权重系数；

M_i——各 A 级要素得分值；

n——A 级要素的数量（$1 \leqslant n \leqslant 12$）；

2. 当企业不涉及相关 B 级要素时为缺项，按零分计。A 级要素得分值折算方法如下：

$$M_i = \frac{M_{i实} \times 100}{M_{i满}}$$

式中：$M_{i实}$——A 级要素实得分值；

$M_{i满}$——扣除缺项后的要素满分值；

3. 每个 B 级要素分值扣完为止；

4. 一级、二级、三级企业评审得分均在 80 分（含）以上，且每个 A 级要素评审得分均在 60 分（含）以上。

二、关于评审单位申请

申请危险化学品从业单位安全生产标准化评审单位的机构，应提交下列材料，并对材料的真实性负责：

1. 安全生产标准化评审单位登记表；

2. 工商营业执照副本复印件；

3. 安全评价机构资质证书副本复印件；

4. 评审人员培训合格证书复印件；

5. 安全生产标准化评审人员登记表复印件；

6. 内部管理制度和评审程序文件清单；

7. 开展标准化评审工作或职业健康安全管理体系工作清单。

社会中介机构除提供以上资料外，还需提交评审人员劳动关系的法定证明文件复印件。

社会团体和事业单位除提交本条第 1、4、5、6、7 条规定的材料外，还需提供法人登记证书复印件。

申请危险化学品从业单位安全生产标准化评审单位的机构，按照相关程序提出申请，申请材料于 4 月 23 日前报省安全监管局。

前期已在省安全监管局备案的评审单位，应对照《评审办法》，向各省辖市安全监管局重新提交申请材料，报省安全监管局确定并公告。如果原有三级标准化评审机构已经能够满足工作需要，原则上不再新增。

三、关于自评员管理

危险化学品从业单位安全生产标准化自评员应不少于企业员工总数 1‰（不足 1000 人的企业至少配备 1 名）。企业开展自评工作时，自评工作组应至少有 1 名自评员。

自评员应具备以下条件：

1. 具有化学、化工或安全专业中专以上学历；

2. 具有至少 3 年从事与危险化学品或化工行业安全相关的技术或管理等工作经历；

3. 参加省安全监管局组织的自评员培训，取得自评员培训合格证书。

四、其它有关事宜

1. 申请标准化达标评审的企业，应向相应安全监管部门提出申请，由受理申请的部门指定评审单位进行评审验收。

2. 已开展 HSE 等体系认证的企业可对照评审标准，明确各级要素，充实并提交体系文件，标注标准化有关条款。评审单位可依据企业提交的体系文件、按照标准化评分方式开展工作。

3. 加油站有隶属关系、统一管理的公司，可以由所隶属的公司以管理单元（县公司、管理片区等）为单位申请达标评审，管理单元的划分不应跨设区的市。

4. 鼓励规模相近、危险级别相同的危险化学品储存、经营企业采取区域联合的方式申请达标评审，联合申请评审的企业不应跨县（区）。

5. 对达标企业，评审单位应将其不符合项反馈企业和当地安全监管部门，由当地安全监管部门督促整改。整改完成，将整改情况报评审单位存档。

6. 企业提交的评审申请书、诊断报告、自评报告和评审单位提交的评审报告应采用河南省安全生产监督管理局监制的统一样式（见附件 2—5）。

7. 评审单位每年至少一次对质量保证体系进行内部审核，每年 1 月 15 日前向相应安全监管部门报送上年度本单位内部审核报告和评审工作总结。

本通知发布之日起，《关于印发〈河南省危险化学品企业安全标准化工作实施方案〉、〈河南省危险化学品企业安全标准化考核办法（试行）〉的通知》（豫安监管三〔2009〕333 号）和《关于印发〈河南省危险化学品从业单位氯化石蜡、甲醛、甲醇安全标准化实施指南和考核评价标准〉的通知》(豫安监管三〔2010〕107 号)同时废止。

附件:1. A 级要素权重系数
　　　2. 河南省危险化学品从业单位安全生产标准化评审申请书
　　　3. 河南省危险化学品从业单位安全生产标准化诊断报告
　　　4. 河南省危险化学品从业单位安全生产标准化自评报告
　　　5. 河南省危险化学品从业单位安全生产标准化评审报告

二〇一二年四月十二日

附件 1

A 级要素权重系数

序号	A 级要素	权重系数
1	法律法规和标准	0.05
2	机构和职责	0.06
3	风险管理	0.12
4	管理制度	0.05
5	培训教育	0.10
6	生产设施及工艺安全	0.20
7	作业安全	0.15
8	职业健康	0.05
9	危险化学品管理	0.05
10	事故与应急	0.06
11	检查与自评	0.06
12	本地区的要求	0.05

附件 2

申请编号：
申请日期：

河南省危险化学品从业单位安全生产标准化
评审申请书

申请单位_____

申请等级_____

经 办 人_____

填写日期_____

河南省安全生产监督管理局制

一、企业信息

单位名称					
地址					
性质	□国有　□集体　□民营　□私营　□合资　□独资　□其它				
法人代表		电话		邮编	
联系人		电话		传真	
		手机		电子信箱	
是否倒班	□是　□否		倒班人数及方式		
员工总数		厂休日		可否占用	

1. 本次申请的评审为:□一级企业　□二级企业　□三级企业

2. 如果是某集团公司的成员,请注明该集团公司的名称全称:

3. 是否已取得管理体系认证证书,如有请注明证书名称和发证机构:

4. 安全生产标准化牵头部门:

5. 计划在什么时间评审

6. 企业的相关负责人(经理/厂长、主管厂级领导、总工程师、安全生产标准化负责人)

姓名	职务	姓名	职务	姓名	职务

7. 申请企业主要化学品名称、用途、数量:(可另附页)

名称	用途	数量(Kg)	属性

8. 如有分支机构或多个现场(包括临时现场),请填写以下内容

名称	地址	联系人	员工数	电话/传真	主要业务活动描述

二、有关情况说明

1. 近五年(一级企业)或近三年(二级企业)或近一年(三级企业)发生生产安全事故的情况:
2. 可能造成较大安全、职业健康影响的活动、产品和服务:
3. 安全、职业健康主要业绩:
4. 有无特殊危险区域或限制的情况:

三、其他信息、文件资料

企业是否同意遵守评审要求,并能提供评审所必需的真实信息? 　　　　　　□是　　　　　　　□否	

在提交申请时,请同时提交以下材料:

1. 评审申请书、自评报告和诊断报告;

2. 企业简介(企业性质、地理位置和交通、生产能力和规模、从业人员、企业下属单位情况等);

3. 安全生产许可证复印件(未取得安全生产许可证的企业须提供试生产意见书);

4. 工商营业执照复印件;

5. 安全生产标准化管理制度清单;

6. 安全生产组织机构及安全管理人员名录;

7. 企业近五年安全生产事故情况;

8. 工厂平面布置图;

9. 重大风险和重大危险源清单;

10. 关键装置和重点部位清单;

11. 标准化工作总结;

12. 选择技术服务单位或专家辅导的企业,除上述 11 项内容外,还要提交与技术服务单位或专家签订的服务协议复印件。

企业自评得分:

申请 单位 意见	主要负责人(签字): 　　　　　　　　　　　　　　　　　　　　　　　　(盖章) 　　　　　　　　　　　　　　　　　　　　年　　月　　日
企业所在地 省辖市(直管 县)安全监管 局意见	 　　　　　　　　　　　　　　　　　　　　　　　　(盖章) 　　　　　　　　　　　　　　　　　　　　年　　月　　日

附件 3

河南省危险化学品从业单位安全生产标准化
诊断报告

单位名称＿＿＿＿＿＿＿＿＿＿＿＿＿
填写时间＿＿＿＿＿＿＿＿＿＿＿＿＿

河南省安全生产监督管理局制

诊断工作组成员

	姓名	所在部门	职务/职称	签字
组长				
企业 参加 成员				
	姓名	单位	专业	签字
外聘 专家				

说明:诊断工作如聘请技术服务单位或专家提供辅导等服务的请注明。

企业名称			
企业地址		邮政编码	
联系方式		联系人	

诊断日期：___年___月___日至___年___月___日

诊断目的：

诊断范围：

诊断准则：

保密承诺：

企业主要参加人员：

文件及法律法规符合性诊断综述：

现场诊断综述（安全生产条件、安全管理等）：

说明：诊断工作如有聘请技术服务单位或专家提供辅导等服务的须填写保密承诺。

	A 级要素	B 级要素
适合本企业要素项		

诊断发现的主要问题、隐患和建议概述及纠正要求：

组长：　　　　　　　　　　　　　　　　　　审批人：

　　年　月　日　　　　　　　　　　　　　　　　　年　月　日（盖章）

附件 4

河南省危险化学品从业单位安全生产标准化
自评报告

企业名称＿＿＿＿＿＿＿＿＿＿＿＿＿＿

填写时间＿＿＿＿＿＿＿＿＿＿＿＿＿＿

河南省安全生产监督管理局制

企业自评小组成员

自评组	姓名	所在部门	职务/职称	签名
组长				
企业参加人员				
自评员				
外聘专家	姓名	工作单位	专业及评审人员证书编号	签名

说明:1. 自评员在"职务/职称"栏中填写自评员证书编号;

　　　2. 自评工作如聘请技术服务单位或专家提供辅导等服务的请注明。

企业名称：
自评日期：＿＿年＿＿月＿＿日至＿＿年＿＿月＿＿日
自评目的：
自评范围：
自评准则：
企业的基本情况：

自评综述：
自评发现的主要问题概述及纠正情况验证结论：
自评结论：
其他：
自评组长：　　　　　　　　　　　　　　　企业负责人： 　　年　月　日　　　　　　　　　　　　　　　　　　　　　　　　　　年　月　日（盖章）

企业自评得分表

企业名称(盖章)　　　　　　　　　　　　　　　　　　　　　　年　　月　　日

A级要素	B级要素	自评得分	
		B级要素	A级要素
1. 法律、法规和标准 (100分)	1.1 法律、法规和标准的识别和获取(50分)		
	1.2 法律、法规和标准符合性评价(50分)		
2. 机构和职责 (100分)	2.1 方针目标(20分)		
	2.2 负责人(20分)		
	2.3 职责(30分)		
	2.4 组织机构(20分)		
	2.5 安全生产投入(10分)		
3. 风险管理 (100分)	3.1 范围与评价方法(10分)		
	3.2 风险评价(10分)		
	3.3 风险控制(15分)		
	3.4 隐患排查与治理(20分)		
	3.5　重大危险源(20分)		
	3.6 变更(10分)		
	3.7 风险信息更新(10分)		
	3.8 供应商(5分)		
4. 管理制度 (100分)	4.1 安全生产规章制度(40分)		
	4.2 操作规程(40分)		
	4.3 修订(20分)		
5. 培训教育 (100分)	5.1 培训教育管理(20分)		
	5.2 从业人员岗位标准(10分)		
	5.3 管理人员培训(20分)		
	5.4 从业人员培训教育(30分)		

A级要素	B级要素	自评得分	
		B级要素	A级要素
5. 培训教育 (100分)	5.5 其他人员培训教育(10分)		
	5.6 日常安全教育(10分)		
6. 生产设施及工艺安全 (100分)	6.1 生产设施建设(10分)		
	6.2 安全设施(20分)		
	6.3 特种设备(10分)		
	6.4 工艺安全(25分)		
	6.5 关键装置及重点部位(15分)		
	6.6 检维修(10分)		
	6.7 拆除和报废(10分)		
7. 作业安全 (100分)	7.1 作业许可(20分)		
	7.2 警示标志(15分)		
	7.3 作业环节(40分)		
	7.4 承包商(25分)		
8. 职业健康 (100分)	8.1 职业危害项目申报(25分)		
	8.2 作业场所职业危害管理(50分)		
	8.3 劳动防护用品(25分)		
9. 危险化学品管理 (100分)	9.1 危险化学品档案(10分)		
	9.2 化学品分类(10分)		
	9.3 化学品安全技术说明书和安全标签(10分)		
	9.4 化学事故应急咨询服务电话(10分)		
	9.5 危险化学品登记(20分)		
	9.6 危害告知(15分)		
	9.7 储存和运输(25分)		

A级要素	B级要素	自评得分	
		B级要素	A级要素
10. 事故与应急 （100分）	10.1 应急指挥与救援系统（10分）		
	10.2 应急救援设施（15分）		
	10.3 应急救援预案与演练（25分）		
	10.4 抢险与救护（20分）		
	10.5 事故报告（15分）		
	10.6 事故调查（15分）		
11. 检查与自评 （100分）	11.1 安全检查（25分）		
	11.2 安全检查形式与内容（25分）		
	11.3 整改（20分）		
	11.4 自评（30分）		
12. 本地区的要求 （100分）	12.1 主体责任落实（25分）		
	12.2 程序文件（15分）		
	12.3 聘请专家（10）		
	12.4 先进适用新装备安装改造（15分）		
	12.5 安全检测检验（10分）		
	12.6 化工园区（5分）		
	12.7 贯彻本省年度重点工作情况（20分）		
自评得分			

附件 5

河南省危险化学品从业单位安全生产标准化评审报告

申请单位＿＿＿＿＿＿＿＿＿＿＿＿＿

评审单位＿＿＿＿＿＿＿＿＿＿＿＿＿

经 办 人＿＿＿＿＿＿＿＿＿＿＿＿＿

填写时间＿＿＿＿＿＿＿＿＿＿＿＿＿

河南省安全生产监督管理局制

评审工作人员组成

评审单位名称			
评审单位地址			
主要负责人		报告审核人	
联系人		联系电话	

评审小组成员名单

	姓名	专业及评审人员证书编号	签字
组长			
专职评审人员			
兼职评审人员			
	姓名	技术专业	签字
技术专家			

企业名称	
企业地址	

联系人		联系方式	

评审日期	___年___月___日至___年___月___日

评审目的:

评审范围:

评审准则:

保密承诺:

企业主要参加人员:

企业的基本情况:

文件评审综述：	
法律法规符合性综述：	
现场评审综述（与《评审标准》的符合情况、有效性、安全责任制体系、安全文化、风险管理、安全生产条件、直接作业环节管理等）：	
评审发现的主要问题概述及纠正要求：	
评审结论及等级推荐意见：	
建议：	
评审组长：　　　　　　　　　　审批人：	
年　　月　　日　　　　　　　　　　　　　　　年　　月　　日（评审单位盖章）	

评审得分表

企业名称　　　　　　　　　　　　　　　　　　　　　　年　月　日

A级要素	B级要素	自评得分	
		B级要素	A级要素
1. 法律、法规和标准 (100分)	1.1 法律、法规和标准的识别和获取(50分)		
	1.2 法律、法规和标准符合性评价(50分)		
2. 机构和职责 (100分)	2.1 方针目标(20分)		
	2.2 负责人(20分)		
	2.3 职责(30分)		
	2.4 组织机构(20分)		
	2.5 安全生产投入(10分)		
3. 风险管理 (100分)	3.1 范围与评价方法(10分)		
	3.2 风险评价(10分)		
	3.3 风险控制(15分)		
	3.4 隐患排查与治理(20分)		
	3.5 重大危险源(20分)		
	3.6 变更(10分)		
	3.7 风险信息更新(10分)		
	3.8 供应商(5分)		
4. 管理制度 (100分)	4.1 安全生产规章制度(40分)		
	4.2 操作规程(40分)		
	4.3 修订(20分)		
5. 培训教育 (100分)	5.1 培训教育管理(20分)		
	5.2 从业人员岗位标准(10分)		
	5.3 管理人员培训(20分)		
	5.4 从业人员培训教育(30分)		

A级要素	B级要素	自评得分	
		B级要素	A级要素
5. 培训教育 （100分）	5.5 其他人员培训教育（10分）		
	5.6 日常安全教育（10分）		
6. 生产设施及工艺安全 （100分）	6.1 生产设施建设（10分）		
	6.2 安全设施（20分）		
	6.3 特种设备（10分）		
	6.4 工艺安全（25分）		
	6.5 关键装置及重点部位（15分）		
	6.6 检维修（10分）		
	6.7 拆除和报废（10分）		
7. 作业安全 （100分）	7.1 作业许可（20分）		
	7.2 警示标志（15分）		
	7.3 作业环节（40分）		
	7.4 承包商（25分）		
8. 职业健康 （100分）	8.1 职业危害项目申报（25分）		
	8.2 作业场所职业危害管理（50分）		
	8.3 劳动防护用品（25分）		
9. 危险化学品管理 （100分）	9.1 危险化学品档案（10分）		
	9.2 化学品分类（10分）		
	9.3 化学品安全技术说明书和安全标签（10分）		
	9.4 化学事故应急咨询服务电话（10分）		
	9.5 危险化学品登记（20分）		
	9.6 危害告知（15分）		
	9.7 储存和运输（25分）		

A 级要素	B 级要素	自评得分	
		B 级要素	A 级要素
10. 事故与应急 (100 分)	10.1 应急指挥与救援系统(10 分)		
	10.2 应急救援设施(15 分)		
	10.3 应急救援预案与演练(25 分)		
	10.4 抢险与救护(20 分)		
	10.5 事故报告(15 分)		
	10.6 事故调查(15 分)		
11. 检查与自评 (100 分)	11.1 安全检查(25 分)		
	11.2 安全检查形式与内容(25 分)		
	11.3 整改(20 分)		
	11.4 自评(30 分)		
12. 本地区的要求 (100 分)	12.1 主体责任落实(25 分)		
	12.2 程序文件(15 分)		
	12.3 聘请专家(10)		
	12.4 先进适用新装备安装改造(15 分)		
	12.5 安全检测检验(10 分)		
	12.6 化工园区(5 分)		
	12.7 贯彻本省年度重点工作情况(20 分)		
评审得分			

企业负责人签字：

评审组长签字：

不符合项汇总表

要素序号	不符合项扣分理由	扣分情况	整改要求

企业负责人签字：

评审组长签字：

年　　月　　日

河南省安全生产监督管理局关于印发《危险化学品重大危险源专项整治工作实施方案》的通知

豫安监管〔2012〕48 号

各省辖市、省直管试点县安全生产监管局：

　　为加强危险化学品重大危险源的安全监督管理,防止和减少危险化学品事故的发生,省安全生产监督管理局决定开展危险化学品重大危险源专项整治工作,现将《危险化学品重大危险源专项整治工作实施方案》予以印发,请认真贯彻落实。

二〇一二年四月一日

危险化学品重大危险源专项整治工作实施方案

一、整治目的与要求

　　加强危险化学品重大危险源(以下简称重大危险源)的安全监督管理,切实落实企业主体责任,提升企业本质安全水平,有效防范和坚决遏制危险化学品事故特别是较大以上事故的发生。

　　全面落实国家安全监管总局《危险化学品重大危险源监督管理暂行规定》的各项要求,按照《危险化学品重大危险源安全监控通用技术规范》(AQ3035—2010)和《危险化学品重大危险源罐区现场安全监控装备设置规范》(AQ3036—2010)建立和完善监控系统。

二、工作步骤

专项整治工作计划分三个阶段进行,年内完成:

(一)宣传动员、制定方案(2012 年 4 月 1 日—4 月 30 日)

　　1. 各地安全监管部门要对本辖区有关企业进行排查摸底,制定本地区的整治方案,明确任务,提出要求。并于 4 月 30 日前将有关企业重大危险源基本情况(附表)上报省安全监管局。

　　2. 相关企业要组织员工,全面宣传与重大危险源有关的要求、规范标准和安全知识,做到应知尽知。

　　3. 相关企业应根据企业自身情况,组织人员进行全面排查,
制定工作计划和工作方案。

　　4. 省安全监管局将委托有关单位进行宣传教育培训,使全省安全监管系统和相关企业明确专项整治的要求与目标。

（二）自查自纠、督促整治（2012 年 5 月 1 日—9 月 30 日）

1. 相关企业要按照工作方案，有计划、有步骤地抓好以下工作：

（1）对照《危险化学品重大危险源辨识》（GB18218—2009）进行辨识，然后对照《危险化学品重大危险源监督管理暂行规定》、《危险化学品重大危险源分级方法》进行分级。

（2）对照《危险化学品重大危险源安全监控通用技术规范》（AQ3035—2010）、《危险化学品重大危险源罐区现场安全监控装备设置规范》（AQ3036—2010）要求，进行监控系统改造。

（3）按照省安全监管局《河南省安全生产检测检验管理暂行办法》（豫安监管〔2012〕44 号）要求，由具备相关资质的安全生产检测检验机构对重大危险源监控系统进行检测验收。

（4）制定重大危险源应急救援预案，提交安全生产监督管理部门审查备案。该预案可以为企业整体应急救援预案的一部分，并和整体预案一并提交。

（5）由具备相关资质的安全生产评价机构对重大危险源进行评价，提交县级安全生产监督管理部门备案。该评价可以作为企业现状评价报告的一部分，与整体评价报告一并提交。

（6）在此基础上，对于重大危险源登记建档，并向县级安全监管部门申请备案。

2. 各级安全监管部门根据整治工作的总体要求，督促企业严格执行工作计划和工作方案，并切实做好服务，完善各项审查、备案工作，帮助企业协调解决整治过程中出现的问题。

3. 各省辖市（直管县）安全监管局对本辖区内重大危险源整治情况进行监督检查，对于查出的问题下达整改指令，限期整改。

（三）执法监察、落实提高（2012 年 10 月 1 日—11 月 30 日）

1. 在第二阶段监督检查的基础上，各地对重大危险源整治情况进行集中执法监察，对于行动迟缓、整改不力，未能达到相关要求的坚决依法予以查处。

2. 省安全监管局组织督查组，对各地重大危险源专项整治工作进行督查。同时，对整治工作不能按期完成的企业进行执法监察，依法严肃处理。

三、其它事项

1. 对专项整治中出现的问题，各地应及时汇总上报省局。

2. 新、改、扩建危险化学品建设项目，企业要在建设项目竣工验收前完成重大危险源的辨识、安全评估和分级、登记建档工作，并向当地县级安全生产监督管理局备案。

3. 省安全监管局具体督查安排另行通知。相关配套文书另文发布。

附表

危险化学品重大危险源基本情况汇总表

填表单位：

填表日期：

序号	单位名称	构成重大危险源的介质	重大危险源等级	重大危险源地理坐标(经/纬)	重大危险源备案情况	重大危险源应急救援预案备案情况	备注

河南省安全生产监督管理局关于印发
《河南省危险化学品生产企业安全生产许可证
颁发管理实施细则(试行)》的通知

豫安监管〔2012〕66 号

各省辖市、省直管试点县安全生产监督管理局,各有关单位:

根据《安全生产许可证条例》(国务院令第 397 号)、《危险化学品安全管理条例》(国务院令第 591 号)和《危险化学品生产企业安全生产许可证实施办法》(国家安全监管总局令第 41 号)及有关法律、法规、规章和行业标准,结合我省实际,制定了《河南省危险化学品生产企业安全生产许可证颁发管理实施细则(试行)》,现印发给你们,请认真贯彻执行。

此件请转发至各县(市、区)安全生产监督管理部门和各危险化学品生产企业。

二〇一二年四月二十三日

河南省危险化学品生产企业安全生产
许可证颁发管理实施细则(试行)

第一章　总　则

第一条　为了严格规范危险化学品生产企业安全生产条件,做好危险化学品生产企业安全生产许可证的颁发和管理工作,根据《安全生产许可证条例》、《危险化学品安全管理条例》、《危险化学品生产企业安全生产许可证实施办法》(国家安全生产监督管理总局令第 41 号,以下简称《实施办法》)和《河南省人民政府关于进一步加强化工行业安全生产工作的若干规定》(豫政〔2010〕29 号)等有关法规规章,结合我省实际,制定本细则。

第二条　本细则所称危险化学品生产企业(以下简称企业),是指河南省行政区域内依法设立且取得工商营业执照或者工商核准文件从事生产最终产品或者中间产品列入《危险化学品目录》的企业。

第三条　企业应当依照本细则的规定取得危险化学品安全生产许可证(以下简称安全生产许可证)。未取得安全生产许可证的企业,不得从事危险化学品的生产活动。

企业涉及使用有毒物品的,除安全生产许可证外,还应当依法取得职业卫生安全许可证。

第四条　安全生产许可证的颁发管理工作实行企业申请,省、市(直管县)两级受理并实施,省级发证,属地监管的原则:

(一)省安全生产监督管理局(以下简称省安全监管局)负责企业安全生产许可证的颁发管理工作。

（二）省安全监管局负责受理、实施以下企业的许可工作：

1. 中央驻豫和省管企业；

2. 涉及剧毒化学品生产的企业；

3. 省直管县辖区内涉及危险化工工艺和重点监管危险化学品的企业。

（三）省辖市（直管县）安全生产监督管理局（以下简称市（直管县）安全监管局）可接受委托受理、实施本条第一款第二项规定以外的企业安全生产许可工作。

受委托的市（直管县）安全监管局在受委托的范围内，以省安全监管局的名义实施许可，但不得再委托其他组织和个人实施。

省安全监管局和受委托的市（直管县）安全监管局统称实施机关。

第二章　申请安全生产许可证的条件

第五条　企业申请安全生产许可证应符合《实施办法》第二章规定（附件）。

第六条　结合我省实际，《实施办法》第二章有关规定按照

下列要求执行：

企业选址：其所在的化工园区（集聚区）应当进行风险评价与安全容量分析，且风险为其评价报告所容许；

安全生产管理机构：要具备相对独立职能。专职安全生产管理人员应不少于企业员工总数的 2%（不足 50 人的企业至少配备 1 人），要具备化工或安全管理相关专业中专以上学历，有从事化工生产相关工作 2 年以上经历，取得安全管理人员安全资格证书。

企业安全投入：应当按照财政部和国家安全监管总局联合颁发的《企业安全生产费用提取和使用管理办法》（财企〔2012〕16 号）有关规定提取与安全生产有关的费用，原则上应当缴纳安全生产责任保险，以保证安全生产所必须的资金投入。

第三章　安全生产许可证的申请

第七条　新建企业安全生产许可证的申请，应当在危险化学品生产建设项目安全设施竣工验收通过后 10 个工作日内向实施机关提出。

新建企业申请安全生产许可证时，应当提交下列文件、资料，并对其内容的真实性负责。所提交的文件、资料复制件应当加盖单位印章。

（一）申请安全生产许可证的文件及申请书（原件，一式三份）；

（二）安全生产责任制文件（原件），安全生产规章制度、岗位操作安全规程清单。

（三）设置安全生产管理机构，配备专职安全生产管理人员的文件复制件；

（四）主要负责人、分管安全负责人、安全生产管理人员安全资格证和特种作业操作证复制件；

（五）与安全生产有关的费用提取和使用情况报告，新建企业提交有关安全生产费用提取和使用规定的文件；

（六）为从业人员缴纳工伤保险费的证明材料，原则上要有缴纳安全生产责任保险的证明材料；

（七）危险化学品事故应急救援预案的备案证明文件；

（八）危险化学品登记证复制件或登记部门出具的登记证明；

（九）工商营业执照副本或者工商核准文件复制件；

（十）具备资质的中介机构出具的安全评价报告；

（十一）新建（改建、扩建）项目的竣工验收意见书复制件；

（十二）应急救援组织或者应急救援人员，以及应急救援器材、设备设施清单。

不直接从事生产的中央驻豫和省管企业及其直接控股的企业（总部）可不提交本条第二款第四项中的特种作业操作证复制件和第八项、第十项、第十一项规定的文件、资料。

除本条第二款规定的文件、资料外，有危险化学品重大危险源的企业，还应当提供重大危险源及其应急预案的备案证明文件、资料；在化工园区（集聚区）内的企业，还应提交园区（集聚区）风险评价与容量分析的报告及备案材料；有危险性较大的设备设施和危险场所的企业，还应提供有检测检验资质的机构出具的检测检验报告。

第八条　企业办理延期申请，应按照下列要求执行：

（一）企业安全生产许可证有效期届满后继续生产危险化学品的，应当在安全生产许可证有效期届满前3个月向实施机关提出延期申请，提交延期申请文件（原件）、申请书和本细则第七条第二、三、四款规定的其它文件、资料（第七条第二款第一项除外），并交回原安全生产许可证正、副本。

（二）企业在安全生产许可证有效期内，符合下列条件的，其安全生产许可证届满时，经原实施机关同意，可不提交第二十条第二款第二、七、八、十一项规定的文件、资料，直接办理延期手续：

1. 严格遵守有关安全生产的法律、法规和本细则的；

2. 取得安全生产许可证后，加强日常安全生产管理，未降低安全生产条件，并达到安全生产标准化等级二级以上的；

3. 未发生死亡事故的。

第九条　企业在安全生产许可证有效期内提出变更申请的，应依照下列情况执行：

（一）企业在安全生产许可证有效期内变更主要负责人、企业名称或注册地址的，应当自工商营业执照变更之日起10个工作日内向实施机关提出变更申请，并提交下列文件、资料：

1. 危险化学品生产企业安全生产许可证变更申请文件（原件）、申请书（一式三份）；

2. 变更后的工商营业执照副本复制件；

3. 变更主要负责人的，还应当提供主要负责人经安全生产监督管理部门考核合格后颁发的安全资格证复制件；

4. 变更注册地址的，还应当提供相关证明材料；

5. 原安全生产许可证正、副本。

（二）企业在安全生产许可证有效期内变更许可范围的，应当向原实施机关提出变更申请，并提交下列相关文件、资料。

1. 有危险化学品新建、改建、扩建建设项目（以下简称建设项目）的，应当在建设项目安全设施竣工验收合格之日起10个工作日内提出变更申请，并提交危险化学品生产企业安全生产许可证变更申请文件（原件）、申请书（一式三份）和本实施细则第七条第二、四款的文件、资料（第七条第二款第一项除外）。

2. 在原生产装置新增产品或改变工艺技术且对企业的安全生产产生重大影响的，应当对该生产装置或者工艺技术进行专项安全评价，并对安全评价报告中提出的问题进行整改；在整改完成后，向原实施机关提出变更申请，并提交危险化学品生产企业安全生产许可证变更申请文件（原件）、申请书（一式三份）和针对该生产装置或工艺技术进行的专项安全评价报告。

3. 企业在未改变厂区布局、主要生产装置和工艺技术的情况下，简单改变品种且不降低安全生产条件的，应当提交危险化学品生产企业安全生产许可证变更申请文件（原件）、申请书（一式三份)及相关证明文件、资料。

第四章 安全生产许可证的颁发

第十条 实施机关的行政许可受理大厅(以下简称受理大厅)负责危险化学品安全生产许可的受理和颁证工作。

第十一条 受理大厅收到企业申请文件、资料后,应当按照下列情况分别作出处理:

(一)申请事项依法不需要取得安全生产许可证的,即时告知企业不受理;

(二)申请事项依法不属于本实施机关职权范围的,应当即时作出不予受理的决定,并告知企业向相应的实施机关申请;

(三)申请材料存在可以当场更正的错误的,允许企业当场更正;

(四)申请材料不齐全或者不符合法定形式的,当场告知或者在5个工作日内出具补正告知书,一次告知企业需要补正的全部内容;逾期不告知的,自收到申请材料之日起即为受理。

(五)企业申请材料齐全、符合法定形式,或者按照受理大厅要求提交全部补正材料的,立即受理其申请。

受理大厅受理或者不予受理行政许可申请,应当出具加盖本机关专用印章和注明日期的书面凭证。

对已经受理的行政许可资料,受理大厅应及时移交实施机关业务部门。

第十二条 实施机关业务部门接到许可材料后,按照下列要求组织对企业提交的申请文件、资料进行审查。

(一)实施机关业务部门应当组织对企业提交的申请文件、资料进行审查。对企业提交的文件、资料实质内容存在疑问,需要到现场核查的,应当指派工作人员就有关内容进行现场核查。工作人员应当如实提出现场核查意见。现场核查时应当有当地安全监管部门参加。发现问题需要整改的,应当要求企业限期整改。在企业整改完毕后可指派人员或委托当地安全监管部门到现场复核,并签署复核意见;涉及评价报告的,要求作相应修改,并由有关人员签字确认。

(二)对于经过初步审查的许可事项,实施机关业务部门召开部门会议集体审查。

(三)对省安全监管局直接受理的许可项目(本细则第四条第一款第二项涉及企业),省安全监管局业务部门集体审查通过后,提交省安全监管局主管局长,由主管局长直接或委托总工程师召开局务会会审。经会审通过的许可事项予以公告。

(五)对委托受理的许可项目(本细则第四条第一款第三项涉及企业),市(直管县)安全生产监管局局务会议会审通过后,报省安全监管局公告并编号颁证。

(六)危险化学品安全生产许可应当在受理之日起45个工作日内作出是否准予许可的决定。审查过程中现场核查和企业问题整改时间不计算在本条规定的期限内。

(七)办理简单变更许可事项的(本细则第九条第一款第一项和第二项第3目),由实施机关业务部门集体审查通过,经主管局长批准后即可办理。

第十三条 对准予许可的,企业应当持受理通知单,到省安全监管局受理大厅领取《安全生产许可证》;经审查不予许可的,领取《危险化学品生产企业安全生产许可证不予颁发通知书》。

第十四条 安全生产许可证分为正、副本,正本为悬挂式,副本为折页式,正、副本具有同等法律效力。

实施机关应当分别在安全生产许可证正、副本上载明编号、企业名称、主要负责人、注册地址、经济类型、许可范围、有效期、发证机关、发证日期等内容。其中,正本上的"许可范围"应当注明"危险化学品生产",副本上的"许可范围"应当载明生产场所地址和对应的具体品种、生产能力。

安全生产许可证有效期的起始日为实施机关作出许可决定之日，截止日为起始日至三年后同一日期的前一日。有效期内有变更事项的，起始日和截止日不变，载明变更日期。

第十五条　企业不得出租、出借、买卖或者以其他形式转让其取得的安全生产许可证，或者冒用他人取得的安全生产许可证、使用伪造的安全生产许可证。

第五章　监督管理

第十六条　实施机关应当坚持公开、公平、公正的原则，依照本细则和有关安全生产行政许可的法律、法规规定，颁发安全生产许可证。

实施机关工作人员在安全生产许可证颁发及其监督管理工作中，不得索取或者接受企业的财物，不得谋取其他非法利益。

第十七条　实施机关应当加强对安全生产许可证的监督管理，建立、健全安全生产许可证档案管理制度。

第十八条　有下列情形之一的，实施机关应当撤销已经颁发的安全生产许可证：

（一）超越职权颁发安全生产许可证的；

（二）违反本细则规定的程序颁发安全生产许可证的；

（三）以欺骗、贿赂等不正当手段取得安全生产许可证的。

第十九条　企业取得安全生产许可证后有下列情形之一的，实施机关应当注销其安全生产许可证：

（一）安全生产许可证有效期届满未被批准延续的；

（二）终止危险化学品生产活动的；

（三）安全生产许可证被依法撤销的；

（四）安全生产许可证被依法吊销的。

安全生产许可证注销后，发证机关应当在当地主要新闻媒体或者本机关网站上发布公告，并通报企业所在地人民政府和县级以上安全生产监督管理部门。

第二十条　安全生产许可证有效期届满经提示未申请延期的，省安全监管局将直接注销其安全生产许可证。

第二十一条　省辖市（直管县）安全生产监督管理部门应当在每年 1 月 10 日前，将本行政区域内上年度安全生产许可证的颁发和管理情况报省安全生产监督管理局。

省安全生产监督管理局将定期向社会公布企业取得安全生产许可的情况，接受社会监督。

第二十二条　本细则涉及的法律责任，按照实施办法第六章、《安全评价机构管理规定》（国家安全生产监督管理总局令第 22 号）执行。

第六章　附　则

第二十三条　企业在安全生产许可证有效期内变更隶属关系的，提交隶属关系变更申请及证明材料，直接报实施机关业务部门备案。

企业随同延期或其它变更事项同时变更隶属关系的，可在按规定办理有关事项的同时，提交隶属关系变更申请及证明材料一并办理。

第二十四条　以下情况适用本细则：

（一）将纯度较低的化学品提纯至纯度较高的危险化学品的；

（二）一种危险化学品添加一种或数种危险化学品，致使浓度改变，但产品名称不变的；

（三）将某种化学品由一种相态转化为另一种相态且列入危险化学品目录的；

（四）焦化、氧气及相关气体制备、煤气生产；

（五）企业对用作化学反应溶剂的危险化学品进行回收套用。

第二十五条 以下情况不适用本细则：

（一）购买某种危险化学品进行分装（包括充装）或者加入非危险化学品的溶剂进行稀释，然后销售或者使用的。

（二）医院、学校、科研单位等制备非经营用的危险化学品的；

（三）农村应用的沼气、秸秆气等气态燃料的生产、储存；

第二十六条 本细则下列用语的含义：

（一）危险化学品目录，是指国家安全生产监督管理总局会同国务院工业和信息化、公安、环境保护、卫生、质量监督检验检疫、交通运输、铁路、民用航空、农业主管部门，依据《危险化学品安全管理条例》公布的危险化学品目录。

（二）中间产品，是指为满足生产的需要，生产一种或者多种产品为下一个生产过程参与化学反应的原料。

（三）作业场所，是指可能使从业人员接触危险化学品的任何作业活动场所，包括从事危险化学品的生产、操作、处置、储存、装卸等场所。

第二十七条 安全生产许可证由国家安全生产监督管理总局统一印制。

危险化学品安全生产许可的文书、安全生产许可证的格式、内容和编号办法等，按照国家有关规定执行。

第二十八条 本实施细则自发布之日起试行，原省安全监管局《关于规范危险化学品安全评价报告备案工作的通知》（豫安监管危化〔2008〕510 号）、关于下发《关于规范河南省危险化学品生产经营单位从业人员基本条件的意见》的通知（豫安监管危化〔2009〕162 号）同时废止，其它有关规定与本细则不一致的，以本细则为准。

二○一二年四月二十三日

附件

《危险化学品生产企业安全生产许可证实施办法》
第二章规定的申请安全生产许可证的条件

第八条 企业选址布局、规划设计以及与重要场所、设施、区域的距离应当符合下列要求：

（一）国家产业政策；当地县级以上（含县级）人民政府的规划和布局；新设立企业建在地方人民政府规划的专门用于危险化学品生产、储存的区域内；

（二）危险化学品生产装置或者储存危险化学品数量构成重大危险源的储存设施，与《危险化学品安全管理条例》第十九条第一款规定的八类场所、设施、区域的距离符合有关法律、法规、规章和国家标准或者行业标准的规定；

（三）总体布局符合《化工企业总图运输设计规范》（GB50489）、《工业企业总平面设计规范》（GB50187）、《建筑设计防火规范》（GB50016）等标准的要求。

石油化工企业除符合本条第一款规定条件外,还应当符合《石油化工企业设计防火规范》(GB 50160)的要求。

第九条 企业的厂房、作业场所、储存设施和安全设施、设备、工艺应当符合下列要求:

(一)新建、改建、扩建建设项目经具备国家规定资质的单位设计、制造和施工建设;涉及危险化工工艺、重点监管危险化学品的装置,由具有综合甲级资质或者化工石化专业甲级设计资质的化工石化设计单位设计;

(二)不得采用国家明令淘汰、禁止使用和危及安全生产的工艺、设备;新开发的危险化学品生产工艺必须在小试、中试、工业化试验的基础上逐步放大到工业化生产;国内首次使用的化工工艺,必须经过省级人民政府有关部门组织的安全可靠性论证;

(三)涉及危险化工工艺、重点监管危险化学品的装置装设自动化控制系统;涉及危险化工工艺的大型化工装置装设紧急停车系统;涉及易燃易爆、有毒有害气体化学品的场所装设易燃易爆、有毒有害介质泄漏报警等安全设施;

(四)生产区与非生产区分开设置,并符合国家标准或者行业标准规定的距离;

(五)危险化学品生产装置和储存设施之间及其与建(构)筑物之间的距离符合有关标准规范的规定。

同一厂区内的设备、设施及建(构)筑物的布置必须适用同一标准的规定。

第十条 企业应当有相应的职业危害防护设施,并为从业人员配备符合国家标准或者行业标准的劳动防护用品。

第十一条 企业应当依据《危险化学品重大危险源辨识》(GB 18218),对本企业的生产、储存和使用装置、设施或者场所进行重大危险源辨识。

对已确定为重大危险源的生产和储存设施,应当执行《危险化学品重大危险源监督管理暂行规定》。

第十二条 企业应当依法设置安全生产管理机构,配备专职安全生产管理人员。配备的专职安全生产管理人员必须能够满足安全生产的需要。

第十三条 企业应当建立全员安全生产责任制,保证每位从业人员的安全生产责任与职务、岗位相匹配。

第十四条 企业应当根据化工工艺、装置、设施等实际情况,制定完善下列主要安全生产规章制度:

(一)安全生产例会等安全生产会议制度;

(二)安全投入保障制度;

(三)安全生产奖惩制度;

(四)安全培训教育制度;

(五)领导干部轮流现场带班制度;

(六)特种作业人员管理制度;

(七)安全检查和隐患排查治理制度;

(八)重大危险源评估和安全管理制度;

(九)变更管理制度;

(十)应急管理制度;

(十一)生产安全事故或者重大事件管理制度;

(十二)防火、防爆、防中毒、防泄漏管理制度;

(十三)工艺、设备、电气仪表、公用工程安全管理制度;

（十四）动火、进入受限空间、吊装、高处、盲板抽堵、动土、断路、设备检维修等作业安全管理制度；

（十五）危险化学品安全管理制度；

（十六）职业健康相关管理制度；

（十七）劳动防护用品使用维护管理制度；

（十八）承包商管理制度；

（十九）安全管理制度及操作规程定期修订制度。

第十五条　企业应当根据危险化学品的生产工艺、技术、设备特点和原辅料、产品的危险性编制岗位操作安全规程。

第十六条　企业主要负责人、分管安全负责人和安全生产管理人员必须具备与其从事的生产经营活动相适应的安全生产知识和管理能力，依法参加安全生产培训，并经考核合格，取得安全资格证书。

企业分管安全负责人、分管生产负责人、分管技术负责人应当具有一定的化工专业知识或者相应的专业学历，专职安全生产管理人员应当具备国民教育化工化学类（或安全工程）中等职业教育以上学历或者化工化学类中级以上专业技术职称，或者具备危险物品安全类注册安全工程师资格。

特种作业人员应当依照《特种作业人员安全技术培训考核管理规定》，经专门的安全技术培训并考核合格，取得特种作业操作证书。

本条第一、二、三款规定以外的其他从业人员应当按照国家有关规定，经安全教育培训合格。

第十七条　企业应当按照国家规定提取与安全生产有关的费用，并保证安全生产所必须的资金投入。

第十八条　企业应当依法参加工伤保险，为从业人员缴纳保险费。

第十九条　企业应当依法委托具备国家规定资质的安全评价机构进行安全评价，并按照安全评价报告的意见对存在的安全生产问题进行整改。

第二十条　企业应当依法进行危险化学品登记，为用户提供化学品安全技术说明书，并在危险化学品包装（包括外包装件）上粘贴或者拴挂与包装内危险化学品相符的化学品安全标签。

第二十一条　企业应当符合下列应急管理要求：

（一）按照国家有关规定编制危险化学品事故应急预案并报有关部门备案；

（二）建立应急救援组织或者明确应急救援人员，配备必要的应急救援器材、设备设施，并定期进行演练。

生产、储存和使用氯气、氨气、光气、硫化氢等吸入性有毒有害气体的企业，除符合本条第一款的规定外，还应当配备至少两套以上全封闭防化服；构成重大危险源的，还应当设立气体防护站（组）。

第二十二条　企业除符合本章规定的安全生产条件，还应当符合有关法律、行政法规和国家标准或者行业标准规定的其他安全生产条件。

河南省安全生产监督管理局关于
进一步做好危险化学品建设项目
安全监督管理有关工作的通知

豫安监管〔2012〕79 号

各省辖市安全监管局、省直管试点县(市)安全监管局:

为贯彻执行《危险化学品建设项目安全监督管理办法》(国家安监总局令第 45 号,以下简称《办法》),加强危险化学品建设项目安全监督管理,结合我省实际,现就危险化学品建设项目安全监督管理的有关工作通知如下。

一、安全监督管理范围

本省行政区域内新建、改建、扩建危险化学品生产、储存的建设项目以及伴有危险化学品产生的化工建设项目(包括穿越厂区外公共区域的危险化学品输送管道的建设项目,以下统称建设项目)。

下列建设项目不纳入危险化学品建设项目安全监督管理范畴:

(一)实验室研制、中间试验和工业化试验等以产品试制和对技术、工艺或设备等进行适应性试验但不以产品销售为目的的危险化学品的生产、储存。

(二)医院、学校、科研单位等制备非经营用的危险化学品的。

(三)不改变工艺布局和生产储存能力的在役装置设施的局部更新、大修以及日常养护、维护工程;不降低在役装置设施安全性能且总投资在 50 万元以下的小型技术革新改造工程。

(四)危险化学品经营单位(不涉及剧毒危险化学品的)零售店面的备货库房。

二、安全审查分工

(一)省安全监管局:指导、监督全省建设项目安全审查的实施工作,并负责实施下列建设项目的安全审查。

1. 国务院投资主管部门审批(核准、备案)的;

2. 省人民政府及其投资主管部门审批(核准、备案)的;

3. 中央驻豫和省管企业,以及在省工商行政管理部门注册的企业投资的(加油、加气站除外);

4. 跨省辖市(省直管试点县)的;

5. 生产剧毒化学品的及该类企业建设其它危险化学品项目的;

6. 省直管试点县区域内涉及重点监管危险化工工艺的,以及重点监管危险化学品中的有毒气体、液化气体、易燃液体、爆炸品,且构成重大危险源的。

(二)省辖市(省直管试点县)安全监管局:指导、监督本行政区域内建设项目安全审查的监督管理工作,确定并公布市县两级安全监管部门实施的建设项目安全审查范围。

三、安全条件审查

(一)建设单位编制的安全条件论证报告应单独成册,并符合《办法》要求。其符合国家和当地政府产业政策布局与否,可依据投资主管部门同意备案(核准、审批)的有效文件或凭证。

(二)建设项目必须进入化工园区或产业集聚区(非危险化学品企业配套建设的危险化学品生产、储存装置设施除外;加油、加气站除外;成品油库原则上也应进入化工园区或产业集聚区)。对于改善安全生产条件,降低周边安全风险的技术改造项目,可以在原生产、储存区进行。

四、安全设施设计审查

(一)大型化工装置、采用危险化工工艺的装置和重点监管危险化学品且构成重大危险源的建设项目,原则上要由具有石油化工专业甲级或综合甲级资质的设计单位设计。

(二)安全设施设计专篇必须由项目设计单位编制。对于一个建设项目有多个设计单位的,每一个设计单位都应当编制安全设施设计专篇(设计内容不涉及危险化学品的设计单位,可以不提供安全设施设计专篇)。

(三)设计单位要严格遵守设计规范和标准。涉及危险化工工艺、重点监管危险化学品且构成重大危险源的装置装设自动化控制系统,并在初步设计完成后进行危险与可操作性分析(HAZOP);涉及危险化工工艺的大型化工装置装设紧急停车系统。

(四)对已经通过安全条件审查的建设项目,安全生产条件发生重大变化,需要重新申请的,变更安全条件审查可以与安全设施设计审查同时进行。审查时安全条件审查未能通过的,整个项目不再继续审查,待整改到位后,重新提交审查;安全条件审查通过而安全设施设计审查不予通过的,可先出具安全条件审查意见书,待资料修改完善后,再提交安全设施设计审查。

(五)建设单位未取得安全设施设计的审查意见书,不得开工建设。安全设施设计审查与试生产备案的时间间隔为:大型化工装置原则上不低于 1 年,中型化工装置原则上不低于 6 个月,小型化工装置原则上不低于 2 个月。

五、建设项目试生产(使用)

(一)建设项目试生产期限应当不少于三十日。大型化工生产装置建设项目试生产期限不超过 1 年;其它建设项目试生产(使用)期限不超过 6 个月,如有特殊情况需要延期的,建设单位应及时向安全监管部门提出申请,经批准后方可延长。试生产(使用)可以延期 2 次,每次延期不超过 6 个月。申请延期时,建设单位应结合试生产(使用)情况,重新修订试生产(使用)方案,并提交修订后的试生产(使用)方案和延期申请的书面报告(报告需写明延期的原因)。

(二)经两次延期后仍不能稳定生产的,建设单位应当立即停止试生产,组织设计、施工、监理等有关单位和专家分析原因,整改问题后,按照规定重新制定试生产(使用)方案并报安全生产监督管理部门备案。

(三)建设项目试生产(使用)不得超过确定的期限和范围。对于超期和超范围试生产(使用)的,由安全监管部门按非法生产进行查处。

(四)建设单位在试生产(使用)期间发生安全生产事故造成人员死亡的,应立即停产整顿。整顿完毕后,按照有关规定重新办理试生产(使用)备案手续。

(五)对于在试生产(使用)期限内未取得建设项目安全设施竣工验收意见书的,应按照要求进行停产整改,整改完毕,重新办理试生产(使用)延期手续,待试生产稳定运行后,方可重新申请建设项目安全设施竣工验收。

六、简易程序

（一）对于规模较小、危险程度较低、工艺路线简单的建设项目，建设单位可直接申请安全设施设计审查：

1. 投资 1000 万元（人民币）以下，且不涉及下列情况之一的：

（1）剧毒化学品生产；

（2）重点监管的危险化学品生产；

（3）重点监管的危险化工工艺；

（4）构成危险化学品重大危险源。

2. 利用现有装置，改变工艺路线，生产新的危险化学品的。

3. 不含原药合成的农药加工、复配、分装生产储存装置。

4. 不含树脂合成等化学反应过程的涂料（包括油漆、油墨）、胶粘剂以及类似产品生产储存装置。

5. 已成型或成套设备的空气分离装置包括为特定装置配套的制氧、制氮、制氢装置以及工业气体充装的。

6. 储存气体 1000 m^3 以下，甲、乙、丙类液体 100 m^3 以下或丁、戊类液体 500 m^3 以下的储存设施；库房或货场总面积小于 550 m^2 的小型仓库，储存剧毒化学品库房总面积 25 m^2 或货场总面积 50 m^2 以下的仓库。

7. 汽车加油、加气站。

对于直接提交设计审查的建设项目，除《办法》规定的申请

资料外，还应提交建设项目简易程序申请报告；安全条件论证报告；建设项目规划文件；工商行政管理部门颁发的企业营业执照或者企业名称预先核准通知书。

（二）储存设备设施的建设项目不构成重大危险源的，无需办理试生产（使用）备案手续。

七、其它有关问题

（一）建设项目由投资主管部门一次审批（核准、备案）、建设单位需要分期建设的，应当出具投资主管部门同意建设项目分期建设的意见。安全生产监督管理部门应对建设项目进行整体安全条件审查，分期进行安全设施设计审查、试生产方案备案及安全设施竣工验收。

（二）建设项目在通过安全条件审查之后，安全设施竣工验收之前投资主体、隶属关系、法人（主要负责人）、名称、注册地址、内容等情况发生变更的，建设单位应当在发生变更前向安全审查实施部门出具有关证明文件，并提交书面变更申请报告；变更建设内容，符合变更安全审查要求的，按《办法》规定重新向安全审查实施部门提出建设项目安全审查申请。

（三）下列情况可按照要求进行安全评价后，直接办理相关安全许可手续：

1. 不涉及工艺路线、原料（产品）以及主要生产装置改变，因生产组织方式、个别工艺参数优化调整等导致实际危险化学品生产能力大于原设计（核定）生产能力的；

2. 不涉及生产、储存装置（设施）改变，用现有生产设施生产同一类别其他危险化学品的；

3. 储存装置（设施）基本不变，调整或增加储存危险化学品品种的。

（四）本《通知》下发之前，建设项目已通过前一阶段的安全审查的，下一阶段的安全审查按《办法》和本《通知》的有关要求办理。

（五）对于电力、轻工（含白酒）、机械、冶金（含煤制气）、建材等行业的非危险化学品企业建设的危险化学品生产、储存装置设施，按危险化学品建设项目监管。其新（改、扩）建生产、储存装置

设施,按本《通知》要求办理危险化学品建设项目安全审查手续;经正规设计已建成投产的企业,对危险化学品生产、储存装置设施进行现状评价后,办理安全许可手续。

(六)本通知下发后,省安全生产监督管理局《关于进一步做好危险化学品建设项目安全许可有关工作的通知》(豫安监管危化〔2009〕238 号)同时废止,省安全监管局其它有关规定与本《通知》不符的,以本《通知》为准。

二〇一二年五月十五日

河南省安全生产监督管理局
关于贯彻落实《危险化学品登记
管理办法》的通知

豫安监管办〔2012〕96 号

各省辖市、省直管县(市)安全生产监督管理局:

为贯彻执行《安全生产法》、《危险化学品安全管理条例》等法律法规,《危险化学品登记管理办法》(国家安全监管总局令第 53 号)将于 8 月 1 日实施。为做好该办法实施后我省危险化学品登记工作,并与危险化学品生产企业安全生产许可申请工作有机衔接,现将有关事宜通知如下:

一、新建生产企业应在项目试生产方案备案后开始办理危险化学品登记工作,于项目竣工验收前取得危险化学品登记证书。进口企业应当在首次进口前 3 个月开始办理危险化学品登记,在首次进口前取得危险化学品登记证书。登记证有效期(3 年)满后,登记企业继续从事危险化学品生产或者进口的,应当在登记证有效期届满前 3 个月提出复核换证申请,并按时完成换证工作。

二、登记企业提供与其生产、进口的危险化学品相符并符合国家标准的化学品安全技术说明书、化学品安全标签。其编制需满足《化学品安全技术说明书内容和项目顺序》GB/T 16483—2008 和《化学品安全标签编写规定》GB 15258—2009 要求。

三、为更好地为我省企业危险化学品登记工作服务,省危险化学品登记注册办公室开发了《河南省危险化学品预登记系统》(网址:http://www.hnssrc.com/)操作说明见附件。该系统 2012 年 8 月 1 日开始试运行。预登记完成后,企业可凭预登记证明先行申请安全生产许可手续;同时应主动联系河南省危险化学品登记注册办公室,按相关规定要求进行正式登记,并在规定时限内完成该项工作。

河南省危险化学品登记注册办公室联系方式:
地址:河南省郑州市顺河路 12 号
联系人:胡满义
邮编:450004
电话:0371—66371975
邮箱地址:h94650691@163.com

二〇一二年八月一日

附件

河南省危险化学品预登记系统操作说明

一、用户注册

登录系统界面,点击"注册"按钮,按系统要求如实填写信息,填写完毕后点击"确定注册"按钮即可(请妥善保管用户名称和登陆密码)。

二、填写登记单位基本信息

注册完成后,登录系统界面,正确输入用户名、密码及验证码,进入系统。按照要求如实填写单位基本信息,填写完毕后点击"保存"按钮(初次填写时,系统将自动转入化学品信息填写界面)。

三、填写化学品信息

单位基本信息填写完毕后,点击"化学品信息"按钮,按要求如实完整填写化学品信息。此时,输入化学名、商品名、生产能力、生产量、最大储量、CAS 号、UN 号、危规号后,点击"确定"按钮,该化学品添加成功(初次填写时,系统将自动转入化学品安全技术说明书、安全标签信息界面)。依次点击"说明书"、"标签"按钮,正确如实填写每一部分信息,全部填写完毕后,点击"保存"按钮即可。如有多种产品,重复上述步骤进行增加。

四、预登记证明打印

单位基本信息、化学品信息全部填写完毕后,点击"预登记证明打印"按钮,进入后,点击"申请预登记证明打印"按钮进行申请,申请经管理人员确认后,可在此界面中打印预登记证明(注:此系统将自动生成针对每个企业的唯一编号,以杜绝弄虚作假)。

五、信息修改、删除、解锁

填写信息过程中,如发现有误,可点击相应部分按钮进行修改,确认后保存。如发现已填写的某种化学品不需登记范围时,点击"删除"按钮进行删除。

点击"申请预登记证明打印"按钮后,信息将会被系统锁定,无法进行任何操作,为此申请前,请对信息进行核实,确认完整无误后再提交申请。提交后如确实需要修改时,点击"申请解锁"按钮,申请解除锁定,管理人员确认后,可进行修改。

注:请参看系统提示,并按其要求填写信息,所有栏目不能为空,如某些数据确实无法填写时,请写为无资料或无意义。